全国电力行业岗位胜任力培训教材

调度自动化厂站端调试检修实训教材

国网河北省电力公司培训中心　编

中国计划出版社

图书在版编目（ＣＩＰ）数据

调度自动化厂站端调试检修实训教材 ／ 国网河北省
电力公司培训中心编. -- 北京 ： 中国计划出版社,
2017.8
全国电力行业岗位胜任力培训教材
ISBN 978-7-5182-0697-1

Ⅰ. ①调… Ⅱ. ①国… Ⅲ. ①电力系统调度－岗位培
训－教材 Ⅳ. ①TM73

中国版本图书馆CIP数据核字(2017)第206544号

全国电力行业岗位胜任力培训教材

调度自动化厂站端调试检修实训教材

国网河北省电力公司培训中心　编

中国计划出版社出版发行

网址：www.jhpress.com

地址：北京市西城区木樨地北里甲 11 号国宏大厦 C 座 3 层

邮政编码：100038　电话：(010) 63906433 (发行部)

三河市百盛印装有限公司印刷

787mm×1092mm　1/16　29.5 印张　749 千字

2017 年 8 月第 1 版　2017 年 8 月第 1 次印刷

ISBN 978-7-5182-0697-1

定价：89.00 元

本书编委会

主 任：张燕兴

成 员：于洪军　田　青　张大刚　杨军强　石玉荣

　　　　毕会静　祝晓辉　何玉贵　刘爱民　马　玥

　　　　闫增奎

本书编写组

主 编：贺建明

主 审：习新魁　杨立波

成 员：（按编写章节顺序排序）

　　　　习新魁　孟　荣　张会贤　谢　雷　万　鹏

　　　　杨立波　栗维勋　丁少平　贺建明　申永辉

　　　　王　晖　王光华　崔　宇　王亚军　李　源

　　　　江瑞敬　李一鹏　马　斌　闫春晓　邹　磊

　　　　易克难　赵　鹏　张瑞生　李　欣　叶　强

　　　　李　宁　李卫国　江同建

前　　言

随着智能变电站技术的飞速发展和常规变电站改造的快速推进，厂站端调度自动化系统及设备日益复杂，为确保电网的安全稳定运行，调控机构对厂站端自动化技术及管理水平提出了更高的要求。目前自动化新技术、新设备不断涌现，新人员不断补充，迫切需要一本系统阐述自动化调试检修实用技术的培训教材，用以提高厂站端自动化系统及设备的生产验收质量和调试检修人员的运行维护水平。为适应调度自动化形势发展的需要，特组织有关专家和调度自动化专业人员编写《调度自动化厂站端调试检修实训教材》一书。

本书所选内容涵盖河北南网 220kV 及 110kV 在运变电站主流厂家的自动化系统及设备，总结归纳实际调试检修经验，系统讲解了调度自动化厂站端设备调试检修技术，主要包括监控系统、测控装置及远动设备的功能介绍、配置调试、典型故障分析处理等。内容上坚持突出重点，理论联系实际的原则，引导学员主动思考，提高学员实操技能，可以为后期开展模块化教学与针对性培训发挥支撑作用。

本书共分五章，第一章介绍了北京四方变电站监控系统调试检修；第二章介绍了南瑞继保变电站监控系统调试检修；第三章介绍了南瑞科技变电站监控系统调试检修；第四章介绍了许继电气变电站监控系统调试检修；第五章介绍了国电南自变电站监控系统调试检修。

本书的整体框架结构和内容设置是在调控中心习新魁和杨立波的指导下完成，编写工作具体如下：第一章由国网河北省电力公司习新魁，国网河北检修公司孟荣、张会贤，国网河北邢台供电公司谢雷、万鹏编写；第二章由国网河北省电力公司杨立波，国网石家庄供电公司栗维勋、丁少平，国网河北培训中心贺建明编写；第三章由国网衡水供电公司申永辉、王晖，国网保定供电公司王光华、崔宇，国网河北省电力公司王亚军编写；第四章由国网邯郸供电公司李源、江瑞敬，国网河北省电力公司李一鹏、马斌编写；第五章由国网沧州供电公司闫春晓、邹磊，国网河北培训中心易克难，国网河北省电力公司赵鹏编写。

在本书编写过程中，得到了协鑫新能源河北分公司张瑞生、北京四方继保工程技术有限公司李欣、南瑞继保工程技术有限公司叶强、国电南瑞科技股份有限公司李宁、许继电气股份有限公司李卫国、国电南自股份有限公司江同建的大力支持与帮助，一并表示感谢！

由于编者水平有限，书中出现错误和不当之处在所难免，恳请各位同行和读者给予指正。

编　者

2016 年 11 月

目　　录

第一章　北京四方变电站监控系统

第一节　后　台

一、功能介绍

CSC-2000 监控后台系统是以实时库为核心的架构。其他模块如通信、历史、组态工具、VQC、拓扑、报警等都是通过实时库的接口访问，以实现各功能模块间的数据交换和共享。如图 1-1 所示。

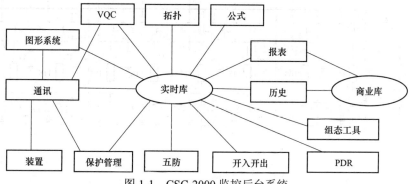

图 1-1　CSC-2000 监控后台系统

一般情况下，监控后台系统是由两台服务器＋工作站构成的。其中服务器提供数据库服务，并且负责监控后台软件运行所需要的通信，开入开出，公式运算等进程的启用、停止、切换的工作，是监控后台系统的核心；监控系统的实时库可以自动在主备服务器之间保持实时同步，保证了主备服务器中任意一台故障或由故障恢复到正常运行期间实时库的可靠性、准确性；历史库数据按照设置的时间定期在主备服务器之间同步，保证历史库在两台服务器之间的统一，并实现历史数据的双机备份；另外一些运行在服务器上的监控系统进程也可以自动在主备服务器之间切换，并可以配置其切换方式和切换顺序。例如通信进程可以在主备双机上同时启用并设置为热备用；公式运算可以设置先只在主服务器上运行，主服务器异常时再切换到备服务器运行。

工作站是系统面向用户的操作平台，各工作站通过数据库客户端服务，从服务器实时库获取数据。监控系统操作员站、工程师站、VQC 主站的各种功能可按照用户要求灵活配置，在不同的工作站也可以实现合并运行。另外，服务器本身也可以作为功能工作站使用。

二、使用说明

通过在线操作界面，用户可以实现与监控系统的交互，包括可以监视系统的运行状况、查询相关数据、下发控制命令。如图 1-2 所示。

在线操作界面启动方式：点击开始→应用模块→图形系统→监控运行窗口。

1. 遥控

左键单击设备，即可进行遥控操作，遥控之前须满足如下的条件：

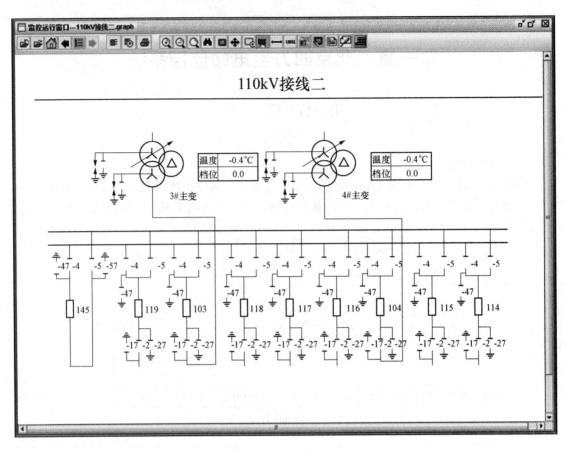

图1-2 在线操作界面

（1）该节点是操作员站；

（2）该设备已经匹配了遥控和遥信；

（3）控点所在装置允许远方控制；

（4）通过了五防逻辑校验（可选）。

满足上述的条件后，即可出现遥控操作的对话框，如图1-3所示。

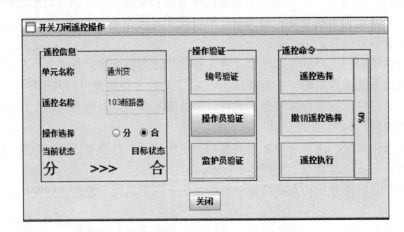

图1-3 遥控操作对话框

操作验证的方式可以根据遥控类型进行选配，只有通过了操作验证遥控选择的按钮才会被开放，遥控选择成功后遥控执行才会被开放。

2．设备挂牌

在设备上点击右键，在弹出菜单中选择设备挂牌，出现设备挂牌和摘牌的界面。如图 1-4 所示。

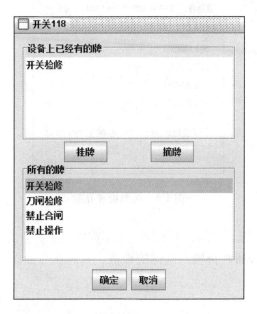

图 1-4　设备挂牌和摘牌界面

上面是设备已经挂的牌，下面是系统所有的牌。在下面选择一个牌，点击"挂牌"即可给设备挂牌；选择上面已挂的牌，点击"摘牌"即可以给设备摘牌。

3．遥信置位

在设备上点击右键，在弹出菜单中选择遥信置位，出现遥信置位的界面，如图 1-5 所示。

图 1-5　遥信置位界面

如果此开关的状态有四态，则在图 1-5 中会出现四个图符，不同的图符对应不同的遥信状态。选择一个图符，点击"执行遥信置位"即对设备遥信位置进行置位；点击"取消遥信置位"即恢复到原来的状态。

4. 遥测设置

在设备上点击右键，在弹出菜单中选择遥测设置，出现遥测设置的界面，如图1-6所示。

图1-6　遥测设置界面

遥测设置的内容有上限、下限、上上限、下下限以及工程值的人工置数。人工置数时必须先选中"人工置数"按钮，再输入具体的数值。状态在界面作修改后，点击"应用"按钮即可。

5. 间隔解锁

间隔解锁是指对当前的操作设备进行五防解锁。遥控完成后恢复原始状态，即间隔五防解锁有效权限是单次遥控操作。在设备上点击右键，在弹出菜单中选择间隔解锁，在输入用户名和密码以后，出现间隔解锁的界面，如图1-7所示。

图1-7　间隔解锁界面

选择间隔，一般默认选中，确定即可。

6. 清闪

当有图元闪烁时，单击右键在弹出菜单中选择清闪，即可对给图元进行清闪。也可以通过画面上提供的清闪按钮进行批量清闪。

7. 实时数据浏览

除了在画面上直观的对实时数据进行查看外，系统还提供以表格的形式对实时数据进行浏览。实时数据浏览方式：点击开始→应用模块→数据库管理→实时库浏览。如图1-8 所示。

图 1-8　实时数据浏览界面

左边树中列出了可供查询的实时库总表，选择指定的表即在右边表格中显示具体数据。显示的数据内容可以通过"表格内容设置"来控制。

8. 报表管理

报表是变电站运行监控和存储运行数据的重要手段。工程人员根据现场要求，编辑相应的日表、月表、年表等报表模板；现场运行人员选择日期，由报表模板生成所选日期所在范围的日表、月表、年表等。报表管理界面打开方式：点击开始→应用模块→历史及报警→报表。如图 1-9 所示。

（1）浏览报表。

点击工具栏上的报表编辑按钮，可进行报表编辑和报表浏览两种状态的切换。在浏览状态下，双击左侧相应报表节点，即可调出当前及历史报表。如图 1-10 所示。

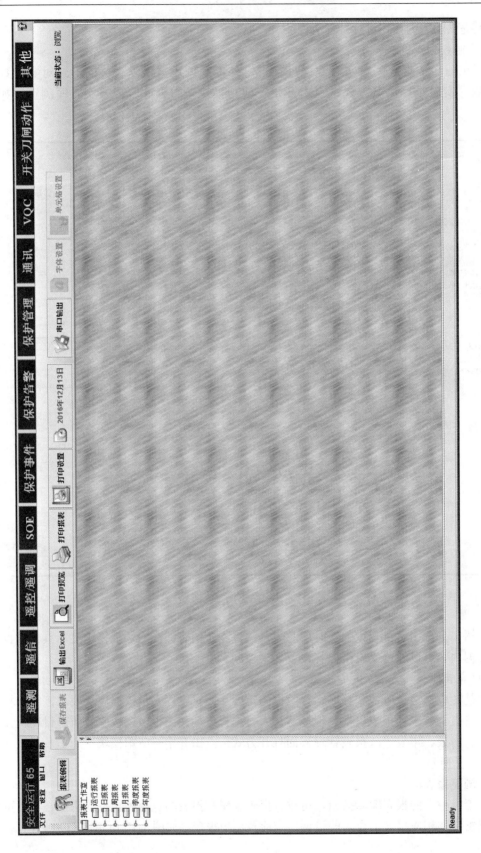

图 1-9　报表管理界面

图 1-10　当前及历史报表界面

（2）报表输出。

在浏览和编辑状态时，点击报表上方工具栏中 Excel 图标，可以将报表以 Excel 的格式输出。报表输出窗口为模态窗口，即必须将它关闭才能操作其他窗口，否则不能对其他窗口进行控制。

（3）报表打印。

点击工具栏中打印报表按钮，即可打印报表。如果报表未进行打印区域设置，则不能打印报表。

9. 曲线管理

曲线程序：点击开始→应用模块→图形系统→曲线。

通过标签页按钮可以选择历史曲线和实时曲线，实时曲线的配置、窗口布局与历史曲线一样。

在上端有五个功能按钮，分别表示曲线配置、是否显示点名、是否显示数据名、是否显示纵坐标网格及是否显示横坐标网格，如图 1-11 所示。

点击上方功能按钮，即可进入曲线配置。曲线配置包括曲线属性及曲线定义两部分，如图 1-12 所示。

（1）曲线属性。

对曲线横坐标的最大值、最小值进行设置，也可以点击背景色、网格色、取值线色和坐标文本色图示进入调色板进行相应项的颜色设置。

（2）曲线定义。

曲线组定义：对曲线组进行增加、删除及修改操作，以及定义每个曲线组的 Y 轴最大值、Y 轴最小值。

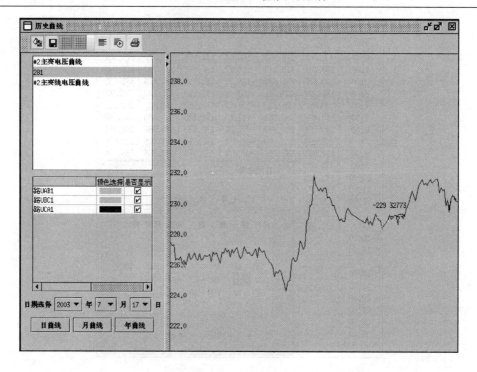

图 1-11   历史曲线界面

图 1-12   曲线配置界面

　　曲线组对点：对每个曲线组所包含的测点进行定义，配置方法是在左边的数据点列表中选择所要的遥测点。点击"⇨"将其添加到曲线组的统计点中，点击"颜色选择"即可进入调色板对该曲线颜色进行定义。选取所需的若干点后，即形成配置好的曲线组。另外，可以选中右侧已添加的测点通过单击"⇦"进行删除，或通过"⇧"和"⇩"上下移动。如图 1-13 所示。

　　10. 实时报警

　　实时报警的内容主要有以下几种：图形闪烁、事故推图、事故音响、语音报警、实时报警窗、报警灯闪烁。当系统有报警产生时，实时报警窗会对此进行分析处理。如图 1-14 所示。

　　报警的详细内容可以通过设置表的列显示来控制，图标列是固定的，来标识当前报警是否确认。

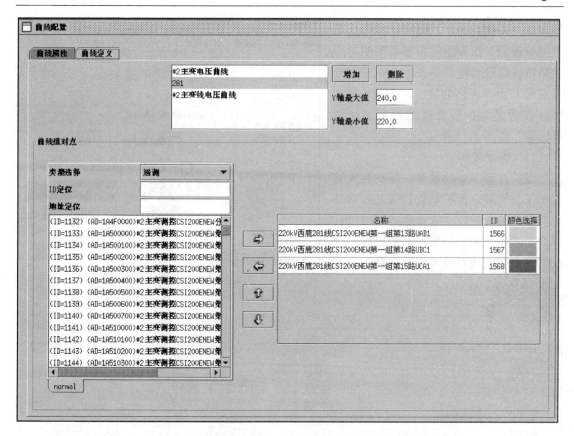

图 1-13 曲线定义界面

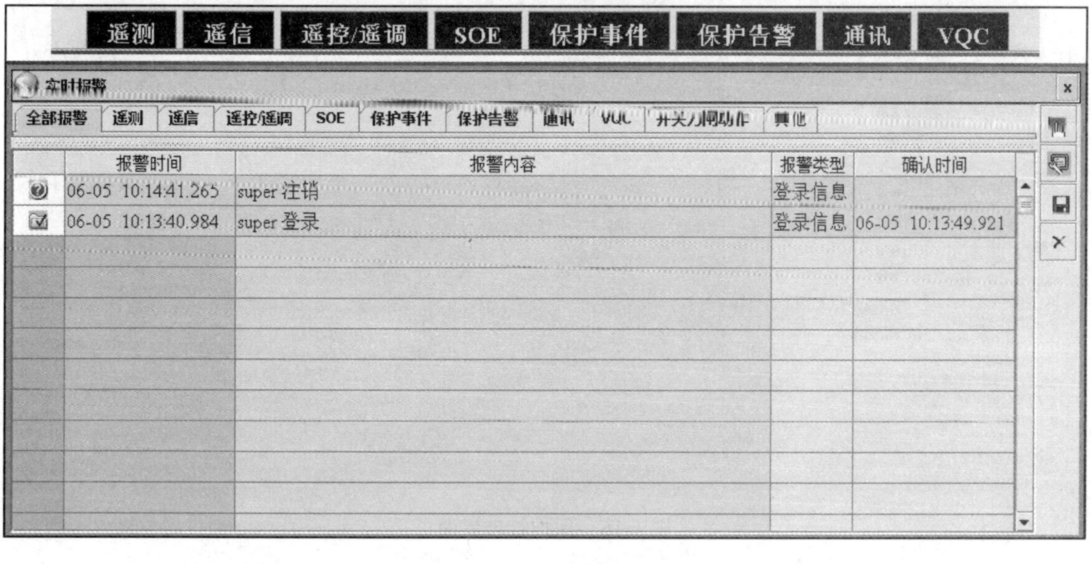

图 1-14 实时报警界面

右侧工具条的作用从上到下分别是：确认所有、配置、保存、删除所有。

点击配置，显示设置内容主要有：确认前图标、确认后图标、背景色、前景色、配置动作集，在左侧列表可以同时选择多个节点批量设置。报警组和报警类型的对应关系可以通过右键菜单来进行。设置列设置是对报警表格的显示列进行设置，字体设置是对报警表格的显示字体进行设置。如图 1-15 所示。

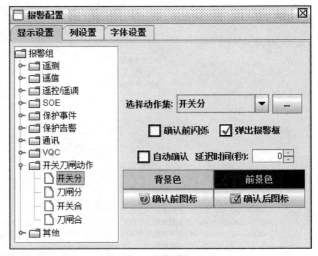

图 1-15　报警配置界面

11. 保护管理

保护管理主要功能有：保护装置管理和录波管理。保护装置管理是对本站所有保护装置进行定值管理、调采样值、调保护版本号和调历史记录的操作。录波管理主要完成对录波的召唤功能。如图 1-16 所示。

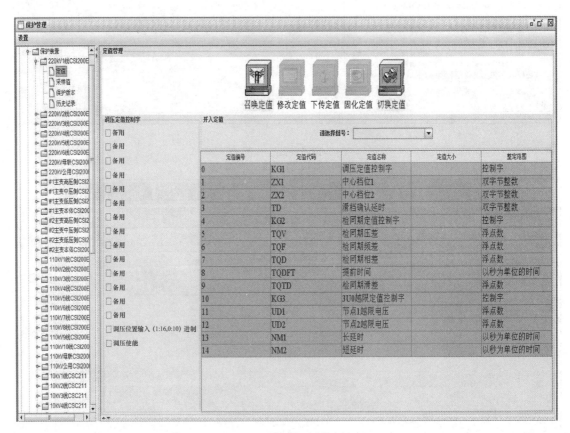

图 1-16　保护管理界面

12. 历史查询

历史查询模块主要是历史数据的再现、排序、查找功能。实现了按变电站—间隔—类型的多级查询，并能对查找内容进行查询后分类。如图 1-17 所示。

历史查询界面打开方式：点击开始→应用模块→历史及报警→报警历史查询。

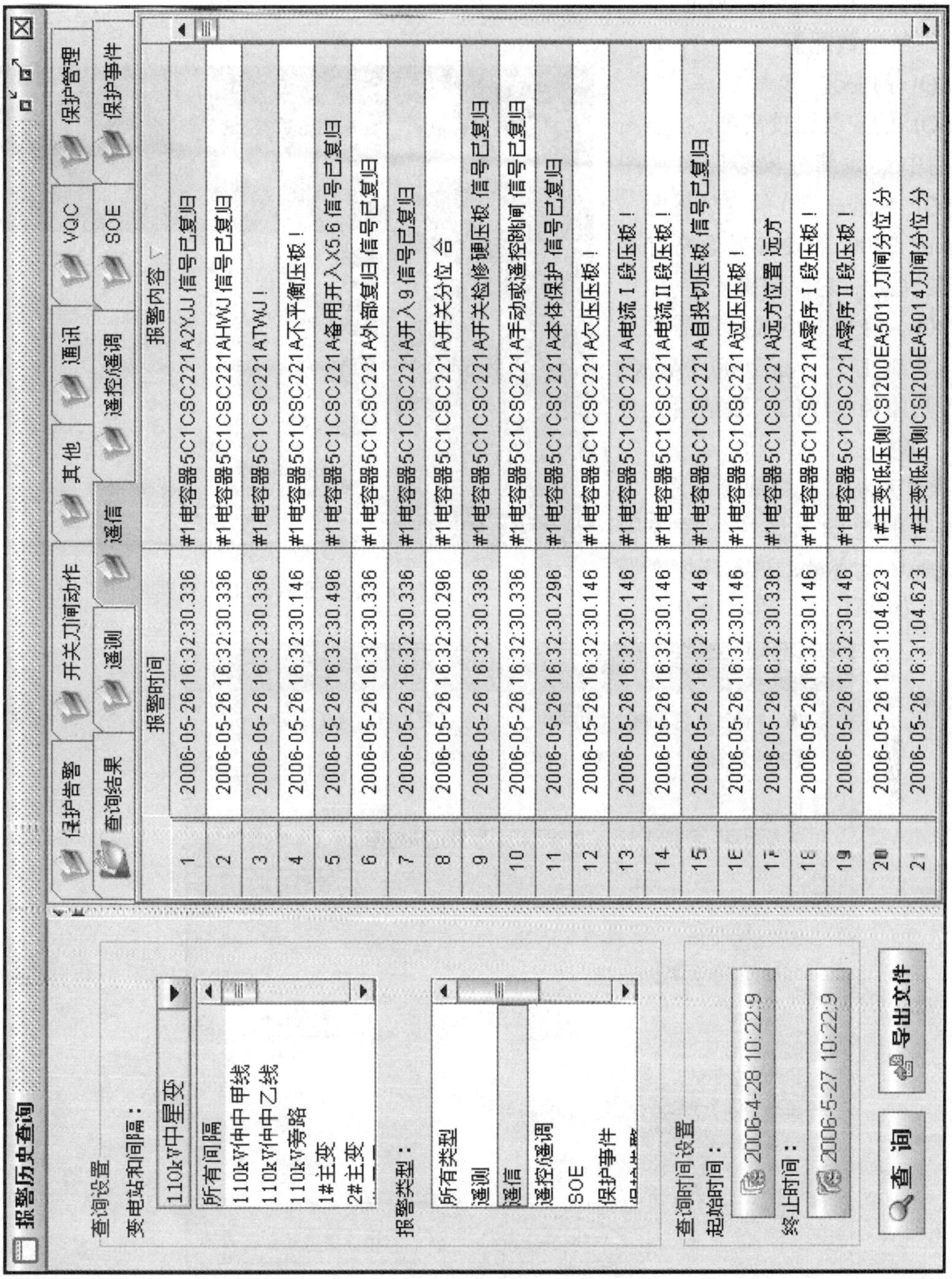

报警历史查询

查询设置
变电站和间隔：
110kV中星变

所有间隔
110kV V/中中甲线
110kV V/中中乙线
110kV V旁路
1#主变
2#主变

报警类型：
所有类型
遥测
遥信
遥控/遥调
SOE
保护事件

查询时间设置
起始时间　2006-4-28 10:22:9
终止时间　2006-5-27 10:22:9

查询　　导出文件

保护告警　开关刀闸动作　遥测　其他　通讯　VQC　保护管理
查询结果　遥信　遥控/遥调　SOE　保护事件

	报警时间	报警内容
1	2006-05-26 16:32:30.336	#1电容器5C1C5C221A2YJJ信号已复归
2	2006-05-26 16:32:30.336	#1电容器5C1C5C221AHWJ信号已复归
3	2006-05-26 16:32:30.336	#1电容器5C1C5C221ATWJ！
4	2006-05-26 16:32:30.146	#1电容器5C1C5C221A不平衡压板
5	2006-05-26 16:32:30.496	#1电容器5C1C5C221A备用开入X5.6信号已复归
6	2006-05-26 16:32:30.336	#1电容器5C1C5C221A外部复归信号已复归
7	2006-05-26 16:32:30.336	#1电容器5C1C5C221A开入9信号分位
8	2006-05-26 16:32:30.296	#1电容器5C1C5C221A开关分位合
9	2006-05-26 16:32:30.336	#1电容器5C1C5C221A开关检修硬压板信号已复归
10	2006-05-26 16:32:30.336	#1电容器5C1C5C221A手动遥控跳闸信号已复归
11	2006-05-26 16:32:30.296	#1电容器5C1C5C221A本体保护信号已复归
12	2006-05-26 16:32:30.146	#1电容器5C1C5C221A欠压压板
13	2006-05-26 16:32:30.146	#1电容器5C1C5C221A电流I段压板
14	2006-05-26 16:32:30.146	#1电容器5C1C5C221A电流II段压板
15	2006-05-26 16:32:30.146	#1电容器5C1C5C221A自投切压板
16	2006-05-26 16:32:30.336	#1电容器5C1C5C221A过压压板
17	2006-05-26 16:32:30.146	#1电容器5C1C5C221A远方位置 远方
18	2006-05-26 16:32:30.336	#1电容器5C1C5C221A零序I段压板
19	2006-05-26 16:32:30.146	#1电容器5C1C5C221A零序II段压板
20	2006-05-26 16:31:04.623	1#主变低压侧CSI200EA5011刀闸分位分
21	2006-05-26 16:31:04.623	1#主变低压侧CSI200EA5014刀闸分位分

图1-17　历史查询界面

13. 事故追忆

事故追忆功能是在电力系统发生事故后，再现事故前和事故后相关数据的变化，以供分析事故的原因。通过对所有数据进行事故追忆记录（可设置），对商业库数据提取，可进行全场景的事故追忆和全过程的反演描述，并能在图形上进行图像的事故重现。

三、系统参数配置

1. SQL 的安装

MSSQL 的安装比较简单，按照图 1-18 示例中红线部分安装即可（图 1-18 为 SQL Server 7.0 的安装界面，SQL Server 2000 的安装界面略有不同）。需要注意的是，如果安装 SQL Server 2000，在安装完成后还需要另外安装一个 SQL Server 2000 PACK3 补丁，否则监控程序的安装使用会有问题。

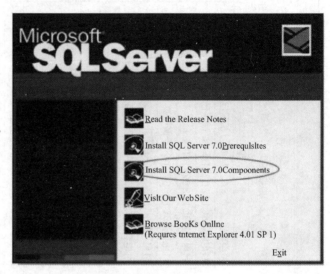

图 1-18　SQL Server7.0 安装界面

2. 操作系统环境变量的设置

点击我的电脑→属性→系统属性→高级→环境变量，进入环境变量设置界面，如图 1-19、图 1-20 所示。

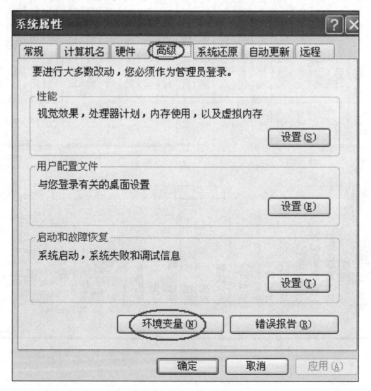

图 1-19　系统属性界面

图 1-20　环境变量设置界面

单击"系统变量"里的"新建"按钮，新建一个系统变量 CSC2100_HOME。设置如图 1-21 所示。

图 1-21　新建系统变量界面

变量名：CSC2100_HOME，变量值：监控系统的家目录。

按以上步骤设置了环境变量 CSC2100_HOME，还需要将监控系统的家目录下的两个目录添加到 Path 路径里。方法如下：

首先选择"系统变量"里的 Path 变量，单击"编辑"。如图 1-22 所示。

在 Path 变量的"变量值"的最前面添加"%CSC2100_HOME%\bin;%CSC2100_HOME%\lib;"，单击确定。如图 1-23 所示。

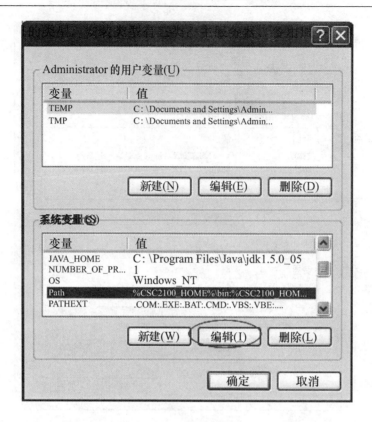

图 1-22　编辑 Path 变量

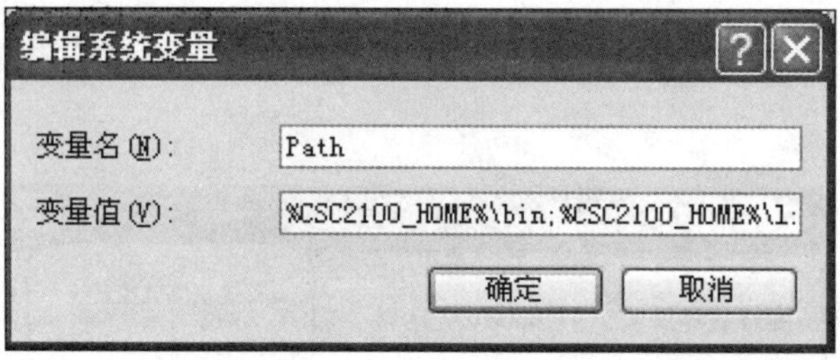

图 1-23　输入变量值

3. CSC2000（V2）监控系统安装

将安装包解压缩到 D:\csc2100_home，打开一个 DOS 窗口键入 install，或者到 %csc2100_home%\bin 目录见双击 install.bat 文件，进入安装向导界面，如图 1-24 所示。

点击下一步，进入设置菜单界面，如图 1-25 所示。

单击"设置系统文件…"按钮设置 Config.sys 文件。单击"设置历史文件…"按钮设置 hisconfig.ini 文件。如图 1-26、图 1-27 所示。

设置完成后，点击下一步。

单击"默认设置"，设置默认的系统配置。如图 1-28 所示。

设置安装主机的类型，安装类型有三类：主服务器、备用服务器和其他，如图 1-29

所示。

最后安装程序将列出所有的安装设置，如果有不妥之处，可以返回前面的界面重新设置。如果一切已准备就绪，单击安装按钮安装监控系统，如图1-30所示。

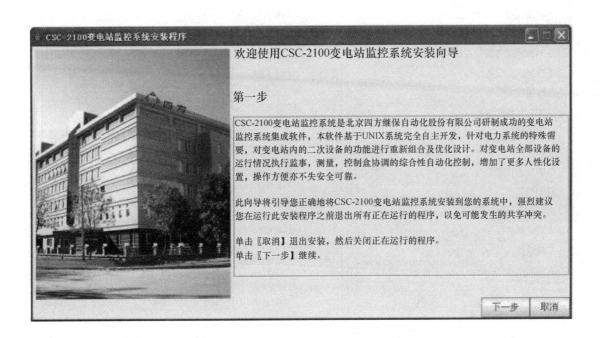

图1-24　CSC-2000（V2）监控系统安装向导界面

图1-25　设置菜单界面

图 1-26   Config.sys 文件

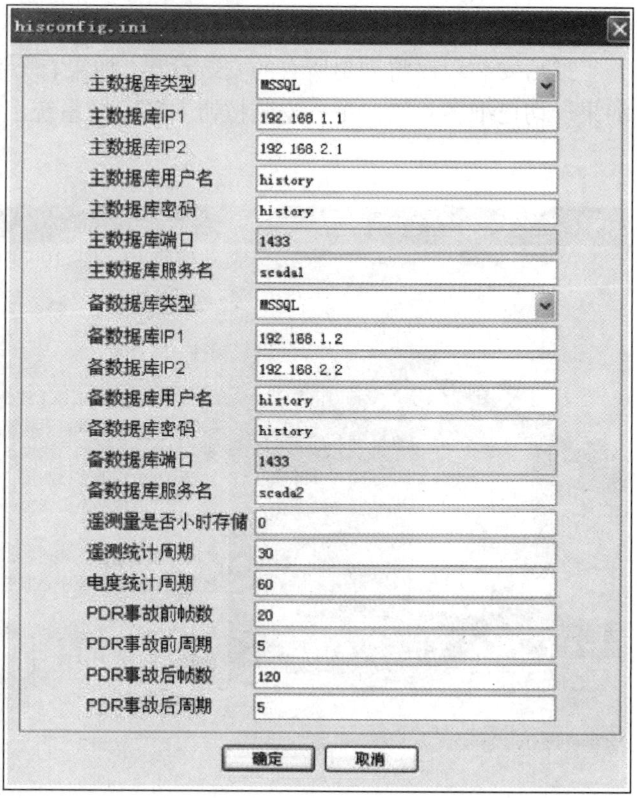

图 1-27   hisconfig.ini 文件

图 1-28   系统配置界面

图 1-29 设置安装主机类型界面

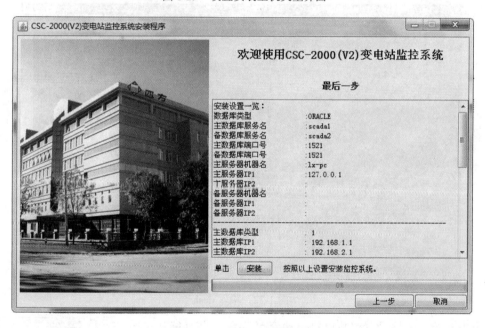

图 1-30 安装设置一览界面

4. 监控系统的启动和退出

运行命令 startjk，启动监控系统，也可以通过 Dos 命令窗口输入 setclasspath，再启动 localm 和 desk 命令运行监控系统，如图 1-31、图 1-32 所示。

退出监控界面后，右键单击右下角任务栏处四方图标，选择"退出 CSC2000（V2）"；也可以用 scadaexit 关闭监控系统。

5. 监控系统的配置

（1）本地设置。

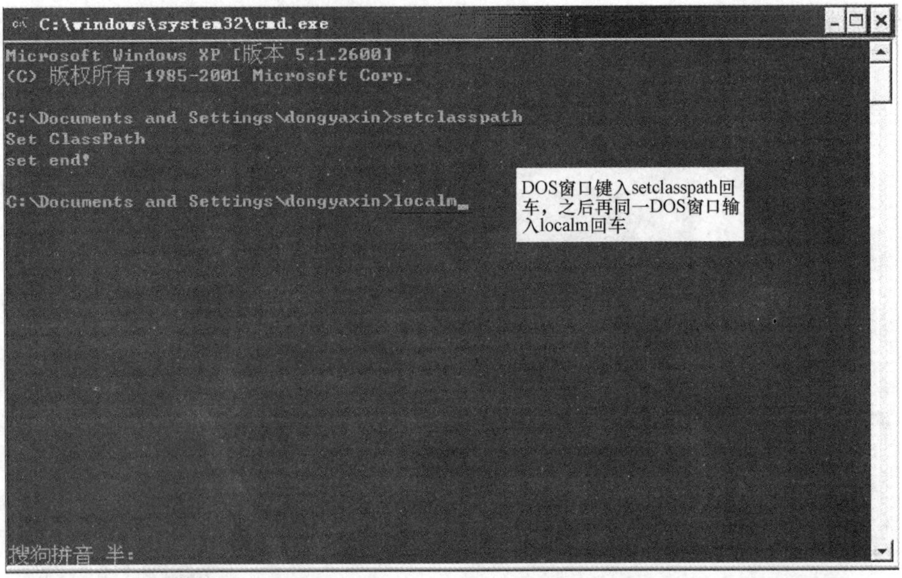

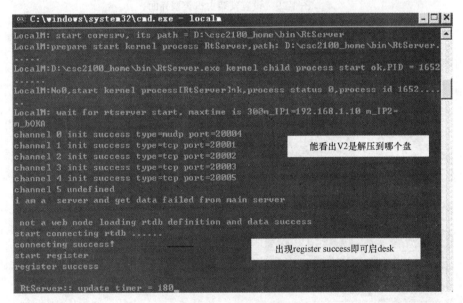

图 1-31　输入 setclasspath

图 1-32　输入 desk

点击开始，本地设置菜单可以启动/停止系统一些功能和电笛、电铃测试。如图 1-33 所示。

（2）系统设置。

系统设置界面打开方式：点击开始→系统管理→系统设置。

系统设置包括对图形属性、遥控设置、挂牌编辑、自动启动和变电站属性的设置。

1）图形属性：打开系统设置界面的图形属性页框，通过该界面设置图形拓扑着色和标记颜色时相关项的颜色。着色的目的是便于

图 1-33　本地设置界面

直接通过图形颜色辨别相关的参数，比如电压等级、线路是否带电等。如图 1-34 所示。

图 1-34　图形属性页框

2）遥控设置：打开系统设置界面的遥控设置页框，通过该界面可以设置所有和遥控有关的操作。如图 1-35 所示。

选择"操作员和监护员不同机"，表示操作员和监护员要在不同机器上完成遥控权限验证操作。选择"全站五防投入"，在遥控开关、刀闸设备时系统会询问五防。

选择"闭锁投入"，当"全站总闭锁"开入为 1 时，禁止遥控。

选择"主界面禁止遥控"，在主接线图中禁止进行遥控操作。

输入"密码有效时间"指在遥控操作中操作员和监护员一次输入密码的有效期限。

对于需要进行遥控操作的设备，如断路器、刀闸、压板、分接头升、分接头降、分接头停和通用遥控，可以对其编号验证、需要操作人验证、需要监护人验证及遥控选择验证按需要进行分别设置。

图 1-35　遥控设置页框

3）挂牌编辑：打开系统设置界面的挂牌编辑页框，每一个牌提供两个设置"屏蔽报文"和"禁止遥控"。选择"屏蔽报文"则设备所在的间隔的报警将不予以处理；选择"禁止遥控"就禁止对该设备进行遥控操作。如图 1-36 所示。

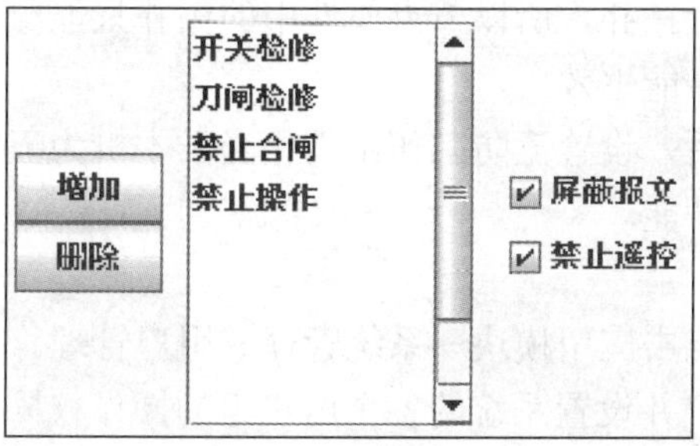

图 1-36　挂牌编辑页框

4）自动启动：打开系统设置界面的自动启动页框，如图 1-37 所示。

自动启动是指在用户登录完毕后，能自动将一些应用启动，其中"实时报警窗口"是默认的。

□设备管理	□网络资源	□元件编辑	□图形编辑	□监控运行窗口
□曲线	□实时库浏览	□保护模板库管理	□实时库组态工具	□实时报警窗口
□报警历史查询	□报表	□快速启动	□VQC设置	□节点管理
□用户管理	□进程管理	□内存监视	□保护管理	□录波管理
□事故追忆	□工作日志			

图 1-37　自动启动页框

5）变电站设置：打开系统设置界面的变电站设置页框，如图 1-38 所示。

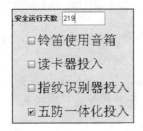

图 1-38　变电站设置页框

（3）节点管理。

启动节点管理方式：点击应用模块→系统管理→节点管理。

节点管理是对同一个网络上各台主机进行管理，有节点管理和节点应用程序设置两个页面。

1）节点管理页面有显示网络节点、增加网络节点、删除网络节点、显示节点状态及保存到数据库几个功能。这里的记录通常是安装后自动添加的，如果有特别需求要修改其中内容，需要注意：节点 ID 为添加或修改的计算机名称（需要区分大小写，可以通过 DOS 命令 hostname 获得）；节点名称为该机器的描述，一般和节点 ID 相同。

2）节点应用程序设置页面如图 1-39 所示，分为本机属性设置和本机应用设置。

本机属性设置显示需要配置的相关服务，服务状态可以设置为禁用、工作或备用。在通常情况下，系统要求相关的服务只能在一台主机处于工作状态，在另一台主机处于备用状态。系统只能在一个节点上进行拓扑，所以节点属性中的拓扑只能配置在一台主机上。设置完成后需要重新启动系统设置才能生效。

使用一体化五防功能后，设置五防工作站则相当于本机为五防机。设置事故推图使能，表示是否使用事故推画面功能。

（4）用户管理。

启动用户管理方式：点击应用模块→系统管理→用户管理。

用户管理用于管理用户并设置系统的各个用户组的操作权限，操作权限分四个等级，分别是超级用户、维护人员、操作人员和浏览人员。现场对监控系统的使用者有着严格的使用权限和权限范围的规定，V2 监控可以根据用户的需要向系统内添加用户并设定用户密码。被添加的用户按"超级用户、维护人员、操作人员、浏览人员"等四类用户分组进行分类管理并分别享有所属用户组的权限。在系统运行时可以通过"注销"和"登录"操作来完成使用者的切换，切换过程不影响监控的正常运行。

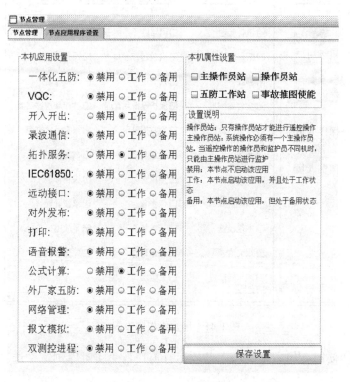

图 1-39　节点应用程序设置页面

用户管理有两个标签页面，"用户管理"和"用户组权限设置"如图 1-40 所示。

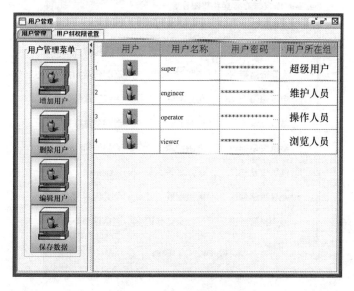

图 1-40　用户管理页面

　　"用户组权限设置"左半部为四个用户组，右半部为各个用户组权限设置，如图 1-41 所示。

图 1-41　用户组权限设置

　　斜体蓝色的"实时库组态工具"、"监控运行窗口"、"实时库浏览"选项还有子项。如图 1-42 所示。

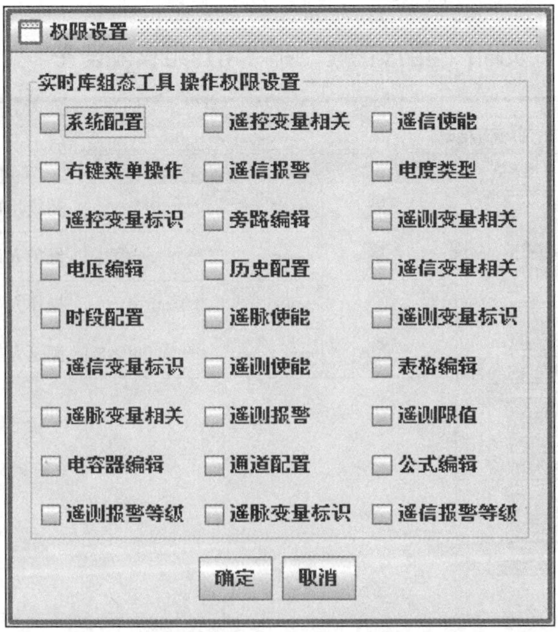

图 1-42　实时库组态工具操作权限设置页面

四、数据库操作及维护

做数据库之前需统计好全站装置（包括本厂家和外厂家），给装置分配 IP 地址（10 进制）和装置地址（16 进制）。全站地址唯一，即一个装置对应唯一的 IP 和装置地址，不能和其他装置相同。将全站地址做好表格记录，方便以后查看问题。

建议：装置 IP 地址和装置地址为换算关系，即装置地址为 0×11，则 IP 地址为十六进制，11 换算为 10 进制后的数为 17，即装置 IP 设置为 192.168.1.17（A 网）和 192.168.2.17（B 网）。

1. 变电站命名

监控数据的维护工作操作方式：点击开始→应用模块→数据库管理→实时库组态工具，安装成功第一次启动组态工具后，可以看到在"变电站"树节点下有"×××变"和"全局变量"树节点，在一个变电站建立之初确定了变电站名称后，通过右键点击"×××变"→"重命名"，输入变电站的名称，以后的操作均在此修改后的树节点下进行。变电站不允许新建和删除的操作。变电站名称不能超过 8 个汉字。如图 1-43 所示。

重命名后的结果如图 1-44 所示。

图 1-43　变电站命名操作界面　　　图 1-44　变电站重命名结果显示界面

2. 增加间隔

完成了变电站的重命名后，就可以在变电站下的间隔中执行添加间隔操作，该功能的实现也是通过右键菜单来完成的。在相应变电站的间隔树节点点击右键菜单选择"增加间隔"，在相应界面输入间隔信息，确定后就可以完成一个间隔的添加。如图 1-45 所示。

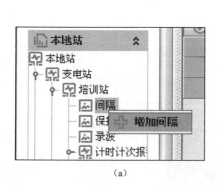　　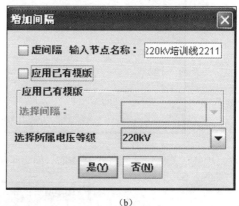

　　　　（a）　　　　　　　　　　　　　（b）

图 1-45　变电站增加间隔操作界面

　　若是增加新设备间隔，应填写"输入节点名称"后，点击"是"后进行间隔匹配；若是间隔复制，则在添加间隔弹出界面选择"应用已有模板"，则下面的子站和间隔会变为有效，选择相应的变电站和间隔后确定。

　　3. 间隔匹配

　　添加完间隔后，在相应间隔树节点点击右键选择间隔匹配，将会弹出间隔匹配的界面。如图 1-46 所示。

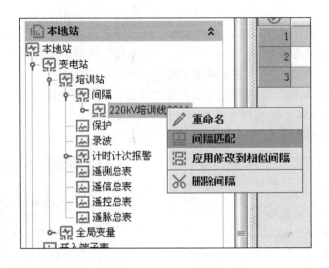

图 1-46　间隔匹配设置界面

　　在间隔匹配界面左侧"间隔所属保护"主节点上点击鼠标右键选择"添加保护"菜单项。如图 1-47、图 1-48 所示。

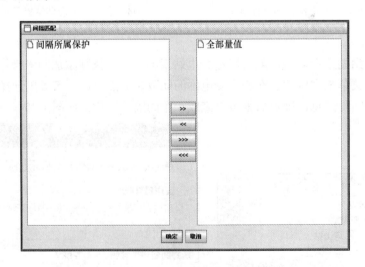

图 1-47　间隔匹配操作界面

图 1-48　添加保护设置界面

在弹出的选择保护信息界面，输入保护地址，选择保护类型后点击确定。如图 1-49 所示。

图 1-49　选择保护信息界面

图 1-49 中"保护地址"即后台给装置分配的通信地址（16 进制）。添加完成后，间隔匹配界面左侧树节点中会增加所选择的装置。展开节点，可以看到该节点下的四遥量信息，这时候可以通过" >> "" << "" >>> "" <<< "四个功能按钮完成所需四遥点的添加和删除。如图 1-50 所示。

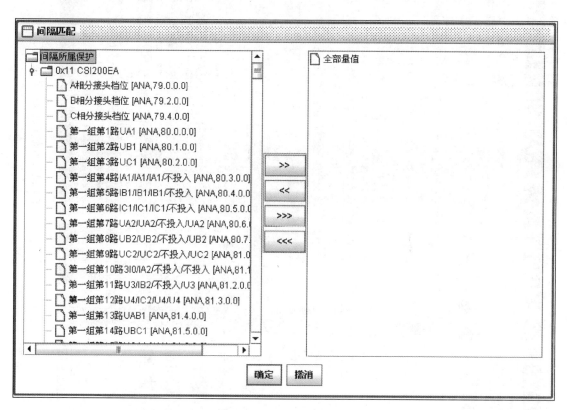

图 1-50　间隔匹配界面

添加完成，最终图中右侧树中显示的点就是需要的四遥量点。确定后，这些点的信息就会被按类别加入到组态工具相应间隔。间隔匹配完成后，展开相应的四遥量节点树，右侧表格中就会显示所添加的点信息。如图 1-51 所示。

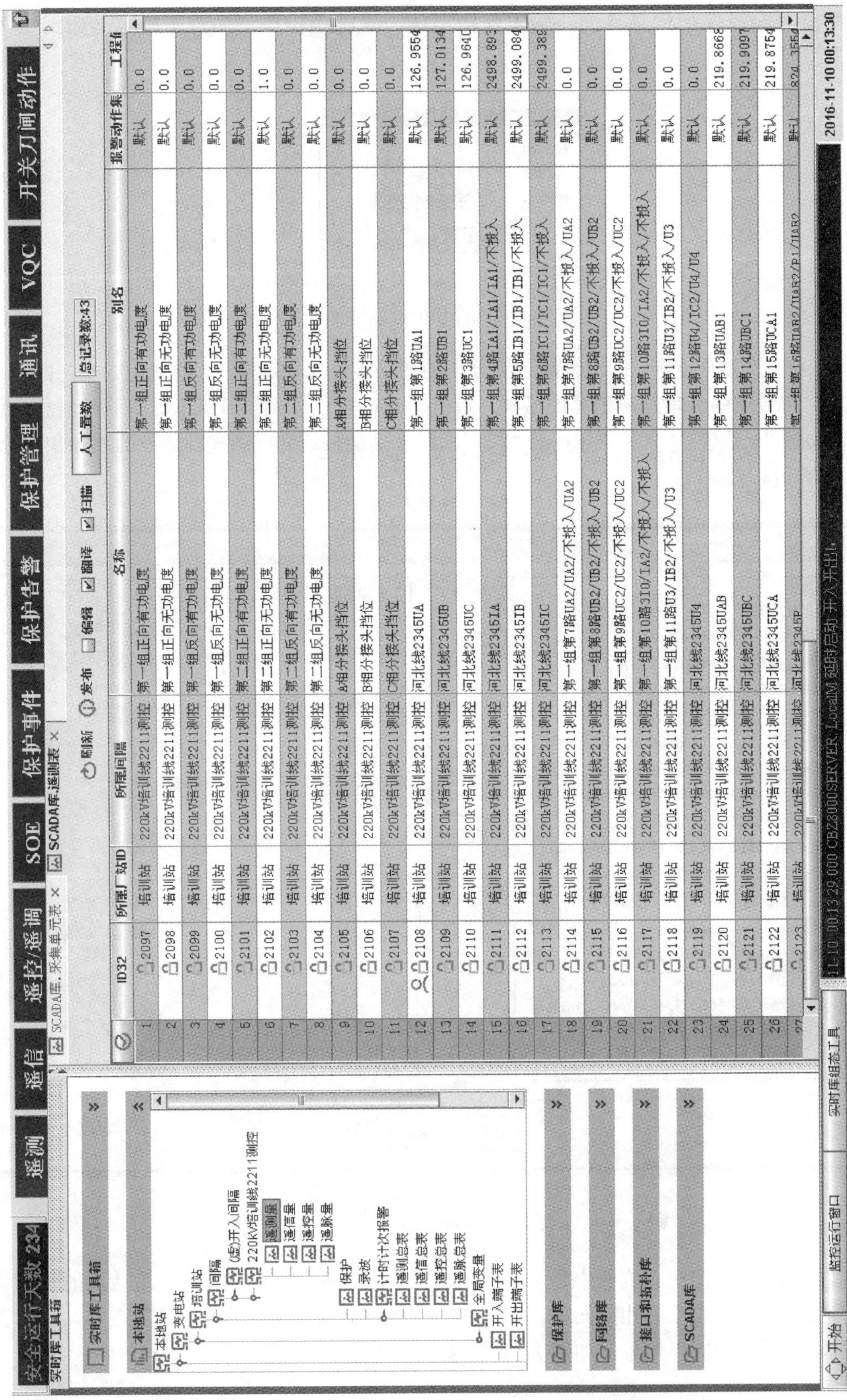

安全运行天数 234　遥测　遥信　遥控遥调　SOE　保护事件　保护告警　保护管理　通讯　VQC　开关刀闸动作

SCADA库-采集单元表 ×　SCADA库-遥测表 ×

刷新　发布　翻译　□编辑　□扫描　□人工置数　总记录数=43

	ID32	所属厂站/站ID	所属间隔	名称	别名	报警动作集	工程值
1	2097	培训站	220kV培训线2211测控	第一组正向有功电度	第一组正向有功电度	默认	0.0
2	2098	培训站	220kV培训线2211测控	第一组正向无功电度	第一组正向无功电度	默认	0.0
3	2099	培训站	220kV培训线2211测控	第一组反向有功电度	第一组反向有功电度	默认	0.0
4	2100	培训站	220kV培训线2211测控	第一组反向无功电度	第一组反向无功电度	默认	0.0
5	2101	培训站	220kV培训线2211测控	第二组正向有功电度	第二组正向有功电度	默认	1.0
6	2102	培训站	220kV培训线2211测控	第二组正向无功电度	第二组正向无功电度	默认	0.0
7	2103	培训站	220kV培训线2211测控	第二组反向有功电度	第二组反向有功电度	默认	0.0
8	2104	培训站	220kV培训线2211测控	第二组反向无功电度	第二组反向无功电度	默认	0.0
9	2105	培训站	220kV培训线2211测控	A相分接头挡位	A相分接头挡位	默认	0.0
10	2106	培训站	220kV培训线2211测控	B相分接头挡位	B相分接头挡位	默认	0.0
11	2107	培训站	220kV培训线2211测控	C相分接头挡位	C相分接头挡位	默认	0.0
12	2108	培训站	220kV培训线2211测控	河北线2345UA	第一组第1路UA1	默认	126.9554
13	2109	培训站	220kV培训线2211测控	河北线2345UB	第一组第2路UB1	默认	127.0134
14	2110	培训站	220kV培训线2211测控	河北线2345UC	第一组第3路UC1	默认	126.9640
15	2111	培训站	220kV培训线2211测控	河北线2345IA	第一组第4路IA1/IA1/IA1/不投入	默认	2498.893
16	2112	培训站	220kV培训线2211测控	河北线2345IB	第一组第5路IB1/IB1/IB1/不投入	默认	2499.084
17	2113	培训站	220kV培训线2211测控	河北线2345IC	第一组第6路IC1/IC1/IC1/不投入	默认	2499.38
18	2114	培训站	220kV培训线2211测控		第一组第7路UA2/UA2/不投入/UA2	默认	0.0
19	2115	培训站	220kV培训线2211测控		第一组第8路UB2/UB2/不投入/UB2	默认	0.0
20	2116	培训站	220kV培训线2211测控		第一组第9路UC2/UC2/不投入/UC2	默认	0.0
21	2117	培训站	220kV培训线2211测控		第一组第10路3I0/IA2/不投入/不投入	默认	0.0
22	2118	培训站	220kV培训线2211测控		第一组第11路U3/IB2/不投入/U3	默认	0.0
23	2119	培训站	220kV培训线2211测控		第一组第12路U4/IC2/U4/U4	默认	0.0
24	2120	培训站	220kV培训线2211测控	河北线2345UAB	第一组第13路UAB1	默认	219.8668
25	2121	培训站	220kV培训线2211测控	河北线2345UBC	第一组第14路UBC1	默认	219.9097
26	2122	培训站	220kV培训线2211测控	河北线2345UCA	第一组第15路UCA1	默认	219.8754
27	2123	培训站	220kV培训线2211测控	河北线2345	第一组第16路UAB2/UAB2/P1/UAB2	默认	82 356

实时库工具箱
本地站
　变电站
　培训站
　　间隔
　　　220kV培训线2211测控
　　　　遥测量
　　　　遥信量
　　　　遥控量
　　　　遥调量
　　保护
　　遥测
　　计时计时报警
　　遥测信总表
　　遥信总表
　　遥控总表
　　遥脉总表
　全局变量
　开入端子表
　开出端子表

保护库　网络库　接口和补偿库　SCADA库

开始　监控运行窗口　实时库组态工具

LL-10 00:13:29.000 CB28000SERVER. LocalM 延时启动 开入开出!

2016-11-10 00:13:30

图1-51　组态工具相应间隔界面

4. 四遥属性修改

间隔匹配完成后，四遥量的信息可以在表格中完成一些具体的设置。在选择表格上方的编辑功能后根据不同的选项可以通过下拉框、日期框、多选框或者直接输入可完成修改。

（1）遥测量：主要修改名称、系数、存储周期，如图 1-52 所示。电压的系数为 PT 变比的系数，比如现场 PT 为 220/100，则后台实时库这面电压系数就是 2.2，单位 kV；电流系数为现场 CT 变比的系数，比如现场 CT 为 600/5，则后台实时库这面电流就是 120，单位 A；相应 P 和 Q 的系数为 PT 变比乘以 CT 变比除以 1000，比如按上述 PT 为 220/100，CT 为 600/5，则 P 和 Q 的系数为 0.264，单位为 MW 和 MVar。

遥测：原始值×系数＋偏移＝工程值。

（2）遥信量：主要修改名称和类型，如图 1-53 所示。名称即为现场蓝图确定的描述，类型配置原则为将合位（HWJ）修改为对应一次设备的实际类型，即开关对应断路器、刀闸、地刀对应刀闸，只修改合位（HWJ）对应的类型，分位（TWJ）为默认的通用遥信即可。

（3）遥控量：主要修改名称，有双编号要求的添写对应的双编号，类型注意对应正确。实时库修改后，需要进行刷新、发布，关闭时保存。如图 1-54 所示。

5. 删除间隔

当在间隔树节点选择需要删除的节点后使用鼠标右键点击菜单，选择删除间隔后将出现确认提示对话框，如果确定删除，组态中相应的间隔将被删除，同时该间隔下的四遥量信息将会被自动删除。如图 1-55 所示。

6. 公式表

在实时库组态工具中打开公式表后，在右框点击右键弹出浮动菜单，选择属性对话框，如图 1-56、图 1-57 所示。

在计算公式属性设置中，可以对公式名称、触发周期、触发方式等选项进行设置。

如果需要添加新的公式，在已有公式的最后一行上点击右键菜单中的编辑公式。如图 1-58 所示。

在弹出的输入对话框输入新定义的公式名称。如图 1-59 所示。

在输入公式名称后，点击确定按钮。开始定义公式，在上面有 IF，THEN，ELSE，公式属性设置 4 个页面，每个页面中又包括运算符、限值、逻辑值、选择变量等。如图 1-60 所示。

建立公式的步骤：

进入"IF 部分"页面，点击运算符下拉框选择逻辑运算符。如图 1-61 所示。

选择后将在公式编辑显示区域出现如图 1-62 所示界面。

点击运算符左侧"（<>）"节点，可继续选择运算符，设计复杂的逻辑运算。表达式中的"（<>）"节点代表未知表达式，须根据需要进行输入。选中的"（<>）"节点，选中状态下通过"选择变量"从点表中选择相应点完成公式逻辑。如图 1-63 所示。

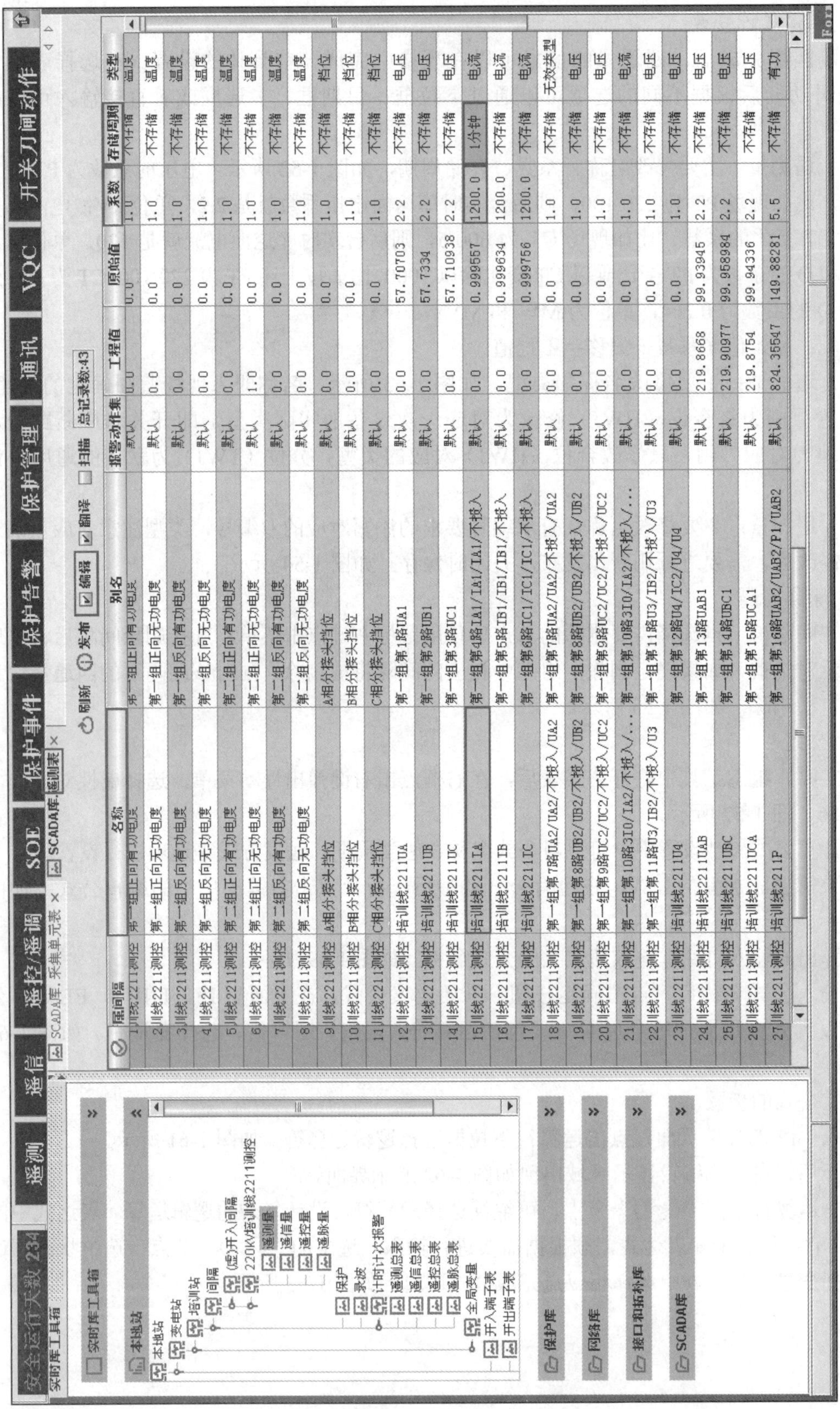

安全运行天数 234 ｜ 遥测 ｜ 遥信 ｜ 遥控/遥调 ｜ SOE ｜ 保护事件 ｜ 保护告警 ｜ 保护管理 ｜ 通讯 ｜ VQC ｜ 开关刀闸动作

实时库工具箱

- 实时库
  - 本地站
    - 变电站
    - 培训站
      - 间隔
        - 220KV培训线2211测控
          - （低）开入间隔
          - 遥测量
          - 遥信量
          - 遥控量
          - 遥脉量
        - 保护
          - 录波
          - 计时计次报警
          - 遥测总表
          - 遥信总表
          - 遥控总表
          - 遥脉总表
        - 全局变量
          - 开入端子表
          - 开出端子表

保护库　网络库　接口和缓冲库　SCADA库

SCADA库 采集单元表 ✕　SCADA库 遥测表 ✕

刷新　⊙发布　✓编辑　✓翻译　□扫描　总记录数:43

序号	间隔间	名称	别名	报警动作集	工程值	原始值	系数	存储周期	类型
1	川线2211测控		第一组正向有功电度				1.0	不存储	温度
2	川线2211测控	第一组正向无功电度	第一组正向无功电度	默认	0.0	0.0	1.0	不存储	温度
3	川线2211测控	第一组反向有功电度	第一组反向有功电度	默认	0.0	0.0	1.0	不存储	温度
4	川线2211测控	第一组反向无功电度	第一组反向无功电度	默认	0.0	0.0	1.0	不存储	温度
5	川线2211测控	第二组正向有功电度	第二组正向有功电度	默认	0.0	0.0		不存储	温度
6	川线2211测控	第二组正向无功电度	第二组正向无功电度	默认	1.0	0.0		不存储	温度
7	川线2211测控	第二组反向有功电度	第二组反向有功电度	默认	0.0	0.0		不存储	温度
8	川线2211测控	第二组反向无功电度	第二组反向无功电度	默认	0.0	0.0	1.0	不存储	档位
9	川线2211测控	A相分接头挡位	A相分接头挡位	默认	0.0	0.0		不存储	档位
10	川线2211测控	B相分接头挡位	B相分接头挡位	默认	0.0	0.0	1.0	不存储	档位
11	川线2211测控	C相分接头挡位	C相分接头挡位	默认	0.0	0.0	1.0	不存储	电压
12	川线2211测控 2211UA	培训线第1路UA	第一组第1路UA1	默认	0.0	57.70703	2.2	不存储	电压
13	川线2211测控 2211UB	培训线第2路UB	第一组第2路UB1	默认	0.0	57.7334	2.2	不存储	电压
14	川线2211测控 2211UC	培训线第3路UC	第一组第3路UC1	默认	0.0	57.710938	2.2	1分钟	电流
15	川线2211测控 2211IA	培训线2211IA	第一组第1路IA1/IA1/IA1	默认	0.0	0.999557	1200.0	不存储	电流
16	川线2211测控 2211IB	培训线2211IB	第一组第5路IB1/IB1/IB1	默认	0.0	0.999634	1200.0	不存储	电流
17	川线2211测控 2211IC	培训线2211IC	第一组第6路IC1/IC1/IC1	默认	0.0	0.999756	1200.0		无效类型
18	川线2211测控 2211UA2/UA2/不投入/UA2	培训线第7路UA2/UA2/不投入/UA2	第一组第7路UA2/UA2/不投入/UA2	默认	0.0	0.0	1.0	不存储	电压
19	川线2211测控 2211UB2/UB2/不投入/UB2	培训线第8路UB2/UB2/不投入/UB2	第一组第8路UB2/UB2/不投入/UB2	默认	0.0	0.0		不存储	电压
20	川线2211测控 2211UC2/UC2/不投入/UC2	培训线第9路UC2/UC2/不投入/UC2	第一组第9路UC2/UC2/不投入/UC2	默认	0.0	0.0		不存储	电流
21	川线2211测控 310/IA2/不投入/...	培训线第10路310/IA2/不投入/...	第一组第10路310/IA2/不投入/...	默认	0.0	0.0		不存储	电压
22	川线2211测控 2211U3/IB2/不投入/U3	培训线第11路U3/IB2/不投入/U3	第一组第11路U3/IB2/不投入/U3	默认	0.0	0.0	1.0	不存储	电压
23	川线2211测控 2211U4	培训线第12路U4/IC2/U4/U4	第一组第12路U4/IC2/U4/U4	默认	0.0	0.0		不存储	电压
24	川线2211测控 2211UAB	培训线第13路UAB	第一组第13路UAB1	默认	219.8668	99.93945	2.2	不存储	电压
25	川线2211测控 2211UBC	培训线第14路UBC	第一组第14路UBC1	默认	219.90977	99.968984	2.2	不存储	电压
26	川线2211测控 2211UCA	培训线第15路UCA	第一组第15路UCA1	默认	219.8754	99.94336	2.2	不存储	电压
27	川线2211测控 2211P	培训线第16路UAB2/UAB2/P1/UAB2	第一组第16路UAB2/UAB2/P1/UAB2	默认	824.35547	149.88281	5.5	不存储	有功

图 1-52　遥测量界面

	所属间隔	名称	别名	报警动作集	工程值	类型	原始
13	220kV培训线2211测控	第五节点PT断线告警	第五节点PT断线告警	默认	0	保护遥信告警	0
14	220kV培训线2211测控	第五节点PT断线告警	第六节点PT断线告警	默认	0	保护遥信告警	0
15	220kV培训线2211测控	3U0节点5越限告警	3U0节点5越限告警	默认	0	保护遥信告警	0
16	220kV培训线2211测控	3U0节点6越限告警	3U0节点6越限告警	默认	0	保护遥信告警	0
17	220kV培训线2211测控	2211开关A相位置(HWJ)	(开入1)	默认	0	断路器	
18	220kV培训线2211测控	2211开关A相位置(TWJ)	(开入2)	默认	0	通用遥信	
19	220kV培训线2211测控	2211开关B相位置(HWJ)	(开入3)	默认	0	断路器	
20	220kV培训线2211测控	2211开关B相位置(TWJ)	(开入4)	默认	0	通用遥信	
21	220kV培训线2211测控	2211开关C相位置(HWJ)	(开入5)	默认	0	断路器	
22	220kV培训线2211测控	2211开关C相位置(TWJ)	(开入6)	默认	0	通用遥信	
23	220kV培训线2211测控	22111刀闸合位	(开入7)	默认	0	刀闸	
24	220kV培训线2211测控	22112刀闸合位	(开入8)	默认	0	刀闸	
25	220kV培训线2211测控	22115刀闸合位	(开入9)	默认	0	刀闸	
26	220kV培训线2211测控	(开入10)	(开入10)	默认	1	通用遥信	1

图 1-53　遥信量界面

ID32	所属厂站ID	双编号	名称	别名	报警动作集	遥信闭锁id	类型	标志
1936	培训站		分接头调节压板	分接头调节压板	默认	0	保护压板	0
1937	培训站		调压降挡	调压降挡	默认	0	其它	0
1938	培训站		同期功能压板	同期功能压板	默认	0	保护压板	0
1939	培训站		调压升档	调压升档	默认	0	其它	0
1940	培训站		备自投压板	备自投压板	默认	0	保护压板	0
1941	培训站		调压停止	调压停止	默认	0	其它	0
1942	培训站		控制逻辑投入压板	控制逻辑投入压板	默认	0	保护压板	0
1943	培训站	2211	培训线2211断路器	断路器	默认	0	断路器	0
1944	培训站		检同期压板	检同期压板	默认	0	保护压板	0
1945	培训站	22111	培训线22111刀闸	刀闸1	默认	0	刀闸	0
1946	培训站		检无压压板	检无压压板	默认	0	保护压板	0
1947	培训站	22112	培训线22112刀闸	刀闸2	默认	0	刀闸	0
1948	培训站		准同期压板	准同期压板	默认	0	保护压板	0

刷新　发布　☑编辑　☑翻译　☐扫描　总记录数:34

图 1-54　遥控量界面

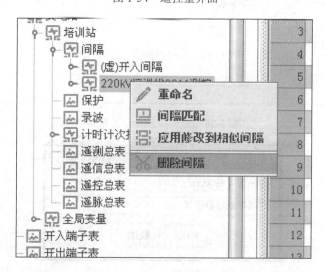

图 1-55　删除间隔操作界面

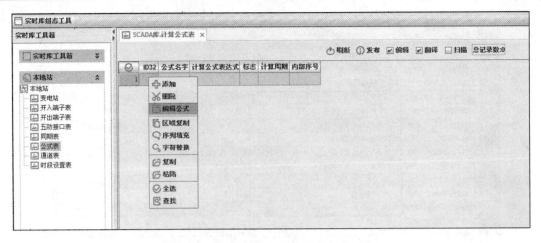

图 1-56　公式表界面

图 1-57　计算公式属性设置界面

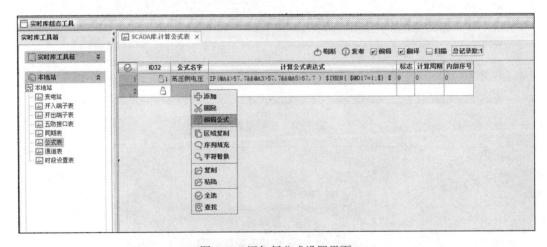

图 1-58　添加新公式设置界面

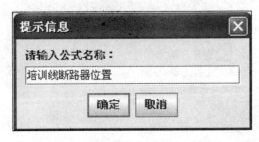

图 1-59　新定义公式名称对话框

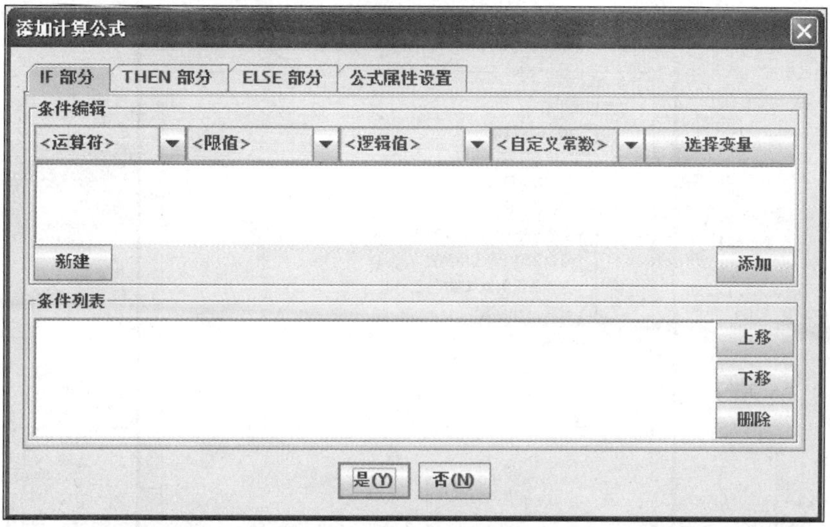

图 1-60　定义公式界面

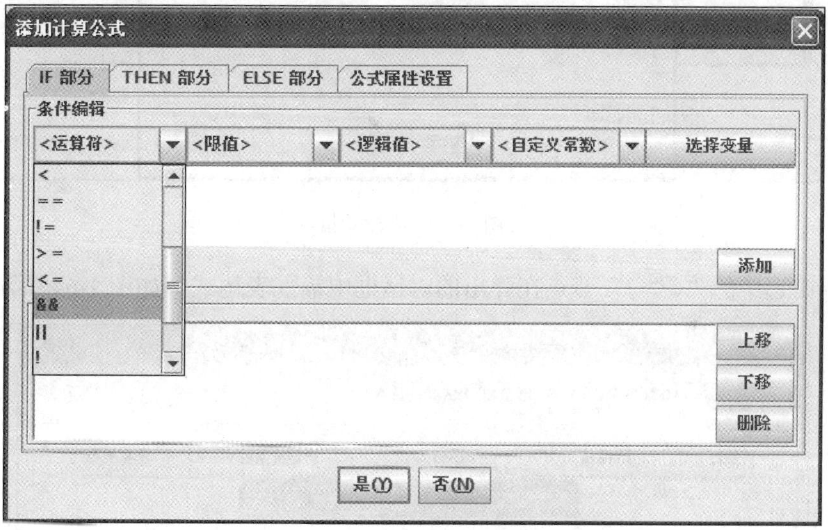

图 1-61　IF 页面

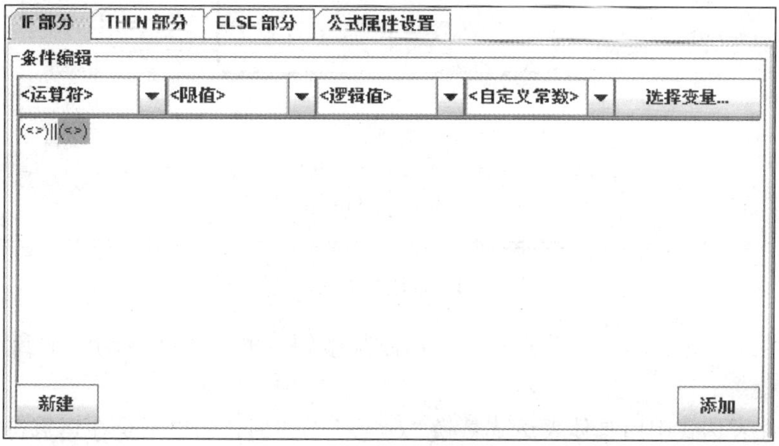

图 1-62　公式编辑显示区域

图 1-63　选择变量

或者双击选中的"（<>）"节点在弹出的对话框中输入表达式。如图 1-64 所示。

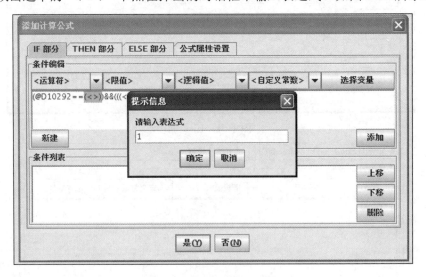

图 1-64　表达式输入对话框

确认表达式中无"（<>）"节点后，点击添加按钮，表达式会自动添加到下方的条件列表中。

在 IF 条件表达式中用具体表达式替换"（<>）"节点时，如果不是在运算符中通过选择完成而是输入条件表达式，表示两个条件相等，用"＝＝"而非"＝"。

"THEN 部分"和"ELSE 部分"页面的操作与"IF 部分"页面相同。

进入公式属性设置页面，修改公式名称，选择运算方式，若是周期运算，则需要指定运算周期（s）。如图 1-65 所示。

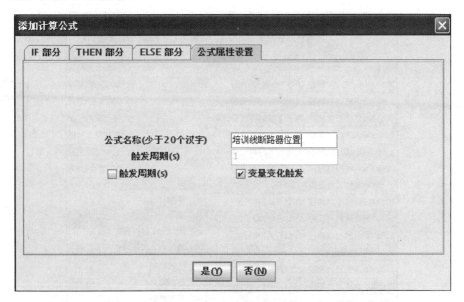

图 1-65　公式属性设置页面

实例一：遥信 1、2、3 分别为断路器 A、B、C 相合位，遥信 4 为断路器合位总信号：

IF((@D1==1)&&((@D2==1)&&((@D3==1))) $THEN{$(@D4==1);$} $ELSE{$(@D4==0);$}

实例二：遥信 1、2、3 分别为保护动作 1、2、3，遥信 4 为事故总：

IF((@D1==1)||((@D2==1)||(@D3==1))) $THEN{$(@D4==1);$} $ELSE{$(@D4==0);$}

7. 五防接口表

五防接口表只用于监控和外厂家五防间通信，一体化五防与之无关。五防接口表中遥信类型表示监控向五防传递的遥信，遥测类型表示监控向五防传递的遥测，虚遥信类型表示五防向监控传递的遥信点。如果从某一间隔的遥测和遥信表中将该点添加到五防接口表（在遥测表或遥信表编辑状态下通过右键"添加到五防接口表"功能添加），则该点的记录会出现在五防接口表相应的类型下，如图 1-66 所示。

双击本地站节点五防接口表，弹出如下窗口，可以选择相应的遥测、遥信和虚遥信点。如图 1-67 所示。

默认是遥信添加到五防遥信，虚遥信添加到五防虚遥信，遥测添加到五防遥测。五防接口表点类型可以通过下拉框进行修改。如果四遥表中的遥测和遥信被删除，则接口表中相应关联记录变红，这时工程人员与对端五防确认后将该记录删除，否则因五防接口表中相关联实点不存在，五防接口无法启动。五防对点中常常需要调整点的顺序，该功能可以通过右键菜单的"表序列调整"来完成。

8. 历史存储数据

遥测点在选择了存储周期后相关测点会在相应的存储周期进行历史存储将数据保存到商业库，以实现报表中相关数值的正常取用。遥测表中的存储周期字段在编辑状态下双击就可以选择相应的存储周期，通常是从 1min 到 24h 之间做出选择，添加新点默认不存储。在遥测表中选择了相应存储周期后该点同时会被自动添加到遥测最值统计表中。如图 1-68 所示。

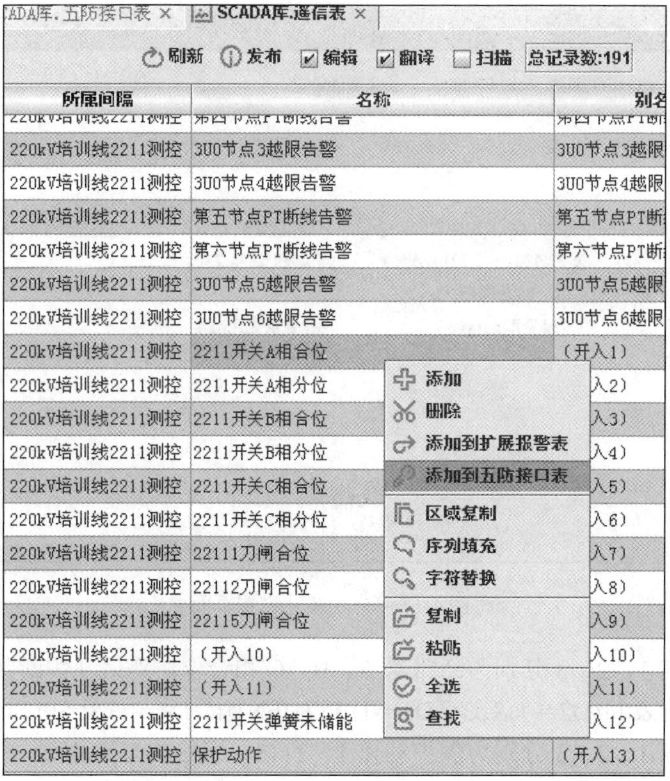

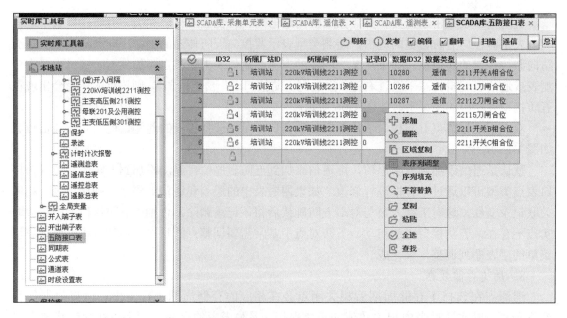

图 1-66　五防接口表

图 1-67　本地站节点五防接口表

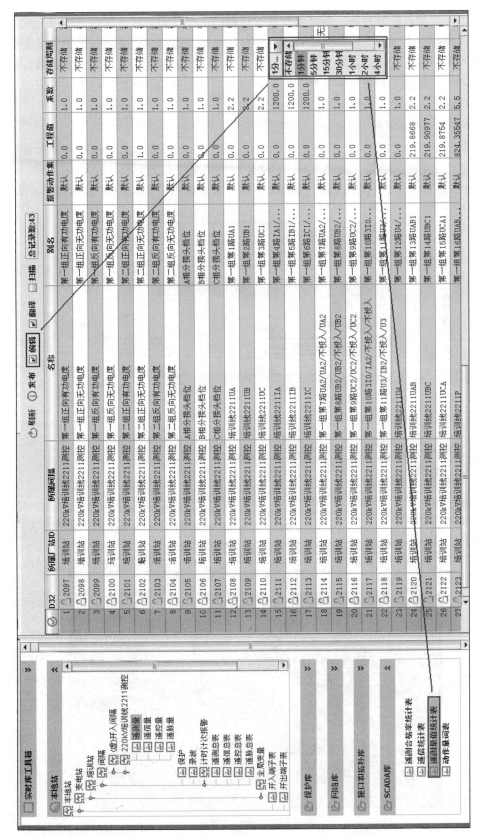

图 1-68 历史存储数据

遥信表中类型选择为刀闸、断路器和保护压板的点会自动进行遥信统计。参与遥信统计的遥信点其统计使能标志位被置位，且该点会自动出现在遥信统计表中。历史程序会根据该表在相应的周期（日、月、年）对该点进行统计并将统计数据存入数据库中以供报表使用。如果遥信表中有其他类型的点需要参与统计，则只需将该点的统计使能标志位置位即可，置位的同时该点会自动添加到遥信统计表。

9. 输出远动点表文件

该功能将导出给 CSC1321 远动维护工具使用的*.xml 格式的文件，文件含四遥量的物理量名和点名。导出时选择要导出的文件夹，确定后将在文件夹下生成一些 XML 文件，其中的 analog.xml、digital.xml、control.xml、pulse.xml 四个文件提供给 CSC1321 远动维护工具使用。如图 1-69 所示。

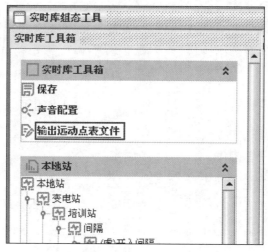

图 1-69　输出远动点表文件

五、画面制作

进入图形编辑界面方式：点击开始→应用模块→图形系统→图形编辑。如图 1-70 所示。

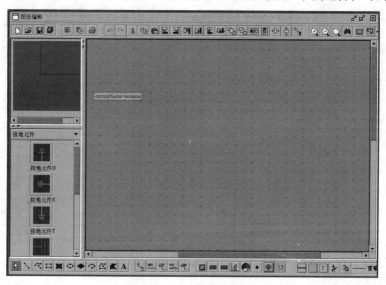

图 1-70　图形编辑界面

新建图形，鼠标点击图形弹出图形属性定义界面，如图 1-71 所示。

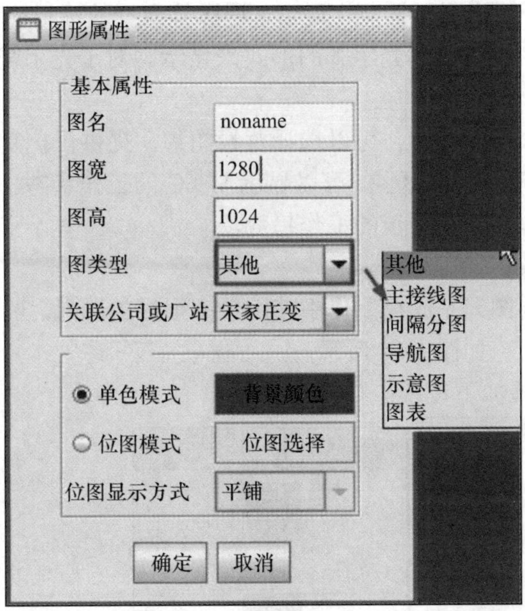

图 1-71　图形属性定义界面

图宽：定义图形显示宽度，根据实际显示器尺寸和分辨率调整。

图高：定义图形显示高度，根据实际显示器尺寸和分辨率调整。

图形类型：可定义图形为图 1-71 所显示的各种图形类型，要求全站只能有一张"主接线图"类型的图形，用于绘制变电站的一次主接线图，以下关于母线及开关、刀闸、主变的绘制都是在"主接线图"类型的图形上实现。

1. 图形编辑工具条

图形编辑主要提供了七种工具条：文件、打印、操作、图元、设备图元、属性、显示工具条。

（1）图元工具条。

选中图元后，鼠标上在图元上停留一会，会出来该图元的信息提示。基本图元工具条依次为选择、直线、折线、矩形、填充矩形、椭圆、填充椭圆、廾弧、多边形、填充多边形、文本、位图，这些图元在图形中都是静态不会改变的，只能做一些简单的属性设置，如字体、颜色、线型。如图 1-72 所示。

（2）标记图元工具条。

标记图元工具条中的图元除了可以做简单的属性设置外，通过做一些特性设置，还可以进行操作或者数据显示。如图 1-73 所示。

图 1-72　图元工具条

图 1-73　标记图元工具条

功能按钮：单击功能按钮可以提供诸如图形跳转、音响复归、清闪等功能。

弹图按钮：单击弹图按钮可以在原有画面的基础上弹出一个新的图形窗口。不推荐使用。

棒图：制作棒图。

饼图：制作饼图。

动态标记：制作一个可以显示遥测、遥信、遥脉等数据的标记。遥测、遥脉以文本显示，遥信以一个小圆来显示，也支持以光字牌的形式来显示。对于光字牌还可以提供一个容器，用于对光字牌的索引。

保护设备：制作一个保护装置，可以选择背景图片，提供保护复归功能。

九区图：制作一个 VQC 的九区图。可以显示 VQ C 的工作状态。包括当前的无功、电压、功率因数的数值，也可以显示下一步的工作趋势。

（3）设备图元工具条。

设备图元工具条中的图元是图形制作中使用频率很高的图元，主要用来制作系统的接线图。如图 1-74 所示。

图 1-74　设备图元工具条

在图 1-75 中可以选择如下设备：

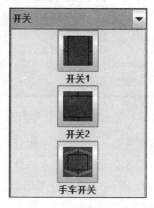

图 1-75　设备选择

单端辅助设备：使用该工具适合制作一个只有端子的电力设备，如 PT。在主接线中会有各种电容、电抗等组合图元，不好归类，可以根据端子情况来定义是单端辅助设备或双端辅助设备。

双端辅助设备：使用该工具适合制作有两个端子的电力设备，如 CT。

接地元件：使用该工具制作接地元件。

开关：使用该工具制作开关或手车开关，对于手车开关，系统是作为一个设备来对待的。在下面属性设置章节中有详细介绍。

刀闸：使用该工具制作刀闸。

双圈变压器：使用该工具制作双圈变压器。

三圈变压器：使用该工具制作三圈变压器。

电抗器：使用该工具制作电抗器。

电容器：使用该工具制作电容器。

避雷器：使用该工具制作避雷器。

消弧线圈：使用该工具制作消弧线圈，目前一般不使用。

熔断器：使用该工具制作熔断器。

虚设备：使用该工具制作一个虚设备，虚设备是指在实际系统中没有合适的设备来对应，但是需要用到显示数据或控制的对象，比如压板等。

五防设备：使用该工具制作地线、网门等五防设备。

其他的设备图元还有：

电力连接线：使用该工具制作电力连接线，电力连接线主要是用来连接两个实际的一次设备，在运行态下，会根据实际设备的带电状态和位置对电力连接线动态着色。

母线：使用该工具制作母线，母线只能为直线。

线路：使用该工具制作线路，当给线路配上功率后，会在线路的首端自动显示箭头来表示功率的流向，首端是指画线路时第一个坐标点。

在制作设备图元过程中，除了虚设备、五防设备、电力连接线、线路以外，还会自动向实时库设备表增加一个设备，删除设备图元也会同时将其对应的设备从实时库中删除。因此，当在图形编辑中有对设备图元的增加、删除、属性修改等操作时，除了需要保存图形以外，还需要对实时库做数据备份。

（4）操作工具条提供的操作都是针对图形当前选择的图元。有些操作，比如各种对齐操作是以第一个所选择的图元作为参考图元的，因此选择图元时应该使用 Ctrl 键配合鼠标来选择，不要使用框选。

（5）属性工具条可以对当前所选择的图元进行一些简单的属性设置，即图元所共有的属性。

（6）显示工具条中的"显示设置"按钮，主要对设备图元端子、数据、标签的显示进行设置，设置界面如图 1-76 所示。

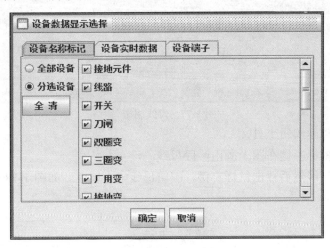

图 1-76　显示设置

显示端子：使用该工具来控制是否显示设备图元的端子。

显示数据：使用该工具来控制是否显示设备图元的数据。

显示标签：使用该工具来控制是否显示设备图元的标签。

2. 图形制作

图形制作是指利用各种图元按各种形式进行组合，并对图元进行属性设置的一个过程。建议按照如下的原则进行图形制作。

原则一：先建库后做图，特别避免出现在多个计算机上同时做图和建库或修改库。

原则二：在一个计算机上做图，始终保持此计算机上的图形是最新的，由它向其他计算机同步。

原则三：在图形制作过程中，对设备图元有增加、删除、修改操作时，在系统退出前，要做数据备份。

原则四：对典型间隔而言，先制作好一个间隔，特别是属性设置完毕后，使用间隔匹配会极大地加快制图速度，而且能保证图形制作的正确性。

原则五：图形要注意整体布局，突出重点设备，如变压器，给人感觉要饱满，避免头重脚轻。

（1）母线制作。

第一步：设置母线宽度，如图 1-77 所示。

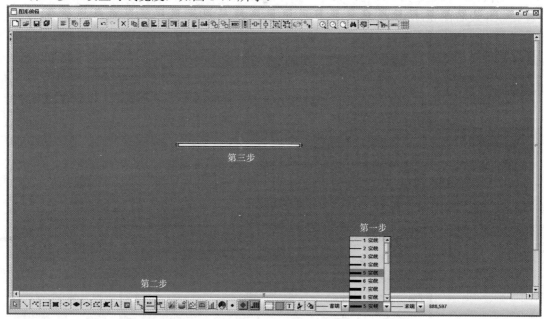

图 1-77　母线制作

第二步：点击母线编辑工具。

第三步：按住鼠标左键在图上画出一段母线。

第四步：选中母线然后双击鼠标左键，编辑母线电力属性。如图 1-78 所示。

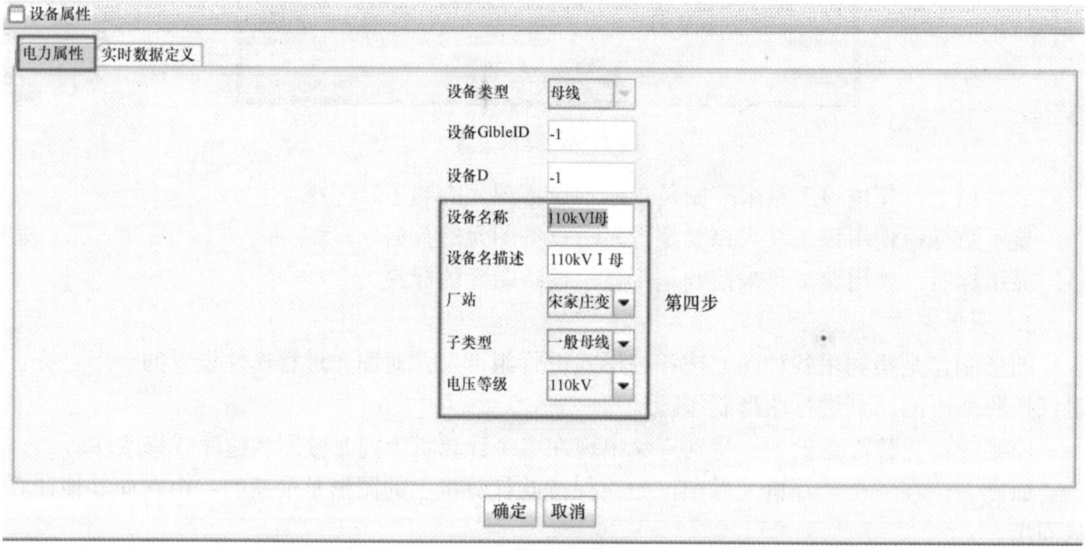

图 1-78　编辑母线电力属性

第五~八步：编辑母线的数据属性，将母线与母线 PT 采集的电压值进行关联定义。如图 1-79 所示。

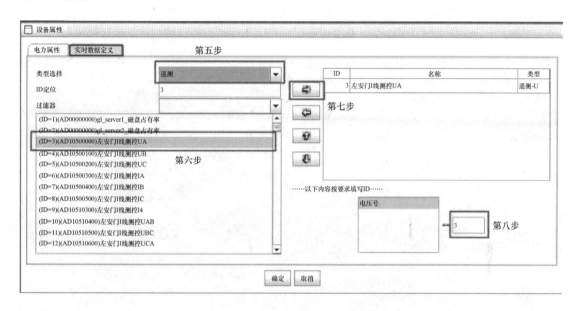

图 1-79　编辑母线数据属性

（2）开关、刀闸制作。

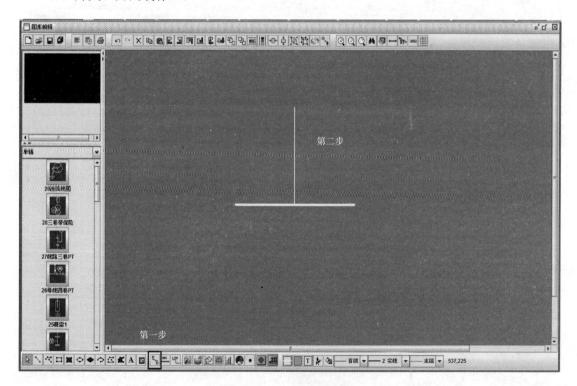

图 1-80　开关刀闸制作

第一步：选择电力连接线工具。

第二步：在图形区域，点击鼠标左键然后松开画出电力连接线。

第三步：选择图元类型及样式，鼠标点击选中。

第四步：点击连接线的相应位置摆放图元，图元会自动将连接线断开并与之连接。

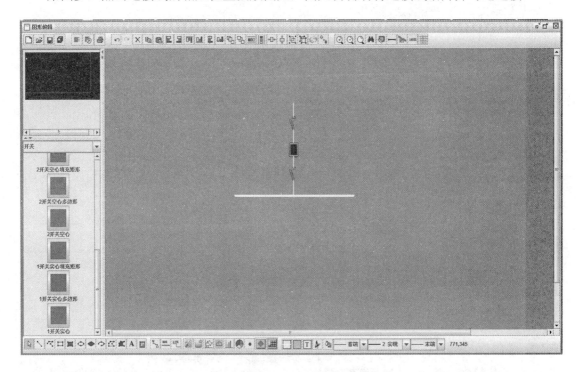

图 1-81　创建图元

第五步：选中图元并双击，设置设备电力属性，如图 1-82 所示。

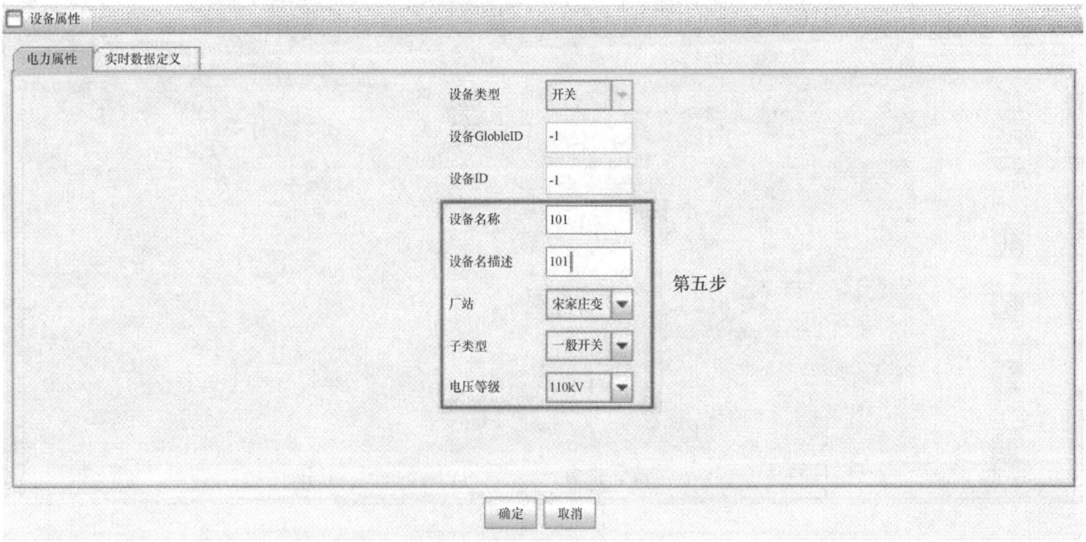

图 1-82　设置设备电力属性

第六步：选择需要与图元进行数据关联的数据类型，如遥信、遥控。

第七步：选择关联数据。

第八步：点击"⏚"按钮添加，如果双位置需要添加合、分位，如图 1-83 所示。

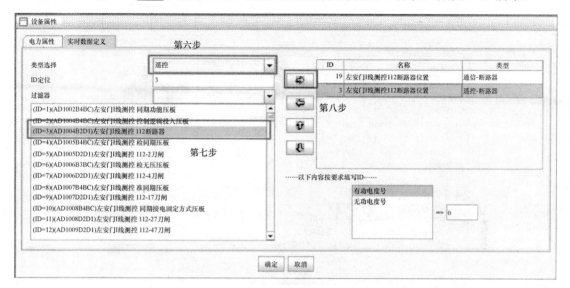

图 1-83　实时数据定义

（3）主变制作。

从"设备图元工具条"内选择主变，画法同开关、刀闸的操作方法。

（4）动态标记。

动态标记是一个比较特殊的图元，它可以以各种形式来显示遥测、遥脉、遥信的数据。属性对话框如下，目前支持的类型为：

1）遥测、遥脉：显示数值，需要定义整数和小数的位数，名称自动放在数值的左边。数值的颜色由图形统一来设置，可以区分出正常、越限颜色，数值的背景色可由属性工具条设置。如果数值大小超过了定义的位数，则会显示 FFFF。

2）遥信：以一个小圆来表示遥信的工程值，名称自动放在小圆的右边，小圆的填充颜色可以按工程值来定义。

3）光字牌：以一个按钮的形状来模拟传统的光字牌，名称放在按钮中间，支持自动换行。按钮的填充颜色可以按工程值来定义。

4）光字牌容器：以一个按钮的形状来模拟光字牌的索引，名称放在按钮中间。按钮的填充颜色可以按工程值来定义。热点其实就是指容器所对应的图形，只要热点图形中存在光字牌，则容器的工程值就是热点图形中所有光字牌工程值取"或"，即只要有一个光字牌为1，则容器就为 1。点击光字牌容器，则会跳转到热点图形。容器可以对应多个热点图形，以便灵活地定义光字牌以及索引方式。

所有类型的名称颜色和字体都可以通过属性工具条来设置。名称后面有个选择框，选中后名称会自动填写，否则名称不会变化，但可以手工修改。如图 1-84 所示。

在动态标记中，有两个特殊的遥信动态标记，保护事件总和保护告警总。只要遥信动态标记所对应的遥信点是系统默认的"保护事件总"和"保护告警总"遥信，标记名称也分别是"保护事件总"和"保护告警总"，如图 1-85 所示。

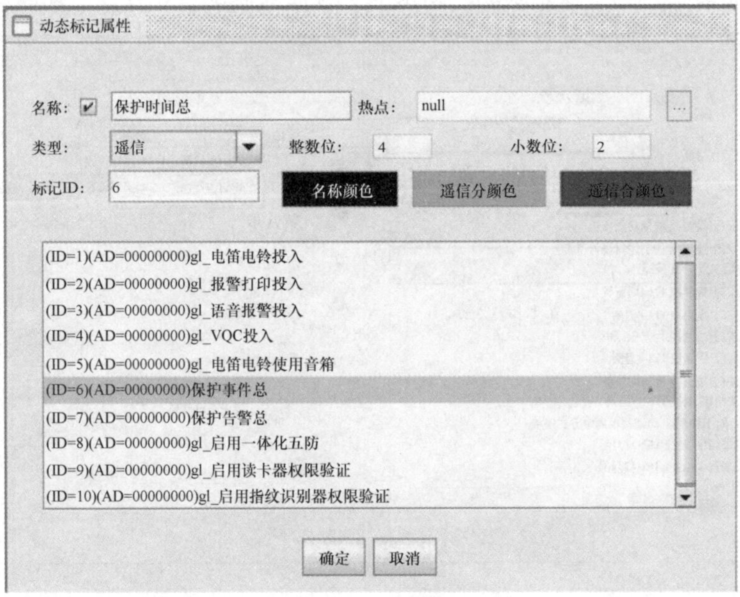

动态标记属性

名称：☑ 保护时间总　　　　热点：　null

类型：　遥信　▼　　整数位：　4　　小数位：　2

标记ID：　6　　　名称颜色　　遥信分颜色　　遥信合颜色

(ID=1)(AD=00000000)gl_电笛电铃投入
(ID=2)(AD=00000000)gl_报警打印投入
(ID=3)(AD=00000000)gl_语音报警投入
(ID=4)(AD=00000000)gl_VQC投入
(ID=5)(AD=00000000)gl_电笛电铃使用音箱
(ID=6)(AD=00000000)保护事件总
(ID=7)(AD=00000000)保护告警总
(ID=8)(AD=00000000)gl_启用一体化五防
(ID=9)(AD=00000000)gl_启用读卡器权限验证
(ID=10)(AD=00000000)gl_启用指纹识别器权限验证

确定　　取消

图 1-84　动态标记

图 1-85　遥信动态标记

这两个特殊动态标记的主要作用就是取代上述的传统光字牌，它自动搜索系统中遥信类型为"保护遥信事件"和"保护遥信告警"的遥信，只要有一个类型为"保护遥信事件"（保护遥信告警）的遥信的工程值为 1，则"保护事件总"（保护告警总）的动态标记的工程值就为 1，小圆的填充颜色按定义的颜色变化。只要有一个类型为"保护遥信事件"（保护遥信告警）的遥信的报警没有被确认，则"保护事件总"（保护告警总）的动态标记没有被确认，按钮的边框就会变为红色。

在运行态下，当这两个动态标记有信号时，点击标记则会将当前系统的事件或告警信号按照从间隔到测点索引方式自动列出来。

（5）按钮对话框：功能按钮和弹图按钮。

1）弹图按钮比较简单，属性对话框如下，下方的坐标设置目前没有用到，弹出的图形默认放在屏幕中央。按钮的名称在按钮文字中定义。三种模式的含义分别为：单色模式、位图模式、文本模式。热点趋势就是选择按钮所对应的图形目标，在运行态下，点击按钮，就会在一个新窗口加载此图形显示。如图 1-86 所示。

2）功能按钮的属性对话框如下，基本属性页里内容同弹图按钮。功能属性里列出目前所支持的功能，在选择不同的功能后，会有该功能的简单描述提示，在右下方的文本框按照提示输入具体的配置。主要功能有图形跳转、区域跳转、遥信置位、保护复归、间隔清闪等。

图 1-86　弹出按钮对话框

六、报表制作

1. 创建报表

报表管理界面打开方式：点击开始→应用模块→历史及报警→报表。

点击功能菜单文件→新建报表，选择新建报表（包括新建运行报表、日报表、周报表、月报表、季报表、年报表），选中其一。

在对话框中输入新报表名称，确定后则会打开空白的报表模版，如图 1-87、图 1-88 所示。

图 1-87　新建报表

2. 报表模板操作

在报表列表中选择一个报表，并用鼠标右键点击，会显示报表操作浮动菜单，如图 1-89 所示。

3. 报表模板编辑

报表模板编辑，指在一张空白的报表模板上定义各个实点、字符串、公式等，最后形成一张复杂的报表模版。报表编辑一是定义、修改各个单元格的内容，二是定义报表的显示颜色、范围、单元格颜色、格式等表现形式。

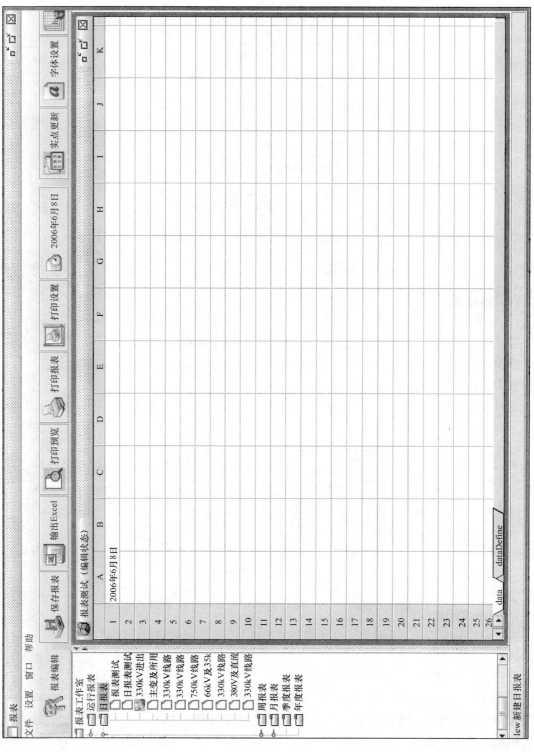

图 1-88　空的报表模板

图 1-89　报表模板操作

（1）单元格定义。

在报表模板中，单元格共有四种类型：字符串、日期、实点、公式类型。在模板中，实点用"****"表示，自动填充的实点用"**"表示，自动填充的实点依赖我们定义的实点，不可以单独对"**"号表示的自动填充实点编辑，需要结合其依赖的"****"表示的独立实点进行；公式由"#"号打头，如"#SUM（A2:A35）"等；在未定义的空白单元格处用鼠标左键双击，弹出选择单元格类型对话框，如图 1-90 所示。

图 1-90　单元格定义

上述单元格定义是对空白的单元格进行定义。如果对已经定义的字符串、实点、公式等类型的单元格双击，则不会弹出选择单元格类型窗口，而是直接弹出它们各自的定义窗口。

1）定义日期。

在单元格类型选择对话框中，用鼠标左键点击日期，确定后该单元格为日期类型，缺省为当天日期。在浏览态时，日期类型的单元格所显示日期和报表设定日期一致。报表中只可有一个单元格为日期类型，设置一个单元格为日期类型，会自动清除已有的日期类型单元格。

2）定义字符串。

在单元格类型选择对话框中，用鼠标左键点击字符串，确定后弹出如图 1-91 所示的对话框。对时间等字符串，可利用报表的自动填充功能。

图 1-91　定义字符串

3）定义实点。

在单元格类型选择对话框中，用鼠标左键点击实点定义，确定后弹出实点定义对话框，如图 1-92 所示。

在实点定义四遥节点下，可以选择具体的遥信量、遥测量或者遥脉量；可以设置实点相关的统计类型，如遥测点的当前值、最大值、最小值时刻，遥脉点的绝对电度等；可以设置实点的取点方式，包括起始时间、步长时间、取点个数等，取点个数大于 1 时，还可以设置实点的排列方向。

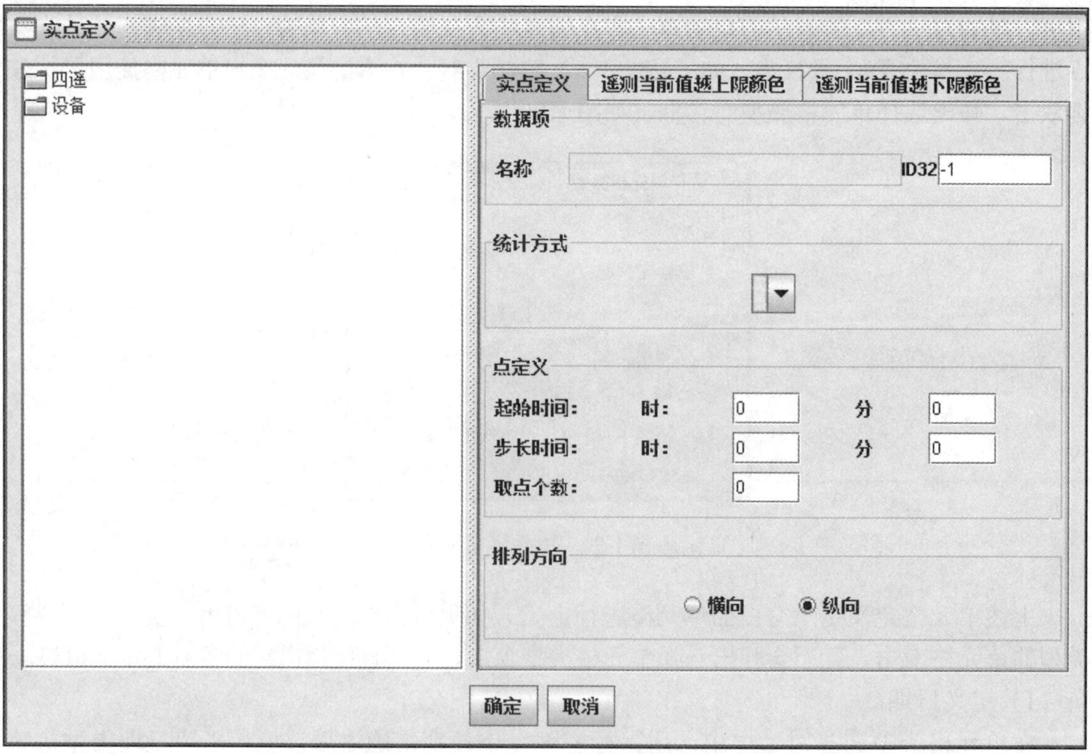

实点定义		
四遥 设备	**实点定义**　遥测当前值越上限颜色　遥测当前值越下限颜色	
	数据项	
	名称　　　　　　　　　　　　　ID32 -1	
	统计方式	
	▼	
	点定义	
	起始时间：　时：0　　分 0	
	步长时间：　时：0　　分 0	
	取点个数：　0	
	排列方向	
	○横向　　●纵向	
	确定　取消	

图 1-92　定义实点

实点有两类，以"****"表示的手动定义实点和以"**"表示的自动填充实点。实点定义中，当点定义中取点个数大于 1 时，就会出现自动填充实点，它们从属于手动定义实点，不可编辑。即如果想删除、复制、剪贴某个实点定义，必须选中这个实点相关联的自动填充实点的区域，一起进行编辑。

此外，虽然月报表中可以选择整点值作为显示，但这些与日报表功能重合。推荐用日报表显示每天全部整点值。月报表适合显示每天的特定时刻整点值。

4）定义公式。

在单元格类型选择对话框中，用鼠标左键选择公式，确定后弹出公式定义对话框，如图 1-93 所示。

图 1-93 定义公式

可以看到预公式定义的单元格为粉红色，提示只能对该单元格进行公式编辑。先用鼠标左键单击上方的公式编辑栏，其中将显示一个等号，在等号后面就可以编辑公式，公式定义同 Excel。

（2）报表格式定义。

报表格式定义分为两部分，一是报表整体格式的定义，如报表显示范围、前景色、背景色、显示范围、显示比例、打印区域设置等，称之为工作表设置；二是报表局部区域格式的定义，如字体、颜色、显示方式等，称之为单元格设置。

1）工作表设置。

在报表中单击鼠标右键，出现浮动菜单，选择工作表设置，如图 1-94 所示。

工作表设置相关的有隐藏网格线、隐藏行头、隐藏列头、工作表格式四个选项，前三个选项单击即可，立即生效。单击工作表格式，弹出工作表属性设置窗口。可以设置文字右侧串图报表的前景色，背景色，显示范围、显示比例（百分数）、滚动条等。

2）单元格设置。

在报表中用鼠标左键拖选，选择需要设置单元格格式的区域，再单击鼠标右键弹出浮动菜单。选择字体设置，弹出字体设置窗口，可以设置所选区域的字体颜色、大小、对齐方式、边框颜色、数值格式等，具体操作同 Excel。

3）自动填充时间。

对于时间、数字等规律性强、前后连续大的文本，可以选择批量填充的方式。

图 1-94　工作表设置

用鼠标左键单击选中需要填充时间的起始单元格，右键显示的浮动菜单中选择"填充时间"，弹出自动填充文本窗口，如图 1-95 所示。

图 1-95　填充时间

以日报表为例，需要显示一天 24 小时的整点时刻值，在实点旁边需要时间作为注解。操作如下：

选择文本格式为"2：00"，起始时间 0 点 0 分、步长时间 60min、取点个数 24，时间排列方向选择纵向排列，确认后会自动填充时间，如图 1-96 所示。

（七）备份与还原

1. 后台备份

将 csc2100_home 根目录下 config 及 project 文件夹进行备份。

2. 后台还原

将原 csc2100_home 根目录下 config 及 project 文件夹删除或更名，再将自己备份的 config 及 project 文件夹复制到该根目录下，打开一个 DOS 窗口键入 install 进入安装向导界面，重复的安装步骤，在最后一步不用点击"安装"，直接点击"取消"即可，最后打开监控程序。

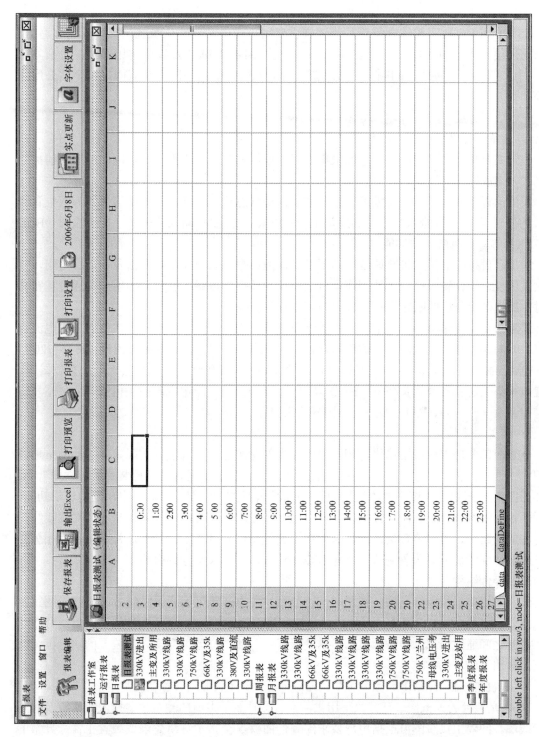

图1-96　自动填充时间

第二节 测 控

CSI-200E/EA 数字式综合测量控制装置主要用于变电站自动化系统，实现遥测、遥信、遥脉的采集和遥控的执行。装置按间隔设计，主要用于 110kV 及以上电压等级，包括主变（高、中、低压侧、本体）间隔、出线间隔、母联间隔、旁路间隔、小间间隔、全站公用间隔等。

一、功能介绍

1. 装置主要功能

装置主要功能为"四遥"信息的采集处理，根据需要选择检无压、检同期或自动捕捉同期方式，完成同期功能等。

遥信：每组开入可以定义成多种输入类型，如状态输入（开关、刀闸等位置为双位置输入）、保护及各种告警输入、事件顺序记录（SOE）、脉冲累积输入、主变分接头输入（BCD 或 HEX）等，具有防抖动功能。

遥控：可接收监控主机或调度主站下发的遥控命令，完成控制断路器及其周围刀闸，复归收发信机、操作箱等操作。装置还提供了一排就地操作按钮，有权限的用户可通过按钮直接对主接线图上对应的断路器及其周围刀闸进行分合操作。

遥测：交流量采集，根据不同电压等级要求能上送本间隔三相电压有效值、三相电流有效值、3U0、3I0、有功、无功、频率等；直流、温度采集，装置可采集多种直流量。如 DC220V、DC110V、DC24V、DC0～5V、DC4～20mA 等，还能完成主变温度的采集上送；有载调压，装置可采集上送主变分接头档位（BCD 码或十六进制码），能响应监控主机或调度主站发出的遥控命令（升、降、停），调节变压器分接头位置。

2. 装置主要特点

装置内部各插件做成模块化，相互之间靠内部总线连接，可根据实际工程需要简单地进行积木式插接。装置软件功能也可灵活配置，用户在 PC 机上运行"测控装置管理软件"，根据梯形图生成 PLC 逻辑图下传给装置，即可完成间隔五防、同期及其他用户自定的逻辑功能。装置面板上配有就地紧急操作按键，紧急情况下高级用户可直接进入就地状态，对主接线图上对应的断路器、刀闸等直接进行分合操作。装置配有大容量 FLASH 芯片，可保存相关操作及事故、SOE 记录、告警记录，掉电数据不丢失，便于事故原因分析。

二、硬件结构

装置采用前插拔组合结构，强弱电回路分开。弱电回路采用背板总线方式，强电回路直接从插件上出线，进一步提高了硬件的可靠性和抗干扰性能。各 CPU 插件间通过母线背板连接，相互之间通过内部总线进行通信，这就保证了各插件位置可互换，使装置的功能可灵活配置。如图 1-97 所示。

1. 人机接口板（MMI）

MMI 是装置的人机接口部分，采用大液晶，实时显示当前的测量值、投入的压板及间隔主接线图。间隔主接线图可根据用户要求配置，面板 5 个指示灯清楚表明装置正常、异常的各种状态。面板上设置有 6 个就地功能按键，方便用户使用。如图 1-98 所示。

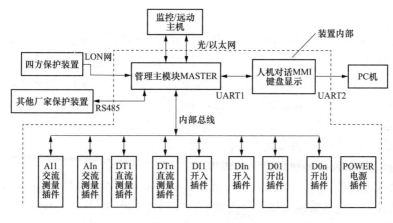

图 1-97　硬件结构

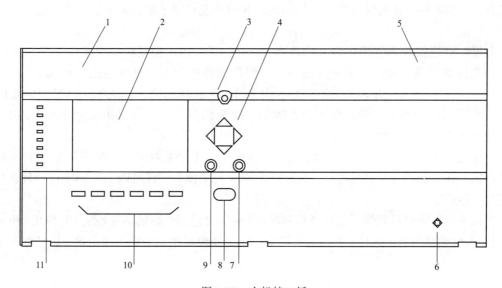

图 1-98　人机接口板

1—整体面板；2—液晶，3—信号复位键；4—四方键盘；5—装置型号；
6—公司徽标；7—SET 键；8—调试串口；9—QUIT；10—就地操作键；11—指示灯。

远方/就地按键可以切换远方和就地状态。只有切换到就地状态下其后的切屏、选择、分闸、合闸、确认 5 个就地操作键才会有效，进入就地操作状态需要进行密码确认。

按键操作分为两部分，显示屏右侧的四方键盘区用于完成普通情况下用户和装置的交互工作，显示屏下方的一排就地操作功能按键是为应付紧急情况下的就地控制而专门设置的。当操作人员正确进入就地状态后，就能在面板上完成原来需要通过远方进行遥控的开关分合功能。

2. 管理板（MASTER）

管理板（MASTER）是装置的必备插件，与 MMI 板之间通过串口连接。向上将需要显示的数据传送给 MMI，向下接收 PC 机下发的装置配置表及可编程 PLC 逻辑等。

3. 交流测量插件（AI）

交流量主要用于 U、I、P、Q、f 的采集，测量精度为电压电流 0.2 级、功率 0.5 级。零漂刻度整定无需调节电位器。

AI 插件还与 MASTER、DO 插件配合共同完成装置的同期功能。若要完成同期功能，对侧同期电压需接在 U4 上，同期节点压板需选择"同期节点固定方式"，同期电压是线电压还是相电压则通过同期定值整定。AI 插件收到同期令后能计算并判断同期条件是否满足，若满足则发出同期合闸令，否则报告电压、角度、频率中哪个条件不满足。

4. 开入插件（DI）

基本 DI 板：4 组公共端独立的开入共 24 路。

扩展 DI 板：4 组公共端独立的开入共 24 路。

数字量输入模块的功能包括：开关量输入（单位置或双位置遥信）、BCD 码或二进制输入、脉冲量输入等。数字量输入模块分为两种，一种带 CPU 称为基本 DI 板；一种不带 CPU 称为扩展 DI 板。两种板上开入数量均为 24 路，各分为四组。各组数量依次为 8、4、8、4，每组有一个公共端，需要时可将公共端相连。各组功能可通过配置表灵活配置，这样可避免硬件资源浪费。

分接头档位输入固定接在第一块基本 DI 板的第一组，根据控制字来确定是否分相调压。当采用分相调压时，配置开入的一、三组作为档位开入。具体接法为开入 1～开入 5 接 A 相档位；开入 6～开入 8、开入 13、开入 14 接 B 相档位；开入 15～开入 19 接 C 相档位。当不采用分相调压时，配置开入的第一组为档位开入。具体接法为开入 1～开入 5 为档位接入。

配置表是按组配置的，同一组开入量的性质一致。整个装置的滤波时间常数（消抖时间、防抖时间）分为长延时和短延时。长延时以 100ms 为单位，短延时以 1ms 为单位，具体数值可通过定值整定。

每路开关量均可设置为长延时或短延时，还可以设置为一般状态量（不产生 SOE）和 SOE（同时也有状态量信息）两种。每路开关量均可定义变位时是否响电铃或电笛，这些都在定值整定中完成。

5. 开出插件（DO）

14 付空触点输出。DO 模块插件可以实现对开关、刀闸、有载调压（升、降、急停）等设备的控制，每路输出脉冲的长短通过编程逻辑随意控制（只作脉冲输出）。

装置输出端子的情况参见装置端子图。c2、c4 为开出 1，a2、a4 为开出 2，c6、c8 为开出 3，a6、a8 为开出 4，以此类推。

6. 开出插件（DOB）

10 付双线圈双位置继电器输出。DOB 插件硬件上采用了双线圈双位置继电器，同时设计了对继电器触点状态的采集电路以监测继电器的位置。适用于工程上需要开出长期闭合的情况，如地刀闭锁。本插件共有 10 路开出端子，各路开出端子不用于长期开出时也可以和普通开出插件的开出端子一样用于遥控操作或同期操作。

7. 直流测温插件（DT）

5 路温度/直流。待测的直流或测温电阻先接到变送器端子，输出为 0～5V 或 4～20mA，再从变送器端子接入本装置的 5 路 DC 输入。CSI 200EA/E 的 5 路 DC 输入共负端，一台装置内最多可插入两块直流测温插件，每块插件上各通道采集量的属性可通过测控装置管理软件进行设定。

8. 电源模块（POWER）

本模块为直流逆变电源插件。直流 220V 或 110V 电压输入经抗干扰滤波回路后，利用逆变原理输出本装置需要的直流电压即 5V、±12V、24V（1）和 24V（2）。四组电压均不共地，采用浮地方式同外壳不相连。

各输出电压系统用途：

（1）5V 用于各处理器系统的工作电源；

（2）±12V 用于模拟系统的工作电源；

（3）24V（1）用于驱动开出继电器的电源，装置内部使用；24V（2）引出至端子，装置外部使用。

CSI-200EA/E 装置的电源插件 c16、a16 为信号空触点输出。

三、定值参数配置

1. 定值设置

（1）软压板设置如图 1-99 所示。

```
\设置\压板投退        O      O □
分接头调节           O □ O
同期功能            O      O □
备自投             O □ O
控制逻辑投入          O □ O
检同期压板           O      O □
检无压压板           O      O □
准同期压板           O □
同期节点固定方式        O      O □
同期节点12方式         O      O □
同期节点13方式         O      O □
同期节点14方式         O      O □
同期节点23方式         O      O □
同期节点24方式         O      O □
同期节点34方式         O      O □
```

图 1-99　软压板设置

软压板可在远方/就地进行投退，压板选择用上下键，进入或退出压板投退用左右键，投退压板用上下键。更改完成需按 SET 键，输入操作密码方可生效。

（2）定值设置。

操作：浏览定值用上下键，修改定值用左右键；选择定值进入后提示定值区号选择，默认定值区为 00 区，如图 1-100 所示。

```
\定值
    常规定值        调压定值
    同期定值        开入定值
3U0 越限
```

图 1-100　定值设置

注：在分接头压板投上时，才显示调压定值，在同期功能压板投入时，才显示同期定值。

1）常规定值如图 1-101 所示。

```
\定值\常规定值
长延时            2.000秒
短延时            20.00毫秒
1组双位置时差      5.000秒
```

图 1-101　常规定值

定值解释：长/短延时指开入的防抖动确认延时。短延时以"ms"为单位，取值范围为 1～250ms；长延时以"s"为单位，取值范围为 0.1～25s。双位置时差是用于判别双位置遥信位置不一致的时间，取值范围为 0.1～25s。

定值整定为 0 时，取默认定值。短延时默认值：40ms；长延时默认值：1s；双位置时差默认值：100ms。

输入密码检验如图 1-102 所示，按 SET 键；用上下键修改定值，按 SET 键液晶显示如图 1-103 所示。

```
请输入密码确认：

    * * * *
```

图 1-102　密码检验

```
是否继续整定?

  是      否
```

图 1-103　是否继续整定显示

用左右键选择"否"，按 SET 键液晶显示如图 1-104 所示。

```
需要保存吗?

  是      否
```

图 1-104　是否保存确认

选择是，液晶显示如图 1-105 所示。

```
管理1板定值修改成功
开入1板定值修改成功
开入2板定值修改成功（假如有2板）
交流1板定值修改成功
交流2板定值修改成功（假如有2板）
```

图 1-105　液晶显示

至此，定值固化结束。

2）同期定值如图 1-106 所示。

```
\定值\同期定值
控制字1          1000  0001
8102           0000  0010
同期压差        10.00
同期频差        0.200
同期相差        20.00
提前时间        100.0ms
同期滑差        0.200
```

图 1-106　同期定值

定值解释：

控制字 1：同期方式控制字，00FF（H）用右侧 16 个二进制位表示，用左右键将光标移动到某一位，在屏幕下方显示出该位所代表的控制信息。用上下键设置"0"或"1"各位代表信息如下：

D15：同期电压是否选 A 相；

D14：同期电压是否选 B 相；

D13：同期电压是否选 C 相；

D12：同期电压是否选 AB 相；

D11：同期电压是否选 BC 相；

D10：同期电压是否选 CA 相；

D9：备用；

D8：对侧相电压额定值，置"1"表示 57.7V，置"0"表示 100V；

D7～D6：备用；

D5：自动同期方式投切控制字，置"1"表示自动同期方式投入，置"0"表示退出；

D4：捕捉同期合闸捕捉时间范围 4U（4U 为四个时间单位，每个时间单位为 20s）；

D3：捕捉同期合闸捕捉时间范围 2U（2U 为两个时间单位，每个时间单位为 20s）；

D2：捕捉同期合闸捕捉时间范围 1U（1U 为一个时间单位，每个时间单位为 20s）；

注：捕捉同期合闸时间基础捕捉时间为一个时间单位。

D1：检同期时是否允许检无压，置"1"表示检同期时无压禁止合闸，置"0"表示检同期时无压允许合闸；

D0：选择捕捉同期时的最小允许合闸角，置"1"表示捕捉同期时合闸角为整定角度，置"0"表示捕捉同期时合闸角趋近 0°；

同期压差：同期合闸时两侧电压差，单位为 V，范围 $0.03U_n$～$0.1U_n$，误差≤0.1V，U_n 为额定电压。

同期频差：同期合闸时两侧频率差，单位为 Hz，范围 0.1～0.5Hz，误差≤0.01Hz。

同期相差：同期合闸时两侧相角差，单位为度，范围 1°～25°，误差≤1°。

提前时间：捕捉同期的导前时间，一般指开关接收到合闸脉冲到开关合上的时间，单位为 ms，范围 0.05～0.8ms。

同期滑差：两侧电压频差变化率 df/dt，单位为 Hz/s，范围 0.05～1Hz/s，误差 ≤0.1Hz/s。

3）开入定值，如图 1-107 所示。

```
\定值\开入定值
第一组    1  2  3  4  5  6  7  8
SOE       X  XXXXXXX
长延时    X  XXXXXXX
电铃      X  XXXXXXX
电笛      X  XXXXXXX
```

图 1-107　开入定值

对每一路开入均可定义为遥信和脉冲电度功能，作遥信时可选择作为单位置遥信和双遥功能，具体设置见装置功能配置中开入板的各组通道属性配置。每一个遥信点具有上送 SOE 时标，启动电铃、电笛属性供选择，"√"表示本通道具有此属性，"X"表示本通道不具有此属性。遥信开入确认的防抖动延时分为长延时和短延时，对一般遥信节点按短延时整定，对一些变化缓慢的信息需作长延时整定。

例：假设第一组的第三个开入需启动电铃，则用左、右键移动光标到电铃和 3 的交叉点上，再用上、下键改变属性为"√"，按"set"进行确认。如图 1-108 所示。

```
\定值\开入定值
第一组    1  2  3  4  5  6  7  8
SOE       XXXXXXXX
长延时    XXXXXXXX
电铃      XX√XXXXX
电笛      XXXXXXXX
```

图 1-108　液晶显示

3U0 越限，如图 1-109 所示。

```
\定值\3U0越限
   控制字1           0000 0000
0001                 0000 0001
   节点1越限电压        15.00
   节点2越限电压         0.00
```

图 1-109　3U0 越限

定值解释：

控制字 1：0001（H）用右侧 16 个二进制位表示，用左右键将光标每移动到一位，在屏幕下方显示出该位所代表的控制信息。用上下键设置"0"或"1"，"0"表示不投入；"1"表示投入。各位代表如下信息：

D15～D2：备用；

D1：节点 2、4、6 投入；

D0：节点 1、3、5 投入。

注：节点 3、4 在配置了第 2 块交流板时有效，节点 5、6 在配置了第 3 块交流板时有效。节点 1、3、5 分别对应三块 8U4I 交流插件的 U3，节点 2、4、6 分别对应三块 8U4I 交流插件的 U4。另外，节点 2、4、6 在设置了节点 1、3、5 后才有效。

4）调压定值，如图 1-109 所示。

```
\定值\调压定值

    控制字1        1000 0000
  8000           0000 0000
    中心挡位1      00000
  中心挡位2        00000
  滑挡时间        10.00秒
```

图 1-110　调压定值

定值解释：

控制字 1：8000（H）用右侧 16 个二进制位表示，用左右键将光标每移动到一位，在屏幕下方显示出该位所代表的控制信息。用上下键设置"0"或"1"各位代表信息如下：

D15："1"表示调压允许，"0"表示调压不允许；

D14："1"表示调压位置采用十六进制，"0"表示调压位置采用十进制；

D13："1"调压分相，"0"调压不分相；

D12："1"中心档位使用 Xa、Xb、Xc（不用在中心档位 1、中心档位 2 控制字中做设置）；

D11："1"档位使用来自 goose 开入；

D10～D0：备用。

中心档位 1、2：低二位有效，输入十进制数，最大到 99 档。

滑档时间：判别滑档所需的时间与调压机构有关，一般设置为调节一档所需时间的两倍，整定范围 0～12.5s。

关于档位接入：档位只能接在开入 1 板第 1 组上 n1～n5，n6～n8 不作他用。如果档位为分相接入，只能接在开入 1 板的第 1 组和第 3 组上。三组分相档位的开入为 A 相：n1～n5；B 相：n6～n8，n13～n14；C 相：n15～n19。n20 不作他用，同时 D13 置 1。

（3）同期功能说明。

同期功能有关的压板共有 11 个，11 个压板均可以远方或者就地投退。压板列表如下：

①同期功能压板；

②检同期压板；

③检无压方式压板；

④准同期压板；

⑤固定电压方式，U_1 和 U_4 为同期电压；

⑥采用近区优先原则，U_1 和 U_2 为同期电压；

⑦采用近区优先原则，U_1 和 U_3 为同期电压；

⑧采用近区优先原则，U_1 和 U_4 为同期电压；

⑨采用近区优先原则，U_2 和 U_3 为同期电压；

⑩采用近区优先原则，U_2 和 U_4 为同期电压；

⑪采用近区优先原则，U_3 和 U_4 为同期电压。

其中：①压板是同期功能压板，只有投入它，装置才具有同期功能。

②～④压板为同期方式压板，根据运行方式投入其中一个，其余两个压板自动退出。

⑤～⑪压板为同期节点方式压板，它们只能投其中一个，其余自动退出。抽取电压时只有一路投入固定方式压板，否则根据近区优先的原则投入相应压板。

在 220kV 及以下线路同期时，都要投固定电压方式压板。因 220kV 及以下抽取电压只有一个，固定接在 U_4 上。每次合闸时都和同一个电压进行比较，所以要投入固定电压方式压板。

在 500kV 的 3/2 接线方式时，要投 6 个近区优先原则压板中的一个。在 3/2 接线方式下，开关合闸时比较的同期电压是不固定的。有可能 U_1 和 U_2，U_1 和 U_3，U_1 和 U_4，U_2 和 U_3，U_2 和 U_4，U_3 和 U_4。需要根据实际的开关和刀闸状态，再决定使用何种同期电压方式压板。3/2 接线方式如图 1-111 所示。

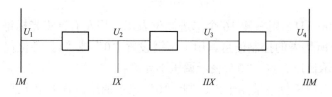

图 1-111　3/2 接线方式

（4）同期合闸方式选择（见图 1-112）。

1）检同期方式。投入 b 压板时，同期方式为检同期方式。

合闸条件为：①两侧的电压均大于 $0.9U_n$；②两侧的压差和角度差均小于定值。

如同期控制字 $D1$ 位置"0"，则检同期时无压可以合闸，条件为：一侧/两侧无压（$<0.3U_n$）。

2）检无压方式。投入 c 压板时，同期方式采用检无压方式。

合闸条件为：一侧/两侧无压（$<0.3U_n$）。

3）准同期方式。投入 d 压板时，同期方式为捕捉同期方式，并默认无压不可合闸。

合闸条件为：①两侧电压均大于 $0.7U_n$；②两侧电压差小于定值；③频率差小于定值；④滑差小于定值。

在以上条件均满足的情况下，装置将自动捕捉 0º 合闸角度，并在 0º 合闸角度时发合闸令。

举例说明：

投入同期功能压板、检同期压板、同期固定方式压板，三相电压接 $U1A$、$U1B$、$U1C$，抽取电压接 U_4。

\定值\同期定值		
控制字1	1000	0001
8102	0000	0010
同期压差	10.00	
同期频差	0.200	
同期相差	20.00	
提前时间	100.0ms	
同期滑差	0.200	

图 1-112　同期合闸方式选择

定值整定如下：

控制字：8102　抽取电压 A 相、抽取电压幅值 57.7V，检同期时禁止无压合闸，准同期捕捉时间 20s，准同期合闸角度 0°。

同期压差：10V。

同期频差：0.2Hz。

同期相差：20°。

提前时间：100ms。

同期滑差：0.2Hz/s。

2．参数设置

（1）基本配置。

基本配置—扩展菜单，同时按住 QUIT＋SET，输入调试密码（密码 8390 或 6296）后进入扩展主菜单，可进行以下设置。

（2）菜单结构，见表 1-1。

表 1-1　定值参数配置

主　菜　单			扩　展　菜　单	
设置	整定时间		网络地址	
	压板投退		设置 CPU	开出板
	密码修改			开入板
	电度设置			直流板
运行值	零漂			交流板
	谐波			管理板
	有效值			
	开入值			
报告	运行报告	最新报告	IP1 地址	
		时间索引	IP2 地址	
		日期索引	IP3 地址	
	操作记录	最新报告	通道校正	
		时间索引	遥测校正	
		日期索引		
定值	选择定值区号	检同期定值	整定比例系数	
		开入定值		
		3U0 越限定值		
		常规定值		
		调压定值		

续表 1-1

主 菜 单			扩 展 菜 单
调试	进入调试		
	退出调试		
	开出传动		
帮助	版本号	开出板	整定比例系数
		开入板	
		直流板	
		管理板	
		交流板	
		面板	
	操作说明		
	对比度		
	当前温度		
	背光设置		

网络地址：设置装置在变电站网络中的地址，根据变电站网络地址分配设定，地址为两位 16 进制数。如：装置的网络地址为 2A。

IP1/IP2 地址：设置装置在以太网中的地址，若变电站的网络结构采用 LonWorks 网时，不用设置 IP 地址。根据以太网 IP 地址分配设定，如装置配有两块以太网卡，一般第一块网卡地址为 ***.***.001.lon，第二块为 ***.***.002.lon。其中 lon 可以取本装置的网络地址，需要注意的是输入的地址必须是十进制数。如：装置网络地址为 2AH，则以太网 1IP 地址为 192.168.001.42；以太网 2 IP 地址为 192.168.002.42。

设置 CPU：根据装置实际硬件配置，设置 CPU 数量。如图 1-113 所示：

上/下键进行 Y/N 的选择。Y—CPU 投入，N—CPU 退出。

例：

装置硬件配置为：

两块开出板：具有 28 可用 PLC 实现的逻辑开出；

两块开入板：具有 72 路遥信/电度选择的开入；

一块直流板：具有 5 路温度/直流测量；

一块管理板：配置单或双以太网；

一块交流板：具有 12 路交流量采集；

```
\设置CPU
开出    Y Y N N
开入    Y Y
直流    Y N
管理板  Y N N
交流    Y N N
```

图 1-113　设置 CPU

整定比例系数：调整液晶循环显示模拟量值与二次值的比例系数。若循环显示模拟量二次值，则输入比例系数 1:1；若循环显示模拟量一次值，则输入相应的比例系数。

例：A 相电压 PT 的变比为 220kV/100V，则 A 相电压的比例系数为：2.2/1。

参数设置，如图 1-114 所示。

```
\参数设置
规约设置      越限定值
顺控参数      同期参数
```

图 1-114　参数设置

规约设置，如图 1-115 所示。

根据实际需要选择 CSC-2000 或者 IEC-61850 通信规约或者同时采用两种规约。如图 1-115 所示为采用 CSC-2000 通信规约，不采用 IEC-61850 通信规约。

```
\规约设置
CSC2000
IEC 61850
```

图 1-115　采用 CSC-2000 通信规约

越限定值，如图 1-116 所示。

调整模拟量越限上送的阈值，当模拟量的变化量超过该阈值时更新模拟量数值。

```
\越限定值\交流
1板
  U1       0.100
  I1       0.100
  P1       0.800
  Q1       0.800
```

图 1-116　越限定值

注意：越限定值显示为额定值的百分数，小数点后两位有效。U 的额定值 U_n 为 100V，I 的额定值 I_n 为 5A 或 1A，P、Q 的额定值为 $1.73 \times U_n \times I_n$。$U$、$I$ 越限定值默认为 0.1%，P、Q 默认为 0.8%。

同期参数，如图 1-117 所示。

```
\参数设置\同期参数
频差定值      20.00
无压定值      30.00
有压定值1  90.00
有压定值2  70.00
```

图 1-117　同期参数

"频差定值"表示自动同期方式切换门槛定值（最小 0.02Hz、最大 1.0Hz），单位 Hz，默认值 0.02Hz；"无压定值"表示检无压合闸时电压无压定值，单位 %U_n，默认值 30%U_n；"有压定值 1"表示检同期合闸或自动同期方式的电压有压定值，单位 %U_n，默认值 90%U_n；"有压定值 2"表示捕捉同期合闸的电压有压定值，单位 %U_n，默认值 70%U_n。

一般情况下，同期参数不需要设置，使用默认值即可。

第三节　远　　动

CSC-1321 远动装置应用于变电站综合自动化系统中，负责将站内数据传送到调度主站并接收调度下发的遥控命令。

一、功能介绍

1. 装置功能

物理接口的转换：将变电站内部网络转成调度广域网络或者模拟专线通道。

通信规约的转换：将变电站内网络信息转换成标准远动规约。

软件支持的规约：

远动：DL/T 634.5101—2002（IEC 60870—5—101）规约、DL/T 634.5104—2002（IEC 60870—5—104）规约、部颁 CDT 规约、DNP3.0 规约等。

站控层接入：CSC 2000 规约、IEC 61850 规约等。

数据的筛选：从变电站所有装置数据中选择调度主站需要的数据上传。

2. 装置特点

装置中采用后插拔式结构，单台装置最多支持十二个插件。即除必须的主 CPU 插件和电源插件外还可以配置十个插件，各插件宽度相同真正实现灵活配置。每一种插件均可安装在任意插槽，为方便维护要求主 CPU 插件和电源插件分别固定在后视最左侧和最右侧的插槽。插件之间采用内部网络通信，使用 10M 以太网为主、CAN 总线为辅的形式，保证了内部通信的快速性和可靠性。

3. 正常运行显示

开机后，液晶屏会显示欢迎界面，然后进入循环显示。循环显示的内容为当前配置的各个插件的通信状态。如图 1-118 所示。

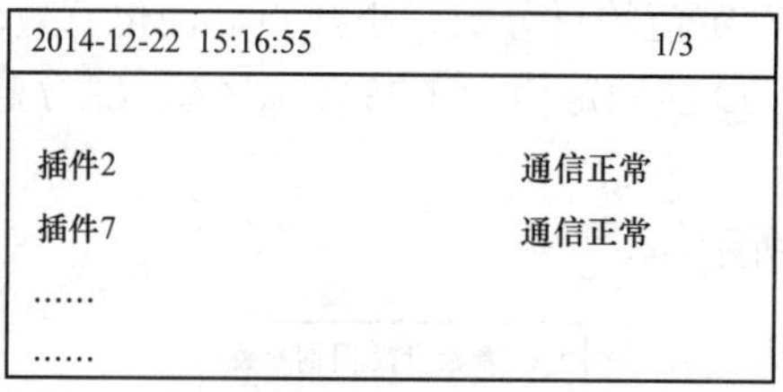

```
2014-12-22  15:16:55                    1/3


插件2                          通信正常
插件7                          通信正常
……
……
```

图 1-118　正常运行显示

界面最上方一行为时间显示，显示当地的年月日时分秒；其右侧为装置对时状态显示（正常时为＊）；最右侧为当前显示内容的页数提示，如"1/3"表示所显示的内容共有 3 页，当前显示的是第 1 页。在整个菜单的各项显示中首行右侧均带有类似的页数提示。当发生插件通信状态改变时，由循环显示改为显示提示信息，按 QUIT 键恢复循环显示，当配置修改后提示重启以使配置生效。在循环显示状态下按上、下键可以翻页，长按上、下键可起动快速翻页。循环显示状态下按 QUIT 键可锁定屏幕，并在第一行显示一个字母"L"表示出于锁定态，再次按 QUIT 键解除锁定"L"符号消失。循环显示状态下按 SET 键进入主菜单。

4. 菜单及操作

为保证操作安全，对所有更改操作设置了密码，密码固定为"8888"，各级菜单简要说明，见表1-2。

表1-2 菜单及操作

各级菜单功能表			
主菜单	一级菜单	二级菜单	功能说明
运行工况	通信状态		显示各插件和设备的通信状态
	开入开出	状态显示	显示各开入量的状态（包括开出状态，共10路）
		开出传动	对应每个开出传动操作
	版本信息		显示装置软件版本信息
定值设置	插件名称列表	规约名称列表	设置各插件下的规约和通道参数
时间设置			整定系统时钟
事件信息			存储的事件信息
本地设置	主CPU插件外网IP		设置插件 IP 地址
	清除历史记录		清除所有历史事件记录
液晶调节	对比度		液晶屏显示对比度调节
	背光时间		设置背光自动熄灭的时间
语言（Language）	简体中文		设置为中文液晶显示
	English		设置为英文液晶显示

（1）运行工况中有三个一级菜单：通信状态、开入开出和版本信息。

通信状态：在运行工况菜单下，将光标移动到通信状态菜单项，按 SET 键进入，显示当前配置的各个插件的通信状态，以及所配置的各个设备的通信状态。显示界面如图 1-119 所示。

版本信息：在运行工况菜单卜，将光标移动到"版本信息"菜单项，按 SET 键进入"版本信息"查看装置版本信息。

（2）定值设置。

定值设置用于设置系统中各个插件下的规约和通道参数。在定值设置菜单项处按SET键，进入插件列表显示界面，如图 1-120 所示。

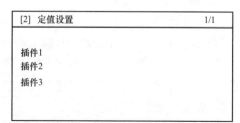

图 1-119 通信状态   图 1-120 定值设置

在某插件处按 SET 键，则进入该插件中规约的列表，进行修改规约通道和规约配置参数。

（3）时间设置

时间设置用于设置系统时钟，如图 1-121 所示。

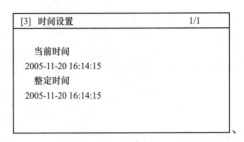

图 1-121　间设置

初始界面当前时间和整定时间是一致的，进入界面后当前时间按秒不断跳动，整定时间停留在进入界面的时刻等待修改。在整定时间处移动光标，移动到需要调整的数字时使用上下键更改数字，长按可以实现数字的快速变化。更改后按 SET 键确认，按 QUIT 键则取消更改。

（4）事件信息。

事件信息用于查询发生过的各种事件，主要包括通信中断、通信恢复等。如图 1-122 所示。

界面中可以显示按时间排列的事件信息，包括时间、设备及事件类型。查看时使用上下键翻页，长按上键或下键可快速翻页，QUIT 键退出。

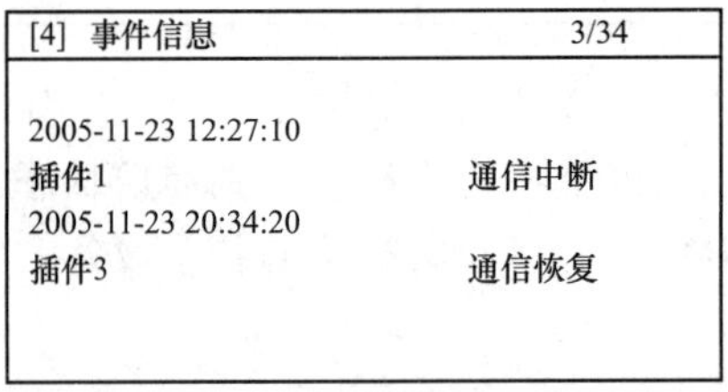

```
[4] 事件信息                    3/34

2005-11-23 12:27:10
插件1                        通信中断
2005-11-23 20:34:20
插件3                        通信恢复
```

图 1-122　事件信息

（5）本地设置。

本地设置用于设置主 CPU 插件的 IP 地址，以及清除所有记录的事件信息。

二、硬件结构及接口

1. 装置结构

装置采用符合 IEC 60297—3 标准的高度为 4U、宽度为 19 英寸（或 19/2 英寸，按配置和订货要求）的铝合金机箱，整体面板，带有锁紧的插拔式功能组件。除 MMI 插件安装在前面板内，其余插件均为后插拔方式。装置的安装方式为整体嵌入式水平安装，后接线方式。

2. 装置功能插件概述

装置采用功能模块化设计思想，系列中不同的产品由相同的各功能组件按需要组合配置，实现了功能模块的标准化。单装置最多支持十二个插件，可由主 CPU 插件、以太网插件、串口插件、现场总线插件、开入开出插件、对时插件、级联插件、电源插件和人机接口组件（MMI 插件）构成。

装置插槽后视示意图如图 1-123 所示，从左至右编号为 1 到 12。各插件可以安装在任意插槽，但为使用方便统一要求主 CPU 插件插在 1 号插槽，电源插件插在 12 号插槽，其余插件可选择任意位置。主 CPU 插件、以太网插件、串口插件、现场总线插件、开入开出插件、对时插件的硬件上都配备有 8 位拨码开关，在使用时必须将插件上的拨码低四位拨为该插件所在插槽位置编号减 1。正常应用状态下高四位保持为 0。如某插件插在 6 号插槽拨码应拨为 5，即00000101。级联插件、电源插件和人机接口组件（MMI 插件）无拨码开关，无需进行设置。

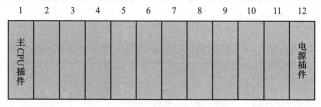

图 1-123　装置插件布置图

装置支持级联，级联时要求不同装置内的插件其拨码的高四位必须不同。如三个装置级联，带主 CPU 插件的默认为第一个装置，其中各个带拨码开关的插件拨码开关高四位为 0000，而第二个、第三个装置上的插件拨码开关高四位则应分别拨为 0001、0010。如某插件插在第二个装置的 4 号插槽，拨码应拨为 00010011。

（1）主 CPU 插件。

插件具备以下对外通信端口：四个 10M/100M 自适应的以太网（默认为电以太网，可选光以太网），插件上具备一路 CAN 总线与 MMI 插件通信。

主 CPU 插件上方为串口端子，下方为以太网端口。串口端子为绿色 6 线凤凰端子，为一个串口的 RS-232 方式和 RS-485 方式使用，两种方式分别出端子不需设置。

端子定义见表 1-3。

表 1-3　主 CPU 端子定义

序号	1	2	3	4	5	6
标识	TXD	RXD	GND	NC	485A	485B

以太网端口为两个电以太网的 RJ45 接口，上面的为以太网 1，下面的为以太网 2。

（2）以太网插件。

以太网插件与主 CPU 插件具有同样的硬件配置，对外的四个 10M/100M 以太网可以根据需要选择电口或者光口。以太网插件分成两种：电以太网插件、光以太网插件。

（3）串口插件。

串口插件使用 PowerPC 系列的 32 位 CPU 处理器，具有很强的通信能力。插件上具备以下对外通信端口：六个标准 RS-232/RS-485 串口，每个串口的两种工作模式共用端子，可以通过拨码开关进行选择。

拨码共 6 位，分别对应串口 1 到串口 6，拨到 ON 表示以 RS-485 方式工作，默认在 OFF位置，为 RS-232 方式工作。

串口插件端子为绿色 20 线凤凰端子，为六个串口的 RS-232 方式和 RS-485 方式使用，两种方式共用端子需在板上拨码选择。端子定义见表 1-4。

表1-4 串口插件端子定义

序号	1	2	3	4	5	6	7	8	9	10
标识	A1	B1	GND	A2	B2	GND	A3	B3	GND	A4
序号	11	12	13	14	15	16	17	18	19	20
标识	B4	GND	A5	B5	GND	A6	B6	GND	NC	NC

同时,在插件的端子上方挡板上有一个小表格,说明了上述的 AX、BX 在 RS-232 和 RS-485 工作模式下的对应关系,见表 1-5。

表1-5 AX、BX 在 RS-232 和 RS-485 工作模式下的对应关系

	A	B
RS-232	RXD	TXD
RS-485	A	B

(4)对时插件。

对时插件上具备 GPS 串口对时、串口＋秒脉冲对时、IRIG-B 脉冲对时、IRIG-B 电平对时方式,可通过跳线选择。

拨码开关的设定说明:ON 相应位置 1,否则相应位置 0。

拨码开关 J4 设定对时插件的地址,范围 0x00~0x0f。为了与其他插件地址相区别,为对时插件分配 0x0c 的地址固定为 b1~b4:1100。

拨码开关 J12 设定,具体见表 1-6(b1~b4:串口规约类型;b5~b8:B 码)。

表1-6 拨码开关 J12 设定

对时方式	b8	b7	b6	b5	b4	b3	b2	b1	同步时钟类型	备 注
串口＋脉冲对时模式	0	0	0	0	0	0	0	1	串口接 CSN-1	四方公司
	0	0	0	0	0	0	1	0	串口接 BSS	波形电力
	0	0	0	0	0	0	1	1	预留	
	0	0	0	0	1	1	1	1	预留	
B 码对时模式	1	0	0	0	0	0	0	0		差分、电平信号均可

对时插件端子为绿色 6 线凤凰端子,支持 GPS 脉冲对时和 IRIG-B 对时。端子定义见表 1-7。

表1-7 对时插件端子定义

	序 号	1	2	3	4	5	6
	标识	IN1	IN2	TXD	RXD	GND	NC
应用	IRIG-B 脉冲对时	IRIG－B＋	IRIG－B－			GND	
	IRIG-B 电平对时	DC 电平＋	DC 电平－			GND	
	GPS 对时 RS232 串口	GPS＋	GPS－	TXD	RXD	GND	
	GPS 对时 RS485 串口	GPS＋	GPS－	485＋	485－	GND	

GPS 脉冲对时方式下,IN1 和 IN2 两个端子作为脉冲输入,TXD、RXD、GND 三个端

子作为串口连接端子，RS-232 方式下 TXD 为发送线，接对端的接收线，RXD 为接收线，接对端的发送线，GND 为地，RS-485 方式下 TXD 接 485＋，RXD 接 485－。

IRIG-B 对时方式下，IN1 和 IN2 两个端子作为输入，无论脉冲对时还是电平对时，IN1 均为输入正端，IN2 均为输入负端，GND 端子为屏蔽地。

对时方式的选择依靠硬件跳线实现，由插件上的 J5～J11 配合完成。具体使用方式见表 1-8。

表 1-8　对时方式的跳线

	跳线方式	J5	J6	J7	J8	J9	J10	J11
应用	IRIG-B 脉冲对时	B_C	B_C	B_C	/	/	B_C	B_C
	IRIG-B 电平对时	B_DC	B_DC	B_DC	/	/	/	/
	GPS 对时 RS-232 串口	GPS	GPS	GPS	232	232	/	/
	GPS 对时 RS-485 串口	GPS	GPS	GPS	485	485	485	485

表 1-8 中所标注的 "B_C" "GPS" 等均为跳线位置标记，在插件的硬件板上对应跳线旁有明确标识。表中的 "/" 表示该跳线位置对相应的应用无影响。

（5）人机接口（MMI）插件。

MMI 插件具备 128×240 点阵（或 8 行×15 列）蓝屏液晶，使用四方键盘在三个功能按键和 5 个指示灯的配合下进行工作。

（6）电源插件。

电源插件支持交直流输入，端子定义见表 1-9。

表 1-9　电源插件端子定义

	序号	1	2	3	4	5	6	7	8
类别	220V 电源	220V＋	NC	220V－	NC	GND	NC	电源消失	电源消失
	110V 电源	110V＋	NC	110V－	NC	GND	NC	电源消失	电源消失

220V 电源模块使用交流输入时，220V＋和 220V－两个端子可以任意接入交流的两条线。端子 7、8 为失电告警空节点输出，是一对常闭节点，在电源消失时闭合。

三、组态及参数配置

1. 维护工具软件配置简介

工程配置在维护工具的主界面下进行，主界面由三部分构成从左至右依次是：配置树窗口、属性编辑窗口、模板窗口。配置树窗口中显示工程对象的逻辑结构，并提供对象结构的编辑功能；属性编辑窗口提供对象的属性浏览和编辑功能，主要有对话框、表格等形式；模板窗口提供显示与通道、规约、rtu 点等树节点相对应的模板数据，供配置时选择。

配置树提供了工程对象结构的浏览和编辑功能，配置树的结构如图 1-124 所示。

配置树的根节点（培训）是工程名称，对应属性页面包含了工程的基本信息，如工程名称、工程路径等。下一级是设备配置，对应属性页面中本工程的插件配置情况。设备配置节点下包含了本工程的所有配置的插件，插件配置下包含了相应的通道及规约的配置状况（注意：与 1321 装置实际对应，对时插件下没有通道和规约）。对于以太网类的插件，在插件节点下包含网卡节点。以太网类插件的规约节点还可以有一个或多个关联通道节点。在接入或转出规约节点下，可以包含多个装置节点；在远动规约节点下，可以包含一个 "rtu 点" 节点。

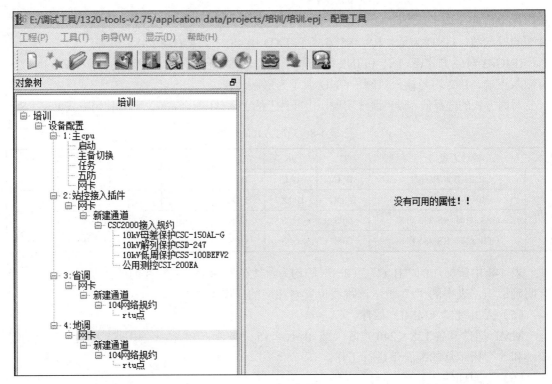

图 1-124　配置树结构

选择相应的树节点，中间的属性编辑窗口中将显示对应的属性，可以对相应属性进行编辑、修改。对工程结构的配置通过树节点的右键菜单来实现，针对不同类型的树节点提供了对应的右键菜单。使用时仅需右键单击树的节点，在弹出的菜单中选择需要进行的操作，按照提示进行相应的配置即可。主要的树节点菜单操作包括：

重命名：对于工程的大部分对象（插件、网卡、通道、关联通道、装置）均提供了"重命名"菜单，以实现对工程对象的重命名。执行此操作后，对应树节点的名称将改变为新的名称。

增加：该操作可以增加相应的子对象，如插件（或网卡）节点的右键菜单可以增加通道，"设备配置"节点可以增加插件等。

删除：该操作可以删除选中的对象。

复制通道、粘贴通道：该操作属于通道节点的右键菜单，对已经配置好的通道进行复制粘贴，实现快速配置功能。通道下所有子节点数据（规约、装置、数据点）将随该通道一起粘贴到目标通道。

装置重命名：该操作属于接入和转出规约节点的右键菜单，可以实现对该规约的所有装置进行批量重命名。

批量删除装置：该操作属于接入和转出规约节点的右键菜单，可以实现批量删除该规约的装置。

2. 新建配置

打开维护工具，在"工程"菜单中选择"新建工程"，或者直接点击左上方"新建工程"按键都可以新建一个工程。另外还可以使用"工程"菜单中的"新建工程向导"或者直接点击左上方"新建工程向导"按键，从一个简单的向导流程开始配置。

首先显示的是欢迎界面，下一步就要求输入工程名称和工程路径，如图 1-125 所示。

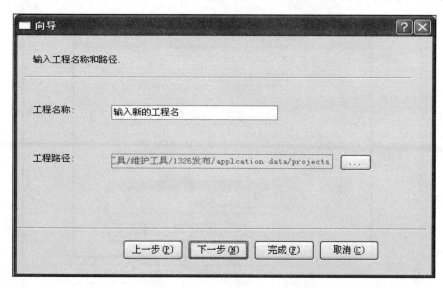

图 1-125 输入工程名称和工程路径界面

按要求输入工程名称、工程路径后，下一步进入模拟各插件排布位置示意的界面。如图 1-126 所示。

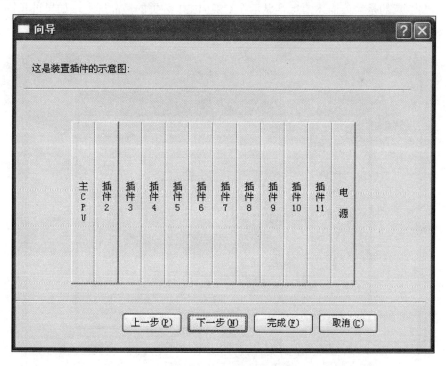

图 1-126 模拟各插件排布位置示意界面

在图中点击除主 CPU 插件，目前插件一般为 CF 卡－C 形式内存所以镜像类型选择 CF 卡－C。

点击插件 2 至插件 11 任意插件，都可以对插件属性进行配置，包括选择插件类型和填写插件描述。界面中的插件编号自动生成，不允许更改。如图 1-127 所示。

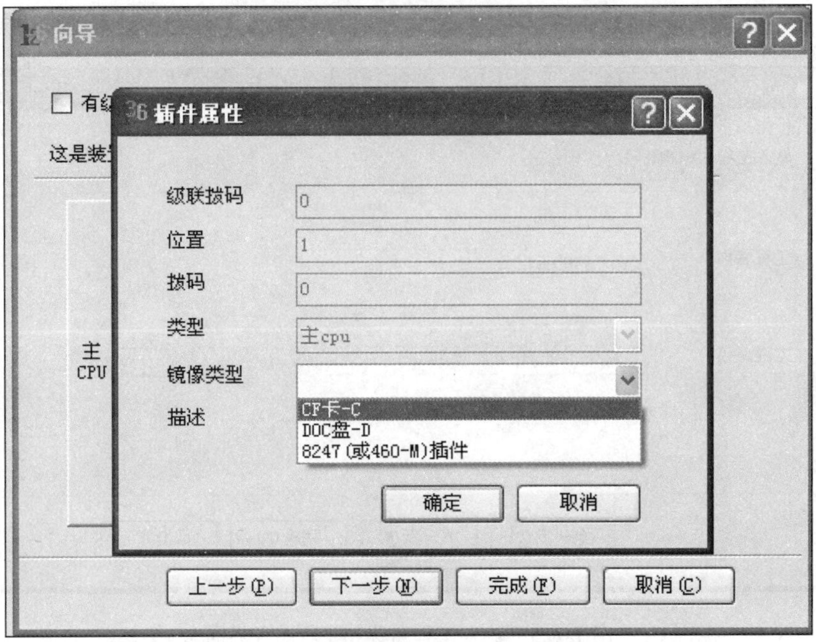

图 1-127　插件属性配置设置

确认后返回原来的插件位置示意图界面,不同的是刚才所配置的插件的描述已经显示在了该插件上。需要注意的是,该描述信息将显示在 CSC-1321 装置的液晶屏上,如果过长则会在显示时被截掉超长部分,因此为方便使用最好将描述控制在 8 个汉字的长度之内。如图 1-128 所示。

图 1-128　插件

按照上述步骤一一配置所需插件,最后点击"完成"在左侧就会出现新工程的名称。展开即可看到所配置的各个插件,当然最初插件下并没有通道或规约相关的内容。如图 1-129 所示。

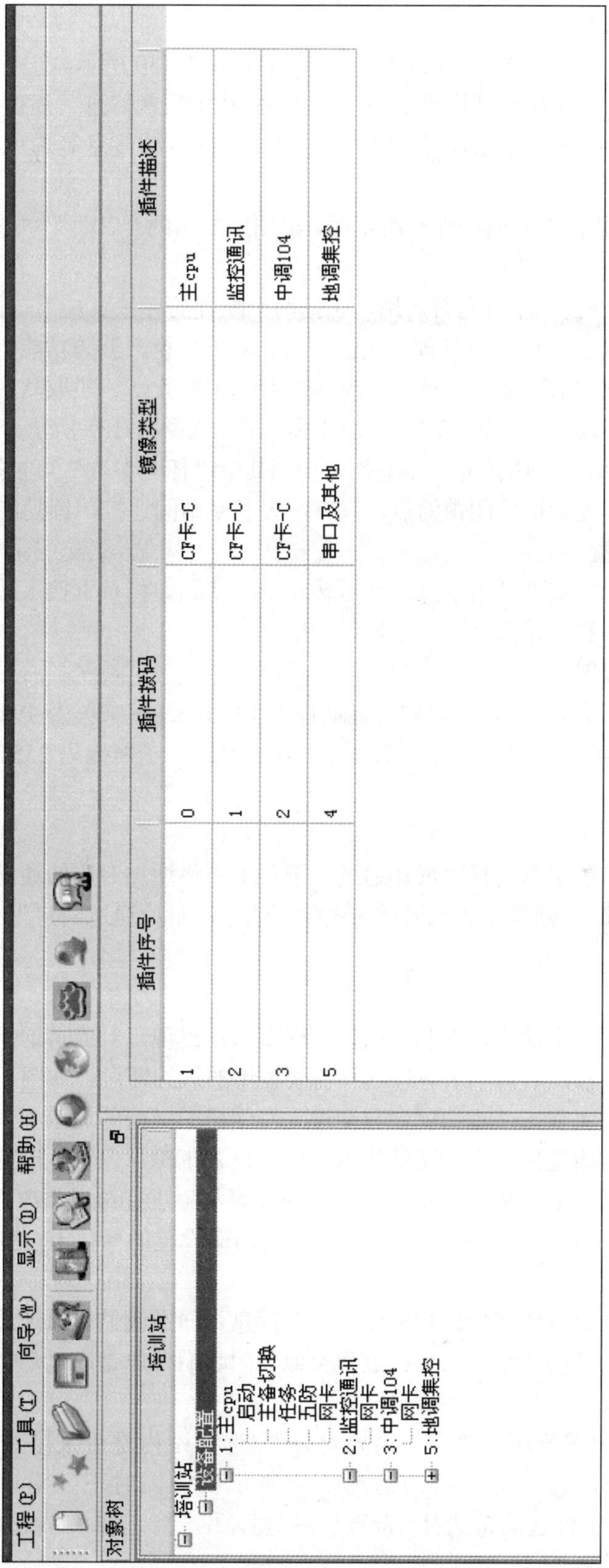

图1-129　插件配置显示界面

3. 主 CPU 设置

点击主 CPU（主 CPU 插件的描述），显示界面如图 1-130 所示。

因为主 CPU 插件不需使用其通信功能，故 IP 地址配置信息、路由器配置信息、看门狗配置信息不需配置，而后面的其他如时区、调试任务启动信息等选项各插件都使用默认即可。

在主 CPU 下与其他以太网插件有所不同，树图中显示的"启动""主备切换""任务""五防"需要配置。

"启动"表示某些公共服务是否启用，包括两个配置的标签页。第一页为主 CPU 配置信息，包括内部 FTP 传送、电子盘管理、液晶驱动、双机切换、五防功能。其中前三项通常是要启用的，后两项则视需要而定。第二页为 MMI 基本配置，一般取默认值不改动。指示灯控制、信息显示控制及录波配置信息后三项不需配置。如图 1-131 所示。

"任务"是对内部管理任务的功能进行配置。其中"任务参数"可根据需要修改，"遥控闭锁点配置信息"是配置遥控闭锁的点，只有配置了主站间遥控闭锁功能才需要配置。

4. 接入插件设置

远动机运行需要先接受站内信息，而后转发给主站。如将负责接入站内信息的插件命名为监控通信，如图 1-132 所示。

（1）基本信息设置。

设置"IP 地址配置信息"，一般后台地址设为 192.168.1.1（2）及 192.168.2.1（2），远动机习惯设为 192.168.1.244（245）及 192.168.2.244（245），子网掩码 255.255.255.0。"路由配置信息"不需配置。

（2）新建通道。

在网卡上通过右键菜单选择"增加通道"子菜单，将增加对应的通道。而右键选择通道节点的子菜单"删除"，则可以实现通道的删除（注意：串口通道固定为 6 个，无法删除）。如图 1-133、图 1-134 所示。

（3）配置规约。

在增加了通道后单击通道，右侧的模板管理窗口中出现工具支持的所有规约列表，可以选择要使用的规约，按照右侧列表直接选择需要使用的规约即可。如图 1-135 所示。

在要选择的规约上双击，规约就会自动进入左侧树图当前的通道下。这时需注意，一般自动进入当前界面时通道规约设置是默认值，此时设置正确。但进行配置检查时需注意"模板"及"IP 地址"处是否正确，可能因误操作或设置故障进行错误修改。使用 CSC 2000 接入规约时"模板"应为 cudp2000，"IP 地址"应与前面设置的插件 IP 地址相符。如图 1-136 所示。

点击规约节点，对规约属性进行配置。装置信息页面中我们可以通过右侧的设备列表进行设备添加，过程与监控系统添加保护过程类似。因我们一般是通过后台数据库导入设备不进行单个装置添加操作，故在此不做详细介绍。

公共字段信息中需要注意"是否需要对时"，选择站内是否采用了远动对时功能。若使用远动对时功能，在双远动机的情况下为防止双机同时下发对时报文，在"SYN_OFFSET"选项中应一台远动机选择"奇数分对时"，另一台选择"偶数分对时"。如图 1-137 所示。

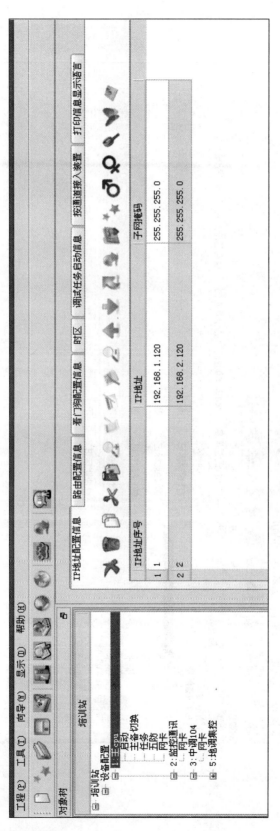

图 1-130　主 CPU 设置界面

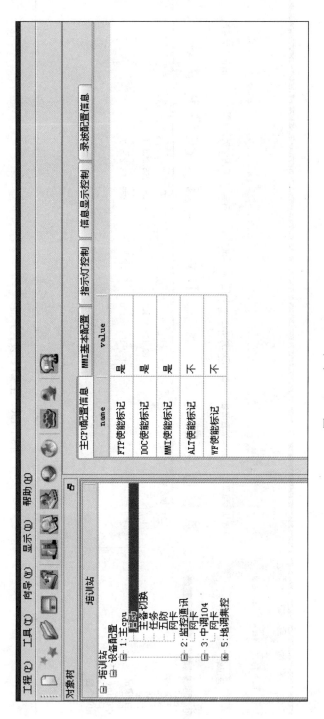

图 1-131　启动

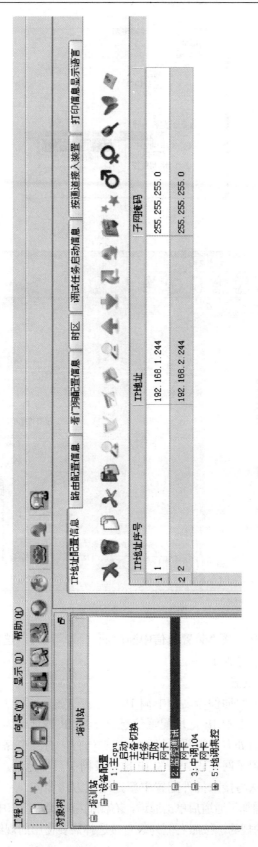

图 1-132　监控通信

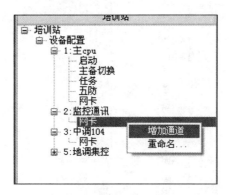

图 1-133　新建通道

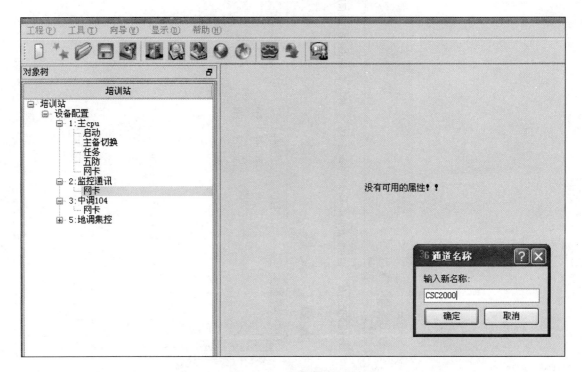

图 1-134　设置通道名称

规约描述信息中,有一项"装置通信中断时间(秒)",可以选择判断与站内装置通信中断多长时间后通信中断信号置 1。

5. 远动以太网插件设置

比如我们将远动以太网插件命名为中调 104。

(1)基本信息设置。设置 IP 地址配置信息,一般 IP 地址设为调度提供的厂站地址。设置路由配置信息。在空白处右键选择行增删—增加一行,有几个路由器信息就添加几行。再根据调度提供的信息配置子网掩码、网关 IP 地址及网关目标地址。如图 1-138 所示。

(2)新建通道。方法与接入插件配置中新建通道方法相同。

(3)配置规约。在增加了通道后单击通道,右侧的模板管理窗口中出现工具支持的所有规约列表,可以选择要使用的规约,按照右侧列表直接选择需要使用的规约即可。如图 1-139 所示。

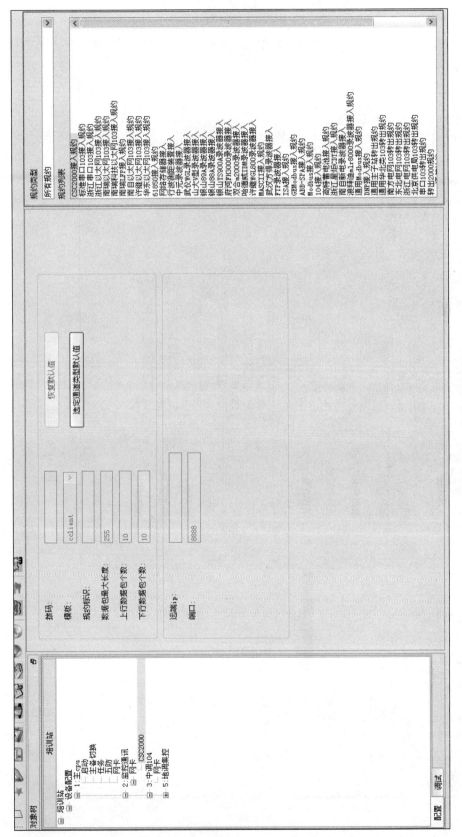

图 1-135 规约选择界面

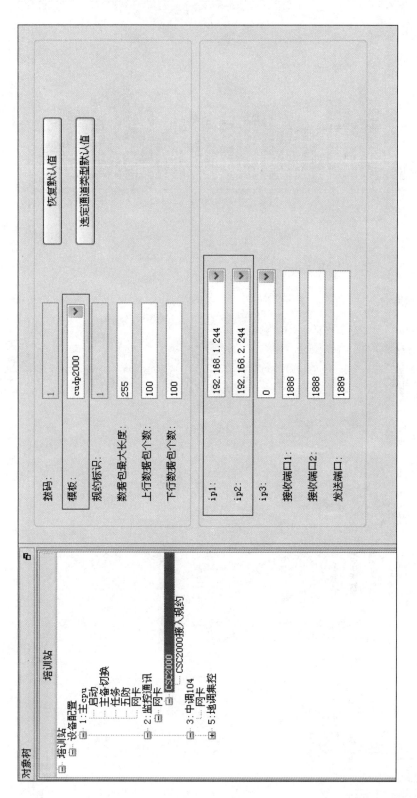

图 1-136　通道规约设置

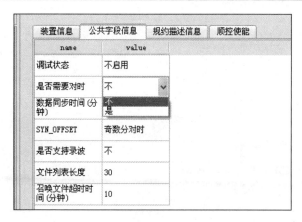

图 1-137　公共字段信息"是否需要对时"

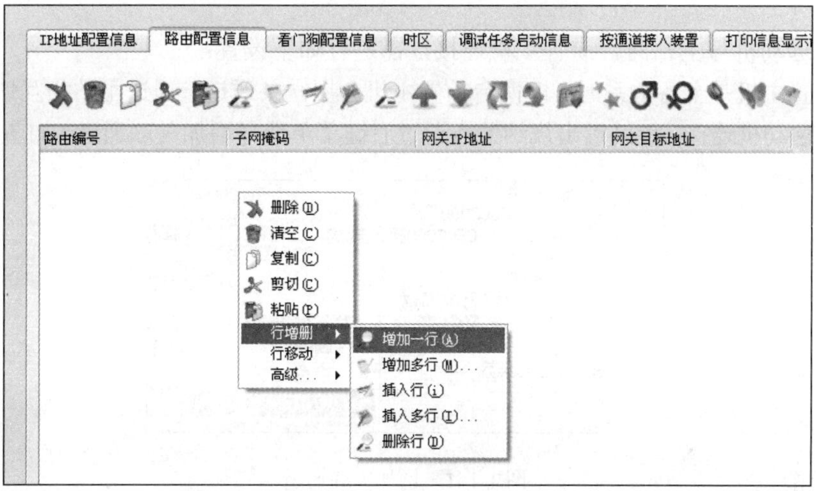

图 1-138　设置路由配置信息

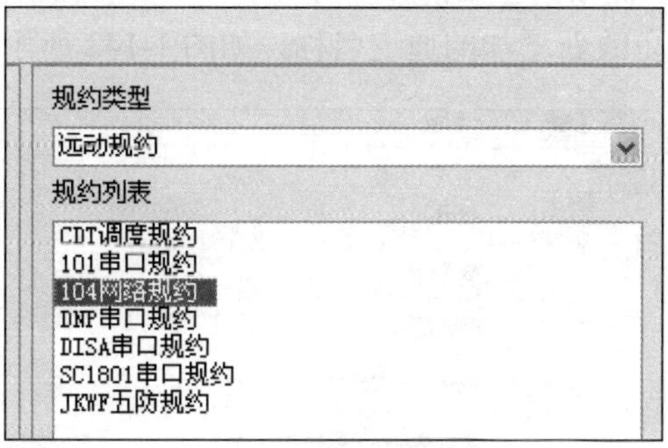

图 1-139　配置规约

在要选择的规约上双击就会自动进入左侧树图当前的通道下。一般自动进入当前界面时，通道规约设置是默认值此时设置正确。但进行配置检查时需注意"模板""远端 IP"及"端口"处是否正确，可能因误操作或设置故障进行错误修改。使用 104 规约时"模板"应为 cserver，"远端 IP"应与前面设置的路由网关目标地址（主站地址）相符，"端口"数值应为调度提供信息相符。如图 1-140 所示。

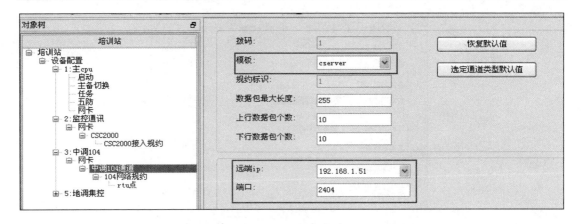

图 1-140　通道规约设置

若一台远动机与主站两台前置主机连接，需进行如下设置：

两台前置主机是主备关系时，即两台前置主机公用一条通道，通过主站相互切换保持一台前置主机与远动机连接，可以点击规约节点通过右键菜单选择增加关联通道。如图 1-141 所示。

图 1-141　增加失联通道

对新增加的通道，在右侧根据主站信息填写主站第二台前置主机的"远端 IP"及"端口"，同时可以通过重命名功能更改新增加的通道名称。如图 1-142 所示。

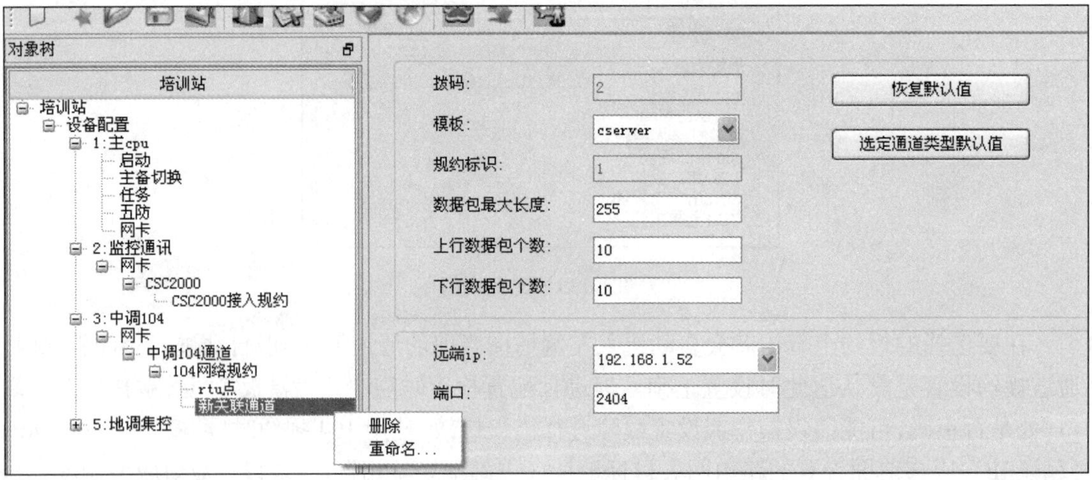

图 1-142　更改通道名称

　　两台前置主机是双主关系时，即两台前置主机同时与远动机连接，则此时需建立两个连接通道。重复上面新建通道方法，在该插件网卡下再建立一个通道，根据主站信息填写主站第二台前置主机的"远端IP"及"端口"。

　　点击规约节点，对规约属性进行配置。一般使用默认配置即可，可以根据具体主站要求更改相应设置。

　　规约字段信息：

　　该页面中"单点遥信起始信息体地址（H）"表示单点遥信起始点号，如填1，表示从点号1开始；"单点遥信占用的地址数目（H）"表示单点遥信数目，如填700，表示有1024个，若填10，表示有16个，则超过16个的遥信点会不刷新上送。后面的"双点遥信起始信息体地址（H）"、"双点遥信占用的地址数目（H）"等都同此理。如图1-143所示。

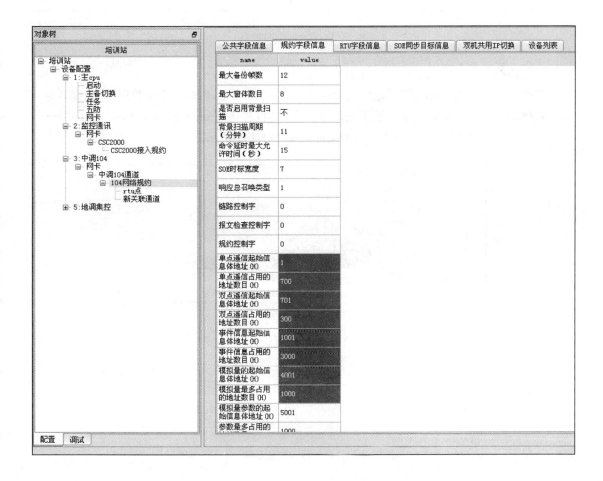

图1-143　规约字段信息

　　RTU 字段信息：

　　该页面中支持多RTU功能，但一般不使用。"RTUID"填为0，"RTU链路地址"应与主站一致。如图1-144所示。

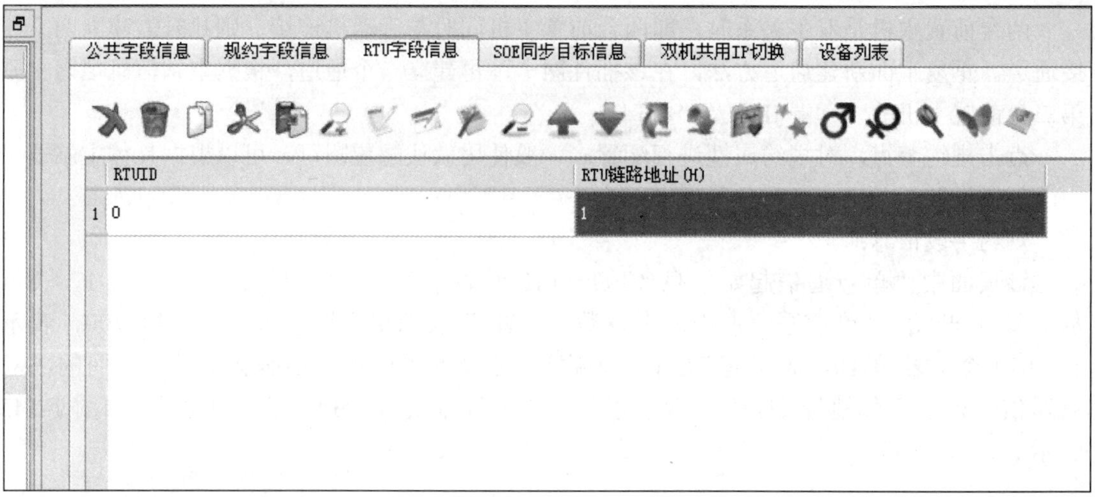

	RTUID	RTU链路地址 (H)
1	0	1

图 1-144　RTU 字段信息

导入监控数据:

选择远动规约的"rtu 点"节点,点击右键菜单"导入 CSC2000 监控数据",选择要导入监控数据的路径,此数据为后台输出的远动文件。(包含遥测 analog.xml、遥信 digital.xml、遥脉 pulse.xml、遥控 control.xml 等 4 个文件)如图 1-145 所示。

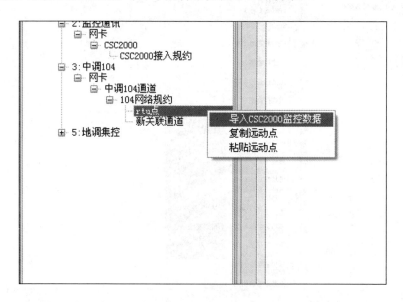

图 1-145　导入监控数据

选择路径后读入监控数据,从中分离出监控数据包含的所有装置,并提供监控数据导入向导界面让用户选择要导入的 CSC2000 装置。如图 1-146 所示。

"可导入设备"列出当前工程所有的 CSC2000 装置,红色字体表示无法导入数据的装置。在选择需要导入数据的装置后,点击下一步进入选择导入点的界面。如图 1-147 所示。

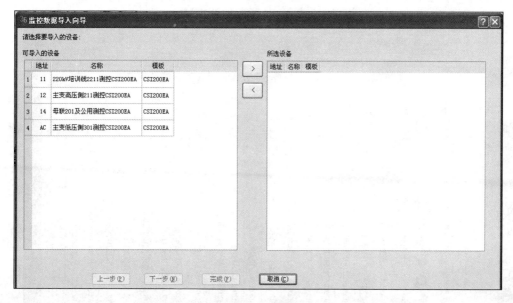

图 1-146　监控数据导入

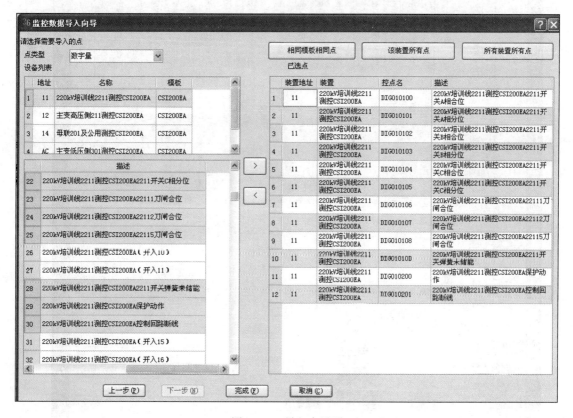

图 1-147　导入点界面

设备列表列出需要导入数据的工程装置列表，"点类型"提供导入数据类型选择，描述中按照点表顺序选择要导入的点后点击完成，将在远动机的"rtu 点"下出现新导入的远动点。如图 1-148 所示。

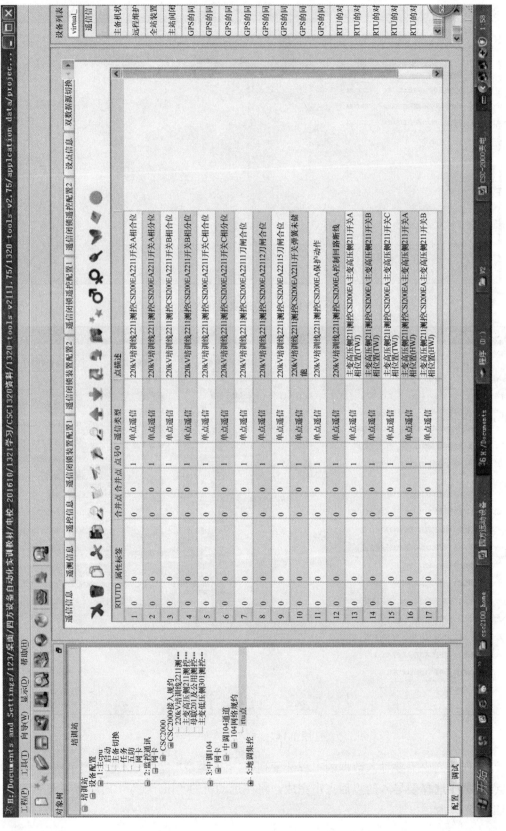

图 1-148　新导入的远动点

（4）远动点表。

在远动机的"rtu 点"下的点表中更改点号。由于是按照点表顺序导入的点库，因此可以选择所有点的点号列，通过右键菜单的"格式化列"顺序更改点号。如图 1-149 所示。

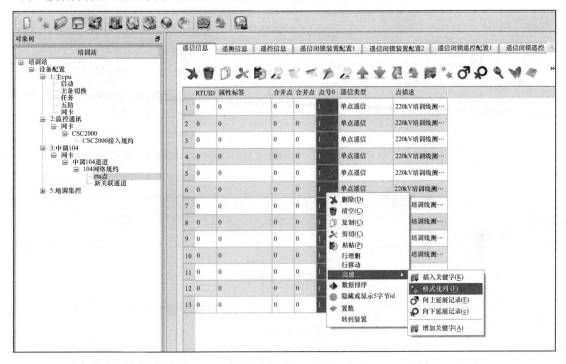

图 1-149　更改点号

设置起始数、跳跃数，注意点表中使用的都是 16 进制真实点号，点击完成。如图 1-150 所示。

图 1-150　设置起始数、跳跃数

合并遥信点：如调度只需要保护动作信号，装置需将差动保护动作、距离保护动作、零序保护动作合并为一点上送，则将差动保护动作、距离保护动作、零序保护动作三点点号修改一致，此合并点是点表中第几个合并点，就在"合并点标记 1"中填几。如图 1-151 所示。

	RTUID	属性标签	合并点标记1	合并点标记2	点号 0	通信类型	点描述
1	0	0	0	0	1	单点遥信	220kV培训线测控装置2211断路器A相合位
2	0	0	0	0	2	单点遥信	220kV培训线测控装置2211断路器B相合位
3	0	0	0	0	3	单点遥信	220kV培训线测控装置2211断路器C相合位
4	0	0	0	0	4	单点遥信	220kV培训线测控装置2211断路器A相分位
5	0	0	0	0	5	单点遥信	220kV培训线测控装置2211断路器B相分位
6	0	0	0	0	6	单点遥信	220kV培训线测控装置2211断路器C相分位
7	0	0	0	0	7	单点遥信	220kV培训线测控装置2211-1刀闸位置
8	0	0	0	0	8	单点遥信	220kV培训线测控装置2211-2刀闸位置
9	0	0	0	0	9	单点遥信	220kV培训线测控装置2211-5刀闸位置
10	0	0	1	0	A	单点遥信	220kV培训线测控装置保护差动保护动作
11	0	0	1	0	A	单点遥信	220kV培训线测控装置保护距离保护动作
12	0	0	1	0	A	单点遥信	220kV培训线测控装置保护零序保护动作
13	0	0	0	0	B	单点遥信	220kV培训线测控装置保护装置告警

图 1-151　合并遥信点

点表中合并点默认合并关系为与逻辑，如遥信点为或逻辑关系，应双击三点中任一点的属性标签，在弹出框中勾选或逻辑。如图 1-152 所示。

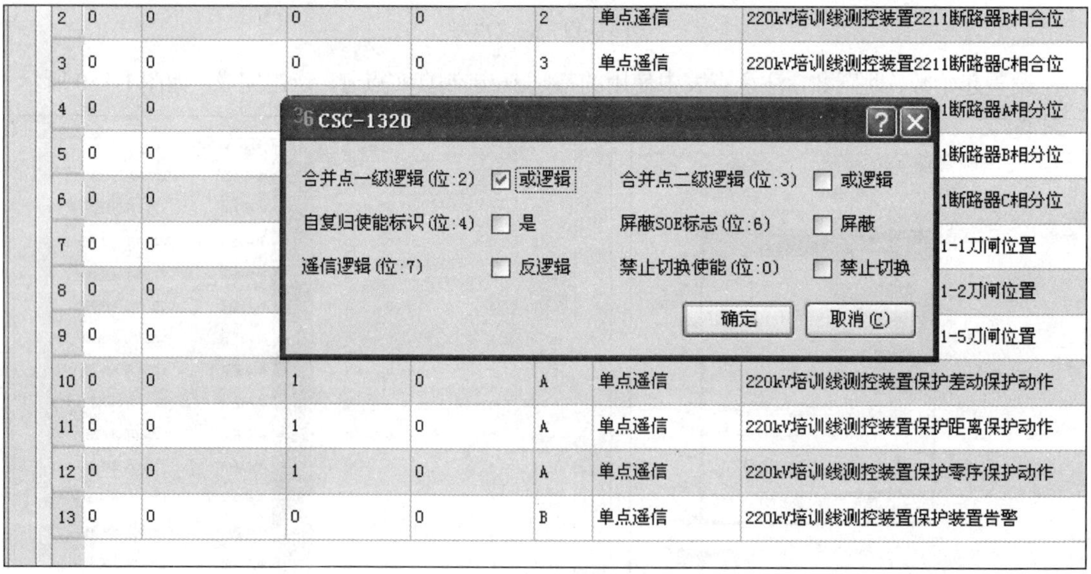

2	0	0	0	0	2	单点遥信	220kV培训线测控装置2211断路器B相合位
3	0	0	0	0	3	单点遥信	220kV培训线测控装置2211断路器C相合位
4	0	0					1断路器A相分位
5	0	0					1断路器B相分位
6	0	0					1断路器C相分位
7	0	0					1-1刀闸位置
8	0	0					1-2刀闸位置
9	0	0					1-5刀闸位置
10	0	0	1	0	A	单点遥信	220kV培训线测控装置保护差动保护动作
11	0	0	1	0	A	单点遥信	220kV培训线测控装置保护距离保护动作
12	0	0	1	0	A	单点遥信	220kV培训线测控装置保护零序保护动作
13	0	0	0	0	B	单点遥信	220kV培训线测控装置保护装置告警

对话框内容：

CSC-1320

合并点一级逻辑(位:2) ☑ 或逻辑　　合并点二级逻辑(位:3) ☐ 或逻辑

自复归使能标识(位:4) ☐ 是　　屏蔽SOE标志(位:6) ☐ 屏蔽

遥信逻辑(位:7) ☐ 反逻辑　　禁止切换使能(位:0) ☐ 禁止切换

确定　　取消(C)

图 1-152　合并关系更改

点表属性标签中其他功能可以根据需要进行选择。

添加装置通信中断信号：因为装置通信中断信号无法从监控数据中导入，因此需要手动添加。在右侧设备列表中选择装置，找到通信中断信号，选中后用右键选择增加所选点。添加后更改按照调度点表要求更改点号。

遥测转换系数:

遥测数据按上送的属性可分为三种:一次值、二次值、码值。

测控采集的是二次值,若上送二次值,则转换系数设为1。

若上送一次值,电压、电流、功率的转换系数同后台监控设置的变比相同,电压的系数如现场PT为220/100,则转换系数就是2.2;电流系数如现场CT为600/5,则转换系数就是120;相应P和Q的系数为PT变比乘以CT变比除以1000,如按上述PT为220/100,CT为600/5,则P和Q的系数为0.264;而功率因数、频率、温度、档位这些遥测值没有一、二次值之分,转换系数仍设为1。

若上送码值,则转换系数为满码值/二次额定值。满码值调度一般取32767,有时为2048,可根据约定选择。如电流二次额定值为5A,则转换系数为32767/5=6553.4;因为电压经常越限,则我们可以和调度约定将转换系数设为32767/1.2*二次额定值,当然其他值也可以约定将转换系数设为32767/n*二次额定值(n为约定好的倍数);功率转换系数为满码值/$\sqrt{3}$×电流二次额定值×电压二次额定值;功率因数的上限值为1,则转换系数为满码值/1=满码值;温度的转换系数为满码值/最大量程;频率的量程一般为48~52Hz,则转换系数为满码值/52;档位为整形数,一般直接与调度约定转换系数为1,不需换算。

遥测死区值:遥测点表中死区值为百分比,根据需要,要求精度较高的点可以设置小些,要求精度一般的点可以设置大些。

6. 串口插件设置

如将串口插件命名为地调集控。

(1)基本信息设置。

串口插件基本信息一般使用默认即可。

(2)新建通道。

串口插件配置节点下已经自动生成6个通道,故不需新建。

(3)配置规约。

单击一个通道,右侧的模板管理窗口中出现工具支持的所有规约列表,可以选择要使用的规约,按照右侧列表直接选择需要使用的规约即可。如图1-153所示。

图1-153　规约列表

在要选择的规约上双击,规约就会自动进入左侧树图当前的通道下。如图1-154所示。

自动进入当前界面时,通道规约模板设置是默认值,此时设置正确。使用101规约时"模板"应为ccom。端口应选择与实际接线相符,波特率、奇偶校验、数据位应按调度要求填写。

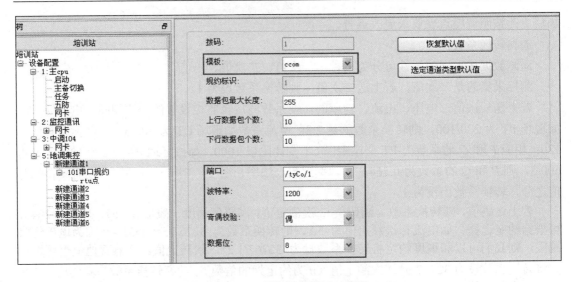

图 1-154　通道规约模板 0 设置

（4）配置规约。

串口插件需注意的规约字段信息与 RTU 信息与远动以太网插件要求相同。

（5）导入监控数据。

步骤与远动以太网插件相同。若地调集控与中调 104 中的点表一样，则可以通过复制点表的方法进行，不需进行导入数据。

点选中调 104 下的 rtu 点，右键选择复制远动点。如图 1-155 所示。

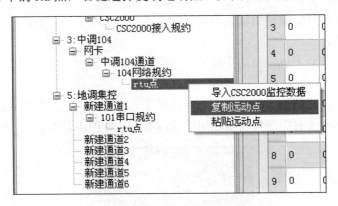

图 1-155　复制远动点

点选地调集控下的 rtu 点，右键选择粘贴远动点。如图 1-156 所示。

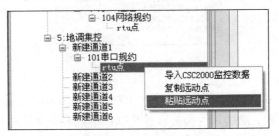

图 1-156　粘贴远动点

在弹出的提示规约类型不一致是否继续的对话框中选择确定即可。

7. 下装配置

将工程配置保存后，点击工具—下装配置到装置，在弹出对话框中点击确定等待输出打包完成。在 FTP 对话框中填入远动主机 IP 地址：192.188.234.1（远动机前部调试口 IP），用户名：target，密码：12345678，远程根路径为：/ata0a。最后确定即可下装到装置。

8. 数据备份及还原

（1）召唤装置配置。

点击工具—召唤装置配置，在弹出的 FTP 对话框中填入远方主机 IP 地址：192.188.234.1（远动机前部调试口 IP），用户名：target，密码：12345678，远程根路径不需更改，最后确定即可召唤装置配置到装置。此时的装置配置是 1321 工具的输出打包格式，无法直接打开工程配置还需还原配置。如图 1-157 所示。

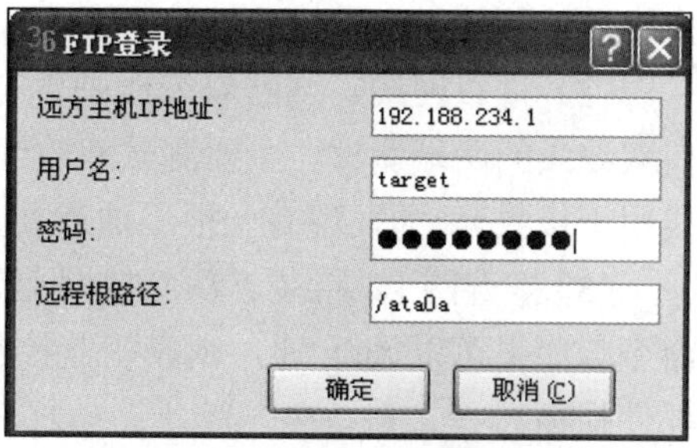

（2）还原配置。

点击工程—还原配置，在路径中选择刚刚召唤的装置配置目录下的 config 文件夹，在数据来源选项中选择"从配置文件中还原"，之后填写工程名称点击下一步。根据弹出框提示点击"下一步"或"完成"打开工程配置，即可查看装置具体配置或查找缺陷进行维护，维护完成后重新下装即可。如图 1-158 所示。

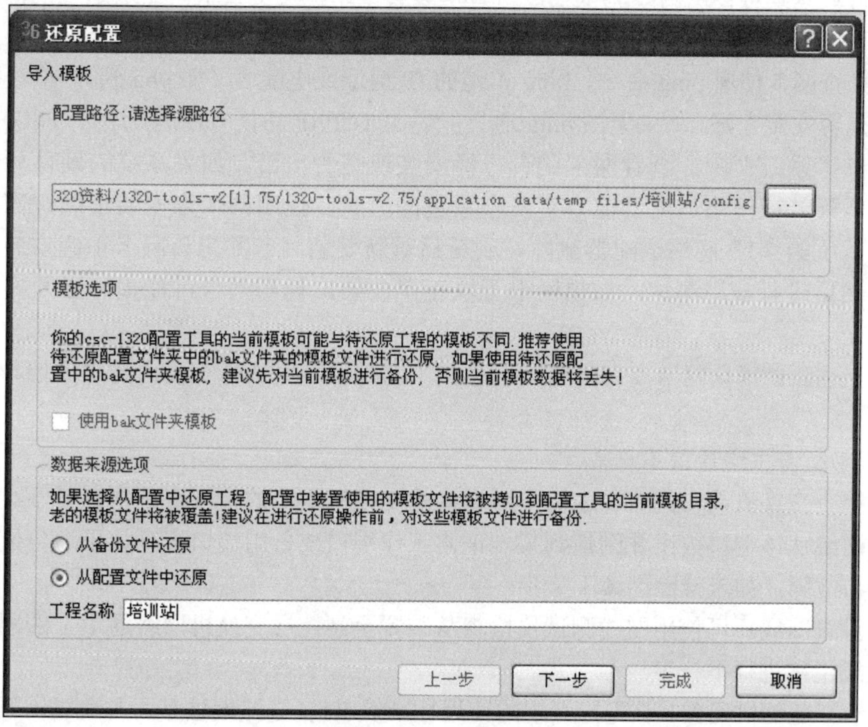

图 1-157　召唤装置配置

图 1-158　还原配置

第四节　典型故障分析处理

一、网络通信故障

1. 后台部分装置通信中断

（1）排查交换机端口，查看连接中断设备的交换机端口指示灯，常亮或不亮都属异常情况。将网线从该端口拔出并倒换到某一正常工作端口或备用端口上，如果通信恢复判断为交换机端口故障，如未排除继续下一步。

（2）排查网线，判断双绞线是否有问题可以通过"双绞线测试仪"或用两块万用表分别在双绞线的两端测试。主要测试双绞线的1、2和3、6四条线（其中1、2线用于发送，3、6线用于接收），如发现有一根不通就要重新制作，如网线正常进行下一步。

（3）排查网卡，将装置从监控网上分离并与一台独立的计算机连接，在计算机上执行 ping 命令。如果可以 ping 通，则表明监控网上有 IP 地址冲突现象；如果 ping 不通，则装置通信插件损坏。

2. 后台全部装置通信中断

（1）检查网络设备如交换机、光电转换器运行状态，查看各装置指示灯。如交换机端口指示灯全部常亮或不亮表明交换机故障，反之将连接站控层设备的网线从端口拔出并倒换到某一正常工作端口或备用端口上，如果通信恢复判断为交换机端口故障。如未排除继续下一步。

（2）排查网线可使用网线测试仪，检查从装置至站控层交换机网络通道上的网线是否正常，如网线正常进行下一步。

（3）排查网卡使用 ping 命令，ping 本地的 IP 地址或电脑名（如 ybgzpt），检查网卡和 IP 网络协议是否安装完好。如果无法 ping 通只能说明 TCP/IP 协议有问题，这时可以在电脑"控制面板"的"系统"中，查看网卡是否已经安装或是否出错。如果系统的硬件列表中没有发现网络适配器或网络适配器前方有一个黄色的"！"，说明网卡未安装正确。需将未知设备或带有黄色的"！"网络适配器删除，刷新后重新安装网卡并为该网卡正确安装和配置网络协议，然后进行应用测试。如果网卡无法正确安装，说明网卡可能损坏必须换一块网卡重试。

通过上述测试确认网卡没有问题，可能是由 IP 地址冲突或计算机内的防火墙导致通信不正常。

3. 远动机与主站通信不正常

（1）排查交换机端口。查看连接中断设备的交换机端口的指示灯，常亮或不亮都属异常情况。将网线从该端口拔出并倒换到某一正常工作端口或备用端口上，如果通信恢复判断为交换机端口故障，如未排除继续下一步。

（2）排查网线。可使用网线测试仪检查从装置至站控层交换机网络通道上的网线是否正常，如网线正常进行下一步。

（3）检查远动机配置。首先检查规约使用标准及 RTU 链路地址是否与主站一致，若配置正确查看规约配置。使用 104 规约的，查看 104 规约的模板、远端 IP 及 104 插件的 IP 地址配置信息、路由器配置信息设置是否正确，与主站是否一致；使用 101 规约的，查看 101 规约的模板、波特率、串口号、校验参数配置是否正确。

二、遥信数据异常

（1）检查本间隔测控装置面板上遥信开入实时值是否正确，步骤如下：

1）若找不到对应实时值显示，检查装置遥信板 CPU 投入及跳线情况；

2）检查装置开入定值设置是否正确，如滤波时间常数、SOE 上送等；

3）检查遥信开入回路。如单个遥信值不正确，检查单个遥信二次回路是否故障；如装置同分组遥信实时值不正确，检查分组遥信负电源回路；若装置所有遥信实时值不正确，检查遥信电源空气开关或遥信电源回路。

（2）检查监控后台遥信量状态显示是否正确，步骤如下：

1）检查后台数据库遥信量原始值是否正确。若原始值错误，检查后台数据库遥信扫描使能是否开启；装置与后台通信是否正常；装置置检修状态是否投入；画面是否挂牌等。

2）检查数据库遥信量工程值是否正确。若工程值错误，检查遥信相关设置如是否取反、人工置数；遥信类型设置（如开关合位应为断路器或刀闸合位应为刀闸，但填写为通用遥信）是否正确。若是虚遥信应检查公式设置是否真确，公式进程是否运行。

3）检查设备与数据库关联是否正确。

4）检查遥信图元是否正确。

5）若图形及实时库变位正常，但实时报警框内无报警，应检查报警动作集是否设置使能及显示。

（3）检查远动机遥信点设置是否正确，步骤如下：

检查远动机遥信点表中点号、属性标签（反逻辑、屏蔽 SOE）设置是否正确。

三、遥测数据异常

（1）检查本间隔测控装置面板上遥测实时值是否正确

1）若测控装置找不到对应有效值显示，检查遥测板 CPU 投入及跳线情况。

2）若测控装置面板遥测有效值异常，检查遥测二次回路是否正常。

（2）检查监控后台遥测值显示是否正确，步骤如下：

1）检查数据库遥测量原始值是否正常。若异常，检查遥测扫描使能是否开启；装置与后台通信是否正常；确认逻辑压板投入的前提下解除置检修状态。

2）检查数据库遥测量工程值是否异常。若异常，检查数据库遥测量相关设置，如遥测系数、偏移量、遥测变化死区值，是否设置数据库和画面显示人工置数等。

3）若画面遥测值显示为 FFFF，增加遥测动态标记属性整数位。

4）检查遥测量动态数据库连接是否正确。

（3）检查远动机遥测信息配置是否正确，步骤如下：检查远动规约的规约字段信息中模拟量的起始信息体地址、模拟量最多占用的地址数目设置是否正确，之后检查遥测点表中点号、数据类型、死区值、转换系数及偏移量设置是否正确。

四、遥控执行不成功

1. 若一次设备遥控操作五防回答超时

（1）检查监控机与五防机中遥信点顺序是否一致。

（2）检查监控机与五防机通信正常。

（3）检查监控发送参数与五防机的对应接收参数是否匹配。

2. 检查后台机遥控界面及数据库相关设置是否正常

（1）若遥控界面中遥控信息显示异常，检查监控后台如下设置。遥控分图是否禁止遥控；用户是否具有操作权限；设备是否设置人工置数；确认相关间隔无挂牌；确认在操作员站进行操作；检查遥控点对应的遥信闭锁设置，避免遥信闭锁遥控；检查本间隔的遥信类型设置，取消就地闭锁；检查遥信名为全站总闭锁的遥信设置；检查数据库遥控类型设置。

（2）检查遥控界面中开关或刀闸是否与数据库关联正确。

3. 检查测控装置面板遥控出口信息和遥控回路是否正常

（1）若遥控预置失败，检查测控与后台通信情况，包括下行报文是否通信正常；测控装置是否切换至就地位置；是否设置遥信值为 1 的硬节点返校；装置置检修压板是否投入会后台是否屏蔽报文。

（2）若遥控预置成功但装置面板遥控出口无显示，检查"远方/就地"把手是否打在"就地"；控制逻辑投入压板是否投入；检查同期功能压板是否投入且满足同期条件。

（3）若装置遥控出口正常但遥控执行不成功，检查测控装置遥控压板是否投入，遥控回路包括遥控电源和分合闸回路是否正常。

五、常见故障点

常见故障点见表 1-10。

表 1-10　常见故障点

序号	类　别	现　象	故　障　点
1	后台启动异常	系统无法启动，直到超时	（1）网线未连接 （2）后台 IP 地址错误 （3）网卡被禁用 （4）config.sys 中计算机名与系统不一致 （5）system_tabnetnode 中计算机名与系统不一致 （6）环境变量"Path=%CSC2100_HOME%\bin"；%CSC2100_HOME%\lib 有误
		启动画面白屏	csc2100_home 目录下找不到 project 目录
2	后台与测控通信异常	遥信无显示、遥测数据不刷新	（1）测控双网未连接或网线插反 （2）测控 IP 地址设置错误 （3）测控网络地址与后台数据库中不一致 （4）装置通信规约设置错误
3	遥测异常	遥测数据后台不刷新	（1）装置未连入监控网 （2）装置地址设置错误 （3）检修压板投入 （4）扫描使能标志未投入 （5）相关遥测人工置数状态 （6）挂牌屏蔽报文 （7）死区及变化死区设置过大 （8）上下限、上上下下限设置小于实际值 （9）空开未投入 （10）电流短连片断开 （11）调压允许压板未投 （12）调压投入控制字未设置
		遥测数据刷新，数值（一次值）不对	（1）比例系数设置错误 （2）变化死区设置不合理 （3）相序错误

续表 1-10

序号	类　　别	现　　象	故　障　点
3	遥测异常	遥测数据刷新，数值（一次值）不对	(4) 零漂与刻度不准确 (5) 调压定值档位控制字设置错误
4	遥信异常	遥信变位，后台数据不刷新也无告警	(1) 装置未连入监控网 (2) 装置地址设置错误 (3) 检修压板投入 (4) 扫描使能标志未投入 (5) 相关遥信人工置数状态 (6) 挂牌屏蔽报文 (7) 开入 CPU 未投入 (8) 相应遥信所在组的 COM 端松掉 (9) 开入电压松掉
		遥信变位，后台数据刷新正确但无告警	遥信报警动作集未设置使能、显示等
		遥信变位，后台数据刷新正确但图形显示异常	(1) 图元绑定数据错误 (2) 双位置遥信属性定义错误
		遥信变位，有告警但错位	开入接线与图纸不符
		遥信变位不上送 SOE 信息	(1) 装置开入定值未设置 SOE 上送 (2) 监控 SOE 告警动作集未设置使能、显示等
5	遥控异常	禁止遥控	(1) 主界面禁止遥控 (2) 间隔挂牌禁止遥控 (3) 所控设备人工置数状态 (4) 图元未配遥控点或遥控点属性不对 (5) 五防闭锁 (6) 遥信闭锁 (7) 非操作员站 (8) 双重编号填写错误
		遥控选择不成功	(1) 装置未连入监控网 (2) 装置地址设置错误 (3) 装置 IP 地址设置错误 (4) 装置远方就地灯显示就地状态 (5) 检修压板投入 (6) A、B 网线接反 (7) 实时库中遥信与遥控点类型不一致
		带同期遥控，选择成功，执行装置未出口	(1) 控制逻辑压板未投 (2) 远方/就地把手在就地位置 (3) 远方/就地把手开入松掉 (4) 同期功能、同期方式、同期电压方式压板状态 (5) 同期定值压差、角差定值 (6) 同期功能控制字 (7) 图元绑定数据错误 (8) 输入接线正确但所加量不满足同期条件 (9) 输入量接线错误
		带同期遥控，装置出口，模拟断路器未动作	(1) 出口硬压板未投入 (2) 遥控出口正电源未给
6	油温异常	变送器无输出电压	变送器 24V 电源故障
		变送器输出高电压	变送器三线电阻或输出接线错误 测控装置直流板跳线错误

续表 1-10

序号	类　别	现　象	故　障　点
7	档位异常	调压定值菜单不显示	分接头调节压板未投入
		档位不计算	调压定值—调压不允许
		档位计算错误	调压定值--档位计算方式错误
8	同期功能异常	同期功能定值不显示	同期功能压板未投入
		同期合闸无反应	（1）逻辑控制压板未投入 （2）同期方式压板未投入 （3）同期节点固定方式压板未投入
		同期合闸不成功	（1）同期定值整定错误或同期合闸条件不满足 （2）线路电压回路故障
		手合同期不成功	（1）同期/非同期压板打在非同期 （2）就地开入或手合开入为分
9	拓扑异常	图形拓扑不正常	（1）Topoapp 进程没有启用 （2）主接线图类型不是"主接线" （3）主接线没有进行拓扑连接计算 （4）母线电压号未定义 （5）图形连接不正常
10	音响异常	报警音响不正常	（1）VoiceApp 进程没有启用或节点管理中语音报警功能禁用 （2）本地设置的电笛投入及语音报警投入未设置 （3）系统设置中变电站属性未设置铃笛使用音箱 （4）音箱未开启
11	远动上行数据异常	遥测、遥信数据上送错误	（1）序号不正确 （2）比例系数不正确 （3）遥信属性设置错误 （4）变化死区设置不合理 （5）遥测数据类型错误

第二章　南瑞继保变电站监控系统

第一节　后　　台

PCS-9700 厂站监控系统是南瑞继保在总结多年厂站自动化研究成果及现场运行经验的基础上，推出的新一代计算机监控系统。系统采用先进的分布式网络技术、面向对象的数据库技术、跨平台可视化技术、行业内最新标准等。全面支持 IEC 60870—5—103、IEC 61850 等国际标准，能够满足常规变电站、数字化变电站及电厂电气监控对后台监控系统的需求。

PCS-9700 厂站监控系统在日常工作中应用范围如下：

1. 电力系统

（1）各种电压等级的常规变电站、数字化变电站；

（2）新建变电站的综合自动化系统、已有变电站的自动化改造。

2. 其他系统

（1）地铁、轻轨、电气化铁路的电力监控；

（2）矿山、石化、冶金等其他工业自动化领域应用。

PCS-9700 厂站监控系统由统一应用支撑平台和基于该平台一体化设计开发的厂站监控应用组成。系统采用了分布式、可扩展、可异构的体系架构，应用程序和数据库可在各个计算机节点上进行灵活配置而无需对应用程序进行修改。整个系统可以由安装不同操作系统的计算机组成，系统功能可根据用户需求方便地进行扩展，最大程度满足用户对系统灵活性和可伸缩性的要求。PCS-9700 厂站监控系统典型结构，如图 2-1 所示。

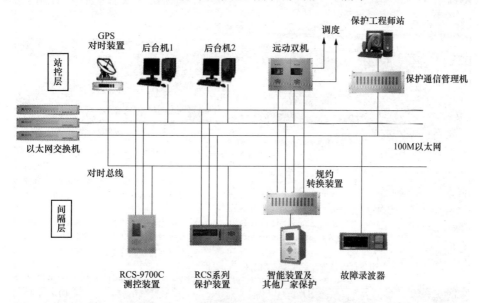

图 2-1　PCS-9700 厂站监控系统典型结构

PCS-9700 监控系统通常可以安装于 WINDOWS 操作系统、UNIX 操作系统和 LINUX 操作系统。

一、功能介绍

1. 登录系统

桌面上找到 PCS-9700 厂站监控系统的图标，双击图标进入欢迎登录界面。如图 2-2 所示。

图 2-2　欢迎登录界面

由于后台应用程序加载需要时间，因此请在登录系统 1 分钟后再开始此项操作。

2. 画面操作

通过在线画面用户可以监视电网的运行情况、查询有关的统计数据、下达遥控/遥调命令、执行各应用的相关操作等。监控界面，如图 2-3 所示。

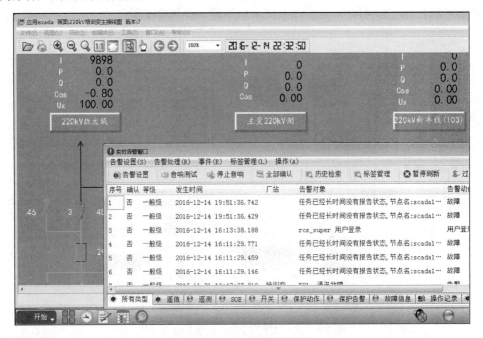

图 2-3　PCS-9700 监控界面

画面上一般放置三类图元，状态量图元、遥测量图元、信号量图元，在相应的图元上，左键单击可以弹出该对象的属性窗口。

（1）状态量（开关，刀闸，母线，主变等）图元属性如图 2-4 所示。

在该属性窗口中指明了设备对象和值，处理标志，也能显示出当前的状态。如果出现状态异常，在此窗口一般能找到原因。

（2）遥测量（电流、电压、功率等）图元属性如图 2-5 所示。

图 2-4　状态量图元属性

图 2-5　遥测量图元属性

（3）遥信量（通信状态，告警光字牌，压板等）图元属性如图 2-6 所示。

图 2-6　遥信量图元属性

3. 遥控操作

为防止误操作，一般不要在主接线图上直接进行遥控操作，遥控遥调进入间隔的分图后再操作。当该功能启用时，如果在主接线图上遥控操作会弹出警告窗口，如图 2-7 所示。

图 2-7　主接线图禁止遥控警告窗口

（1）开关刀闸遥控。

国内大多数厂站都配置有五防闭锁系统，所以在遥控开始前要先在五防机上模拟开票，开票成功后转为执行票给监控系统中相应的开关刀闸遥控解锁。否则无法继续遥控。

监控系统中的遥控操作步骤，在开关刀闸设备上点击鼠标左键，在弹出的设备属性对话框中选择"遥控"图标进行遥控。操作方法如图 2-8 所示。

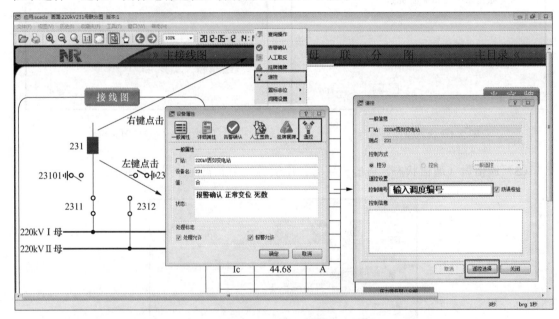

图 2-8　开关刀闸遥控

在遥控对话框中，先输入调度编号，然后点击"遥控选择"，再输入操作人和监护人密码，如图 2-9、图 2-10 所示。

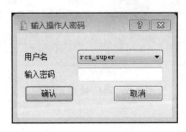

图 2-9　输入操作人密码

图 2-10　输入监护人密码

输入正确，则会在控制信息窗口中显示"遥控选择成功"。之后可点击"遥控执行"按钮，进行执行。

可能出现的错误及对应原因：

1）遥控调度编号不匹配。输入的调度编号和要操作的设备编号不一致。

2）密码正确但无权限。联系系统管理员，赋予相应权限或请 更高权限的人员操作。

3）遥控失败，操作人/监护人校验失败。密码输入错误，更正后重新输入。

4）遥控返校失败。有可能测控屏上相应把手打在"就地"位置。

5）遥控选择超时。测控装置通信故障或遥控关联错误。

6）五防校验超时。五防机没有许可该操作，或五防机通信中断。

7）遥控执行超时。可能遥控关联错误、出口压板没有投入、控制回路断线、控分控合回路接反、遥控执行时间设置为 0 等。

（2）档位调节。

档位调节常见采用以下方式直控。如主变分图上有类似的图符，要进行档位调节时，直接点击"升""降"即可弹出遥控对话框，操作方法同开关刀闸遥控。操作完毕后，档位显示值把操作结果反馈给操作人员。如图 2-11 所示。

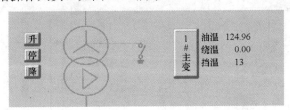

图 2-11　档位调节

4. 人工置数

为满足现场监控需要（主要是拓扑着色和五防预演），常常需要人为把它强制在某个状态下，即人工置数。

可以在设备上点击鼠标的左键实现，如图 2-12 所示。

人工置数的设备会以明亮的浅蓝色标注，不同于正常的颜色（分：绿，合：红）以示区别。

在故障消缺后要及时取消人工置数，以便和实际位置对应。取消人工置数的方法可以通过鼠标左键或者右键实现。如图 2-13 所示。

5. 报警查看

启动控制台时会自动启动实时告警窗口。如果窗口被退出了，点击控制台的告警，实时告警菜单便能重新召唤出来，如图 2-14 所示。

打开的实时告警窗，如图 2-15 所示。

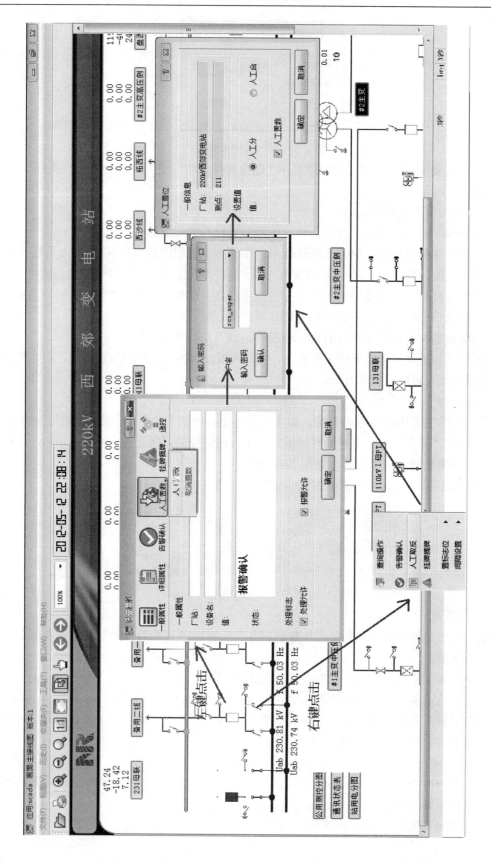

图 2-12 人工置数

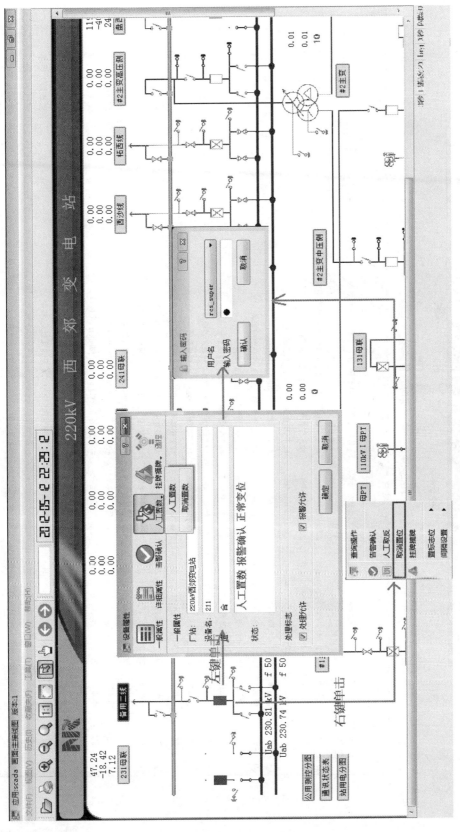

图2-13　取消人工置数

序号	确认	等级	发生时间	厂站	告警对象	告警动作
1	是	一般级	2012-04-25 17:20:01.637	220kV西郊变电站	#2主变高压测控_#2主变保护A柜过负荷告警	遥信变位 由合到分
2	是	一般级	2012-04-25 17:20:01.637	220kV西郊变电站	#2主变高压测控_#2主变保护A柜保护动作	遥信变位 由合到分
3	是	预告级	2012-04-25 17:15:44.840	220kV西郊变电站	#2主变保护A柜801A_预告总	遥信变位 返回
4	是	预告级	2012-04-25 17:15:35.640	220kV西郊变电站	#2主变保护A柜801A_预告总	遥信变位 告警
5	是	预告级	2012-04-25 17:15:35.640	220kV西郊变电站	#2主变重保护W柜801A_中压侧门异常	遥信变位 告警
6	是	预告级	2012-04-25 17:15:33.360	220kV西郊变电站	#2主变重保护W柜801A_事故总	遥信变位 返回
7	是	预告级	2012-04-25 17:15:28.740	220kV西郊变电站	#2主变重保护W柜801A_事故总	遥信变位 返回
8	是	事故级	2012-04-25 17:15:25.650	220kV西郊变电站	#2主变重保护W柜801A_预告总	遥信变位 返回
9	是	预告级	2012-04-25 17:15:25.280	220kV西郊变电站	#2主变重保护W柜801A_中压侧通风启动I段	遥信变位 返回
10	是	一般级	2012-04-25 17:15:25.280	220kV西郊变电站	#2主变高压测控_#2主变保护B柜过负荷告警	遥信变位 由合到分
11	是	一般级	2012-04-25 17:15:25.280	220kV西郊变电站	#2主变高压测控_#2主变保护B柜保护动作	遥信变位 由合到分
12	是	事故级	2012-04-25 17:15:24.950	220kV西郊变电站	#2主变重保护W柜801A_中复压过流2时限	遥信变位 返回
13	是	事故级	2012-04-25 17:15:24.950	220kV西郊变电站	#2主变重保护W柜801A_中复压过流2时限	遥信变位 返回
14	是	事故级	2012-04-25 17:15:24.490	220kV西郊变电站	#2主变重保护W柜801A_中相间阻抗I段2时限	遥信变位 返回
15	是	事故级	2012-04-25 17:15:24.450	220kV西郊变电站	#2主变重保护W柜801A_中相间阻抗I段1时限	遥信变位 返回
16	是	事故级	2012-04-25 17:15:23.750	220kV西郊变电站	#2主变重保护W柜801A_中复压过流3时限	遥信变位 返回
17	是	事故级	2012-04-25 17:15:23.240	220kV西郊变电站	#2主变重保护W柜801A_中复压过流3时限	遥信变位 动作
18	是	事故级	2012-04-25 17:15:23.240	220kV西郊变电站	#2主变重保护W柜801A_中复压过流2时限	遥信变位 返回

>>>总数: 4901, 未确认: 0<<<

图 2-14　告警—实时告警菜单

图 2-15　实时告警窗

（1）实时告警菜单栏。如图 2-16 所示。

图 2-16　实时告警菜单栏

实时告警菜单栏分项解释见表 2-1。

表 2-1　实时告警菜单栏分项解释

菜　　单	菜单项	功　　能
告警设置	告警设置	弹出告警设置对话框，进行告警设置
	同步配置	把本节点上的告警配置文件同步到其他节点上，其他节点上的告警配置将会被覆盖
告警处理	音响测试	播放一段告警声音，测试音响是否正常
	停止音响	停止当前正在播放的告警声音
事件	保存事件	把事件列表框中选中的告警事件保存为文本文件，如果没有选中事件，则会保存当前列表框中的所有事件
	打印事件	打印当前标签页中事件列表框中选中的告警事件，如果没有选中事件，则会打印当前列表框中的所有告警事件
标签管理	修改标签	弹出标签定义对话框，修改当前的标签定义
	增加标签	弹出标签定义对话框，新增一个告警标签
	删除标签	删除当前的告警标签
	标签管理	弹出标签管理对话框，可以调整标签的顺序，修改、增加、删除标签等
操作	确认选中事件	确认当前事件列表框中选中的一条告警事件，确认前需要权限认证
	全部确认	确认当前事件列表框中的所有事件，确认前需要权限认证
	暂停刷新	如果选择暂停刷新，事件列表框中的事件不会刷新

（2）告警标签。如图 2-17 所示。

通过定义不同的标签，可以对告警事件进行分级、分类、分层的显示，便于运行人员分析告警事件。典型的标签如图 2-17 所示，内容分项解释见表 2-2。

| 所有类型 | 遥信 | 遥测 | SOE | 保护动作 | 故障简报 | 操作记录 | 系统事件 | 未复归信号 |

图 2-17　告警标监

表 2-2　告警标鉴内容分项解释

标　　签	说　　明
所有类型	显示除了操作记录事件以外的所有事件
遥信	显示所有遥信变位告警事件

续表 2-2

标　签	说　　明
遥测	显示所有遥测相关的告警事件
SOE	显示所有 SOE 事件
保护动作	显示保护动作相关事件
故障简报	显示保护故障信息、故障录波事件
操作记录	显示所有操作记录事件，比如遥控操作记录、定值修改记录、人工置数操作等
系统事件	显示所有系统事件，比如应用值班切换、进城异常等
未复归信号	显示系统中所有未复归的遥信

（3）历史告警查询。

先点击状态栏中的"告警"，然后选择"历史告警"，如图 2-18 所示。

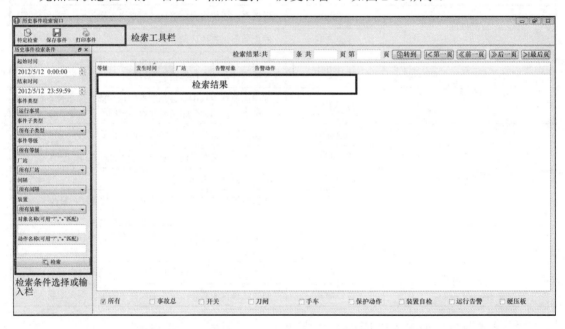

图 2-18　历史告警查询界面

1）检索条件：

显示左侧的检索条件窗口，检索条件包括时间、事件类型、事件子类型、厂站、间隔、装置、对象名称匹配。

2）检索结果：

同实时告警窗口中事件显示方法。

6. 报表浏览

数据按照列表格式重排，当你点中其中某一个数据时，在状态栏中可以显示出该数据的详细路径，如图 2-19 所示。

如要浏览当前日期以前的数据：点击修改时间按钮→设置被浏览的数据日期→手动刷新数据。操作如图 2-20 所示。

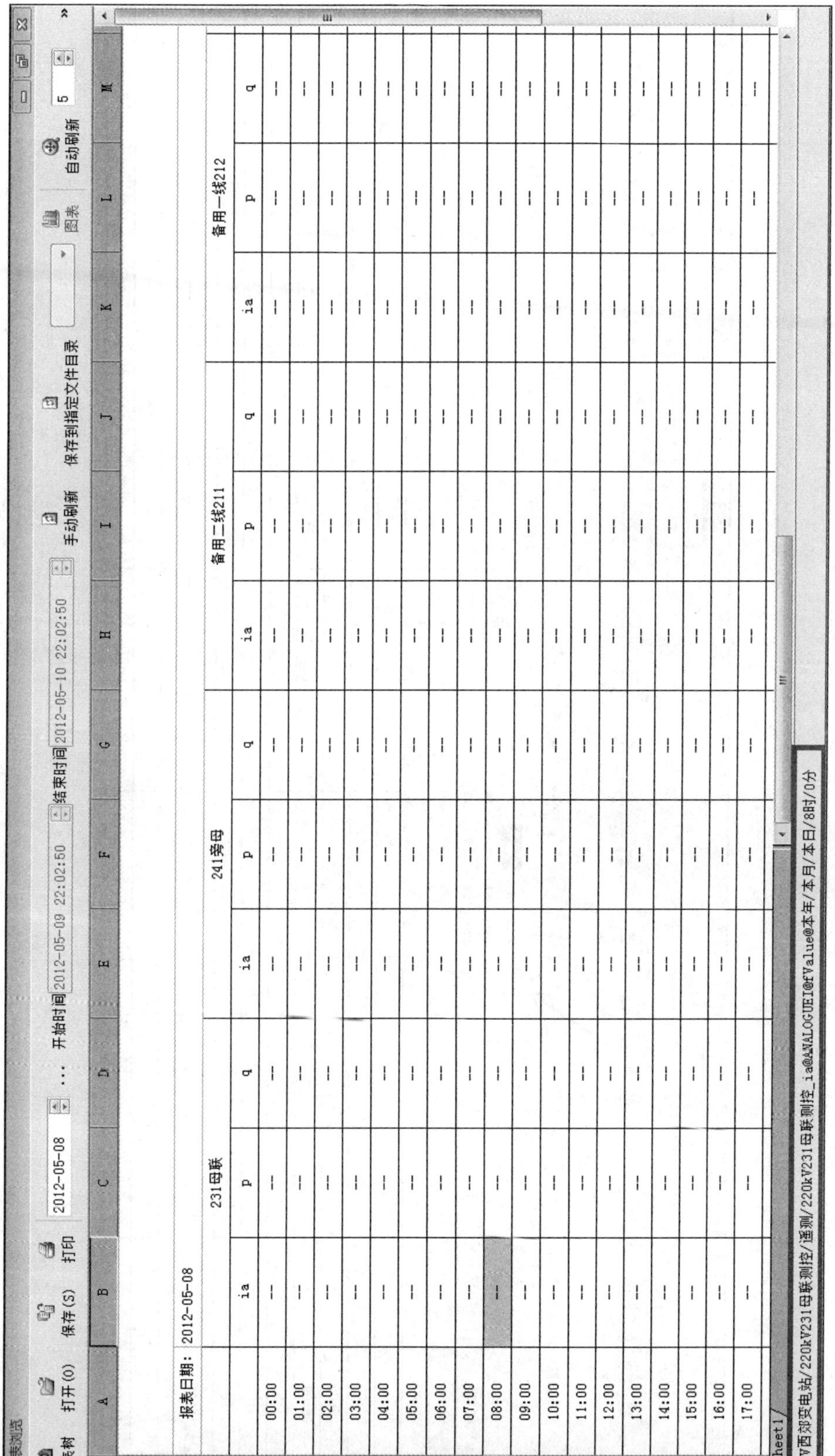

图 2-19 数据表浏览界面

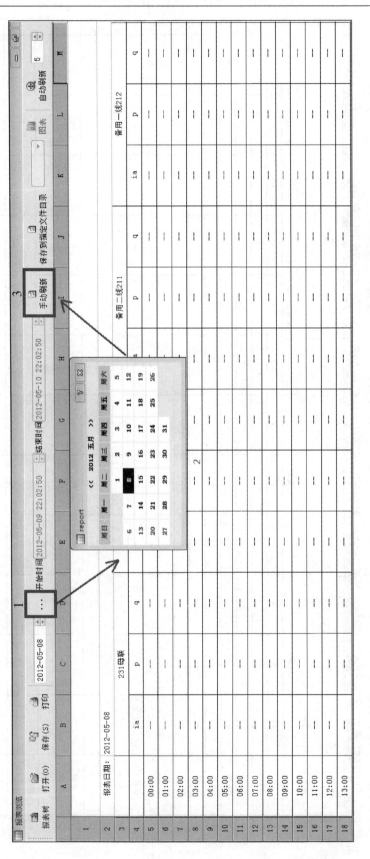

图 2-20　历史报表查询

二、系统参数配置

系统参数配置将系统常用的功能、配置参数以友好的界面展示出来，方便用户随时调整系统的运行状态，并支持系统参赛的在线调整，无需退出系统重新启动。

系统配置分三个主要部分，包括，画面设置、告警设置、scada 设置。

1. 画面设置

如图 2-21 所示。

画面设置菜单栏分项解释见表 2-3。

图 2-21 画面配置界面

表 2-3 画面设置菜单栏分项解释

配置项	描 述	数据类型	单位
退出是否提示	Online 点击关闭按钮不弹出提示框提示	布尔	
是否监护	遥控是否需要监护人验证	布尔	
是否需要登录	勾选后，如果没有在 pcscon 登录，需要权限的右键菜单不使能	布尔	
是否本地监护	勾选后，在同节点监护	布尔	
主接线图禁止遥控	勾选后，主接线图禁止遥控。在画面编辑工具里，勾选了"是否填库"的画面都认为是主线图	布尔	
启用拓扑	勾选后，启动拓扑	布尔	

续表 2-3

配置项	描　述	数据类型	单位
最大画面弹出数	告警弹画面允许的最大窗口数，超过后，会在最开始的窗口打开画面	整型	
最近打开画面数	在 online 历史菜单存储的最近打开画面数，超过后，覆盖最开始的记录	整型	
监护节点	异机监护时指定的监护节点	字符串	
电压等级	设置各电压等级对应的显示颜色	浮点	kV

2. 告警设置

如图 2-22 所示。

图 2-22　告警设置界面

告警设置菜单栏分项解释见表 2-4。

表 2-4　告警设置菜单栏分项解释

配置项	描　述	数据类型	单位
启动自动打印功能	系统级别的设置，是否启用自动打印功能。当该选项选中并且事件的告警处理项中自动打印设置为真时，该事件才会被自动打印	布尔	

续表 2-4

配置项	描　　述	数据类型	单位
启动自动推画面功能	系统级别的设置，是否启用自动推画面功能功能。当该选项选中并且事件的告警处理项中自动推画面告警为真时，才会自动推出画面	布尔	
启动音响告警功能	系统级别的设置，是否启用音响功能功能。当该选项选中并且事件的告警处理项中音响告警为真时，才会启动音响告警	布尔	
启动语音告警功能	系统级别的设置，是否启用语音功能功能。当该选项选中并且事件的告警处理项中语音告警为真时，才会启动语音告警	布尔	
启动短消息功能	系统级别的设置，是否启用短消息功能功能。当该选项选中并且事件的告警处理项中发送短消息为真时，才会发送短消息告警。	布尔	
存历史库	系统级别的设置，是否启用存历史库功能功能。当该选项选中并且事件的处理项中存历史库为真时，才会把告警事件存入历史库	布尔	
雪崩时段	判断是否发生雪崩的时间段，如果在该事件段内的事件条数大于"雪崩流量"，则认为发生了雪崩	整型	秒
雪崩流量	在雪崩时段内，判断发生雪崩的事件条数	整型	条
解除雪崩流量	如果雪崩时段内，事件条数小于"解除雪崩流量"，则认为可以取消雪崩状态了	整型	条
雪崩自动打印间隔	雪崩时的自动打印间隔	整型	秒

3. scada 设置

如图 2-23 所示。

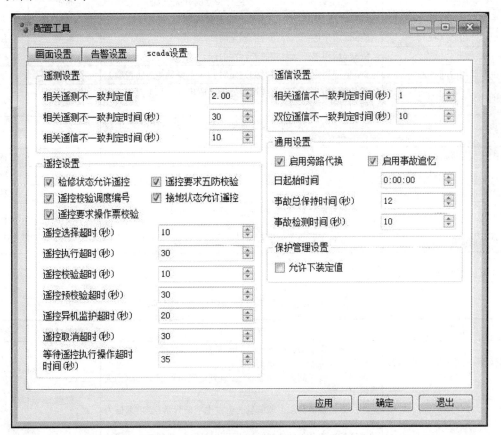

图 2-23　scada 设置界面

Scada 设置菜单栏分项解释见表 2-5～表 2-9。

（1）遥测设置。

表 2-5　Scada 设置菜单栏遥测设置分项解释

配置项	描　述	数据类型	单位
相关遥测不一致判定值	判定遥测量发生相关遥测不一致的条件之一。遥测量与其相关遥测量之间的差值大于当前设定值，并且此条件保持满足的时间要大于"相关遥测不一致判定时间"，才判定一个遥测量发生相关遥测不一致	浮点	
相关遥测不一致判定时间（秒）	判定遥测量发生相关遥测不一致的条件之一。遥测量与其相关遥测量之间的差值大于"相关遥测不一致判定值"，并且持续时间要大于当前参数中设定的时间值，才判定一个遥测量发生相关遥测不一致	整型	秒
相关遥信不一致判定时间（秒）	当前遥测量值不为 0，同时相关遥信值为 0，并且满足以上条件的持续时间大于此设置项，就判定当前遥测量发生相关遥信不一致	整型	秒

（2）遥控设置。

表 2-6　Scada 设置菜单栏遥控设置分项解释

配置项	描　述	数据类型	单位
遥控校验调度编号	遥控时是否需要对调度编号进行校验的开关设置	布尔	无
遥控要求五防校验	遥控时是否需要进行五防校验的开关设置	布尔	无
遥控选择超时（秒）	Scada 应用遥控选择超时的判定时间	整型	秒
遥控执行超时（秒）	Scada 应用遥控执行超时的判定时间	整型	秒
遥控校验超时（秒）	Scada 应用遥控校验超时的判定时间（主要是指五防校验）	整型	秒
接地状态允许遥控	遥控的相关厂站，间隔或设备处于接地状态时是否允许遥控操作的开关设置	布尔	无
检修状态允许遥控	遥控的相关厂站，间隔或设备处于检修状态时是否允许遥控操作的开关设置	布尔	无
遥控预校验超时（秒）		整型	秒
遥控异机监护超时（秒）		整型	秒
遥控取消超时（秒）		整型	秒
操作超时时间（秒）	遥控选择成功后，如果在设定的时间内没有进行遥控执行操作，则判超时，此次遥控操作作废	整型	秒
遥控要求操作票校验	遥控时是否需要进行操作票校验的开关设置	布尔	无

（3）遥信设置。

表 2-7　Scada 设置菜单栏遥信设置分项解释

配置项	描　述	数据类型	单位
相关遥信不一致判定时间（秒）	当前遥信量值与相关遥信量的值不一致（当前遥信为分，相关遥信为合或者当前遥信为合，相关遥信为分），并且满足以上条件的持续时间大于此设置项，就判定当前遥信量发生相关遥信不一致	整型	秒
双位遥信不一致判定时间（秒）	当前遥信量值与双位遥信量的值发生双位异常（当前遥信为分，双位遥信也为分或者当前遥信为合，双位遥信也为合），并且满足以上条件的持续时间大于此设置项，就判定当前遥信量发生双位遥信不一致		

（4）通用设置。

表 2-8　Scada 设置菜单栏通用设置分项解释

配置项	描　　述	数据类型	单位
启用旁路代换	Scada 应用是否启用旁路代换功能的开关设置	布尔	无
启用事故追忆	Scada 应用是否启用事故追忆数据保存功能的开关设置	布尔	
日起始时间	Scada 进行统计计算的时候作为一天的起始时间的设置项	时间	无
事故总保持时间（秒）	厂站（间隔）发生事故总信号，则在事故总保持时间内发生的该厂站相关（该间隔相关）的开关刀闸跳开动作都判为该厂站（该间隔）的事故跳	整型	秒
事故检测时间（秒）	开关刀闸发生跳开动作，如果在事故监测时间之内该开关刀闸所属厂站（间隔）发生事故总信号，则该跳开动作也被判为该厂站（该间隔）的事故跳	整型	秒

（5）保护管理设置。

表 2-9　Scada 设置菜单栏保护管理设置分项解释

配置项	描　　述	数据类型	单位
允许下装定值	在保护管理软件中允许进行下装定值操作		

4. 权限设置

在后台监控控制台点击"维护→权限管理"，启动维护管理工具。如果需要修改用户密码，直接在"修改密码"选项卡内进行修改。如图 2-24 所示。

如果要增加用户，则在"检查"选项卡内输入密码，如图 2-25 所示。

图 2-24　修改用户密码界面

图 2-25　增加用户操作界面

进入权限管理工具，点击绿色的"＋"，即可弹出增加用户对话框，如图 2-26 所示。

选择用户名，在"用户信息"选项卡中"投入"勾选，"操作所有节点"勾选，如图 2-27 所示。

在"节点"选项卡中对授权的操作节点进行勾选，如图 2-28 所示。

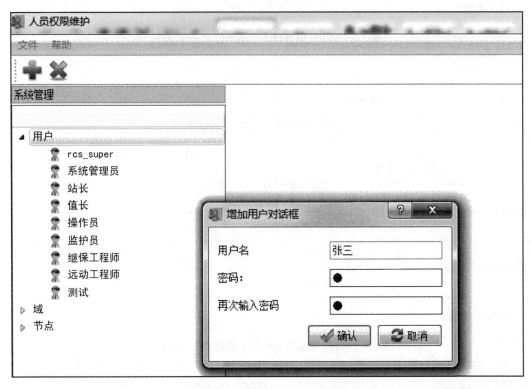

图 2-26　增加的用户对话框

图 2-27　用户信息设置

人员权限维护
文件　帮助
系统管理
用户信息　角色　节点
节点
用户
rcs_super
系统管理员
站长
值长
操作员
监护员
继保工程师
远动工程师
测试
张三
域
节点
1 scada1
2 scada2
3 scada3
4 scada4
5 scada5
6 scada6
7 scada7
8 scada8
9 scada9

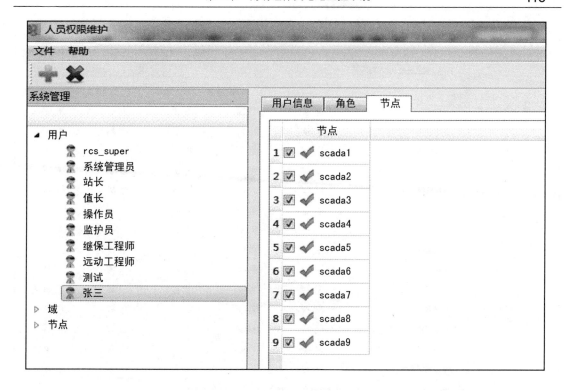

图 2-28　模板操作节点设置

在“角色”选项卡中，给用户赋予相应的角色，例如：同时选择 MMI（人机界面）域内的“操作员”和“监护员”这两种角色，则用户就拥有相应角色所属的权限了。如图 2-29 所示。

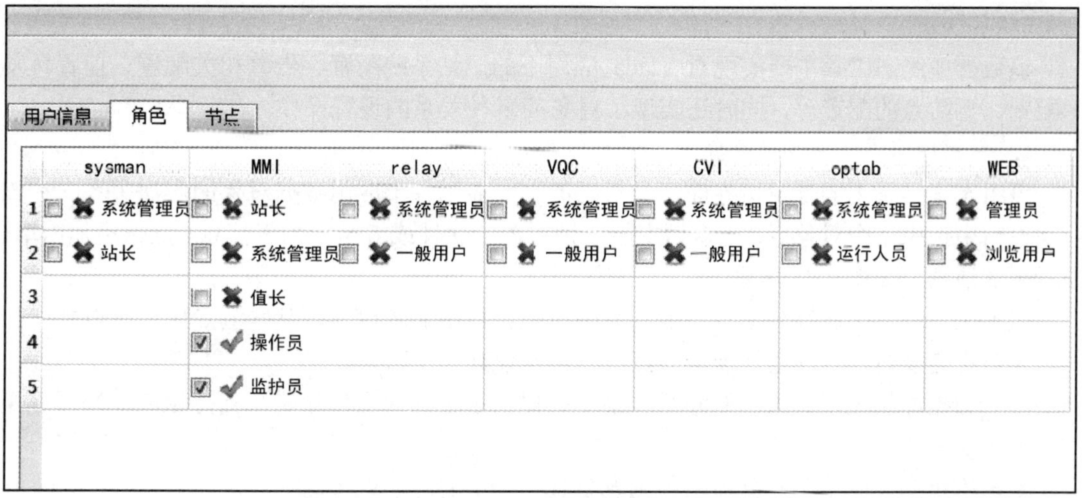

用户信息　角色　节点
sysman　MMI　relay　VQC　CVI　optab　WEB
1 系统管理员　站长　系统管理员　系统管理员　系统管理员　系统管理员　管理员
2 站长　系统管理员　一般用户　一般用户　一般用户　运行人员　浏览用户
3 值长
4 操作员
5 监护员

图 2-29　角色权限设置界面

通过选择“域”，可以查看“域”下各个角色拥有的权限，同时可以修改角色的权限。如图 2-30 所示。

图 2-30　查看、修改角色权限

三、数据库操作及维护

PCS-9700 数据库组态工具开发的目的是基于 SCADA 模型设计功能全面，而且模型关联关系也比较复杂的背景下，给用户提供一个方便的界面工具进行模型的编辑（包括对象之间的关联）。

该数据库组态工具主要实现对 scada 应用下的厂站系统配置、告警相关配置、前置转发库配置、五防点的配置等，同时还实现了对象间多种关系的设置操作。

1. 数据库组态工具功能介绍

该组态工具采用的是窗口界面，分不同的页面显示各个应用数据对象的层次关系，在该层次窗口中选中某个对象后，主窗口中显示该对象的属性或者是子列表信息，操作更加简单、显示更加清晰。如图 2-31 所示。

组态工具提供了属性列隐藏功能，为减少主窗口中显示内容，某些测点属性可以暂时隐藏。注意在需要时，选择属性顶框，点击右键操使其显示出来。

（1）数据库组态工具菜单栏介绍。菜单栏提供了全部的操作功能，支持相应的快捷键操作。如图 2-32 所示。

数据库组态工具菜单栏分项解释见表 2-10～表 2-13。

（2）常用操作功能说明。

1）重载数据。

由于某些原因导致已经打开的数据窗口显示与逻辑库不对应，如刚刚进行"填库"操作或"多人操作"等，需要手动重载数据，才可更新当前界面显示。

图 2-31　数据库组态工具功能界面

文件(F)　编辑(E)　操作(O)　视图(V)　显示方式(S)　五防定义(W)　帮助(H)

图 2-32　数据库组态工具菜单栏

表 2-10　文件菜单项

文件菜单	说　明
重载数据	从逻辑库中重新读取数据，更新界面显示
装置型号配置	打开装置型号配置窗口，可进行装置型号的添加、删除和修改
数据发布	将逻辑库中修改内容更新到物理库中，能够自动检测逻辑库是否修改
导出	将装置列表或者五防转发表内容导出为 txt 文件或者 csv 文件
退出	退出组态工具

表 2-11　编辑菜单项

编辑菜单	说　明
浏览态	在浏览态和编辑态切换，从浏览态切换到编辑态，需要进行口令验证
添加	在可编辑列表中新增一个同种类型的数据对象
插入	在可编辑列表中选中的对象前新增一个同种类型的数据对象
删除	删除选中的数据对象
复制	复制选中的数据对象

编 辑 菜 单	说　　明
剪切	剪切选中的数据对象
粘贴	将复制对象属性粘贴到当前选中的数据对象上
粘贴插入	在选中的对象前新增一个同种类型的数据对象，并对其执行粘贴操作

表 2-12　操作菜单项

操 作 菜 单	说　　明
报告控制块设置	批量设置装置下的报告控制块属性
描述名检查	所有装置下测点描述名唯一性检查，对于相同的描述名末尾加数字以区分
规则导出	导出厂站下遥控点的分合规则为 txt 文件
五防规则导出	导出厂站下五防遥信点的分合规则为 txt 文件
更新五防库	从 scada 库中读取定义的五防相关数据并更新到五防库中

表 2-13　显示方式菜单项

显示方式菜单	说　　明
测点类型	按测点类型或者测点组显示装置下的测点列表
列表显示	选中厂站对象时是否以列表形式显示装置或者显示厂站属性
自动排序	排序功能开启或关闭

2）编辑模式切换。

数据库组态工具启动时，默认为"浏览态"，某些功能选项被设为灰色不可选。当切换至"编辑态"后，这些功能选项图标发生了变化，都为选中状态，授权使用者修改数据库。

3）描述名检查。

由于在画面编辑中，图符和数据点关联是以数据的描述名作为查找路径，因此在数据库中每种装置型号下的测点描述名要求唯一。但在装置配置文件中，有时会出现描述名不唯一的情况（应该属于 bug），此时选择"操作"菜单中的"描述名检查"菜单项，组态工具会对每个装置进行描述名检查，同种类型下存在描述名相同的测点时，会依次在描述名末尾加上相应的序号用来区分。

在发布遇到重名报警时，应该使用该功能修正重复的描述名。

4）数据发布。

数据库没有"保存"按钮，每一格内容的更改都会立即写入逻辑库。而"发布"是把逻辑库向本机和其他伙伴机器的物理库同步的过程，也是把修改付诸实践的过程。

对数据库修改后，需要投入运行时，选择"文件"菜单中的"数据发布"菜单项或直接点击工具栏上的"数据发布"按钮，弹出对话框。如图 2-33 所示。

点击按钮"是"，开始对数据进行发布，同时进度条显示每个应用的发布过程。数据库组态工具执行发布的应用有：scada 应用、告警应用、前置应用、历史应用、五防应用等。

如果某个应用发布数据失败，组态工具会弹出表示失败原因的提示框，对失败原因确认后才能继续执行数据发布。

图 2-33　数据发布确认对话框

发布成功弹出提示。如图 2-34 所示。

图 2-34　数据发布完成的弹出提示

2．scada 库配置

scada 库配置分为对二次模型和一次模型的配置。

二次模型也称为采集模型，指厂站下各个二次装置的测点集合。可描述为厂站、装置、装置下的各个信息点。

一次模型顾名思义，指厂站下各个一次设备元件集合。可描述为厂站、电压等级、间隔、间隔下各个元件以及其与测点的关联。一次模型均由主接线图填库而来，无需手动添加或修改，在画面制作这一节将展示其用法。

（1）采集模型配置。

1）装置型号配置。

选择"文件"菜单中的"装置型号配置"菜单项，打开装置型号配置对话框。可以看见事先导入的一些装置型号，意味着后台已知晓了该型号装置的信息表，添加装置时可以直接使用该信息表模板。如果新装置型号在对话框内找不到，则需要"导入装置型号"操作。如图 2-36 所示。

2）导入装置型号。

点击"从文件导入"按钮，可分别对采用 103 规约的装置标准配置文件和采用 IEC 61850 规范的装置的 ICD 信息文本进行导入，生成装置型号。

（2）修改厂站属性。

在列表窗口中可修改厂站名、厂站地址、投运日期、允许标记、厂站画面、控制闭锁点、异常判断条件、停运判断条件、检修判断条件、通信异常判断条件。

厂站属性菜单栏分项解释见表 2-14。

（3）装置配置。

1）通过"添加"操作新增装置。

选择厂站，点击绿色"添加"，即可增加一个新装置，接着必须补全装置名称、装置地址、装置型号才算导入最基本的一个装置实例。

2）通过"复制粘贴"新增装置。

图 2-35　装置型号配置界面

表 2-14　厂站属性菜单栏分项解释

属 性 名	说　　明
厂站名	不大于 64 个汉字或 128 个字母
地址	默认为 0，否则报通信中断
投运日期	年 月 日（格式）
允许标记	选择内容：处理允许、报警允许、遥控允许，下拉列表中可选中多项
厂站画面	设置为主接线图。
控制闭锁点	默认空，可以选择子站中的某个遥信点，仅当其值为 1 时，闭锁遥控。
异常判断条件	同上类似
停运判断条件	同上类似
检修判断条件	同上类似
通信异常判断条件	同上类似

在原装置上点击鼠标右键，在弹出菜单中选择"复制装置"，选择厂站，点击鼠标右键，选择"粘贴装置"，即可弹出装置粘贴对话框。如图 2-36 所示。

在该对话框中可设置目标装置名称、装置地址、A 网 IP、B 网 IP 和装置标识。

其中装置名、装置地址及装置型号是 103 规约装置通信接入的三要素，由于是"复制粘贴"操作，所以装置型号已经默认相同了，又由于南瑞继保的 103 规约的装置 IP 地址与装置地址是绑定的，所以这里两个 IP 地址只需要保留网段号即可。

对于使用 IEC 61850 规范的装置，还需要额外加入两个 IP 地址和一个装置标识（IEDNAME）才能提供足够的信息进行"复制粘贴"操作。

（4）遥测系数修改。

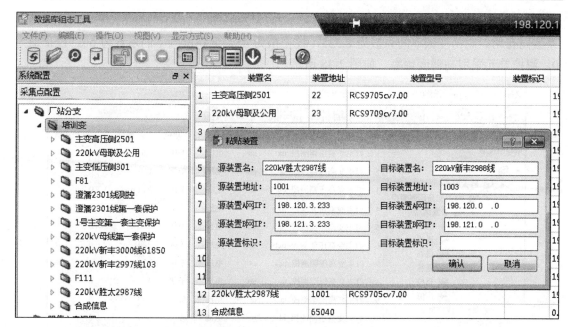

图 2-36　装置粘贴对话框

如果是采用 IEC 61850 规约的变电站（智能变电站），系数默认为 1 即可，因为装置上送的都是一次值。如图 2-37 所示。

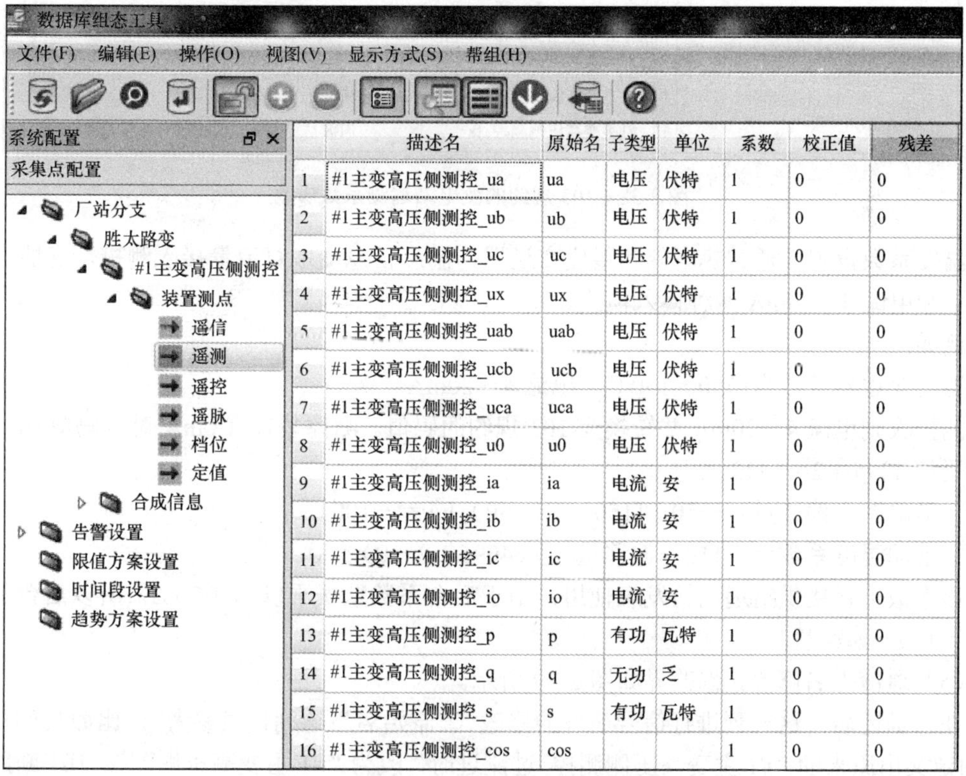

	描述名	原始名	子类型	单位	系数	校正值	残差
1	#1主变高压侧测控_ua	ua	电压	伏特	1	0	0
2	#1主变高压侧测控_ub	ub	电压	伏特	1	0	0
3	#1主变高压侧测控_uc	uc	电压	伏特	1	0	0
4	#1主变高压侧测控_ux	ux	电压	伏特	1	0	0
5	#1主变高压侧测控_uab	uab	电压	伏特	1	0	0
6	#1主变高压侧测控_ucb	ucb	电压	伏特	1	0	0
7	#1主变高压侧测控_uca	uca	电压	伏特	1	0	0
8	#1主变高压侧测控_u0	u0	电压	伏特	1	0	0
9	#1主变高压侧测控_ia	ia	电流	安	1	0	0
10	#1主变高压侧测控_ib	ib	电流	安	1	0	0
11	#1主变高压侧测控_ic	ic	电流	安	1	0	0
12	#1主变高压侧测控_io	io	电流	安	1	0	0
13	#1主变高压侧测控_p	p	有功	瓦特	1	0	0
14	#1主变高压侧测控_q	q	无功	乏	1	0	0
15	#1主变高压侧测控_s	s	有功	瓦特	1	0	0
16	#1主变高压侧测控_cos	cos			1	0	0

图 2-37　IEC 61850 规约的变电站遥测系数修改

如果采用 103 规约的变电站，如某间隔的电压等级是 220kV，CT 变比是 600/5，则电压系数就是 220，电流系数是 600，有功系数是 1.732×220×600/1000＝228.6，无功和视在功率系数同有功。高精度频率的系数为 8.333，校正值为 45，低精度频率的系数为 50，校正值为 0。测控单元采用高精度频率。如图 2-38 所示。

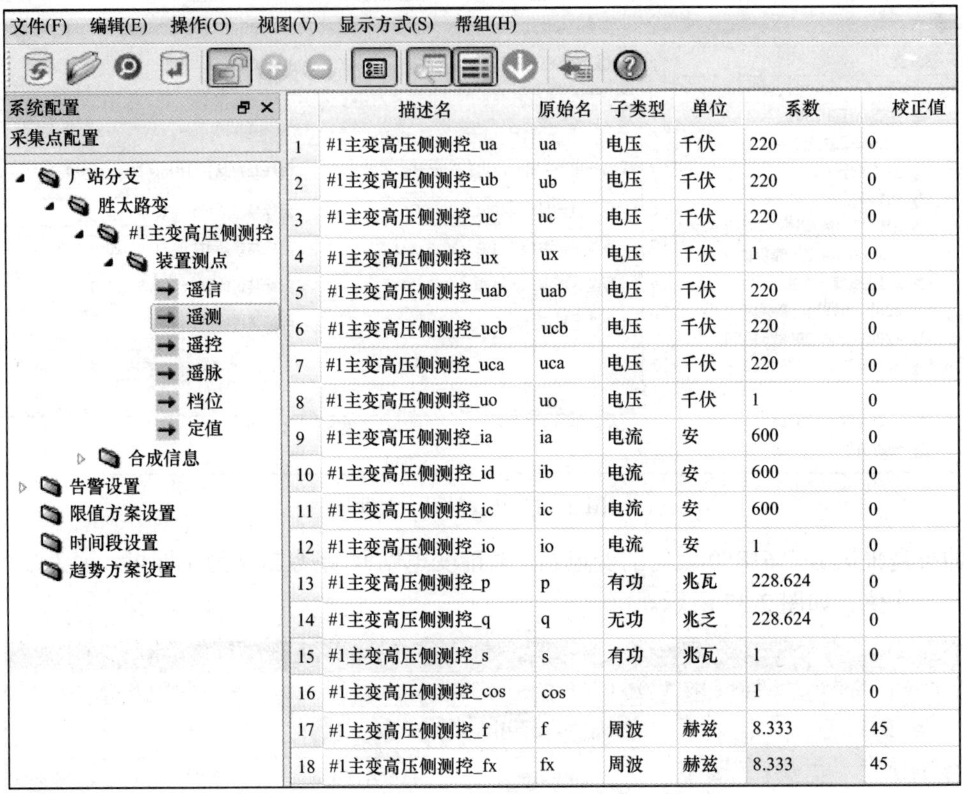

	描述名	原始名	子类型	单位	系数	校正值
1	#1主变高压侧测控_ua	ua	电压	千伏	220	0
2	#1主变高压侧测控_ub	ub	电压	千伏	220	0
3	#1主变高压侧测控_uc	uc	电压	千伏	220	0
4	#1主变高压侧测控_ux	ux	电压	千伏	1	0
5	#1主变高压侧测控_uab	uab	电压	千伏	220	0
6	#1主变高压侧测控_ucb	ucb	电压	千伏	220	0
7	#1主变高压侧测控_uca	uca	电压	千伏	220	0
8	#1主变高压侧测控_uo	uo	电压	千伏	1	0
9	#1主变高压侧测控_ia	ia	电流	安	600	
10	#1主变高压侧测控_id	ib	电流	安	600	
11	#1主变高压侧测控_ic	ic	电流	安	600	
12	#1主变高压侧测控_io	io	电流	安	1	
13	#1主变高压侧测控_p	p	有功	兆瓦	228.624	
14	#1主变高压侧测控_q	q	无功	兆乏	228.624	
15	#1主变高压侧测控_s	s	有功	兆瓦	1	
16	#1主变高压侧测控_cos	cos			1	0
17	#1主变高压侧测控_f	f	周波	赫兹	8.333	45
18	#1主变高压侧测控_fx	fx	周波	赫兹	8.333	45

图 2-38 103 规约的变电站遥测系数修改

温度系数设置：通过热电偶和温度变送器，温度信息变成直流量接入测控，一般有电压 0～5V 和电流 4～20mA 两种接入模式。

例如：

温度变送器参数为－50～150℃、电流 4～20mA。

测控收到电流 4～20mA 并转换为 103 规约的码值。测控装置将 0mA 对应码值 0，20mA 对应码值 4095/1.2＝3412。

标准的温度偏移量＝－50－[150－（－50）]/4＝－100

标准的温度系数＝（150－偏移量）/（4095/1.2－0）

该系数可直接供给远动转发表使用，由于后台系数默认乘以 4095/1.2，所以后台的温度系数＝150－偏移量。

（5）遥信点名修改。修改界如图 2-39 所示。

在"描述名"这一列进行信号名称的修改（"原始名"这列仅供参考），比如我们把开入 15 的定义由原来的"#1 主变高压侧测控_过流过时"改为"#1 主变高压侧测控_101 断路器控制回路断线"。如图 2-40 所示。

（6）遥控的关联。

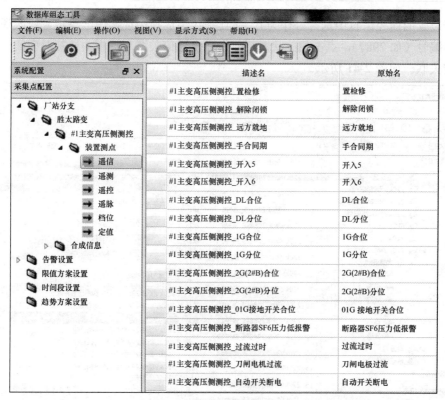

图 2-39　遥信点名修改界面

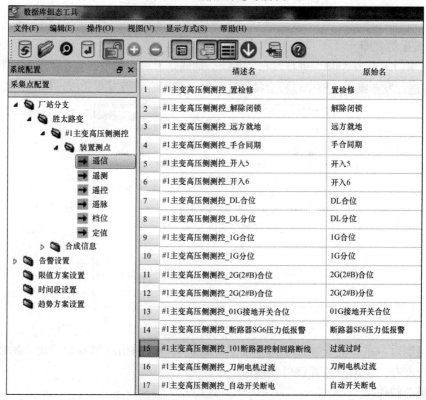

图 2-40　遥信点名修改操作

　　在新装置的遥控信息中选择好作为开关的遥控（该选择由现场图纸决定），修改遥控名称，填入调度编号（如 2987），点击相关状态栏，在弹出遥信关联对话框中选择对应的开关合位，完成遥控关联。如图 2-41 所示。

图 2-41　遥控的关联

3. 数据库的发布

　　修改完毕后，点击"📄"进行发布，系统会询问是否进行验证，点击"是"进行验证，验证成功之后进行发布操作，整个过程会持续几分钟，请耐心等待发布完成。如图 2-42 所示。

图 2-42　数据发布对话框

　　发布完毕后，系统的前置进程需要根据新的装置进行通信连接和总查询，所以还需要等待一两分钟左右，新加的装置就可以通信上了。

四、画面制作

上一节，我们利用介绍数据库制作的机会，根据二次测控装置"220kV 胜太 2987 线"，新增了测控装置"220kV 新丰 2988 线",通过对数据库采集点配置的复制粘贴、遥测修改、遥信修改、遥控关联等操作完成了二次设备库的制作。

接下来,将继续刚才的任务,从主接线图、间隔分图、一次设备库和二次设备库几个方面,完整增加一个新的间隔。

1. 主接线图间隔复制操作

首先在"主接线图"中根据已有的一次间隔设备,通过"复制粘贴"增加一个新的一次间隔设备。如图 2-43 所示。

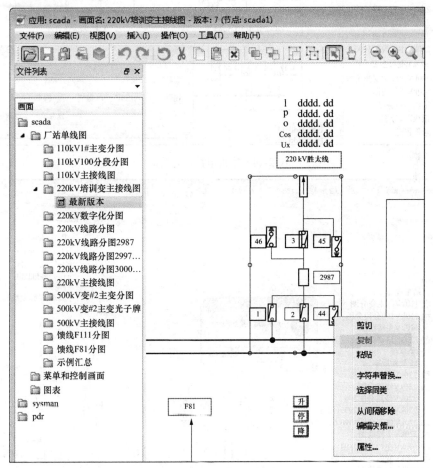

图 2-43　主接线图间隔复制操作

替换完毕后,可以直接"填库"。

2. 主接线填库操作

"填库"意味着通过主接线图的一次设备参数和连接关系,自动生成数据库中的一次设备模型。不光新加间隔需要用到"填库"操作,间隔改名,删除间隔等都需要用到"填库"操作。

相关遥测量和热敏点(用于切换分图操作用)的手动添加与填库没有先后关系。实际上主接线图上任何非一次设备的信息均与填库无关。

点击填库图标,即可实施填库。如果出现图 2-45 界面,说明填库成功。这里是否要发布的提示是指数据库是否发布,可以暂时忽略发布,等数据库修改完毕后,一并发布。

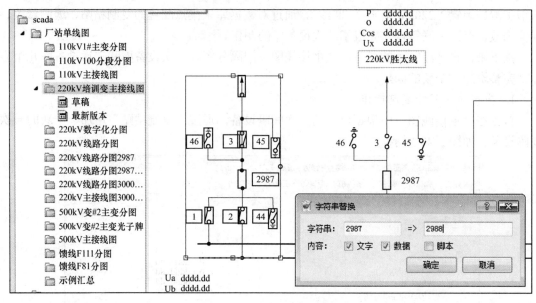

图 2-44　字符串替换对话框

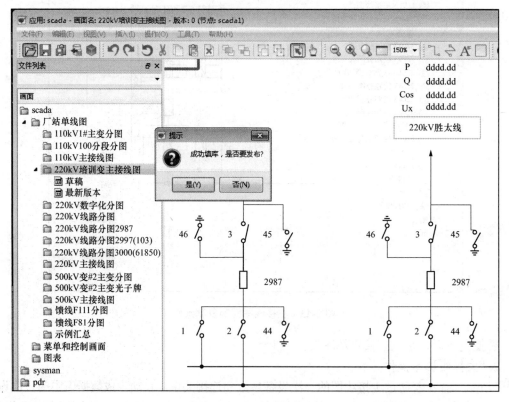

图 2-45　主接线填库操作

　　填库操作使得数据库的一次设备库中增加了新的间隔模型（如图 2-46 中的 2988 间隔）。如果没有看见，可以试着"数据库重载"一下。

　　注意每个一次设备元件，都是由四个参数构成：厂站、电压等级、间隔名称、设备元件名称。如果在主接线图中，一次设备元件的任一个参数被遗漏或搞错，则"填库"将产生问题。

图 2-46 新间隔模型

　　如果填库成功，仅意味一次设备库中生成新间隔模型，但新增的模型却无法使后台系统明确其下开关、刀闸、地刀的位置状态。所以，必须人为进行"跳闸判别点"的关联。选择开关等元件，点击绿色"＋"。如图 2-47 所示。

图 2-47 跳闸判别点关联

同样，为了使后台明确每一条"进线"的带电状态，对于"进线"而言，必须人为进行线路侧电压"U_x"的关联。选择线路元件，点击绿色"＋"。如图 2-48 所示。

图 2-48　线路侧电压 U_x 关联

至此，完成填库及其重要的"元件激活"操作。数据库可以点击 ▣ 进行发布。

3. 新间隔分图的制作

选择原间隔分图，进行"另存"操作，命名为新间隔名。如图 2-49 所示。

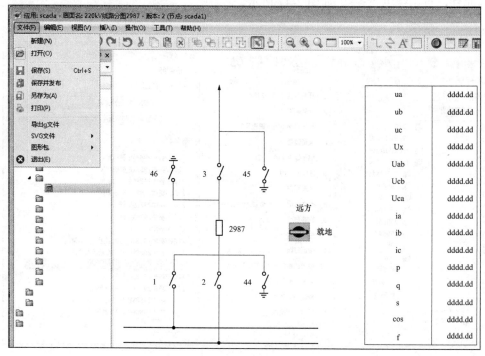

图 2-49　新间隔分图制作

在新增间隔分图中，对一次设备和二次信息分别进行独立的框选和替换操作。对一次设备的框选替换操作如主接线图中的一样，但不需要填库（全站只有主接线图需要填库）；对二次信号框选替换时，注意替换的关键字来自于装置的名称。如图 2-50 所示。

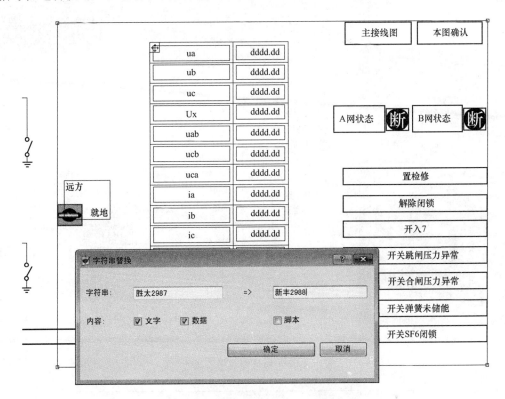

图 2-50　新间隔分图的框选和替换操作

保存查看是否报错，对有错误的条目进行逐一手动修改。分图基本修改完毕。

4．主接线图热敏点修改

修改主接线图热敏点，使其指向新制作的分图。如图 2-51 所示。

5．图的发布

每一张图经过保存后都会形成草稿和最新版，图的"发布"操作就是把草稿变成所有后台节点上的最新版。选择待发布的图，点击右键，选择"发布画面"操作即可。如图 2-52 所示。

五、报表制作

1．报表制作的数据库配置配合

如现场要添加某个间隔标准格式报表，比如增加"#1 主变高压侧"遥测日报表，步骤如下：

（1）检查数据库中"采样周期"是否设置。如图 2-53 所示。

如果没有设置采样周期，则点击 将组态工具由"浏览态"修改为"编辑态"，将选中"采样周期"整列，选好一个存储周期，再点空白库，即修改完毕。再验证、发布数据库。

图 2-51　主接线图热敏点修改

图 2-52　图的发布

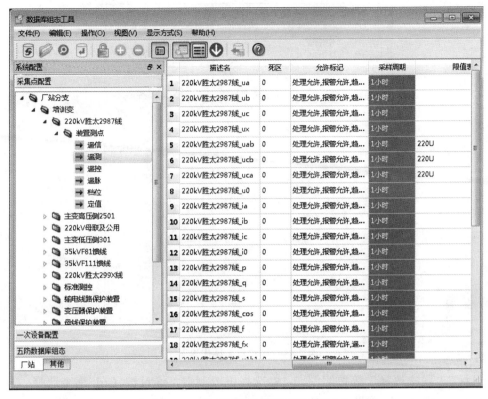

图 2-53 报表制作的数据库配置配合

（2）编辑报表。

2. 新建报表向导

在后台监控控制台点击"维护→报表编辑"。进入报表编辑。在某一类报表分类下，点击鼠标右键。在分类"1"上右键，选"新建报表向导"。如图 2-54 所示。

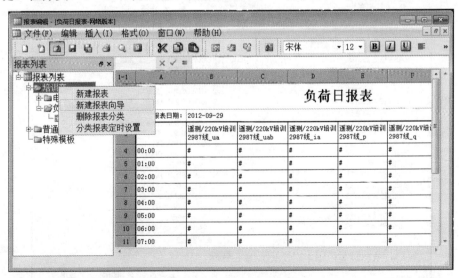

图 2-54 新建报表向导

填写"报表名称"和"报表标题"，再点击"通用检索"。如图 2-55 所示。

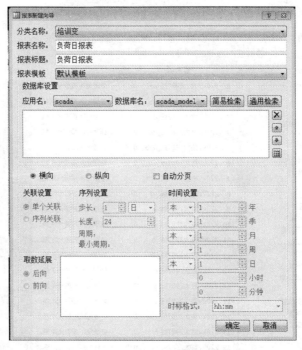

图 2-55　新建报表操作界面

　　"目标""层次选择"等按照图 2-56 选择报表测点,通过按 Ctrl 逐个选择。属性选"ANALOGUE.fValue",如图 2-56 所示。

图 2-56　选择报表测点

注意：历史选项中必须勾选。

点击"确定"后弹出如图 2-57 所示的窗口。如果要继续添加其他间隔测点，可以再次点击"通用检索"，选择其他装置测点。

测点选择完毕后，勾选"序列关联"，选择时间步长和时间长度，以及时间起点和时间格式，通过不同选择可以制作日报表、月报表、年报表。按照需要在取数向后延展中选取最值即可。如图 2-57 所示。

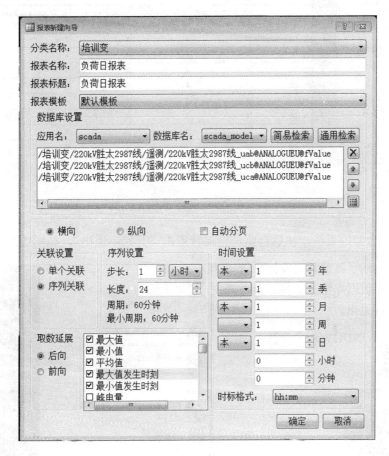

图 2-57　序列失联

点击"确定"，生成如图 2-58 所示的报表。

3. 新报表的保存与发布

分别点击"　""　"进行本地保存和网络保存（发布）。

六、备份与还原

1. 备份操作

在 scada1 节点将 D:\pcs9700 文件夹复制。复制后的文件夹命名加带日期标签，如pcs9700-20110511。如此备份完毕，该备份不含历史库。

2. 还原操作

还原就是将备份的文件恢复使用的过程。还原前必须将所有节点（scada1、scada2、scada3等）的监控程序停止。方法如下：

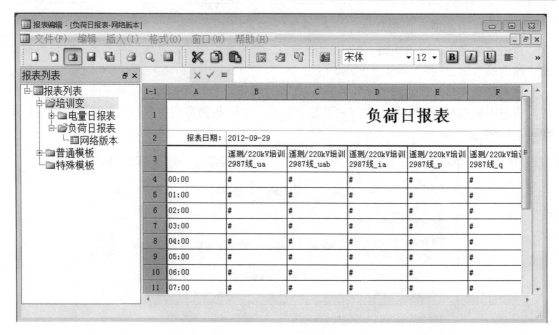

图 2-58　生成报表

（1）退出后台监控系统。在后台监控控制台点击"开始→退出"，如图 2-59 所示。

如果已经启动了其他后台监控系统的其他应用，如数据库组态工具、报表浏览等，也要一并退出。

（2）启动 WINDOWS 命令行。如图 2-60 所示。

图 2-59　退出后台监控系统

图 2-60　启动 WINDOWS 命令行

（3）在弹出的命令提示符窗口中，执行命令 sophic_stop。如图 2-61 所示。

（4）回车后，在提示后输入 y，回车。如图 2-62 所示。

（5）当再次在出现命令提示符"＞"后，即表示后台服务程序已经退出。如图 2-63 所示。

（6）将现有 d:\pcs9700 改名为 d:\pcs700-bak。将原备份文件 d:\pcs9700-20110511 改名为 d:\pcs9700，重启计算机即可。

图 2-61 执行命令 sophic_stop

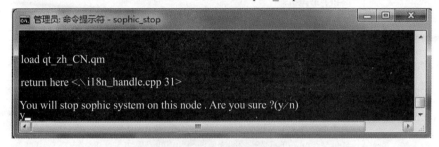

图 2-62 命令提示符窗口

图 2-63 后台服务程序退出

第二节 测 控

RCS 9700C 系列测控装置综合考虑变电站对数据采集、处理的要求，以计算机技术实现数据采集、控制、信号等功能。该装置完全按照分布式系统的设计要求，在信息源点安装小型的高可靠性的单元测控装置，采用工业测控网络与安装于控制室的中心设备相连接，实现全变电站的监控。该系列装置除完成常规的数据采集外，还可实现丰富的测量、记录、监视、控制功能，取代了其他常规的专门测量仪表。因此这种系统充分满足各种电压等级的变电站对实现综合自动化和无人值班的要求。

一、功能介绍

RCS-9700C 系列测控装置采用面向对象的配置方式，具体的功能应用见表 2-15。

RCS-9700C 系列测控装置采用新型的 ARM＋DSP 硬件平台，高精度并行 AD 转换器，160×240 图形点阵液晶，100M 以太网双网，工业用实时多任务操作系统，实现了大容量、高精度的快速、实时信息处理，装置支持主接线图显示，图形可网络下装。装置具备完善的间隔层联锁功能，联锁逻辑可网络下装。

装置采用整体式结构，强弱电严格分开，全密封机箱设计，加上精心设计的抗干扰组件，使抗振能力，抗电磁干扰能力强。

表 2-15　装置组屏安装

装置型号	主要监控对象
RCS-9701C	220kV 及以上变压器本体
RCS-9702C	站内公共信号 母线设备
RCS-9703C	变压器本体及低压侧 变压器分接头调节 高压并联电抗器
RCS-9704C	3/2 接线方式中边开关带线路单元
RCS-9705C	变电站内间隔开关单元
RCS-9706C	站内公共信号 母线设备
RCS-9707C	站内线路单元
RCS-9708C	主要用于电厂监控与 DCS 模拟接口，装置拥有模拟输出（4～20mA）、开关量输入输出、直流常规变送器的接口
RCS-9709C	500kV 变电站的 3/2 接线间隔或两路开关间隔单元 主变低压侧双分支 所用 0.4kV
RCS-9710C	220kV 及以上电压等级变电站中的公共信号 多段母线设备

　　装置采用全汉化大屏幕液晶显示，其树形菜单，分合闸报告，SOE 报告，模拟量，开关量，定值整定，控制字整定等都在液晶上有明确的汉字标识，现场运行调试人员操作方便。装置内部的任何状态变化都能在液晶上反映，包括开入开出，所有电压、电流、有功功率、无功功率、功率因数以及频率的有效值等。

　　装置采用了高精度的并行十四位 A/D 转换器，采样精度高。通信规约支持电力行业标准 DL/T 667—1999（IEC 60870—5—103）。本装置基本免调校。

二、硬件结构

　　装置的硬件整体逻辑框图，如图 2-64 所示。

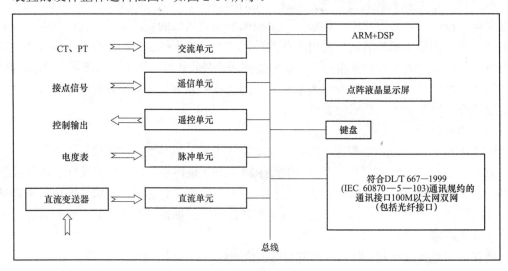

图 2-64　装置硬件整体逻辑框图

RCS-9700C 系列装置采用模块化的硬件设计思想，按照功能来对硬件进行模块化分类，不同型号的装置配置不同的功能模块，具体配置方案见表 2-16。

表 2-16　RCS-9700C 系列装置硬件模块分类

装置型号 模块类型	9701C	9702C	9703C	9704C	9705C	9706C	9707C	9708C	9709C	9710C
AI（AC）模块	1	1	1	1	2	1	1	1	2	
直流模块	1	1	1	1	0	0	0	1	1	1
CPU 模块	1	1	1	1	1	1	1	1	1	1
PWR 模块	1	1	1	1	1	1	1	1	1	1
BI 模块	5	1	1	2	2	2	3	1	1	5
BO 模块	1or2	1or2	1or2	1	1or2	0	1	1	1or2	1or2
闭锁模块	可选	可选	可选	0	可选	0	0	0	可选	可选

装置面板及背板布置，如图 2-65 所示。

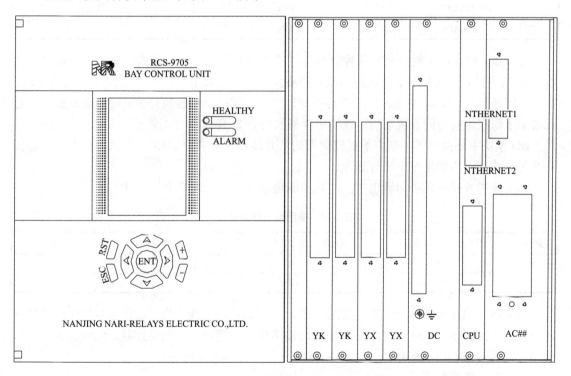

图 2-65　装置面板及背板布置

各模块介绍如下：

（1）AI（AC）模块内置的电压电流变换器可将这些强电信号转换为低压小信号，供 CPU 计算电压、电流、功率、频率等实时数据。AI（AC）模块还带有低通滤波电路，能有效滤除输入信号中的干扰信号。RCS-9700C 系列装置共有 3 种 AI（AC）模块。

（2）CPU 模块是整个装置的核心部分，它是由 ARM、DSP、CPLD、RAM 及其他外围芯片构成的单片机系统，负责完成以下任务：遥测数据采集及计算；遥信采集及处理（变位及 SOE 信息的记录和发送）；遥脉采集与处理；遥控命令的接收与执行；检同期合闸；逻辑闭锁；与显示板通信，支持人机界面；GPS 对时，实现装置时钟与天文时钟同步；对关键芯片的定时自检；通信功能：通信规约符合 IEC 60870—5—103 及 IEC 61850 标准，配有 100Mbps 双以太网，超五类线或光纤通信接口。

（3）PWR 模块是一个输入和输出隔离的 DC/DC 转换模块，还提供 14 路开关量输入及装置闭锁输出接点。

（4）BI 模块提供 24 路光电隔离的开关量输入通道和 3 路电源监视输入。为防止外部干扰串入，每一路开入信号都采用了硬件滤波和软件防抖的处理，保证了信号采集的可靠性。

（5）AI 直流模块用于变送器的直流采集，如温度采集。板上有 JPA1～JPA8、JPB1～JPB8 共 16 组跳线，根据变送器输入模拟量的不同，选择相应的跳线。

表 2-17　直流模块跳线

模　　块	JPAn	JPBn
0～250VDC	OFF	2-3
0～10VDC	OFF	1-2
0～20mADC	ON	1-2

（6）BO 模块用于输出装置的控制信号，输出信号均为空接点形式。每块开出板提供 8 组分/合输出接点，可控制 8 个断路器或几台变压器的档位调节。开出信号跳闸、合闸的动作保持时间通常为 120ms 左右，但对于某些操作回路无保持继电器的开关，可能要求延长，对此增加了遥控保持时间设置功能，保持事件最长可以为 10s。

BO 模块上还提供了一副用于遥控信号的常开接点（端子 35、36），当执行任何一个遥控命令时，该接点均输出一个闭合脉冲。

端子 5 和 6 是一副备用输出接点，其功能可以通过板上跳线 JP1 和 JP2 选择。

表 2-18　备用输出接点功能

跳线	同期状态输出接点	与控制对象 1 合闸同时输出	与控制对象 1 分闸同时输出
JP1	TQ	HJ	TJ
JP2	ON	OFF	OFF

（7）BO（IL）模块用于实现控制输出的硬件逻辑闭锁功能。当"监控参数"中的"硬件闭锁投入"控制字投入时，BO（IL）模块的输出状态由逻辑运算结果控制，此时装置的每组控制对象有对应的闭锁接点。

三、定值参数配置

参数设置是测控装置的重要功能，也是应慎重使用的功能。整个装置的正确运行都依赖于参数的正确设置。因此一方面参数设置必须慎重，运行设备的参数设置应由专门的技术人员负责进行；另一方面，如发现某单元运行不正常，首先应检查的即是该单元的参数是否正确。

在主菜单下选择"参数设置"，即进入参数设置菜单。

1. 监控参数

监控参数分为三部分：装置参数、跳合保持参数、遥控闭锁设置。

（1）装置参数，见表 2-19。

表 2-19　装　置　参　数

序号	定值名称	允许范围	建议定值
1	母线电压一次值	0～1000kV	根据需要设定
2	线路电压一次值	0～1000kV	根据需要设定
3	线路电压二次值	0～100V	57.75
4	零序电压一次值	0～1000kV	根据需要设定
5	零序电压二次值	0～100V	57.75
6	线路电流一次值	0～60kA	根据需要设定
7	线路电流二次值	1/5A	1/5A
8	零序电流一次值	0～60kA	根据需要设定
9	循环上送周期	0～900s	10s
10	死区定值	0～100.0%	1.0%
11	零漂抑制门槛	0～100.0%	0.2%
12	操作控制字	0～65535	65535
13	装置地址	0～65534	根据需要设定
14	IP1 子网高位地址	0～254	198
15	IP1 子网低位地址	0～254	120
16	IP2 子网高位地址	0～254	198
17	IP2 子网低位地址	0～254	121
18	掩码地址 3 位	0～255	255
19	掩码地址 2 位	0～255	255
20	掩码地址 1 位	0～255	0
21	掩码地址 0 位	0～255	0
22	3u0 报警电压	0～100V	30
23	3u0 报警投入	0/1	0/1
24	3u0 接入第四组电压	0/1	0/1
25	3u0 接入第八组电压	0/1	0/1
26	ARP 抑制	0～3	0
27	联锁 UDP 间隔时间	3～20s	5s
28	二/三表法	0/1	0/1
29	滑档功能投入	0/1	0/1
30	分相档位	0/1	0/1
31	允许文件下装	0/1	0/1
32	硬件闭锁投入	0/1	0/1
33	四位时标上送	0/1	0/1

序号	定值名称	允许范围	建议定值
34	操作信息上送	0/1	0/1
35	调试信息	0/1	0/1
36	IRIG-B	0/1	0/1
37	2 倍额定电流上送	0/1	0/1
38	IRIG-B 码年无效	0/1	0/1
39	报文补发	0/1	0/1

站内通信采用双网方式时，相互通信的设备使用双发双收的方法，即发送方的报文在双网上同时发送，接收方双网接收后选取一个报文给应用服务层。站内以太网的子网掩码为 255.255.0.0，子网地址为 198.120 和 198.121（特殊情况下另行规定），其中 198.120 子网简称为 A 网，198.121 子网简称为 B 网。设备的主机地址采用 16 位方式，设备双网的主机地址相同。

（2）跳合保持参数，见表 2-20。

表 2-20　跳合保持参数

序号	定值名称	允许范围	建议定值
1	遥控接点跳闸保持时间 1	0～10.000s	0.120s
2	遥控接点合闸保持时间 1	0～10.000s	0.120s
3	遥控接点跳闸保持时间 2	0～10.000s	0.120s
4	遥控接点合闸保持时间 2	0～10.000s	0.120s
5	遥控接点跳闸保持时间 3	0～10.000s	0.120s
6	遥控接点合闸保持时间 3	0～10.000s	0.120s
7	遥控接点跳闸保持时间 4	0～10.000s	0.120s
8	遥控接点合闸保持时间 4	0～10.000s	0.120s
9	遥控接点跳闸保持时间 5	0～10.000s	0.120s
10	遥控接点合闸保持时间 5	0～10.000s	0.120s
11	遥控接点跳闸保持时间 6	0～10.000s	0.120s
12	遥控接点合闸保持时间 6	0～10.000s	0.120s
13	遥控接点跳闸保持时间 7	0～10.000s	0.120s
14	遥控接点合闸保持时间 7	0～10.000s	0.120s
15	遥控接点跳闸保持时间 8	0～10.000s	0.120s
16	遥控接点合闸保持时间 8	0～10.000s	0.120s
17	遥控接点跳闸保持时间 9	0～10.000s	0.120s
18	遥控接点合闸保持时间 9	0～10.000s	0.120s
19	遥控接点跳闸保持时间 10	0～10.000s	0.120s
20	遥控接点合闸保持时间 10	0～10.000s	0.120s

序号	定值名称	允许范围	建议定值
21	遥控接点跳闸保持时间 11	0～10.000s	0.120s
22	遥控接点合闸保持时间 11	0～10.000s	0.120s
23	遥控接点跳闸保持时间 12	0～10.000s	0.120s
24	遥控接点合闸保持时间 12	0～10.000s	0.120s
25	遥控接点跳闸保持时间 13	0～10.000s	0.120s
26	遥控接点合闸保持时间 13	0～10.000s	0～10s
27	遥控接点跳闸保持时间 14	0～10.000s	0.120s
28	遥控接点合闸保持时间 14	0～10.000s	0.120s
29	遥控接点跳闸保持时间 15	0～10.000s	0.120s
30	遥控接点合闸保持时间 15	0～10.000s	0.120s
31	遥控接点跳闸保持时间 16	0～10.000s	0.120s
32	遥控接点合闸保持时间 16	0～10.000s	0.120s

（3）遥控闭锁设置，见表 2-21。

表 2-21　遥控闭锁设置

序号	定值名称	允许范围	建议定值
1	遥控 1 分闭锁	0/1	0/1
2	遥控 1 合闭锁	0/1	0/1
3	遥控 2 分闭锁	0/1	0/1
4	遥控 2 合闭锁	0/1	0/1
5	遥控 3 分闭锁	0/1	0/1
6	遥控 3 合闭锁	0/1	0/1
7	遥控 4 分闭锁	0/1	0/1
8	遥控 4 合闭锁	0/1	0/1
9	遥控 5 分闭锁	0/1	0/1
10	遥控 5 合闭锁	0/1	0/1
11	遥控 6 分闭锁	0/1	0/1
12	遥控 6 合闭锁	0/1	0/1
13	遥控 7 分闭锁	0/1	0/1
14	遥控 7 合闭锁	0/1	0/1
15	遥控 8 分闭锁	0/1	0/1
16	遥控 8 合闭锁	0/1	0/1
17	遥控 9 分闭锁	0/1	0/1
18	遥控 9 合闭锁	0/1	0/1
19	遥控 10 分闭锁	0/1	0/1

序号	定值名称	允许范围	建议定值
20	遥控 10 合闭锁	0/1	0/1
21	遥控 11 分闭锁	0/1	0/1
22	遥控 11 合闭锁	0/1	0/1
23	遥控 12 分闭锁	0/1	0/1
24	遥控 12 合闭锁	0/1	0/1
25	遥控 13 分闭锁	0/1	0/1
26	遥控 13 合闭锁	0/1	0/1
27	遥控 14 分闭锁	0/1	0/1
28	遥控 14 合闭锁	0/1	0/1
29	遥控 15 分闭锁	0/1	0/1
30	遥控 15 合闭锁	0/1	0/1
31	遥控 16 分闭锁	0/1	0/1
32	遥控 16 合闭锁	0/1	0/1

注：以上参数并非每个装置都具有，根据需要不同的装置有不同的选择。

各参数说明如下：

1）遥控跳闸、合闸的动作保持时间通常为 120ms 左右。但对于某些操作回路无保持继电器的开关，可能要求延长，对此增加了遥控保持时间设置功能。

2）地址是整个监控系统中的地址，是通信的一项重要参数，所有通信管理单元与监控装置之间的通信都是由地址来识别的，整个监控系统中的各装置地址应各不相同。因此在检查通信故障时，首先检查地址的设置，装置地址范围为 0～65534。IP 地址设置高两位，与装置地址组合成在系统中的完整 IP 地址。在整个系统中，装置地址是唯一的。

3）循环上送周期指测控装置在该设定时间里定时上送所有的遥测量。

4）死区定值是实时监视测控装置遥测量变化范围的一个指标。在死区定值设定范围内遥测量变化不立刻上送，而是依据循环上送时间来上送；如果遥测量变化超过死区定值范围，则测控遥测量立即上送，此时不再依据循环上送时间。

5）二/三表法：设置为 1 则采用两表法，为 0 则采用三表法。

6）允许文件下装：当需要测控装置液晶实时显示一次接线图时，需要做液晶一次接线图并通过以太网接口下装到测控装置，该控制字有效，置为 1，如果无需该功能则置为 0。

7）硬件闭锁投入：当此控制字设定为 1 时，第二个遥控板为逻辑闭锁板，其状态由逻辑运算结果控制。

8）操作控制字：每一个遥控对象对应其中一位，从低到高依次排放。遥控对象的相应位置为 0 表示当装置的远方/就地压板处于就地时，此遥控对象仍可接受遥控。遥控对象的相应位置为 1 表示当装置的远方/就地压板处于就地时，此遥控对象拒绝遥控。遥控对象的闭锁控制字决定该对象的逻辑闭锁功能是否投入。四位时标设为 1，则装置上送的时间信息为 4 位时标，设为 0 时，装置上送的时间信息为 7 位时标。操作信息上送控制字为 1 时，装置的操作报告包括远控、手控、闭锁报告上送，为 0 时，不上送。调试信息为内部测试用控制字，出厂默认设置为 0。

9）3u0 报警电压：设定接地报警的最低电压值。

3u0 报警投入：0：报警退出。1：报警投入，装置实时比较外接零序电压与参数输入的 3U0 报警电压，当外接零序电压值大于报警电压并保持 10s 时，产生报警事件。

3u0 接入第四/八组电压：该定值设为 1 时，则第四/八组电压均作为零序电压处理，大于零序电压报警值延时 10s 报警，小于定值即时返回（该定值主要用于 RCS9702C，RCS9706C，RCS9710C）。

10）IRIG-B：该定值设置为 1 表示有 IRIG-B 码对时信号接入，设为 0 表示对时用秒脉冲接入。当无硬结点对时输入时，则网络对时。

11）两倍额定电流上送：当该定值设置为 1 时表示电流上送到后台最大值是满刻度为 2 倍额定电流值，设置为 0 则表示电流上送到后台最大值是满刻度为 1.2 倍额定电流值。

12）ARP 抑制：抑制 ARP 报文的目的是为了防止测控装置网卡任务太过频繁，而阻塞其他任务。设置为 1 对网卡 1 进行 ARP 网络报文抑制；设置为 2 对网卡 2 进行 ARP 网络报文抑制；设置为 3 对网卡 1 和网卡 2 都进行 ARP 网络报文抑制；设置为其他值对网卡 1 和网卡 2 都不进行 ARP 网络报文抑制。

13）IRIG-B 码年无效：该定值设置为 1 表示 B 码对时信号中年信号无效，不对年；该定值设置为 0 表示 B 码对时信号中年信号有效，对年。

14）联锁 UDP 间隔时间：该定值定义了测控间联锁信息发送的间隔时间，设定范围 3～20s，出厂默认为 5s。

15）报文补发：该功能定值定义了是否要在通信中断后将期间发生的 soe 信息报文送上去。

2. 监控参数 2

见表 2-22。

表 2-22 监 控 参 数 2

序号	定值名称	定值范围	整定范围
1	变送器 1 类型	0～6	0～6
2	测量 1 最小值	−250～250	−250～250
3	测量 1 最大值	−250～250	−250～250
4	变送器 2 类型	0～6	0～6
5	测量 2 最小值	−250～250	−250～250
6	测量 2 最大值	−250～250	−250～250
7	变送器 3 类型	0～6	0～6
8	测量 3 最小值	−250～250	−250～250
9	测量 3 最大值	−250～250	−250～250
10	变送器 4 类型	0～6	0～6
11	测量 4 最小值	−250～250	−250～250
12	测量 4 最大值	−250～250	−250～250

续表 2-22

序号	定值名称	定值范围	整定范围
13	变送器 5 类型	0～6	0～6
14	测量 5 最小值	−250～250	−250～250
15	测量 5 最大值	−250～250	−250～250
16	变送器 6 类型	0～6	0～6
17	测量 6 最小值	−250～250	−250～250
18	测量 6 最大值	−250～250	−250～250
19	变送器 7 类型	0～6	0～6
20	测量 7 最小值	−250～250	−250～250
21	测量 7 最大值	−250～250	−250～250
23	变送器 8 类型	0～6	0～6
24	测量 8 最小值	−250～250	−250～250
25	测量 8 最大值	−250～250	−250～250
26	编码方式	0～3	0～3
27	档位个数	0～23	0～23
28	档位防抖时限	0～60S	0～60S
29	直流抑制门槛	0～1000	1000
30	档位不一致判别时限	0～30S	0～30S

各参数说明如下：

1）变送器根据其输出的模拟量范围的不同分为 6 类：①0～5V；②0～10V；③1V～5V；④4～20mA；⑤0～10mA；⑥0～220V。

2）在参数整定时，应根据每一通道所接入的变送器，选择确当的类型，如某一通道不用，Type 整定为 0。测量值最大和最小值指所测量对象的上限和下限值，如某一温度测量范围为 −50℃～50℃，则最大值为 50℃，最小值为 −50℃。

3）编码方式：指变压器分接头的接入方式，0 指位置接点为常规遥信；1 指变压器分接头以 BCD 码方式接入，如当前分接头为 15 档，输入为"01 0101"，本装置以 6～11 位接点作为变压器分接头输入接点。当分接头以 BCD 码编码时，6～11 位用来测量分接头，第 6 位表示最低位，第 11 位为最高位，12～38 号遥信接点为常规遥信接点；2 指变压器分接头以进位方式接入，6～15 位为个位，表示 0～9，16～18 为进位分别表示个位有效，十位有效和二十有效，第 6 位表示最低位，第 18 位为最高位，19～56 号遥信接点为常规遥信接点；3 指变压器分接头以单接点方式输入，6～28 位分别接入相应的输入，变压器以单节点方式接入时，最多能表示 23 挡，第 6 位接入最低挡，第 28 位接入最高挡，档位个数整定为变压器的最高档位，如最高档位小于 23 档则相对于剩下的遥信开入可用于普通遥信开入。当用来表示变压器分接头的某位遥信接点不用时，最好接地，以免干扰串入。

4）档位防抖时限输入设定了档位防抖动的时间。

5）直流抑制门槛：该参数设定了直流 EMC 试验时的单位时间的变化范围。

6）档位不一致判别时限：该参数设定了三相档位不一致判别的时间，仅在分相档位置 1 时适用。

3. 遥信参数

见表 2-23。

表 2-23　遥 信 参 数

序号	定值名称	定值范围	建议定值	序号	定值名称	定值范围	建议定值
1	遥信 1 防抖时限	0～10s	0.020s	7	遥信 7 防抖时限	0～10s	0.020s
2	遥信 2 防抖时限	0～10s	0.020s	8	遥信 8 防抖时限	0～10s	0.020s
3	遥信 3 防抖时限	0～10s	0.020s	9	遥信 9 防抖时限	0～10s	0.020s
4	遥信 4 防抖时限	0～10s	0.020s	10	遥信 10 防抖时限	Yxt37	0～10S
5	遥信 5 防抖时限	0～10s	0.020s	…	……		
6	遥信 6 防抖时限	0～10s	0.020s	…	……		

各参数说明如下：

1）遥信输入是带时限的，即某一位状态变位后，在一定的时限内该状态不应再变位，如果变位，则该变化将不被确认，此是防止遥信抖动的有效措施。为正确利用此项功能，每一位遥信输入都对应了一个防抖时限，通常设为 20ms 左右，如果其遥信输入的抖动时间较长，可以相应设置较长的时限。装置初使化的默认值为 20ms。

2）每块遥信板有遥信电源监视输入 3 个，当所有遥信板的遥信电源监视输入不接遥信正电，装置会产生遥信失电报警事件。否则任一个电源监视点接入正电，则遥信失电返回。

4. 同期参数

见表 2-24。

表 2-24　同 期 参 数

序号	定值名称	定值范围	建议定值	序号	定值名称	定值范围	建议定值
1	低压闭锁值	0～100V	40V	9	线路补偿角	0～360°	0
2	压差闭锁值	0～100V	10V	10	不检方式	0/1	0/1
3	频差闭锁值	0～2Hz	0.1Hz	11	检无压方式	0/1	0/1
4	频差加速度闭锁	0～2Hz/s	1Hz/s	12	检同期方式	0/1	0/1
5	开关合闸时间	0～2s	0～2s	13	检无压比率	0～100%	30%
6	允许合闸角	0～180°	30°	14	PTDX 闭锁检无压	0/1	0/1
7	同期复归时间	0～40s	25s	15	PTDX 闭锁检同期	0/1	0/1
8	线路电压类型	0～5	0～5	……			

各参数说明如下：

1）低压闭锁值 Ubs：当参与检同期判别的两个电压中的一个电压小于该定值时，不允许合闸。

2）压差闭锁值 DelU：当参与检同期判别的两个电压的差值大于该定值时，不允许合闸。该定值取线电压还是取相电压判别方式同 1。

3）频差闭锁值 DelF：当参与检同期判别的两个电压的频率差值大于该定值时，不允许合闸。

4）频差加速度闭锁 Dfdt：当参与检同期判别的两个电压的频率差的加速度大于该定值时，不允许合闸。

5）开关合闸时间 Tdq：是指开关接收到合闸脉冲到合上开关的时间。

6）允许合闸角 Dazd：当参与检同期判别的两个电压的相位角度差大于该定值时，不允许合闸。

7）同期复归时间 Trs：指同期判别的最长时间，在此时间内同期条件不满足按控制失败处理。

8）线路电压类型中"0～5"分别代表所选的线路电压为 U_a、U_b、U_c、U_{ab}、U_{bc}、U_{ca}。

9）线路补偿角：检同期的时候，将母线电压的相角加上该角度后再与线路电压的相角比较，判断同期条件是否满足。

10）不检方式，检无压和检同期方式中"0"代表退出，"1"代表投入。当不检方式置"1"时，不论检无压和检同期方式是否置"1"，都按不检方式处理。

11）检无压比率：该参数的设定定义了线路或母线无压数值占电压额定值的百分比。

12）PTDX 闭锁检无压：控制字投入则检无压时增加判断 PT 断线，否则不判。

13）PTDX 闭锁检同期：控制字投入则检同期时增加判断 PT 断线，否则不判。

14）检同期时，必须要将测控装置"参数设置→监控参数"中"线路电压二次值"根据实际线路电压的输入来设置，是 57.7V 还是 100V。

第三节　远　　动

远动装置通常被称为 RTU，在现代变电站综合自动化系统中，它被作为变电站与调度之间的信息转发设备。为此，它具备对通信进行转接的能力，对规约进行转换的能力以及对信息进行获取、筛选、合成、排序的能力。它支持多种常用的调度规约、同时支持串口、modem、以太网等通信方式。在 RCS-9700 综合自动化系统中的远动机为 RCS-9698G/H，它采用性能强劲的嵌入式硬件平台配以实时多任务操作系统，是使用最为普遍的远动产品。

一、功能介绍

RCS-9698G/H 远动机处于站控层，对下连接间隔层装置，对这些装置的信息进行独立收集、分析、处理，经规约转换后以 CDT、IEC 60870—5—101、IEC 60870—5—104 等规约通过模拟、数字或网络的方式向调度主站传送，同时接收遥控、遥调命令。此外，在电厂中远动机还可以向厂内的 SIS 系统传送电力数据。由于信息采用"直采直送"的方式，所以 RCS-9698G/H 远动机的运行独立于后台监控系统，双方互不影响。

RCS-9698G 为单机配置，RCS-9698H 为双机配置。装置如图 2-66 所示。

其系统典型配置如图 2-67 所示。

二、硬件结构及接口

RCS-9698G/H 规约转换器采用模块化的硬件设计思想，按照功能来对硬件进行模块化分类，同时采用了背插式机箱结构。这样的设计有利于硬件的维修和更换。RCS-9698G/H 包含了 PWR 模块、处理器模块（CPU 模块）、串口扩展模块（COM 模块/MDM 模块）、人机接口模块（HMI 模块）等。处理器模块（CPU 模块）和其他模块通过背板总线进行数据交换。

图 2-68 为 RCS-9698G 的硬件功能模块结构图，RCS-9698H 左右两侧完全相同，每侧的硬件模块和下图结构完全相同。

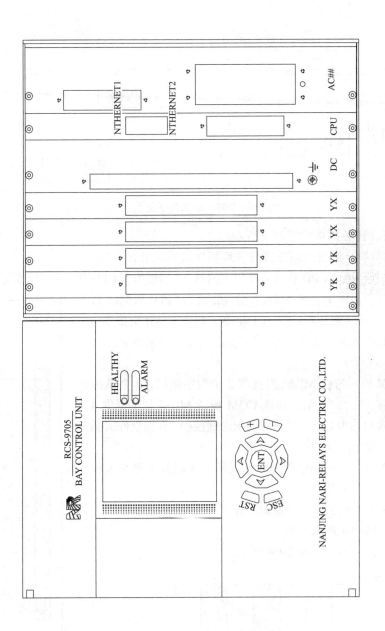

图 2-66　RCS-9698G/H 装置图

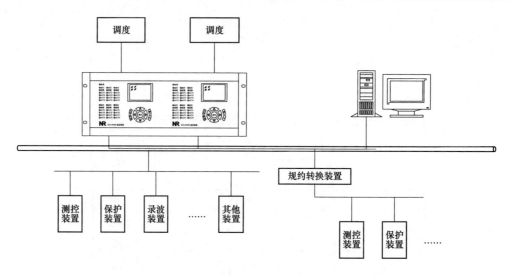

图 2-67　系统典型配置

RCS-9698G/H 各模块功能如下所示：

（1）总线背板：通过高速总线将各块插件联系起来。

（2）CPU 板：每块 CPU 板含 4 个以太网口（2 号槽为主 CPU 板，3、4、5 号槽为辅助 CPU 板）。每块 CPU 板提供 4 个网络接口，分别定义为 CPU1 板网口 1，网口 2……通常只配 CPU1 板。（3）COM 板：每块 COM 板提供 4 个串口（可安装在 5、6、7 号槽），通过跳线决定通信口采用 RS485 还是 RS232。

（4）MDM 板：每块 MDM 板提供 2 个数字接口，2 个模拟接口（可安装在 5、6 号槽）。每块 COM 板或 MDM 板均提供 4 个串口，各个串口均由 CPU1 板通过背板总线控制。根据板件所插槽号，各串口分别定义为 0、1、2、3……8、9、10、11 口。

（5）PWR 板：除提供电源外，还提供了 4 路数字量开入和 4 路数字量开出（1 号槽）。

RCS-9698G/H 主要有 4 种模块，详细介绍如下：

（1）PWR 模块（电源模块）。

PWR 模块的正面图如图 2-69 所示。

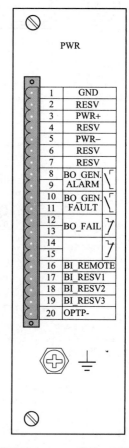

1	GND
2	RESV
3	PWR+
4	RESV
5	PWR−
6	RESV
7	RESV
8	BO_GEN.
9	ALARM
10	BO_GEN.
11	FAULT
12	BO_FAIL
13	
14	
15	
16	BI_REMOTE
17	BI_RESV1
18	BI_RESV2
19	BI_RESV3
20	OPTP−

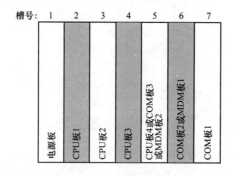

图 2-68　RCS-9698G 的硬件功能模块结构图

图 2-69　PWR 模块正面图

（2）CPU 模块。

有 2 种 CPU 模块可选，常见的 CPU 板具有 4 个双绞线以太网口，这种 CPU 模块的正面图如图 2-70 所示。

（3）COM 模块。

COM 模块是通信接口驱动板，通过背板总线引出 CPU1 的串口通信。每块板支持 4 个串口，通过跳线决定通信口采用 RS-485 还是 RS-232 方式。如图 2-71 所示。

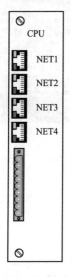

701	串口0	Tx/A
702		Rx/B
703		Y
704		Z
705		SGND
706	串口1	Tx/A
707		Rx/B
708		GPSA
709		GPSB
710		SGND
711	串口2	Tx/A
712		Rx/B
713		HWRXA
714		HWRXB
715		SGND
716	串口3	Tx/A
717		Rx/B
718		HWRXA
719		HWRXB
720		SGND

图 2-70　常见 CPU 板模块正面图　　　　　　图 2-71　COM 模块

决定串口通信方式的跳线说明，已经印刷在相应的板件上，如图 2-72 所示。

图 2-72　串口通信方式跳线说明

（4）MDM 模块。

MDM 板是数字（RS-232/485）及模拟（Modem）通信接口驱动板，通过背板总线引出 CPU1 的串口通信。每块 MDM 板提供 2 个数字接口，2 个模拟接口。如图 2-73 所示。

决定 Modem 串口通信参数的跳线说明，已经印刷在相应的板件上，如图 2-74 所示。

601		Tx/A
602	串口4	Rx/B
603		Y
604		Z
605		SGND
606		Tx/A
607	串口5	Rx/B
608		Y
609		Z
610		SGND
611		Tx1+
612	串口9 MODEM	Tx1−
613		Rx1+
614		Rx1−
615		SHLD
616		Tx2+
617	串口7 MODEM	Tx2−
618		Rx2+
619		Rx2+
620		SHLD

图 2-73　MDM 板

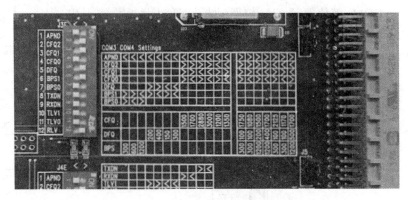

图 2-74　Modem 串口通信参数跳线说明

三、组态及参数配置

1. 友好的组态配置工具

组态配置工具操作简便灵活，方便工程配置和使用。

下面我们按照增加一个装置——增加一个对下规约——增加一个对上规约——修改调度转发表——修改规约可变信息——设置远动机通信 IP 地址的顺序举例说明组态的配置方法。

（1）增加一个装置。

增加装置需要在右侧装置型号列表中将需要添加的装置型号选中并点击"添加装置"即可将装置型号添加至"装置总表"，如图 2-75 所示。

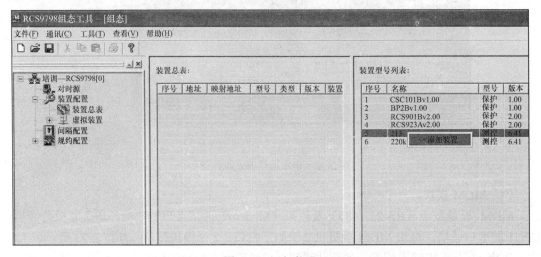

图 2-75　添加装置

装置添加后需要在"装置总表"中设置装置接入的三要素（103 规约），即地址、型号、名称。如图 2-76 所示。

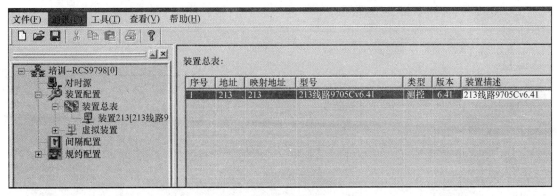

图 2-76　设置装置接入三要素

（2）增加一个对下规约。

根据现场实际接线相对应的板卡的网口配置对下规约（南瑞继保 103 规约），如图 2-77 所示。

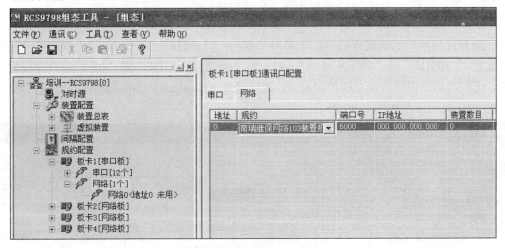

图 2-77　配置对下规约

对下规约添加完毕后，即可在该规约下将所通信装置添加进来并进行地址、名称描述等配置。如图 2-78 所示。

图 2-78　添加通信装置

（3）增加一个对上规约。

根据现场实际接线相对应的板卡的网口配置对上规约，如 101 规约和 104 规约。

1）101 规约添加如图 2-79 所示。

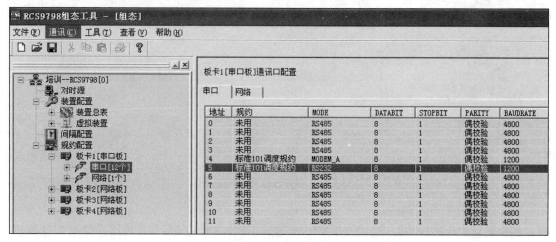

图 2-79　添加 101 规约

在配置相应串口的调度规约时，主要对"规约""MODE""校验方式""波特率"等参数进行配置。"MODE"选"MODEM_A"，对于数字通道，"MODE"选"RS 232"；奇校验、偶校验、无校验则根据通信双方的约定设置；通信速率（Baudrate）亦根据通信双方的约定设置。

2）104 规约添加如图 2-80 所示。

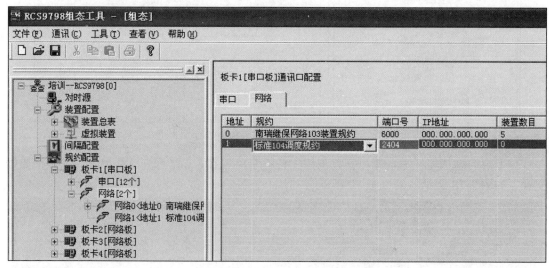

图 2-80　添加 104 规约

进入规约配置—板卡 1—网络，在空白处右键"添加端口"，将规约选为标准 104 调度规约，端口号改为 2404。这里的 IP 地址只作标记，不填也没有关系。

（4）修改调度转发表。

在对上通信规约配置完成后，即可在该规约下配置调度转发表，将需要转发的遥测、遥信、遥控信息进行选择并添加。如图 2-81 所示。

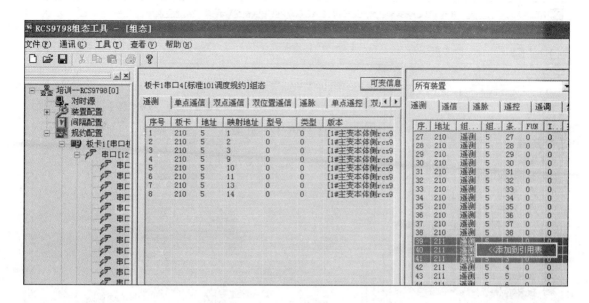

图 2-81　配置调度转发表

转发表包括遥测、遥信、遥控、遥调等。以遥测转发表为例：

点击规约下的遥测转发表，在右侧全站信息列表中，挑选所需要的遥测量，点击右键并"添加到引用表"，就可以将遥测量加至遥测转发表的末尾。在遥测转发表中，点击右键并"移动引用"，可调整信息在转发表中的位置，使之与调度转发表的位置一致。

需要注意的是，通常正规的调度转发表的信息点号从 0 开始排列，而组态工具中转发表则从序号 1 开始。

对下 103 规约中遥测采用满码值为 4095 的归一化遥测，若向调度通过浮点数遥测值上送时且站段加系数时，应该填入"乘积系数"和"偏移量"。

例如：培训线间隔的 PT 变比为 220/100，CT 变比为 800/1（或 800/5）

电压"乘积系数"＝1.2×电压额定值/4095

电流"乘积系数"＝1.2×电流额定值/4095

有功"乘积系数"＝1.2×1.732×电压额定值×电流额定值/（1000×4095）（有功单位 MW）

频率"乘积系数"＝（55－45）/4095　频率"偏移量"＝45

（5）规约可变信息设置。

每种规约都有"可变信息"，需要根据工程实际进行配置。如 103 规约的可变信息中就要求指定 A 网采用板卡上的第几个网口，B 网同样。

1）103 规约可变信息如图 2-83 所示。

2）101 规约可变信息如图 2-84。

3）104 规约可变信息如图 2-85 所示。

本例中远动机的主站接入网口为网口 4，主站地址为 198.123.100.101，子站地址（应用层地址）为 1。

注意 101 或 104 规约都是把遥信、遥测、遥脉、遥控的序号进行统一编订的，通常调度端都有常见的约定，见表 2-25。

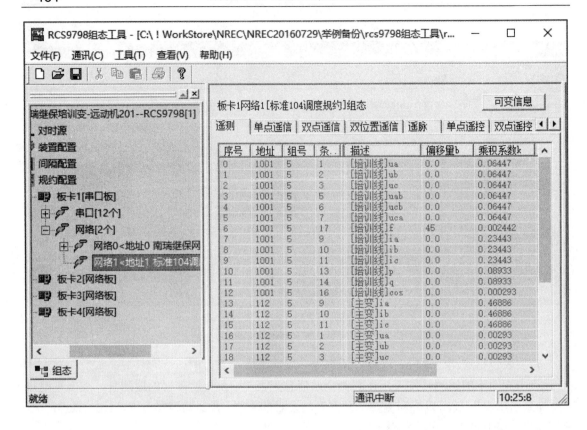

图 2-82　遥测转发表

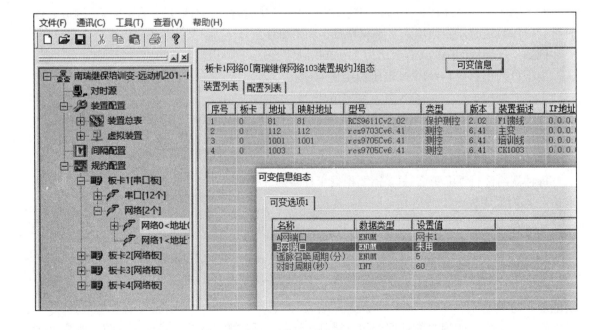

图 2-83　103 规约可变信息

名称	数据类型	设置值
规约适用地区	ENUM	一般地区
规约适用版本	ENUM	IEC101_V2.0/2002版
规约客户名称	STRING	X调度
通信响应启动延时(秒)	INT	5
通信中断判断时限(秒)	INT	120
链路层地址长度(字节数)	ENUM	1
链路层地址	INT	1
应用层地址长度(字节数)	ENUM	1
应用层地址	INT	1
传输原因长度(字节数)	ENUM	1
信息体地址长度(字节数)	ENUM	2
ASDU传输原因的应答策略	ENUM	仅标志有效和无效
E5单字节使用策略	ENUM	无效
FCB复位确认是否适用E5策略	ENUM	NO
FCB复位确认帧是否允许ACD置1	ENUM	NO
整型遥测上送字节顺序	ENUM	从低到高
短浮点遥测上送字节顺序	ENUM	从低到高

图 2-84　101 规约可变信息

名称	数据类型	设置值
规约适用地区	ENUM	一般地区
规约客户名称	STRING	X调度
网络接入位置	ENUM	网口4
通信响应启动延时(秒)	INT	5
通信中断判断时限(秒)	INT	40
主站01通道IP地址	STRING	198.123.100.101
主站02通道IP地址	STRING	0.0.0.0
主站03通道IP地址	STRING	0.0.0.0
主站04通道IP地址	STRING	0.0.0.0
主站05通道IP地址	STRING	0.0.0.0
主站06通道IP地址	STRING	0.0.0.0
主站07通道IP地址	STRING	0.0.0.0
主站08通道IP地址	STRING	0.0.0.0
主站09通道IP地址	STRING	0.0.0.0
主站10通道IP地址	STRING	0.0.0.0
主站通道IP地址网段	STRING	198.123.0.0
应用数据帧传送频度	ENUM	每秒5帧
帧序号校验策略	ENUM	同时校验发送和接收序号
I帧发送策略	ENUM	发出的I帧未被确认数目大于等于K值即停止发送
K值	INT	12
I帧接收策略	ENUM	收到I帧数目达到W值之前进行确认
W值	INT	8
超时时间T1应用逻辑	ENUM	发出报文超时T1无确认则关闭TCP连接
超时时间T1值(秒)	INT	15
超时时间T2应用逻辑	ENUM	无接收超时T2则启动S帧发送
超时时间T2值(秒)	INT	10
超时时间T3应用逻辑	ENUM	无数据活动超时T3则启动U测试帧发送
超时时间T3值(秒)	INT	20
应用层地址	INT	1
ASDU传输原因的应答策略	ENUM	仅标志有效和无效
整型遥测上送字节顺序	ENUM	从低到高
短浮点遥测上送字节顺序	ENUM	从低到高

图 2-85　104 规约可变信息

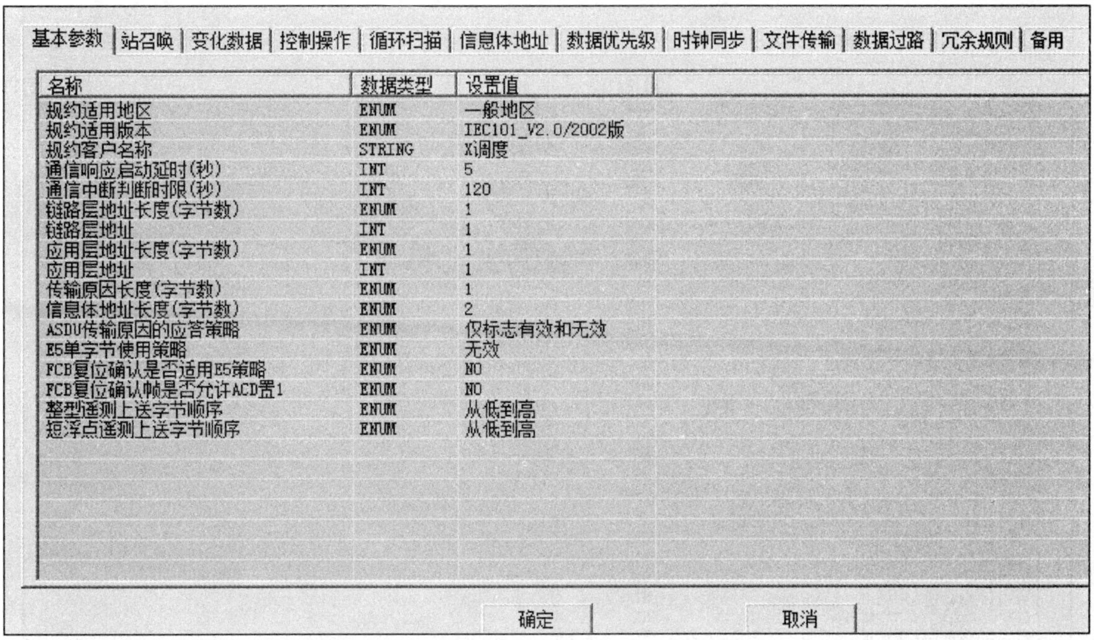

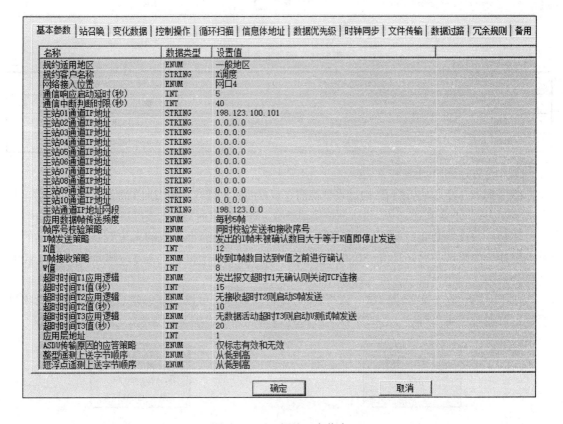

| 基本参数 | 站召唤 | 变化数据 | 控制操作 | 循环扫描 | 信息体地址 | 数据优先级 | 时钟同步 | 文件传输 | 数据过路 | 冗余规则 | 备用 |

名称	数据类型	设置值
单点遥信地址寻址模式	ENUM	连续寻址
单点遥信连续寻址起始地址	INT	1
双点遥信地址寻址模式	ENUM	连续寻址
双点遥信连续寻址起始地址	INT	1
双位置遥信地址寻址模式	ENUM	连续寻址
双位置遥信连续寻址起始地址	INT	1
遥测地址寻址模式	ENUM	连续寻址
遥测连续寻址起始地址	INT	16385
遥脉地址寻址模式	ENUM	连续寻址
遥脉连续寻址起始地址	INT	25601
遥步地址寻址模式	ENUM	连续寻址
遥步连续寻址起始地址	INT	26113
单点遥控地址寻址模式	ENUM	连续寻址
单点遥控连续寻址起始地址	INT	24577
双点遥控地址寻址模式	ENUM	连续寻址
双点遥控连续寻址起始地址	INT	24577
遥调地址寻址模式	ENUM	连续寻址
遥调连续寻址起始地址	INT	25089
循环上送遥测连续寻址起始地址	INT	16385
循环上送遥测连续寻址结束地址	INT	16411
循环上送电度累计量连续寻址起始地址	INT	0
循环上送电度累计量连续寻址结束地址	INT	0
分组召唤01组起始地址	INT	0
分组召唤01组结束地址	INT	0
分组召唤02组起始地址	INT	0
分组召唤02组结束地址	INT	0
分组召唤03组起始地址	INT	0
分组召唤03组结束地址	INT	0
分组召唤04组起始地址	INT	0
分组召唤04组结束地址	INT	0
分组召唤05组起始地址	INT	0
分组召唤05组结束地址	INT	0

确定　　　　　　取消

图 2-86　规约可变信息设置

表 2-25　调度端常见约定

项　　目	16 进制序号	10 进制序号
遥信	1	1
遥测	4001H	16385
遥控	6001H	24577

（6）设置远动机通信 IP 地址。

RCS-9698G/H 远动机的 IP 地址设置均需在装置面板上进行。敲击向上键进入"主菜单"，其中"网络设置"子菜单专门用于设置网络接口参数。进入菜单后，输入正确口令。如图 2-87 所示。

注意：口令将会随时间变化而变化，口令为当前时间的小时数的末尾数字加 5 之和的平方。例如，如果现在时间为 05:30:32 或 15:15:23，小时的个位数均为 5，则此时口令为 100，计算公式为 $(5+5)^2$。

在"网络设置"菜单中，按"▲""▼"键移动光标，可以切换编辑项目。确定编辑项目后，可以通过"◄""►"、"+""－"键进行编辑。网络设置见图 2-88，菜单见表 2-26。

输入口令

00**0**

图 2-87　输入口令界面

网络设置
CPU1-IP1
198120.000.199.
CPU1-IP1-MASK

图 2-88　网络设置

表 2-26　远动机网络设置菜单

参　数　名	描　　述	默认设置
CPU1-IP1	对应网口的 IP 地址	198.120.0.199
CPU1-IP1-MASK	对应网口的子网掩码	255.255.0.0
……		
CPU1-IP4	对应网口的 IP 地址	198.123.0.199
CPU1-IP4-MASK	对应网口的子网掩码	255.255.0.0
CPU1-IP4-ROUTER1	在对应网口使用路由器连接时，对应网口的第一路网关地址	198.123.100.254
CPU1-IP4-OUT1	在对应网口使用路由器连接时，对应网口的第一路对端网段	000.000.000.000
CPU1-IP4-MASK1	在对应网口使用路由器连接时，对应网口的第一路对端网段子网掩码	000.000.000.000

本例中对下的 103 规约采用网口 1 通信，远动机站内 IP 为 198.120.0.199。

对某调度的 104 规约采用网口 4 通信，该调度分配给远动机的地址为 198.123.0.199，掩码为 255.255.0.0，站端网关地址为 198.123.100.254。

2. 功能强大的动态调试工具

RCS-9798 组态工具具有强大的动态调试工具，可以方便地实现对底层装置实时状态的查阅，也可以实现对其通信过程的监视。如：实时数据库查看、历史事件查询、遥控命令查询、装置的信息召唤、各通信口报文的监视等通过调试软件查看底层装置的实时信息，通过该软件的配合，可以帮助现场人员了解现场信息、划分故障区域、查清问题。

点击组态工具的"调试"按钮即可启动调试工具，如图 2-89 所示。

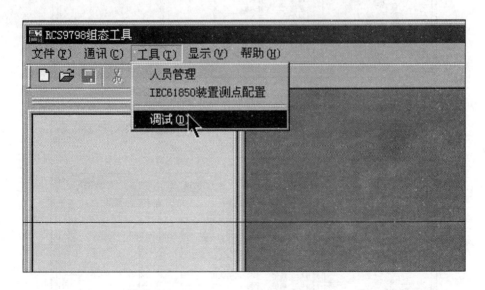

图 2-89　启动调试工具

在弹出的地址对话框中填入远动机的站内地址即可连接到远动机，如图 2-90 所示。

连接到远动机后，可在组态工具左侧选择需要监视的装置，进行遥测、遥信、遥控等各种信息的查看以及报文的监视，如图 2-91～图 2-93 所示。

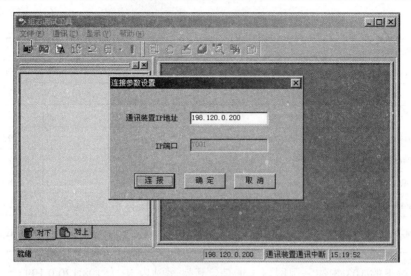

图 2-90　连接远动机

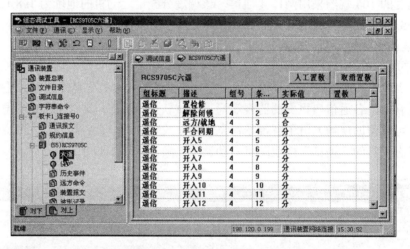

图 2-91　选择监视装置界面

图 2-92　单点遥信装置监视界面

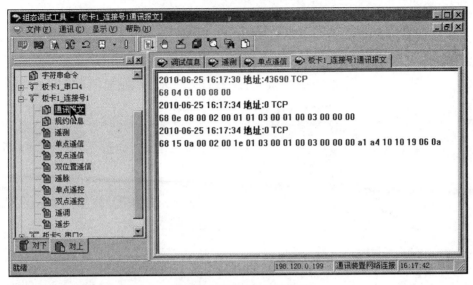

图 2-93 通信报文监视界面

四、组态上装下装与备份

1. 建立连接

单击通信—参数设置，对连接参数进行设置，远程 IP 地址为 9698H 装置地址。如图 2-94～图 2-96 所示。

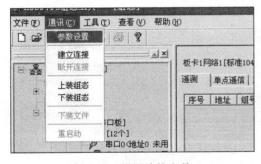

图 2-94 设置连接参数

图 2-95 远程 IP 地址

正确设置后，点击"建立连接"。连上装置后，"建立连接"变为灰色不可用，"断开连接"可用。如图 2-96 所示。

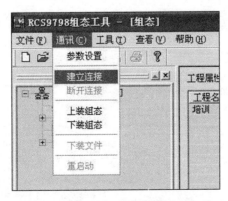

图 2-96 建立连接

2. 上装组态

为了与远动机组态文件保持一致，现场修改组态前一般需要上装组态。上装组态前，先用组态工具打开已有的该工程组态文件，然后再进行上装。这一步非常重要，这个过程告诉组态软件，上装的组态文件通过哪个 ini 目录下的文件进行顺利显示。否则报错误，导致无法打开。

上装前要对连接参数进行设置，设置完毕后建立连接，如图 2-97、图 2-98 所示。

图 2-97 上装组态　　　　　　　　　　图 2-98 上装文件

上装上来的组态文件自动打开接着就可以在上装上来的组态文件上进行修改了。

3. 组态保存（备份）

上装的文件建议立即进行"文件"—"另存"操作。在打开的保存组态窗口中指向保存路径，修改工程名，确定即可。如图 2-99、图 2-100 所示。

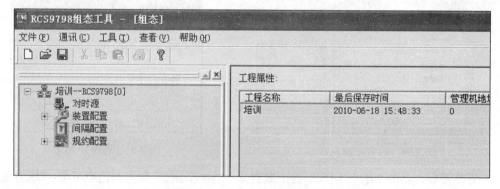

图 2-99 上装组态文件做界面

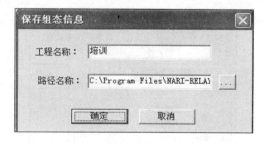

图 2-100 上装组态保存

4. 下装组态

如图 2-101 所示。

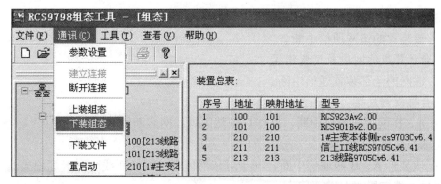

图 2-101　下装组态

待组态修改完毕，操作"通信—下装组态"即可对所连接的远动机进行组态下装操作。如图 2-102 所示。

下装成功后，弹出"请重启装置"的提示窗口。如图 2-103 所示。

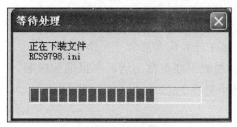

图 2-102　下装文件

图 2-103　客户装置窗口

点"确定"，再选择"通信"—"重启动"操作。如图 2-104 所示。

点"确定"，重启动所有板卡，远动机重启。如图 2-105 所示。

图 2-104　重启装置

图 2-105　重启所有板卡及远动机

第四节　常 见 故 障

一、通信故障

1. 后台机网卡或者测控装置的子网掩码设置错误

现象：后台机的某网卡子网掩码设置错误，能够 ping 通，但会报通信中断，将使得该网段的装置全部通信中断；某测控装置的子网掩码设置错误，会使得该测控装置的 A、B 网全部中断。

2. 测控装置的网段号设置错误

现象：该装置的该网通信中断。

3. 后台计算机的网段号设置错误

现象：该网的全部装置通信中断。

4. 后台机双网反接

现象：A、B 网全部通信中断，网卡灯依然闪烁；网线断线时网卡灯熄灭。

5. 某测控装置双网反接

现象：该装置 A、B 网通信中断，网卡灯依然闪烁；网线断线时网卡灯熄灭。

6. 网线一端空置

现象：网卡灯熄灭，通信中断。

7. 交换机失电

现象：该网段的所有装置通信中断；该网段所有的网卡灯熄灭。

8. 置检修压板投入

现象：不报通信中断，但所有信息不能上送（检修状态压板除外）。

9. 后台节点名称错误配置（不是计算机名，如在计算机名后加了一个 "."）

现象：后台机下部栏显示为备用机，且遥信、遥测不能正常上送，不报通信中断。

10. 后台节点 IP 地址错误配置（如与网卡 IP 不对应）

现象：该网段的全部装置通信中断。

11. 后台节点地址错误配置（如与其他后台节点地址或装置地址相同）

现象：如果与某装置的地址相同的话，则该装置 A、B 网通信中断，其他装置通信正常或不中断，但不上送四遥。

12. 后台厂站地址设置为非 0

现象：显示所有装置通信中断，所有的装置的遥测、遥信量等都不能上送。

13. 后台装置地址错误配置（与测控装置地址不一致）

现象：该装置通信中断。

14. 节点权限设置（如无权操作数据库编辑、报表制作等）

现象：数据库编辑、报表制作模块等变灰，不能使用。

综上：通信中断的原因集中在后台机、测控装置的网卡网段设置和掩码设置；网线断线或者颠倒；后台机节点 IP 地址设置错误；后台机机节点地址错误配置；厂站号或者后台装置地址设置错误配置。

15. 节点类型中设置为 "操作员站"，正确设置应为主站

现象：所有信息保持原来状态，遥测、遥信不刷新；通信中断与否的光子牌保持原来状态，状态栏显示为 "操作员站"，应显示为 "值班机"。

二、遥信故障

1. 检修压板投入

现象：遥信无法上送至后台。检修压板投入后遥控报遥控超时。

2. 遥信公共负端失电

现象：所有备用遥信端子排都没有电位，后台报 "遥信失电" 信号，注意当全部电源监视都失电后，"遥信失电" 信号才发。

3. 遥信电源空开故障

现象：所有遥信均无开入，万用表量遥信开入无电位。

4. 遥信正电端异常

现象：注意遥信正电分别引至压板、把手、外侧开入回路和电源监视。遥信无法正常上送，要迅速判断是所有信号都异常，还是只是某种类型的信号异常，从而去判断故障点。

5. 遥信错接或虚假接入

现象：相应遥信在测控装置上显示开入错误。采用检查回路及量电位的方法进行排查。

6. （接点|压板）短接造成信号常有

现象：相应开入常有，影响正常试验，特别注意"检修状态"开入和"手合同期开入"等功能性开入。

7. 开关分位合位反接

现象：开关位置显示与一次设备正好相反。

8. 测控装置中"防抖延时"设置过长

现象：测控装置及后台遥信变位上送变慢。注意测控装置中，被设置为档位接入的遥信，不再产生遥信变位报文报送至后台。

9. 遥信板子未插紧

现象：若此时通信正常，后台报"某某板子未插紧"。由于第一块遥信板上为总遥信电源，若没有插紧整个装置无遥信开入。第二块遥信板没有插紧，将导致遥信 15 及其后续 24 个遥信状态均为 0。

10. 信号的厂站封锁或信号的装置封锁或具体遥信被错误封锁

现象：测控装置中有相应遥信开入显示，但后台画面和告警窗均不出现变位信号。

11. 数据库中遥信被抑制告警

现象：后台画面对应遥信会同步变位，但告警窗不出现变位信息。注意告警窗不出现变位信息的原因还可能是数据库中的"动作处理"中设为"不入告警窗"。

12. 数据库中遥信被错误取反

现象：测控中显示遥信位置显示正确，但后台中显示不正确。

13. 对于带拓扑的开关和刀闸，跳闸判别点设置错误

现象：拓扑以开关或刀闸为分界点，一端拓扑正常，一端不正常。

14. 画面元件链接定义错误

现象：在监控窗口状态下，鼠标放到具体遥信、遥测上会显示其数据库关联，从而判断其是否正确。

15. 后台遥信被人工置数

现象：后台画面点击该遥信看人工置数是否使能。

三、遥测故障

1. 电压反序故障、电压断相故障、电压空开故障连片断开

现象：电压反序且各相电流平衡时，电压值显示正常，但有功无功显示为零。其余电压断相或电压空开故障时，电压值显示异常。

2. 电流反向故障、电流分流故障

现象：测控装置中有功无功显示不正常。此类故障均可以通过分相通不平衡模拟量

的方法检测出来，所以工作及考试时一定要先分相通刻度，排查最基本的电流电压回路缺陷。

3. 直流板区分输入量的跳线错误配置或变送器类型参数错误配置

现象：温度测量显示错误。

4. 测控装置中零漂抑制门槛设置过大

现象：测控装置中无相应遥测显示，该定值将低于设定值的电压电流值全部认定为零漂；如测控额定电流 1A，零漂抑制门槛设置为 30% 时，加电压 57V，电流 0.25A，则测控三相电流无显示，测控及后台 P、Q、S 等计算值均为 0。

5. 越死区门槛设置过大（当循环遥测周期太长时，该项内容将影响遥测在后台的显示）

现象：相应遥测仅在遥测变化率大于该设定门槛时或测控循环上送时发生变化。如额定电流为 1A 的测控循环遥测周期设为 10000s，越死区门槛设为 50%，则电压通入正常电压，电流加 0.4A 时，测控中对应遥测量显示正常，但后台电流显示为 0。

6. 测控装置中电流二次额定值设定错误

现象：只影响测控装置中显示，后台数值正确。

7. 测控装置中定值设定为 2 倍额定电流上送

现象：通入电流时，电流显示变成理论电流值的 1.2/2 倍。即将该域整定成 1 时，测控将以 2 倍额定电流作为二次满码值；此处整定为 0 时，默认按照 1.2 倍的额定电流作为二次满码值。

8. 二/三表法（二表法为 1，三表法为 0）

现象：设置为二表法时，如果通入 1、2、3A，其显示的 B 相电流并不是 2A，而是为 A、C 相的向量和。

9. 后台机数据库中信号的厂站封锁、信号的装置封锁、数据库中某个测点被封锁

现象：相应的遥测数据死数据，不刷新。

10. 后台监控机中一次值、校正值、残差、取反、取绝对值

现象：测控装置中显示正确，但后台显示有偏差或正好相反。

11. 后台机画面遥测量定义错误（关联错误）

现象：测控中显示正确，但后台机画面显示错误。将鼠标放至该遥测量时可看到该点的定义。

12. 后台机遥测被人工置数

现象：相应遥测显示异常。

13. 后台机画面刷新时间设置过长

现象：后台机画面遥测长时间不变化。

14. 置检修压板投入

现象：遥测不刷新，遥信也无法上送至后台机。

四、遥控故障

1. 遥控正电源或负电源回路故障

现象：遥控执行不成功，但测控中相关遥控报文显示正常。手合手分操作也异常。

2. 操作箱跳圈合圈反接

现象：遥控开关不变位，但测控中相关遥控报文显示正常。

3. 操作箱有压力异常信号接入

现象：遥控开关不变位，但测控中相关遥控报文显示正常。手合手分操作也异常。

4. 防跳回路被启动

现象：开关合不上。

5. 遥控压板未投|遥控压板被解除

现象：遥控开关不变位，但测控中相关遥控报文显示正常。

以上几个缺陷，注意先界定故障点，以测控为分界点，查看测控遥控报文正确后，再排除出口时间故障后，则可以界定缺陷在测控后相关回路，此时重点去排查回路，可以通过量电位或通过点跳/合开关的方法进一步界定故障点。

6. 就地/远方把手故障

现象：远方/就地把手处于就地状态，遥控选择时报"操作对象处于就地"。

7. 测控装置中遥控接点动作保持时间设为 0s，默认为 120ms

现象：遥控操作无法执行，后台机遥控选择成功，执行超时。检查遥控报文正确后，先查出口时间，方可确定为回路问题。

8. 置检修

现象：后台机遥控选择时，立即报"返校失败"。通信中断时后台机遥控选择后，经过设定的判别时间后报"返校超时"。

9. 系统设置里：遥控设置，"强制同期选择"打勾后，

现象：所有遥控一律强制为同期遥控，后台机遥控选择时"遥控类型"右侧无一般遥控字样，且遥控选择灰色不使能。而正常时有一般遥控、检同期、检无压、不检 4 种方式。

10. 节点设置中将"遥控允许"将勾取消

现象：后台机遥控选择时报"该节点不允许遥控"。

11. 后台监控画面禁止遥控（画面编辑）

现象：后台机"遥控操作"变灰。

12. 开关挂牌，可能被设置遥控闭锁（图形编辑-工具-挂牌管理里）

现象：遥控选择时报"挂牌遥控闭锁"。

13. 对应的开关遥信没有允许遥控

现象：遥控选择时报"遥控不允许"。

14. 对应的开关遥信关联了不存在的遥控或不关联

现象："遥控操作"变灰。

15. 数据库中监控厂站遥控闭锁点

现象：遥控选择时报"该厂站遥控闭锁"。

16. 测控装置的 HJ 跳线错误（BO 板）

现象：手合同期时，把手合操作时能听到继电器的声响，但开关不合闸；如果同期定值设置不当，在同期手合操作时听不到继电器的声响。

第五节　实　操　试　题

1. 自动化厂站端调试检修员实操试卷（考生卷）

（1）操作说明：

1）同期合闸采用检同期方式，同期电压相别：U_a，同期额定电压：57.7V；同期定值：

电压类型为 0；压差定值为 5V ；同期合闸动作保持时间为 0.12S；不检方式为 0；检无压为 0；检同期为 1；其他定值以装置为准。

2）104 规约：站地址 1；调度主站 IP 地址：192.168.0.5；192.168.0.6。

3）远动遥信：点号从 1 开始，为单位置遥信；遥测：点号从 16385 开始；遥控：点号从 24577 开始。

4）温度变送器的类型：0～150℃对应 0～5V；用电阻箱模拟 PT100 温度电阻。

5）远动机组态工具及计算器的快捷键在桌面上。

6）所操作回路视为检修状态。

（2）操作任务：

请你根据题中任务完成安全措施票的填写并完成相应操作及故障报告的填写。

1）完成全站测控装置与后台的通信。

2）将"220kV 备用线 2345"改为"220kV 竞赛线 2987"，新建主变高压侧 I_a、P、Q 日报表（报表中包含：0:00-23:00 每小时的"当前值"和"最大值"、"最小值"）。

3）按要求先计算再加遥测，在后台画面中显示#1 主变高压侧 2501 开关 P、Q、I_a 遥测值并核对正确。（$P=-300MW$，$Q=-200MVA$，CT：1200/5，误差±1%）；选手计算二次值记录：$I_a=$_____；$\varphi=$_____

4）完成 220kV 竞赛线 2987 开关的手合同期合闸功能。

5）在监控机上完成 220kV 母联 2510 开关、刀闸遥信位置及在 220kV 母联分画面进行 2510 开关 YK 的分合试验，在后台正确反映其实际状态。

6）在监控机完成 220kV 竞赛线的拓扑着色功能（含 220kV 母线必须着色）。

7）用 B 码对时方式完成全部测控装置对时功能。

8）用电阻箱模拟，在后台画面上显示#1 主变油温 60℃。温度计算值：$R=$_____Ω。

9）用短接线模拟 BCD 码档位，在后台画面上显示#1 主变档位 11 档。

10）远动 A 机（单机模式）至调度主站的通信，要求 104 网络通道正常；并在调度端正确显示 220kV 竞赛线 2987 开关位置及 U_a、U_b、U_c 电压值。

11）项目完成后将后台、远动数据备份到 E:\竞赛\作业人员考号\目录下。

12）现场措施恢复。

表 2-27　自动化厂站端调试检修员实操项目安全措施（评分模板）

序号	作业中危险点	控 制 措 施	恢 复 措 施
1	作业时造成人身触电	将实验仪外壳可靠接地，在带电部位端子排处工作时应戴手套，并使用带绝缘的工具	工作完毕后按原样恢复
2	拆动二次线，易发生遗漏及误恢复事故	拆动二次线时要逐一做好记录，工作完毕后按记录恢复	工作完毕后按记录恢复
3	遥测校验及同期试验时，CT 二次侧可能不慎开路	遥测校验或同期试验前，首先将被测间隔 CT 二次侧回路端子外侧线短接封好，并用钳形电流表测量及查看测控装置电流显示来进行验证。试验线路接在端子内侧	测试结束后先联通每相连片再拆除端子外侧封线
4	遥测校验及同期试验时，PT 二次侧可能不慎短路或接地	遥测校验或同期试验前，首先将被测间隔 PT 二次侧回路外侧接线逐个解开并用绝缘胶布包好，试验线路接在端子内侧	测试结束后将外侧接线逐个取下胶布，压接回原端子，恢复原接线

续表 2-27

序号	作业中危险点	控 制 措 施	恢 复 措 施
5	遥控试验时（包括同期遥控试验），可能造成遥控误动	遥控试验前，将本测控屏除被试验遥控外的其他遥控把手切为就地并解除遥控出口压板	试验结束，将本屏遥控把手及压板恢复原状态
6	检修过程中如需拔出板件，可能造成电路板损坏	拔插电路板前临时关闭测控装置电源	板件插好后，开启装置电源
7	在后台机进行修改数据库或画面时，可能出现不可逆转的错误	在进行后台机相关操作前、后进行数据库及画面的备份工作。工作中需改数据库时，严格按照定值单要求执行	考试完毕后，利用工作前的备份恢复现场

评分标准：1. 选手依据危险点内容，编写对应的控制措施，少写 1 条或写错 1 条扣相应分数。

2. 选手执行控制措施情况，少执行 1 步或执行错误扣相应分数。

表 2-28　自动化厂站端调试检修员实操故障处理报告（评分模板）

序号	故障现象	故障处理	得分
1	后台遥控失败	将控制逻辑压板投入	

评分标准：

1. 选手将作业任务中发现的故障现象进行记录，并说明处理办法。

2. 选手每完成 1 项故障处理及故障记录得相应的分数。

表 2-29　自动化厂站端调试检修员实操评分表

序号	操作项目	要　　求		考评标准	得分
1	故障设置	220kV 母联测控装置背后标 A 网线接下网口，标 B 网线接上网口			
	故障现象	220kV 母联测控装置与后台机、远动机不能通信			
	故障处理	220kV 母联测控装置背后标 A 网线接上网口，标 B 网线接下网口			
	故障设置	主变高压侧测控装置的参数设置—监控参数—装置地址设 60022			
	故障现象	测控装置与后台机、远动机不能通信			
	故障处理	装置地址改为 00022			
	任务完成	220kV 母联、主变高压侧测控装置与后台通信正常			
2	220kV 竞赛线 2987 间隔名修改功能题	遥信表修改	220kV 竞赛线开关名对		
			220kV 竞赛线刀闸名对		
			220kV 竞赛线接地刀闸名对		
		遥测表修改	遥测名对		
		遥控表修改	遥控名称对		
		遥控表修改	调度编号对		
		画面修改	主画面修改开关刀闸调度编号正确		
			分画面修改开关刀闸调度编号正确		
		间隔名修改	间隔名修改正确		
			开关、刀闸设备名正确		
		报表制作日报表，在系统运行下报表浏览正确显示并有 I_a、P、Q			
3	故障设置	主变高压侧电流 A/B 相序接反；测控柜端子 2YC1 接 2N203，2YC2 接 2N201			
	故障现象	电流遥测量显示不对			

序号	操作项目	要　　求	考评标准	得分
3	故障处理	将测控柜端子 2YC1 接 2N201，2YC2 接 2N203		
	故障设置	主变高压侧测控电压 B 相屏柜端子 2YC12 内侧（2ZKK-3）绝缘		
	故障现象	主变高压侧测控电压 B 相电量显示无		
	故障处理	拆除主变高压侧测控电压 B 相屏柜端子 2YC12（2ZKK-3）绝缘		
	故障设置	后台数据库主变高压侧测控装置有、无功遥测设取绝对值		
	故障现象	后台系统运行画面有无功遥测不能显示负值		
	故障处理	数据库维护中去掉绝对值设置		
	故障设置	后台数据库主变高压侧测控装置电流遥测一次值 2400		
	故障现象	后台系统运行画面电流遥测显示不对		
	故障处理	后台数据库主变高压侧测控装置电流遥测一次值为 1200		
	故障设置	主变高压侧测控装置参数设置—监控参数—中"2 倍额定电流上送"置 1		
	故障现象	后台机、远动机遥测显示不准		
	故障处理	主变高压侧测控装置中"2 倍额定电流上送"置 0		
	故障设置	后台数据库维护中主变高压侧有、无功遥测点名设反，画面 P、Q 与数据库关联反		
	故障现象	后台系统运行画面主变高压侧有、无功遥测显示相反		
	故障处理	数据库维护中主变高压侧有、无功遥测点名修改正确，画面 P、Q 与数据库关联正确		
	遥测计算	主变高压侧模拟电流及电流与电压的角度正确 $I_a = 3.94A$ $\phi = 33.7$		
	任务完成	主变高压侧 2501 开关 $P = -300 \pm 3MW$，$Q = -200 \pm 3MV \cdot A$，遥测值显示正确		
4	故障设置	220kV 竞赛线测控装置的手合同期出口硬压板未投		
	故障现象	220kV 竞赛线测控装置手动同期操作不成功		
	故障处理	220kV 竞赛线测控装置的手合同期出口硬压板投入		
	故障设置	220kV 竞赛线测控装置手合同期启动信号线 1n404 接到端子 1YX22		
	故障现象	220kV 竞赛线测控装置手合同期不成功		
	故障处理	220kV 竞赛线测控装置同期启动信号线 1n404 接到端子 1YX21		
	故障设置	220kV 竞赛线测控装置的参数设置—同期参数—检同期置 0		
	故障现象	220kV 竞赛线测控装置手合同期不成功		
	故障处理	220kV 竞赛线测控装置的参数设置—同期参数—检同期置 1		
	故障设置	220kV 竞赛线测控装置的参数设置—同期参数—开关合闸保持时间 0		
	故障现象	220kV 竞赛线测控装置测控装置手合同期不成功		
	故障处理	220kV 竞赛线测控装置的参数设置—同期参数—开关合闸保持时间 0.12s		
	故障设置	220kV 竞赛线测控装置的参数设置—同期参数—线路电压类型设 1		
	故障现象	220kV 竞赛线测控装置测控装置手合同期不成功		
	故障处理	220kV 竞赛线测控装置的参数设置—同期参数—线路电压类型设 0		
	任务完成	220kV 竞赛线测控装置测控装置手合同期成功（能合上 2987 开关）		

序号	操作项目	要　　求	考评标准	得分
5	故障设置	220kV 母联 2510 开关分合闸出口反接，测控柜端子 4LP2-1 接 4YK9、4LP3-1 接 4YK7		
	故障现象	220kV 母联 2510 开关遥控不能成功		
	故障处理	根据屏图，修改测控柜端子 4LP2-1 接 4YK7、4LP3-1 接 4YK9		
	故障设置	220kV 母联间隔遥信光耦负电源 4YX17 内侧端子（4n417）绝缘		
	故障现象	220kV 母联 2510 间隔所有遥信无		
	故障处理	拆除遥信光耦负电源 4YX17（4n417）内侧端子绝缘		
	故障设置	后台画面 220kV 母联 25101 刀闸无关联		
	故障现象	后台系统运行画面 220kV 母联 25101 刀闸状态不对		
	故障处理	在画面编辑中将画面上 220kV 母联 25101 刀闸关联正确		
	故障设置	220kV 母联 2510 测控装置开关 A 相合位 4YX27（4n410）内侧端子线头绝缘		
	故障现象	220kV 母联 2510 开关位置不对		
	故障处理	220kV 母联 2510 根据屏图拆除 4YX27（4n410）内侧端子绝缘		
	故障设置	220kV 母联 2510 测控装置的远方/就地把手打在就地位置		
	故障现象	220kV 母联 2510 开关不能遥控		
	故障处理	220kV 母联 2510 测控装置的远方/就地把手打到远方位置		
	故障设置	后台数据库中 220kV 母联 2510 开关合位遥信未置遥控允许		
	故障现象	后台系统运行画面不能进行 220kV 母联 2510 开关遥控		
	故障处理	后台数据库中 220kV 母联 2510 开关合位的遥控允许置上		
	故障设置	后台 220kV 母联分画面禁止遥控		
	故障现象	后台系统运行画面 220kV 母联 2510 开关不能遥控		
	故障处理	在画面编辑中将 220kV 母联分画面的禁止遥控解除		
	故障设置	后台数据库 220kV 母联遥信表中 B 相开关合位允许标记置上取反使能		
	故障现象	后台系统 220kV 母联 2510 开关通信状态与实际位置不一致		
	故障处理	后台数据库维护中去掉取反使能		
	故障设置	220kV 母联 2510 测控装置置检修压板投入		
	故障现象	后台系统不能收到 220kV 母联 2510 测控装置信息		
	故障处理	退出 220kV 母联 2510 测控装置置检修压板投入		
	故障设置	后台数据库维护中间隔内 220kV 母联 25101 刀闸跳闸判别点错		
	故障现象	后台主机系统运行画面 220kV 母联 25101 刀闸不能反映实际状态		
	故障处理	间隔内修改 25101 刀闸的跳闸判别点		
	故障设置	后台数据库中 220kV 母联 25102 刀闸合被封锁、抑制报警		
	故障现象	后台系统运行画面 220kV 母联 25102 刀闸不能反映实际状态		
	故障处理	后台数据库中去掉 220kV 母联 25102 刀闸被封锁、抑制报警		
	故障设置	220kV 母联 2510 测控装置遥控合闸出口压板未投入		

序号	操作项目	要　　求	考评标准	得分
5	故障现象	220kV 母联 2510 开关遥控不能出口		
	故障处理	投入 220kV 母联 2510 测控装置合闸出口压板		
	任务完成	220kV 母联 2510 间隔的开关、刀闸位置分合试验正确、2510 开关遥控分合试验成功		
6	故障设置	后台机系统配置的 SCADA 设置中网络拓扑没有投入		
	故障现象	后台主机系统不能进行画面颜色拓扑功能		
	故障处理	后台系统配置 SCADA 设置中网络拓扑投入后正常		
	故障设置	后台数据库维护中 220kV 竞赛线间隔类型未设成进线		
	故障现象	后台主机系统运行画面颜色拓扑不能实现		
	故障处理	数据库维护中 220kV 竞赛线间隔类型设进线		
	故障设置	后台数据库维护中 220kV 竞赛线间隔内未引入本间隔的任一电压测点		
	故障现象	后台主机系统运行画面颜色拓扑不能实现		
	故障处理	数据库维护中 220kV 竞赛线间隔内引入本线路的任一电压测点		
	任务完成	主接线图颜色拓扑正确		
7	故障设置	RCS9785C 对时装置的 B 码对时源输出线接反，蓝白线接 61D4，蓝线接 61D5		
	故障现象	测控装置不能对时，测控装置液晶面板日期与时间中间无*显示		
	故障处理	更改 RCS9785C 对时装置的 B 码对时源输出线，蓝白线接 61D5，蓝线接 61D4		
	故障设置	220kV 母联测控装置的装置参数-监控参数-IRIG-B 码类型为 0		
	故障现象	220kV 母联测控不能 B 对时		
	故障处理	220kV 母联测控装置的参数设置-监控参数-IRIG-B 码类型为 1		
	任务完成	全站测控装置的 B 码对时功能正确		
8	故障设置	主变低压侧测控装置参数设置-监控参数 2-温度变送器 1 设为 6		
	故障现象	后台画面温度显示不对		
	故障处理	主变低压侧测控装置参数设置-监控参数 2-温度变送器 1 设正确		
	故障设置	后台数据库油温遥测的一次值不对		
8	故障现象	后台主机系统运行画面温度遥测显示不对		
	故障处理	数据库维护中温度一次值 150		
	任务完成	温度 60 度模拟显示正确		
9	故障设置	主变低压侧测控装置参数设置-监控参数 2-编码类型设 3		
	故障现象	后台画面档位显示不对		
	故障处理	主变低压侧测控装置参数设置-监控参数 2-编码类型设 1		
	任务完成	档位模拟显示正确 11 档		
10	故障设置	远动机工程组态调度 104 规约可变信息中网卡设网卡 3		
	故障现象	远动机 104 通道与调度不能通信		
	故障处理	远动机的工程组态调度 104 规约为网卡 4		

序号	操作项目	要　　求	考评标准	得分
10	故障设置	远动机调度 104 规约 YC 转发表 U_c 与 U_ab 序号反		
	故障现象	调度端显示 U_c、U_ab 错位		
	故障处理	修改远动机调度 104 规约 YC 转发表 U_c 与 U_ab 序号		
	故障设置	远动机工程组态调度 104 规约可变信息中调度 IP 地址设 IP1：198.168.0.5；IP2：198.168.0.6		
	故障现象	远动机 104 通道与调度不能通信		
	故障处理	远动机的工程组态调度 104 规约可变信息中调度 IP 设设 IP1：192.168.0.5；IP2：192.168.0.6		
	任务完成	调度端正确显示 220kV 竞赛线开关位置及 U_a、U_b、U_c 电压值		
11	系统备份	E:\竞赛\作业人员考号\目录下（包含后台文件 PCS9700-mysql.bak 和远动机文件）		
12		现场恢复清理		

2. 实操作业评分要求

（1）查线可不断相关电源，进行改线需停相应电源空开。

（2）选手做的每个故障点或项目，如果回答不完整，此项只得此项的一半分值。

（3）备份项目中，步骤正确，但内容不完整或错误，得此项的一半分值。

（4）做拓扑任务时，遥测量可采用人工置数方式，遥信量需操作执行。

第三章　南瑞科技变电站监控系统

第一节　后　台

国电南瑞科技有限公司 NS-2000 系统采用多主机分布式结构配置，其中网络可以采用单网配置，亦可以采用双网配置。变电站内分为站控层和间隔层。站控层设备包含监控主机、工作站、远动机，间隔层设备包含测控装置、保护装置、保护测控一体化装置，站控层和间隔层之间采用以太网组网通信，远动机负责调度信息的收集和转发。结构图如图 3-1 所示。

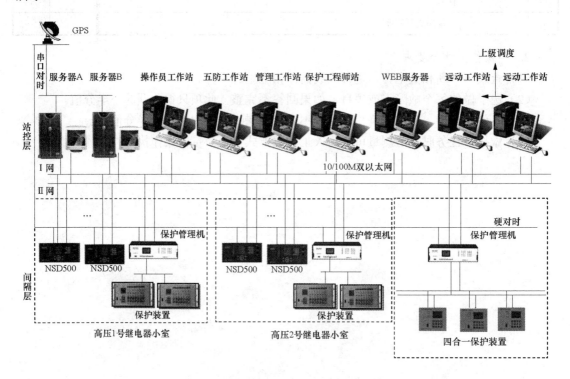

图 3-1　NS-2000 系统多主机分布式结构图

系统主网采用单/双 10/100M 以太网结构，通过 10/100M 交换机构建，采用国际标准网络协议。Scada 功能采用双机热备用，完成网络数据同步功能。其他主网节点，依据重要性和应用需要，选用双节点备用或多节点备用方式运行。主网的双网配置是完成负荷平衡及热备用双重功能，在双网正常情况下，双网以负荷平衡工作，一旦其中一网络故障，另一网就完成接替全部通信负荷，保证实时系统的 100%可靠性。

因采用多进程、多线程操作系统，因而也可以在一台计算机上运行多个应用模块。可根据现场实际情况进行节点的灵活配置。目前 220kV 及以下电压等级变电站内，当地监控实际只配置一主一备两台监控主机即可完成所有功能。

一、功能介绍

1. NS2000 监控系统基本操作

（1）启动 NS2000 系统。

打开电脑，双击桌面上的 NS2000start.lnk，如图 3-2 所示。

NS2000Start.lnk

图 3-2　NS2000start.lnk.图像

系统启动后的基本模块有控制台、简报窗口及操作界面几部分组成，如图 3-3 所示。

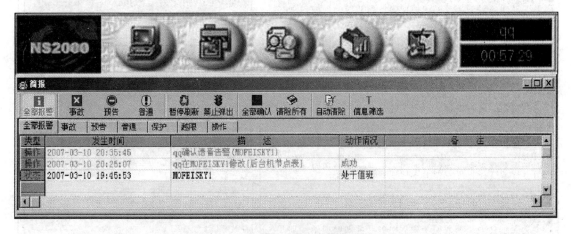

图 3-3　系统启动后基本模块界面

1）点击系统网络将会看到通信监视、节点监视等，从图 3-4 中可以看到网络 1、网络 2 的 IP 地址和运行状态、网络端口、发送报文字节数、接受报文字节数。

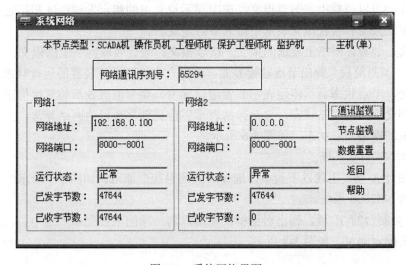

图 3-4　系统网络界面

2）点击"通信监视"弹出分类监视网络通信报文。单击显示设置中想监视的报文类型，左边的报文浏览框就可显示相应的报文。报文监视过程中可暂停报文滚动或清除当前显示的报文，在右边的发送和接受列表中可以显示统计网络节点发送与接收报文，如图3-5所示。

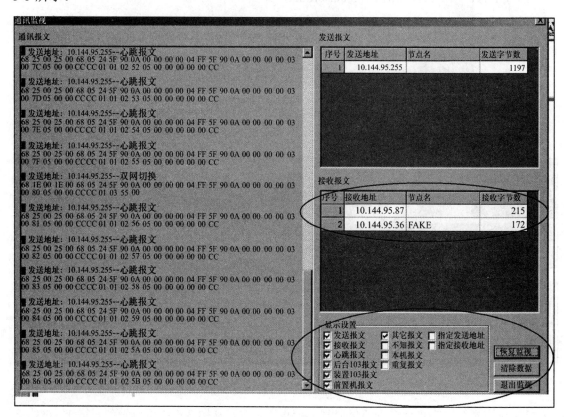

图 3-5　通信监视

在这一界面可以监视指定节点报文。选中显示设置中的指定发送地址和指定接收地址，并在右边的发送报文和接收报文表框中输入节点地址。

发送报文：装置往网络上发送的报文，接收报文：装置收取网络上的报文。

3）点击"节点监视"弹出节点监视界面，可以直观地显示各装置的运行状态和地址。这里应注意的是，节点状态显示停运表示装置通信异常，显示值班表示装置通信正常；主网状态是后台机到交换机的网络状态，显示异常表示后台机到交换机的网络异常，显示正常是后台机到交换机的网络当前状态。如图3-6所示。

（2）关闭 NS2000 系统。

点击控制台 A 项，出现以下菜单，选择"关闭系统"即可。如图 3-7 所示。

（3）登录 NS2000 系统。

1）点击控制台的 E 项，弹出对话框，在用户名一项的下拉菜单中选中自己的名字，输入密码，点击确定即可。如图 3-8 所示。

节点监视

节点信息

序号	节点名	运行状态	运行模式	网1状态	网1地址	网2状态	网2地址	本机节点	运行类型	操作员机	工程师机	保护工程师机	开始时间
1	NARI	主机(单)	双网	正常	192.168.0.100	异常	0.0.0.0	是	SXADA机				2000-06-29 21

逻辑节点信息

序号	节点名	运行模式	运行状态	厂站号	装置地址	主节点状态	主网1状态	主网2状态	主网1地址	主网2地址	备节点状态	备网1状态	备网2状态	备网1
1	工况	双节点	双网	0	0.0.0.0	停运	异常	异常	100.100.100.27	100.100.101.27	停运	异常	异常	100.1
2	#1奥特讯直流	双节点	双网	0	0.14.0.31	停运	异常	异常	100.100.100.27	100.100.101.27	停运	异常	异常	100.1
3	#2奥特讯直流	双节点	双网	0	0.15.0.32	停运	异常	异常	100.100.100.27	100.100.101.27	停运	异常	异常	100.1
4	公用测控装置	单节点	双网	0	1.0.0.1	停运	异常	异常	100.100.100.101	100.100.101.101	停运	无	无	无
5	公用测控装置	单节点	双网	0	2.0.0.1	停运	异常	异常	100.100.100.102	100.100.101.102	停运	无	无	无
6	#1主变110kV侧	单节点	双网	0	3.0.0.1	停运	异常	异常	100.100.100.103	100.100.101.103	停运	无	无	无
7	#1主变10kV侧	单节点	双网	0	4.0.0.1	停运	异常	异常	100.100.100.104	100.100.101.104	停运	无	无	无
8	#2主变本体测	单节点	双网	0	5.5.0.1	停运	异常	异常	100.100.100.105	100.100.101.105	停运	无	无	无
9	#2主变110kV侧	单节点	双网	0	6.0.0.1	停运	异常	异常	100.100.100.106	100.100.101.106	停运	无	无	无
10	#2主变10kV侧	单节点	双网	0	7.0.0.1	停运	异常	异常	100.100.100.107	100.100.101.107	停运	无	无	无
11	#2主变本体测	单节点	双网	0	8.0.0.1	停运	异常	异常	100.100.100.108	100.100.101.108	停运	无	无	无
12	#2主变10kV侧	单节点	双网	0	9.0.0.1	停运	异常	异常	100.100.100.109	100.100.101.109	停运	无	无	无
13	#3主变110kV侧	单节点	双网	0	10.0.0.1	停运	异常	异常	100.100.100.110	100.100.101.110	停运	无	无	无
14	#3主变10kV侧	单节点	双网	0	11.0.0.1	停运	异常	异常	100.100.100.111	100.100.101.111	停运	无	无	无
15	#3主变本体测	单节点	双网	0	12.0.0.1	停运	异常	异常	100.100.100.112	100.100.101.112	停运	无	无	无
16	#1主变差动保	单节点	双网	0	13.0.0.1	停运	异常	异常	100.100.100.113	100.100.101.113	停运	无	无	无
17	#1主变高后备	单节点	双网	0	14.0.0.1	停运	异常	异常	100.100.100.114	100.100.101.114	停运	无	无	无
18	#1主变低后备	单节点	双网	0	15.0.0.1	停运	异常	异常	100.100.100.115	100.100.101.115	停运	无	无	无
19	#2主变差动保	单节点	双网	0	16.0.0.1	停运	异常	异常	100.100.100.116	100.100.101.116	停运	无	无	无
20	#2主变高后备	单节点	双网	0	17.0.0.1	停运	异常	异常	100.100.100.117	100.100.101.117	停运	无	无	无
21	#2主变低后备	单节点	双网	0	18.0.0.1	停运	异常	异常	100.100.100.118	100.100.101.118	停运	无	无	无

图 3-6 节点监视界面

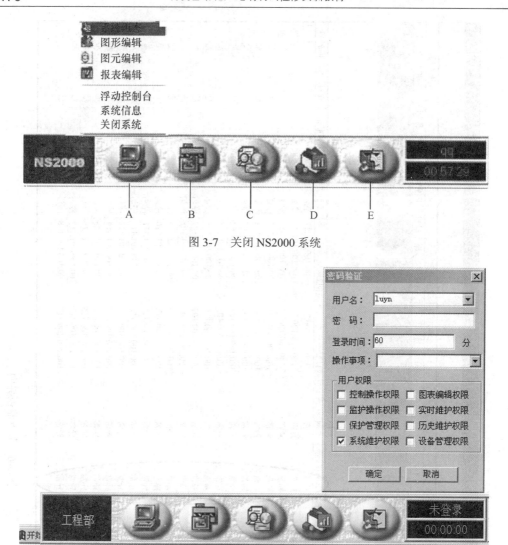

图 3-7　关闭 NS2000 系统

图 3-8　登录 NS2000 系统

2）如果忘记密码，可以通过 SQLDBManager 工具查看一下登录的管理员密码，如图 3-9 所示。

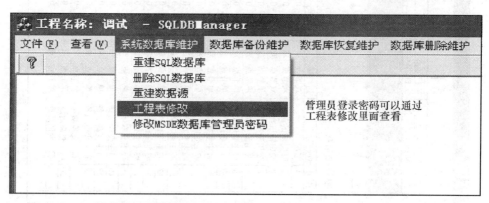

（a）

（b）

图 3-9　查看登录管理员密码界面

3）点击控制台的 B 项，弹出对话框，在下拉菜单中选中"操作界面"，如图 3-10 所示。

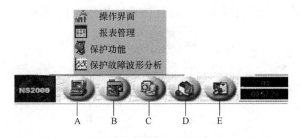

图 3-10　打开操作界面

（4）遥控操作。

1）首先以拥有遥控操作权限的用户登录到 NS2000 系统。

2）挂"接地牌"的设备不能遥控。

3）在画面上右键单击要遥控的开关或刀闸，弹出操作菜单，选择"遥控合"或"遥控分"。

4）在本机或其他机器上由监护员对同一开关进行相应的监护操作，监护时输入姓名及口令。

5）遥控操作的画面弹出调度号对话框，输入调度号。

6）出现遥控对话框，发遥控选择令。

7）选择返校正确，发遥控执行命令。

遥控执行命令发出后，等待遥信变位。如图 3-11 所示。

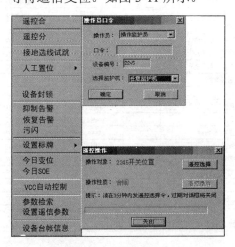

图 3-11　等待遥信变位

线路测控 NSD500V 的第一路遥控具有同期功能，合闸回路串入了 DLM 上的一副节点，该节点由 NSD500V 装置根据采样到的两侧电压进行计算，满足同期参数即开放（闭合）该节点，断路器就可以合上，如果同期参数不满足条件，该节点就不开放，断路器就无法合上。

装置计算 U_a，U_{sa} 电压幅值及 F，F_{sa}，实行自动准同期合闸，又分成下面几种情况：

①若 U_a，U_{sa} 两电压至少有一电压小于 30% 额定值，则执行无压合闸操作。

②若 U_a，U_{sa} 两电压均大于 60% 额定值，并且频率不同，则执行同期合闸操作。

③若 U_a，U_{sa} 两电压均大于 60% 额定值，并且频率相同，则执行合环合操作。

如均不满足以上条件，则自动准同期失败。

（5）查看实时、历史数据。

点击控制台 C 项，弹出对话框，选择"历史数据检索"打开界面，我们可以选择不同的时间段进行检索，也可对不同类型的信息进行检索。如图 3-12 所示。

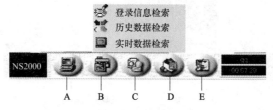

图 3-12　选择历史数据检索

启动系统中的实时数据浏览及历史数据浏览，如图 3-13、图 3-14 所示。

1）可按厂站、设备组、设备分级检索。

2）可按起止时间段检索：系统默认为当天 0：00 到 24：00 点。

序号	遥信名称	遥信值	测点名	刷新时刻	逻辑节点遥信号
1	#1主变低压侧901测控装置通讯异常（计算）	0	通讯异常（计算）	2010-07-13 11:59:56::697	3
2	1#主变高压侧1011刀闸位置	0	位置	1601-01-01 00:00:00::000	-1
3	1#主变高压侧10117刀闸位置	0	位置	1601-01-01 00:00:00::000	-1
4	1#主变高压侧10118刀闸位置	0	位置	1601-01-01 00:00:00::000	-1
5	1#主变高压侧101开关位置	0	位置	1601-01-01 00:00:00::000	-1
6	1#主变高压侧1013刀闸位置	0	位置	1601-01-01 00:00:00::000	-1
7	母联100开关位置	0	位置	2012-11-12 15:38:31::171	-1
8	母联2510及公用测控装置通讯异常（计算）	0	通讯异常（计算）	2010-07-13 11:59:56::697	4
9	母联2510及公用测控装置控制成功	0	控制成功	2010-07-13 11:59:41::260	0
10	母联2510及公用测控装置操作条件不满足	0	操作条件不满足	2010-07-13 11:59:41::260	1
11	母联2510及公用测控装置控制超时	0	控制超时	2010-07-13 11:59:41::260	2
12	总控左机（17）位置	0	位置	2012-11-12 15:38:31::171	-1
13	母联2510及公用测控装置远方/当地	1	远方/当地	2010-07-13 11:59:41::260	3
14	总控右机（18）位置	1	位置	2012-11-12 15:38:31::171	-1
15	母联2510及公用测控装置联锁/解锁	0	联锁/解锁	2010-07-13 11:59:41::260	4
16	GPS通讯状态	1	通讯状态	2010-07-13 11:59:56::697	507
17	母联2510及公用测控装置装置运行	1	装置运行	2010-07-13 11:59:41::260	5
18	总控左机运行状态	1	运行状态	2010-07-13 11:59:56::697	508
19	母联2510及公用测控装置网卡1通讯故障	0	网卡1通讯故障	2010-07-13 11:59:41::260	6
20	总控左机（17）值班状态	1	值班状态	2010-07-13 11:59:56::697	509

图 3-13　实时数据浏览界面

图 3-14 历史数据浏览界面

3）可按信息类型检索：分为状态登录、遥测越限、SOE、保护事件、保护故障、操作登录、普通事项等多种。保护事件为简短保护信息，保护故障为高压保护送的详细故障报告内容。

4）支持按告警类型进行记录筛选："选项菜单→记录筛选"，将不需要显示的告警类型置于对话框的左侧，需要的置于右侧，单击确定。

二、数据库操作及维护

1. 打开 NS2000 的数据库

在控制台上点击 A 项，弹出对话框，选择"系统组态"，即可进入 NS2000 的数据库，并展示了 NS2000 数据库的结构，如图 3-15、图 3-16 所示：

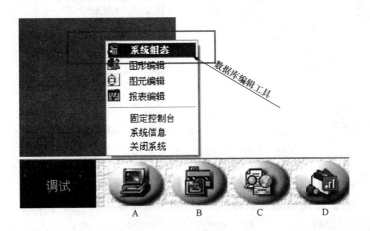

图 3-15 选择系统组态

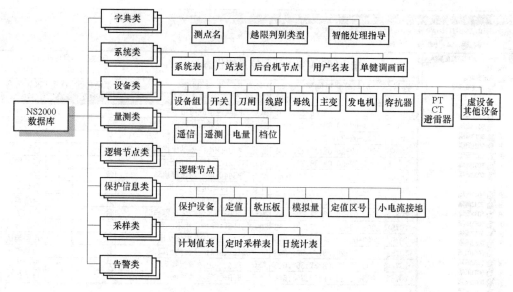

图 3-16　NS2000 数据库结构

2. 增加或删除用户名及修改个人密码

点击控制台 E 项用系统维护员身份登录，在控制台上点击 A 项，选择"系统组态"，点击"系统类"前的加号，即可打开树形结构，如图 3-17 所示。

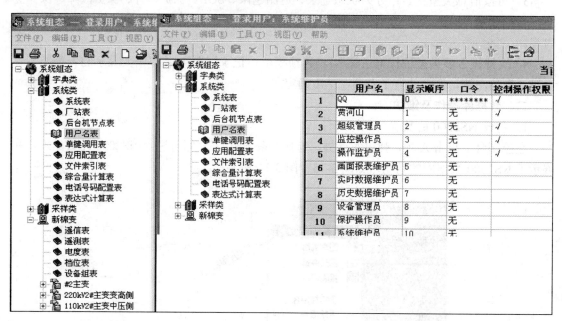

图 3-17　增加或删除用户名及修改个人密码界面

双击"用户名表"打开后，鼠标点击任何一处，点击鼠标右键，选择"行增加"或"行插入"即可增加一行。在用户名一栏输入***，显示顺序可填写也可不填写，双击"口令"一栏输入密码，选择权限时，双击，打上对号，即选中此权限，然后点击"保存"即可；若要删除某一用户名，鼠标点击任何一处，点击鼠标右键，选择"行删除"，然后点击"保存"即可。其中 QQ 用户名拥有系统的超级维护权限，不可删除。

3. NS2000 系统组态介绍

（1）系统表。

系统表中主要说明厂站个数、对时方式、遥控需使用设备编号。主要有框选出的部分，将需要启动的功能要求打上勾。如图 3-18 所示。

图 3-18　系统表

（2）厂站表。

厂站表中主要说明厂号、电压等级、主接线图画面名、事故推画面名。如图 3-19 所示。

（3）后台机节点表。

后台机节点表主要用于设置后台机 IP 地址、后台机类型、后台机功能、权限等相关设置，如图 3-20 所示。

（4）设备组表。

设备组表里的每一条记录对应现场的每一个间隔，设备组表添加完一条记录以后，数据库中相应地就会产生一个新的间隔设备组，这个设备组下面包含了开关、刀闸、线路等设备，具体分类是由设备组表"存在开关""存在刀闸""存在线路"等选项决定的。如图 3-21 所示。

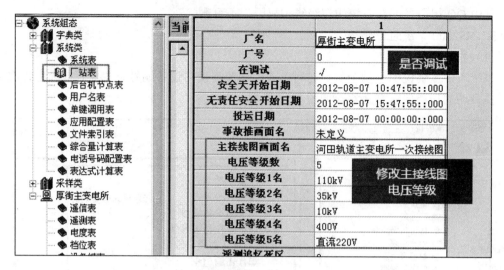

图 3-19　厂站表

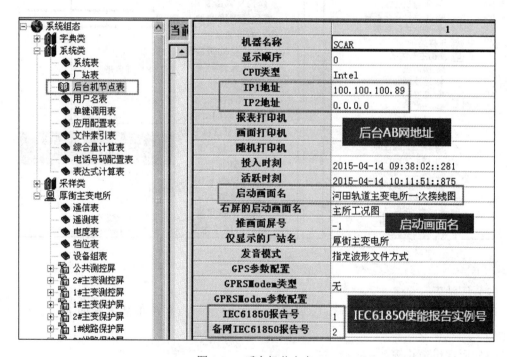

图 3-20　后台机节点表

（5）设备组下面的设备表。

设备组表内增加一条记录以后就产生一个设备组，在该设备组下方会生成遥信表、遥测表、电度表，以及开关、刀闸、线路等一次设备表，以上表格均为空表格。

在制作遥信表、遥测表之前，必须完成开关、刀闸、线路等一次设备表的制作，在开关表内增加一行，依次输入开关名、调度编号、电压等级和设备子类型名。同理完成刀闸表、线路表的修改。如图 3-22 所示。

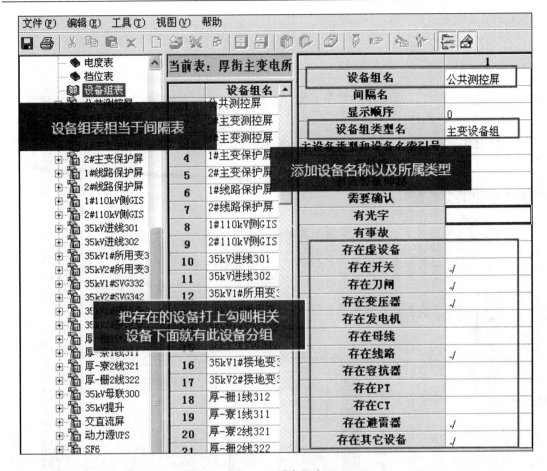

图 3-21　设备组表

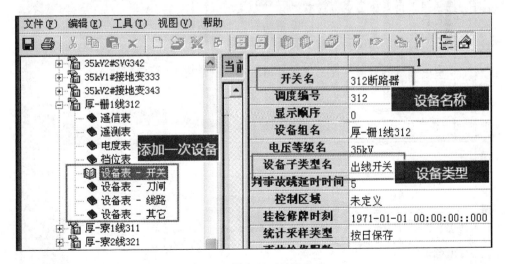

图 3-22　设备组下的设备表

（6）设备组下面的遥信表。

打开遥信表后，在任意处单击右键，选择"行增加"，增加 N 行（根据需要增加的遥信数决定）。如图 3-23 所示。

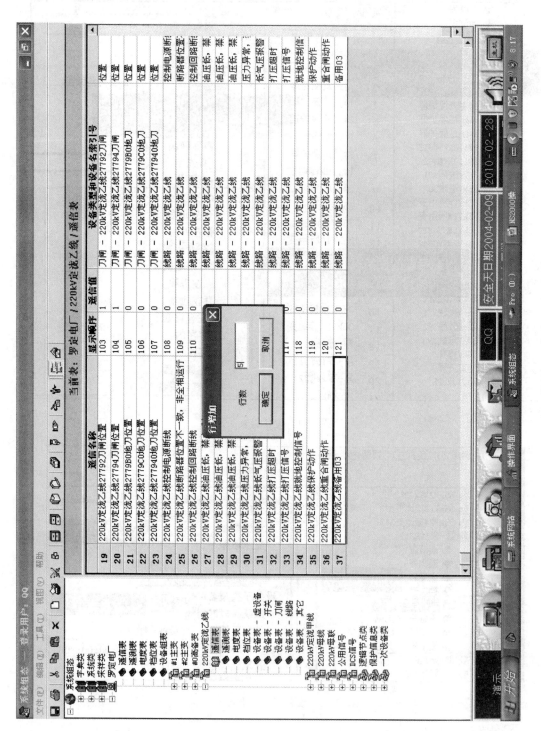

图 3-23　设备组下的遥信表

　　遥信名称不用人工填写，只需要填写"设备类型"和"设备名索引号"以及"测点名"，最后的遥信名称可以通过"生成四遥名称"工具自动生成。

　　双击新增行的"设备类型和设备名索引号"这个域，系统会自动弹出一个"数据检索"，然后根据我们要加的信号的设备名，选择相对应的设备（"数据检索"里能找到的设备，均为我们之前设置好的设备）。如图 3-24 所示。

　　选择完设备后，双击新增行的"测点名"这个域，输入信号的测点名（如果测点名曾经在数据库里用过，可以直接输入。如果测点名在系统中第一次使用，系统会弹出对话框，询问你是否增加新测点名，这时选择"是"即可，下一次使用这个测点名，就不会再弹出了）。如图 3-25 所示。

　　选中新增信号的"遥信名称"这个域，如图 3-26 所示。

　　点击工具栏上从右往左第七个菜单"名称设置"，弹开后选择"生成四遥名称"，确定。此时，所选中的遥信名称将根据"设备类型和设备名索引号"加"测点名"自动生成。如图 3-27 所示。

　　随后定义新增信号的链接，双击"遥信逻辑节点名"这个域，系统会弹出一个链接，这个链接来源于"逻辑节点定义表"。我们根据现场实际接线情况，选择对应的逻辑节点（装置），并且在"逻辑节点遥信号"这个域里输入其信号序号。一般来说，每种装置遥测序号是固定的，遥信序号根据现场接线情况来定。值得注意的是：现场接线，端子排信号从"1"开始，数据库里的信号都是从"0"开始，千万别混淆。如图 3-28 所示。

　　最后，还有"报警类型"和"加入光字牌列表"这两个域，根据实际情况进行选择。

　　（7）设备组下面的遥控设置。

　　遥控参数的设置定义在遥信表内，选中需要进行遥控操作的开关、刀闸遥信参数，往后找到"遥控逻辑节点名""遥控号"这两个域，双击"遥控逻辑节点名"这个域，系统会弹出一个链接，这个链接来源于"逻辑节点定义表"。我们根据现场实际接线情况，选择对应的逻辑节点（装置）。并且在"遥控号"这个域里输入其遥控序号。一般来说，每一台测控装置的第一路遥控具有遥控功能，所以分配给开关遥控使用，点号为 0（数据库从 0 开始，相当于测控装置第一路遥控）。

　　（8）设备组下面的遥测表。

　　遥测表数据库的制作与遥信表类似，首先关联"设备类型和设备名称索引号"并填写"测点名"，随即用"生成四遥名称"工具生成遥测名称。然后关联"遥测逻辑节点名"，填写"逻辑节点遥测序号"，每一种类型装置的遥测序号是固定的。最后填写遥测表里面相关的遥测系数，遥测显示值＝装置码值×标度系数/参比因子＋基值。

　　标度系数：电流＝CT 变比、电压＝PT 变比、功率＝PT 变比×CT 变比。

　　参比因子可以参照二次电压电流额定值相同的同类型装置设置：电流＝2047/1.2 倍二次额定值、电压＝2047/1.2 倍二次额定值、功率＝2047/1.44 倍二次额定值。

　　（9）设备组下面的档位表。

　　档位表一般是创建在主变设备下面的，档位表里面可以填写遥调的二次设备节点以及遥控点号。如图 3-34 所示。

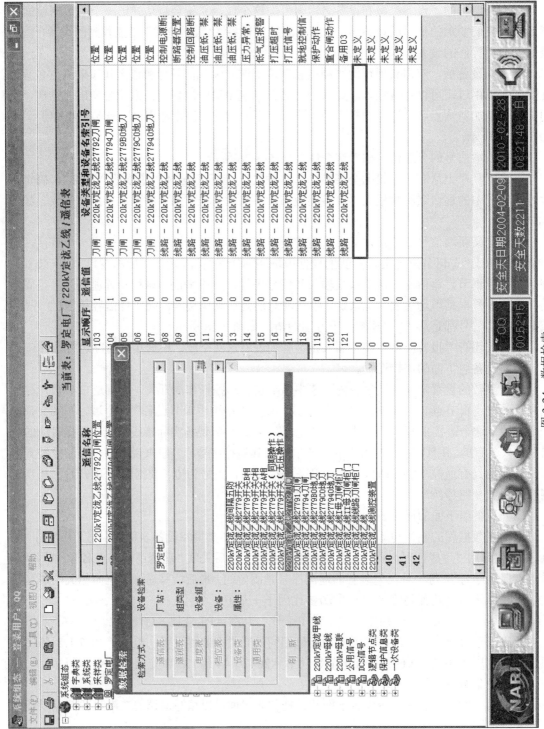

图 3-24 数据检索

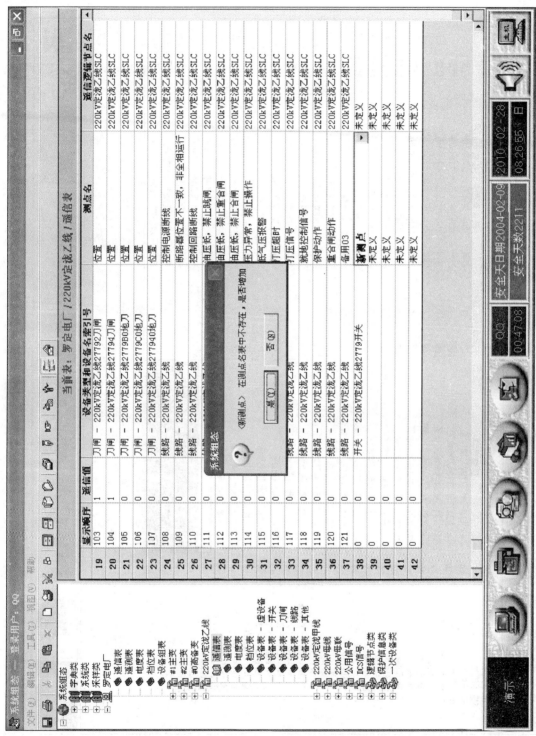

图 3-25 输入信号测点点名

系统组态 — 登录用户: QQ

文件(F)　编辑(E)　工具(T)　视图(V)　帮助

当前表: 罗定电厂 / 220kV定沈乙线 / 遥信表

遥信名称	显示顺序	遥信值	设备类型和设备名索引号	位置
220kV定沈乙线27792刀闸位置	103	1	刀闸 — 220kV定沈乙线27792刀闸	位置
220kV定沈乙线27794刀闸位置	104	1	刀闸 — 220kV定沈乙线27794刀闸	位置
220kV定沈乙线2779B0电刀位置	105	0	刀闸 — 220kV定沈乙线2779B0电刀	位置
220kV定沈乙线2779C0电刀位置	106	0	刀闸 — 220kV定沈乙线2779C0电刀	位置
220kV定沈乙线27794 0电刀位置	107	0	刀闸 — 220kV定沈乙线277940电刀	位置
220kV定沈乙线控制电源断线	108	0	线路 — 220kV定沈乙线	控制电源断
220kV定沈乙线断路器位置不一致，非全相运行	109	0	线路 — 220kV定沈乙线	断路器位置
220kV定沈乙线控制回路断线	110	0	线路 — 220kV定沈乙线	控制回路断
220kV定沈乙线油压低，禁止跳闸	111	0	线路 — 220kV定沈乙线	油压低，禁
220kV定沈乙线油压低，禁止重合闸	112	0	线路 — 220kV定沈乙线	油压低，禁
220kV定沈乙线油压低，禁止操作	113	0	线路 — 220kV定沈乙线	油压低，禁
220kV定沈乙线压力异常，禁止操作	114	0	线路 — 220kV定沈乙线	压力异常，
220kV定沈乙线低气压报警	115	0	线路 — 220kV定沈乙线	低气压报警
220kV定沈乙线打压超时	116	0	线路 — 220kV定沈乙线	打压超时
220kV定沈乙线打压信号	117	0	线路 — 220kV定沈乙线	打压信号
220kV定沈乙线就地控制信号	118	0	线路 — 220kV定沈乙线	就地控制信
220kV定沈乙线保护动作信号	119	0	线路 — 220kV定沈乙线	保护动作
220kV定沈乙线重合闸动作	120	0	线路 — 220kV定沈乙线	重合闸动作
220kV定沈乙线备用03	121	0	线路 — 220kV定沈乙线	备用03
	0		开关 — 220kV定沈乙线2779开关	新测点
	0		开关 — 220kV定沈乙线2779开关	线路电压报
	0		开关 — 220kV定沈乙线2779开关	线路电压当地复
	0		开关 — 220kV定沈乙线2779开关	信号返方复
	0		开关 — 220kV定沈乙线2779开关	压力异常，

行号: 19 20 21 22 23 24 25 26 27 28 29 30 31 32 33 34 35 36 37 38 39 40 41 42

系统组态
字典类
系统类
采样类
罗定电厂
遥信表
遥测表
电度表
档位表
设备组态
#1主变
#2主变
#3高备变
220kV定沈乙线
遥信表
遥测表
电度表
档位表
设备表 — 虚设备
设备表 — 开关
设备表 — 刀闸
设备表 — 线路
设备表 — 其他
220kV定沈甲线
220kV母线
220kV网调
公用信号
DCS信号
逻辑节点类
保护信息类
一次设备类

安全天日期2004-02-09　　安全天日期2004-02-28
安全天数2211　　08:29:54　日
QQ　00:44.09

图 3-26　选中新增信号遥信名称

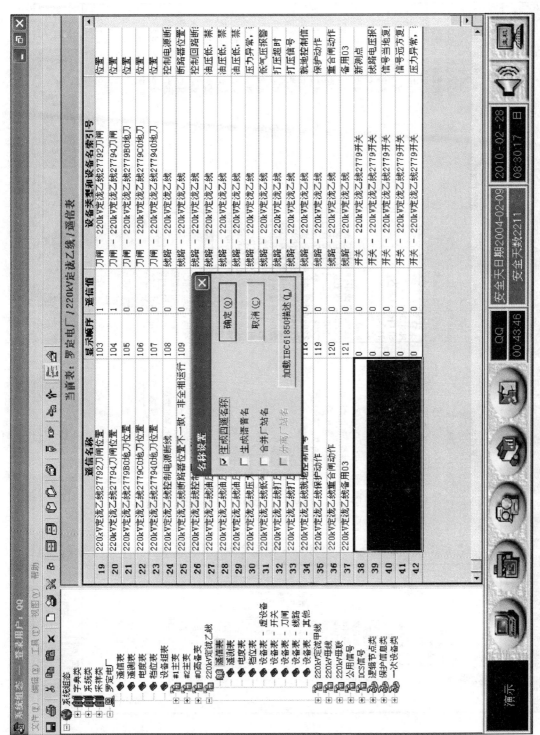

图 3-27　生成四遥名称

系统组态 — 登录用户：QQ

文件(F)　编辑(E)　工具(T)　视图(V)　帮助

当前表：罗定电厂 / 220kV定沈乙线 / 遥信表

序号	遥信名称	遥信逻辑节点名	逻辑节点遥信号	有效期	报警类型	遥控检查
19	220kV定沈乙线27792刀闸位置	220kV定沈乙线SLC	8	300	位置遥信	SLC（遥
20	220kV定沈乙线27794刀闸位置	220kV定沈乙线SLC	10	300	位置遥信	SLC（遥
21	220kV定沈乙线27790地刀位置	220kV定沈乙线SLC	12	300	位置遥信	未定义
22	220kV定沈乙线27790C0地刀位置	220kV定沈乙线SLC	14	300	位置遥信	未定义
23	220kV定沈乙线27940地刀位置	220kV定沈乙线SLC	16	300	位置遥信	未定义
24	220kV定沈乙线控制电源断线	未定义	18	300	其它遥信	未定义
25		NSC300	19	300	其它遥信	未定义
26	220kV定沈乙线控制断路器位置不一致，非全相运行	SLC（遥控节点5）	20	300	其它遥信	未定义
27	220kV定沈乙线控制回路断线	#1DCS	21	300	其它遥信	未定义
28	220kV定沈乙线油压低，禁止跳闸	#2DCS	22	300	其它遥信	未定义
29	220kV定沈乙线油压低，禁止重合闸	#3DCS	23	300	其它遥信	未定义
30	220kV定沈乙线油压低，禁止合闸	220kV定沈甲线测控装置自诊[NS	24	300	其它遥信	未定义
31	220kV定沈乙线压力异常，禁止操作	220kV定沈甲线测控装置自诊断[NS	25	300	其它遥信	未定义
32	220kV定沈乙线低气压报警	220kV定沈乙线测控装置自诊断[NS	26	300	其它遥信	未定义
33	220kV定沈乙线打压超时	220kV定沈乙线测控装置自诊断[NS	27	300	其它遥信	未定义
34	220kV定沈乙线打压正常	220kV母联测控装置自诊断[NSD500	28	300	其它遥信	未定义
35	220kV定沈乙线就地控制信号	220kV母联测控装置自诊断[NSD500	29	300	事故总遥信	未定义
36	220kV定沈乙线保护动作	220kV母线测控装置自诊断[NSD50	30	300	其它遥信	未定义
37	220kV定沈乙线备用03	#1、#2主变测控装置自诊断[NSD50	31	300	其它遥信	未定义
38	220kV定沈乙线2779开关新测点	#1、#2主变测控装置自诊断[NSD50	-1	300	其它遥信	未定义
39	220kV定沈乙线2779开关线路电压报警	#0高备变测控装置自诊断[NSD500V	-1	300	其它遥信	未定义
40	220kV定沈乙线2779开关信号当地复归	220kV定沈甲线SLC	-1	300	其它遥信	未定义
41	220kV定沈乙线2779开关信号远方复归	220kV定沈乙线SLC	-1	300	其它遥信	未定义
42	220kV定沈乙线2779开关压力异常，禁止操作	220kV母联SLC	-1	300	其它遥信	未定义
		220kV公用1间隔SLC				
		220kV公用2间隔SLC				
		220kV定沈乙线SLC				

系统组态
　字典类
　系样类
　采样类
　罗定电厂
　　遥信表
　　遥测表
　　电度表
　　档位表
　　设备组表
　　#1主变
　　#0高备变
　　#2主变
　　220kV定沈乙线
　　　　遥信表
　　　　设备表 - 虚设备
　　　　设备表 - 开关
　　　　设备表 - 刀闸
　　　　设备表 - 线路
　　　　设备表 - 其他
　　220kV定沈甲线
　　220kV母线
　　220kV母联
　　公用信号
　　DCS信号
　　逻辑节点分类
　　保护信息类
　　一次设备类

NS2000

安全天日期2004-02-09　　2010-02-28
安全天数2211　　08:40:34　日

QQ　　00:33:29

图3-28　定义新增信号链接

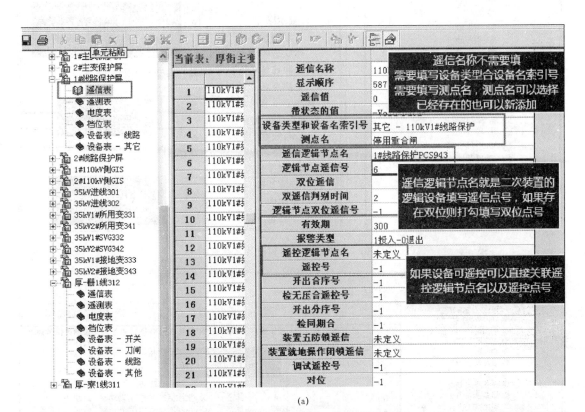

(a)

(b)

图 3-29 设备组下面的遥控设置

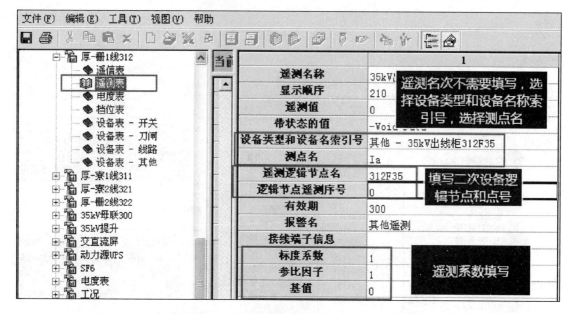

图 3-30　关联设备类型和设备名称索引号

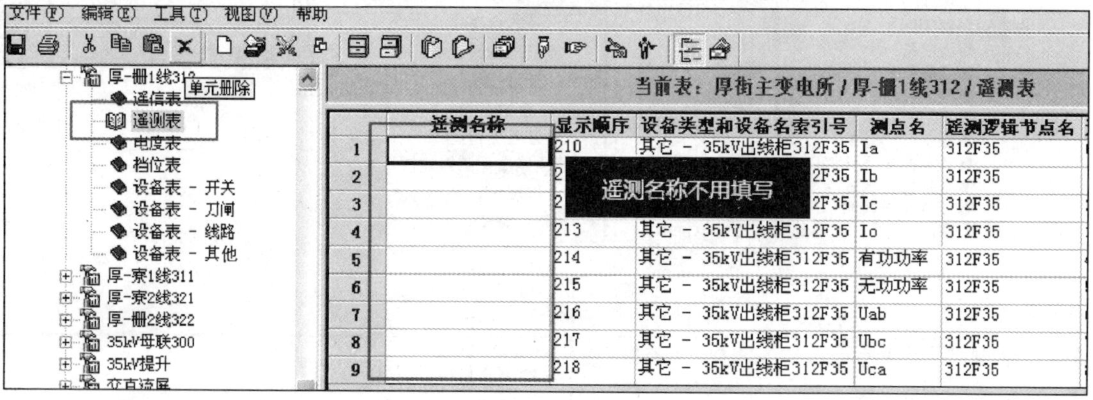

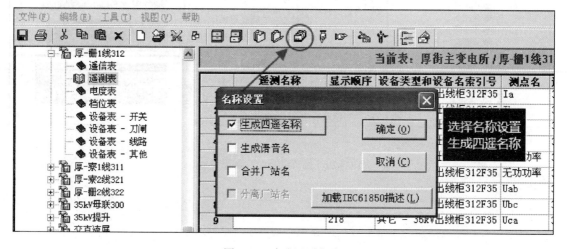

图 3-31　填写测点名

图 3-32　生成四遥名称

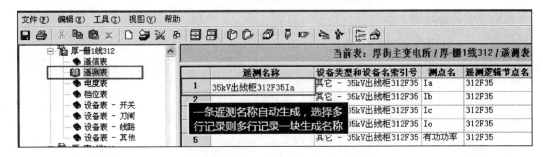

图 3-33　遥测名称生成

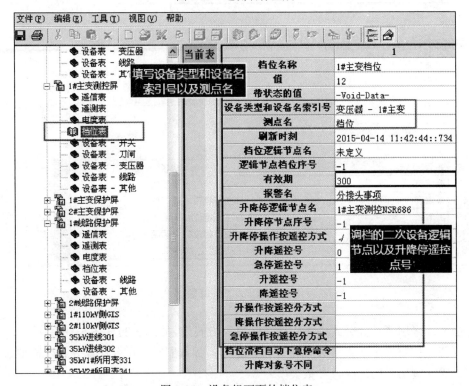

图 3-34　设备组下面的档位表

（10）档位表档位计算公式。

定义档位计算方式主要按照两种方式分别说明。

方法一：首先在表达式计算表里面添加记录计算档位，如图 3-35 所示。

图 3-35　表达式计算表

　　然后设置计算数据，说明公式及输入输出量的定义方法。如图 3-36 所示。

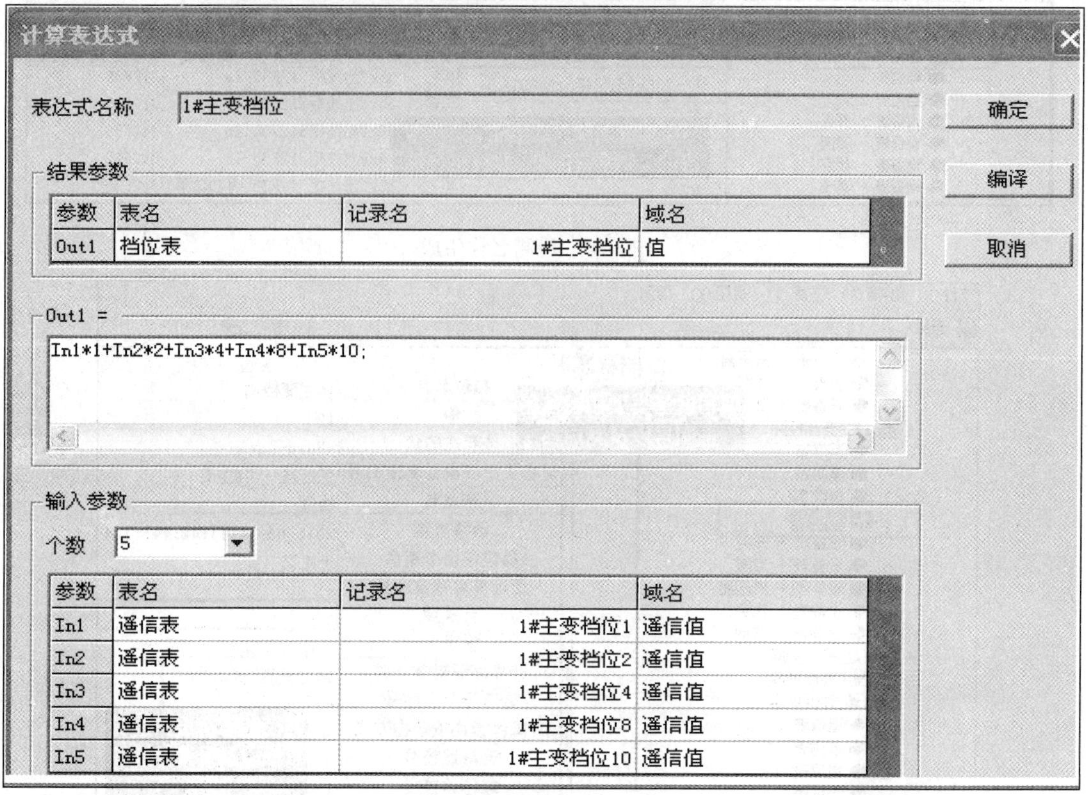

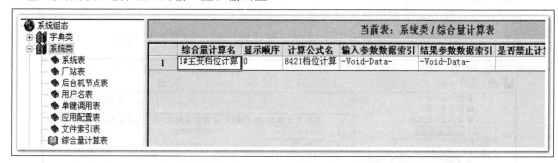

图 3-36　设置计算数据

　　方法二：采用"计算公式表＋综合量计算表方式"。如图 3-37～图 3-39 所示。

　　计算公式的定义主要设置公式名、计算方式、脚本配置。设置计算公式，需要说明公式的格式、输入输出量的选择，参数类型。

　　综合量计算表主要定义输入输出参数、定义计算量名称、选择计算公式。在双击进入输入输出参数界面选择相应的输入量和输出量。

图 3-37　综合量计算表

　　（11）逻辑节点表。

　　逻辑节点表相当于是二次设备表，里面配置了二次装置的名称、地址、IP 地址、三遥个

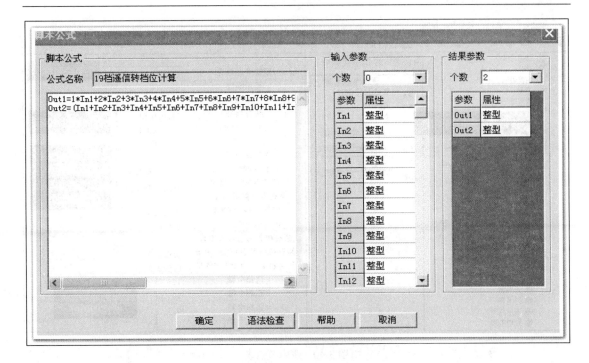

图 3-38　脚本公式

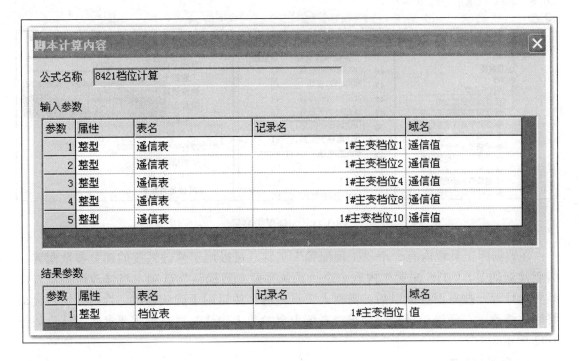

图 3-39　脚本计算内容

数等配置，如果该设备是保护装置，则需要在"是保护节点"上打勾。每个装置要根据实际
情况配置具体的遥信、遥测、遥控数目。如图 3-40、图 3-41 所示。

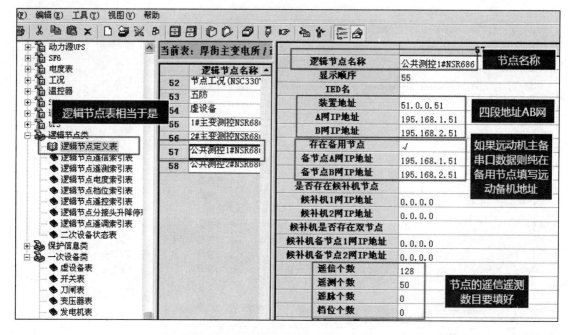

图 3-40　逻辑节点表

图 3-41　勾选保护装置

　　在数据库工具栏内有一个"工程配置"工具,可以用于修改系统的部分参数配置。需要注意的是,"工程配置"内有一个"系统重要参数确认"选项,当修改遥控点号、装置地址等一些重要参数以后,需要人工点击这个按钮用于确认修改,否则系统不会最终确认修改,在做遥控试验时会报"系统重要参数未确认"。"系统重要参数确认"如图3-42所示。

　　4. 新增数据库

　　以在后台监控系统增加扩建间隔,在220kV万江变增加220kV某某线(开关编号2219)为例说明。

　　(1)以维护权限登录,在系统组态"逻辑节点定义表"中增加新扩测控装置。

　　1)单击控制台"系统配置"按钮,然后选择"系统组态"菜单,运行系统组态,可以看到左侧树型结构表。如图 3-43 所示。

图 3-42 系统重要参数确认

2）双击"220kV 万江变"，双击选择"逻辑节点类"→"逻辑节点定义表"。如图 3-44 所示。

3）在右边界面逻辑节点定义表内，选择右键菜单"行增加"，增加一行，需要定义的域如下：

①逻辑节点名称：220kV 某某线测控。

②装置地址：7.0.0.1（"7"对应 NSD500 装置"逻辑地址"）。

③A 网 IP 地址：100.100.100.107。

④B 网 IP 地址：100.100.101.107。

⑤遥信个数：64（视装置实际配置而定，DIM 板：32YX/块。

⑥遥测个数：32（视装置实际配置而定，DLM 板：24 个 YC/块，AIM 板：8 个 YC/块

⑦设备子类型名：NSD500（在列表中选择）。

⑧遥控个数：8（视装置实际配置而定，DLM 板 8 个 YK/块，PTM 板 8 个 YK/块）。

⑨定义完毕后点"保存"按钮。如图 3-45 所示。

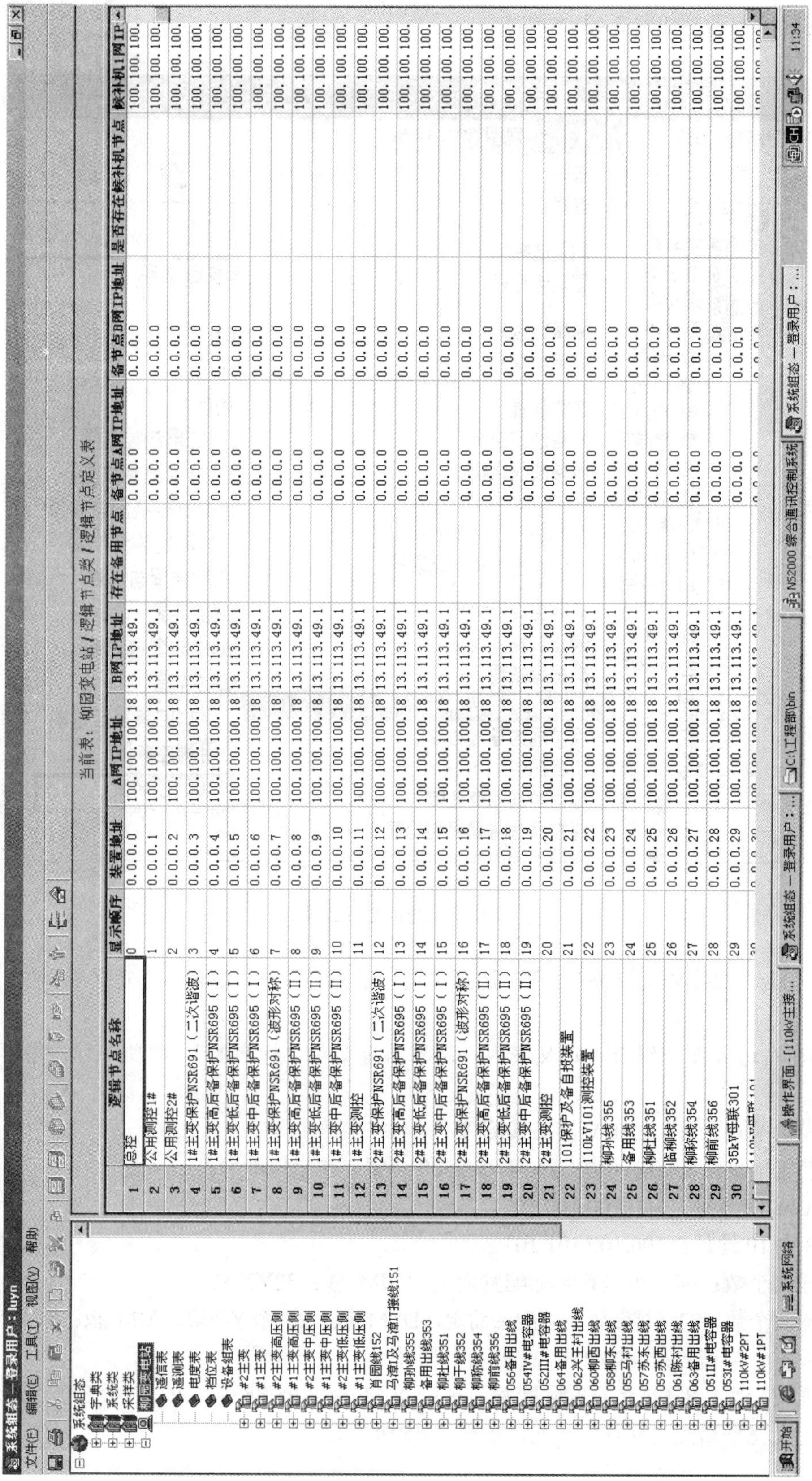

系统组态 - 登录用户：luyn

文件(F)　编辑(E)　工具(T)　视图(V)　帮助

当前表：柳圈变电站 / 逻辑节点定义表

逻辑节点点名称	显示顺序	装置地址	A网IP地址	B网IP地址	存在备用节点类/逻辑节点类	备节点A网IP地址	备节点B网IP地址	是否存在候补机节点	候补机I网IP
总控	0	0.0.0.0							
公用测控1#	1	0.0.0.1	100.100.100.18	13.113.49.1	0.0.0.0	0.0.0.0	0.0.0.0		100.100.100.
公用测控2#	2	0.0.0.2	100.100.100.18	13.113.49.1	0.0.0.0	0.0.0.0	0.0.0.0		100.100.100.
1#主变保护NSR691（二次谐波）	3	0.0.0.3	100.100.100.18	13.113.49.1	0.0.0.0	0.0.0.0	0.0.0.0		100.100.100.
1#主变后备保护NSR695（Ⅰ）	4	0.0.0.4	100.100.100.18	13.113.49.1	0.0.0.0	0.0.0.0	0.0.0.0		100.100.100.
1#主变低后备保护NSR695（Ⅰ）	5	0.0.0.5	100.100.100.18	13.113.49.1	0.0.0.0	0.0.0.0	0.0.0.0		100.100.100.
1#主变后备保护NSR695（Ⅰ）（波形对称）	6	0.0.0.6	100.100.100.18	13.113.49.1	0.0.0.0	0.0.0.0	0.0.0.0		100.100.100.
1#主变高保护NSR695（Ⅱ）	7	0.0.0.7	100.100.100.18	13.113.49.1	0.0.0.0	0.0.0.0	0.0.0.0		100.100.100.
1#主变低保护NSR695（Ⅱ）	8	0.0.0.8	100.100.100.18	13.113.49.1	0.0.0.0	0.0.0.0	0.0.0.0		100.100.100.
1#主变中后备保护NSR695（Ⅱ）	9	0.0.0.9	100.100.100.18	13.113.49.1	0.0.0.0	0.0.0.0	0.0.0.0		100.100.100.
1#主变测控	10	0.0.0.10	100.100.100.18	13.113.49.1	0.0.0.0	0.0.0.0	0.0.0.0		100.100.100.
2#主变保护NSR691（二次谐波）	11	0.0.0.11	100.100.100.18	13.113.49.1	0.0.0.0	0.0.0.0	0.0.0.0		100.100.100.
2#主变高保护NSR695（Ⅰ）	12	0.0.0.12	100.100.100.18	13.113.49.1	0.0.0.0	0.0.0.0	0.0.0.0		100.100.100.
2#主变后备保护NSR695（Ⅰ）	13	0.0.0.13	100.100.100.18	13.113.49.1	0.0.0.0	0.0.0.0	0.0.0.0		100.100.100.
2#主变低后备保护NSR695（Ⅰ）	14	0.0.0.14	100.100.100.18	13.113.49.1	0.0.0.0	0.0.0.0	0.0.0.0		100.100.100.
2#主变后备保护NSR695（Ⅰ）（波形对称）	15	0.0.0.15	100.100.100.18	13.113.49.1	0.0.0.0	0.0.0.0	0.0.0.0		100.100.100.
2#主变高保护NSR695（Ⅱ）	16	0.0.0.16	100.100.100.18	13.113.49.1	0.0.0.0	0.0.0.0	0.0.0.0		100.100.100.
2#主变低保护NSR695（Ⅱ）	17	0.0.0.17	100.100.100.18	13.113.49.1	0.0.0.0	0.0.0.0	0.0.0.0		100.100.100.
2#主变中后备保护NSR695（Ⅱ）	18	0.0.0.18	100.100.100.18	13.113.49.1	0.0.0.0	0.0.0.0	0.0.0.0		100.100.100.
2#主变测控	19	0.0.0.19	100.100.100.18	13.113.49.1	0.0.0.0	0.0.0.0	0.0.0.0		100.100.100.
101保护及备自投装置	20	0.0.0.20	100.100.100.18	13.113.49.1	0.0.0.0	0.0.0.0	0.0.0.0		100.100.100.
110kV101测控装置	21	0.0.0.21	100.100.100.18	13.113.49.1	0.0.0.0	0.0.0.0	0.0.0.0		100.100.100.
柳荫线355	22	0.0.0.22	100.100.100.18	13.113.49.1	0.0.0.0	0.0.0.0	0.0.0.0		100.100.100.
备用线353	23	0.0.0.23	100.100.100.18	13.113.49.1	0.0.0.0	0.0.0.0	0.0.0.0		100.100.100.
柳社线351	24	0.0.0.24	100.100.100.18	13.113.49.1	0.0.0.0	0.0.0.0	0.0.0.0		100.100.100.
临柳线352	25	0.0.0.25	100.100.100.18	13.113.49.1	0.0.0.0	0.0.0.0	0.0.0.0		100.100.100.
柳麻线354	26	0.0.0.26	100.100.100.18	13.113.49.1	0.0.0.0	0.0.0.0	0.0.0.0		100.100.100.
柳圃线356	27	0.0.0.27	100.100.100.18	13.113.49.1	0.0.0.0	0.0.0.0	0.0.0.0		100.100.100.
35kV母联301	28	0.0.0.28	100.100.100.18	13.113.49.1	0.0.0.0	0.0.0.0	0.0.0.0		100.100.100.
	29	0.0.0.29	100.100.100.18	13.113.49.1	0.0.0.0	0.0.0.0	0.0.0.0		100.100.100.

图 3-43　系统组态界面

系统组态 — 登录用户：luyn

文件(F) 编辑(E) 工具(T) 视图(V) 帮助

当前表：侧图变电站 / 逻辑节点类 / 逻辑节点定义表

显示顺序	逻辑节点名称	装置地址	A网IP地址	B网IP地址	存在备用节点	备节点A网IP地址	备节点B网IP地址	是否存在候补机节点	候补机1网IP
0	总控								
1	公用测控1#	0.0.0.1	100.100.100.18	13.113.49.1		0.0.0.0	0.0.0.0		100.100.100.
2	公用测控2#	0.0.0.2	100.100.100.18	13.113.49.1		0.0.0.0	0.0.0.0		100.100.100.
3	1#主变保护PNSR691（二次谐波）	0.0.0.3	100.100.100.18	13.113.49.1		0.0.0.0	0.0.0.0		100.100.100.
4	1#主变高后备保护PNSRC95（Ⅰ）	0.0.0.4	100.100.100.18	13.113.49.1		0.0.0.0	0.0.0.0		100.100.100.
5	1#主变低后备保护PNSR695（Ⅰ）	0.0.0.5	100.100.100.18	13.113.49.1		0.0.0.0	0.0.0.0		100.100.100.
6	1#主变中后备保护PNSR695（Ⅰ）	0.0.0.6	100.100.100.18	13.113.49.1		0.0.0.0	0.0.0.0		100.100.100.
7	1#主变中后备保护PNSR695（波形对称）	0.0.0.7	100.100.100.18	13.113.49.1		0.0.0.0	0.0.0.0		100.100.100.
8	1#主变高后备保护PNSR695（Ⅱ）	0.0.0.8	100.100.100.18	13.113.49.1		0.0.0.0	0.0.0.0		100.100.100.
9	1#主变低后备保护PNSR695（Ⅱ）	0.0.0.9	100.100.100.18	13.113.49.1		0.0.0.0	0.0.0.0		100.100.100.
10	1#主变测控	0.0.0.10	100.100.100.18	13.113.49.1		0.0.0.0	0.0.0.0		100.100.100.
11	2#主变保护PNSR691（二次谐波）	0.0.0.11	100.100.100.18	13.113.49.1		0.0.0.0	0.0.0.0		100.100.100.
12	2#主变高后备保护PNSRC95（Ⅰ）	0.0.0.12	100.100.100.18	13.113.49.1		0.0.0.0	0.0.0.0		100.100.100.
13	2#主变低后备保护PNSR695（Ⅰ）	0.0.0.13	100.100.100.18	13.113.49.1		0.0.0.0	0.0.0.0		100.100.100.
14	2#主变中后备保护PNSR695（Ⅰ）	0.0.0.14	100.100.100.18	13.113.49.1		0.0.0.0	0.0.0.0		100.100.100.
15	2#主变中后备保护PNSR695（波形对称）	0.0.0.15	100.100.100.18	13.113.49.1		0.0.0.0	0.0.0.0		100.100.100.
16	2#主变高后备保护PNSR695（Ⅱ）	0.0.0.16	100.100.100.18	13.113.49.1		0.0.0.0	0.0.0.0		100.100.100.
17	2#主变低后备保护PNSR695（Ⅱ）	0.0.0.17	100.100.100.18	13.113.49.1		0.0.0.0	0.0.0.0		100.100.100.
18	2#主变中后备保护PNSR695（Ⅱ）	0.0.0.18	100.100.100.18	13.113.49.1		0.0.0.0	0.0.0.0		100.100.100.
19	2#主变测控	0.0.0.19	100.100.100.18	13.113.49.1		0.0.0.0	0.0.0.0		100.100.100.
20	IC1保护及备自投装置	0.0.0.20	100.100.100.18	13.113.49.1		0.0.0.0	0.0.0.0		100.100.100.
21	110kV101测控装置	0.0.0.21	100.100.100.18	13.113.49.1		0.0.0.0	0.0.0.0		100.100.100.
22		0.0.0.22	100.100.100.18	13.113.49.1		0.0.0.0	0.0.0.0		100.100.100.
23	柳和线355	0.0.0.23	100.100.100.18	13.113.49.1		0.0.0.0	0.0.0.0		100.100.100.
24	备用线353	0.0.0.24	100.100.100.18	13.113.49.1		0.0.0.0	0.0.0.0		100.100.100.
25	柳城线351	0.0.0.25	100.100.100.18	13.113.49.1		0.0.0.0	0.0.0.0		100.100.100.
26	临柳线352	0.0.0.26	100.100.100.18	13.113.49.1		0.0.0.0	0.0.0.0		100.100.100.
27	柳联线354	0.0.0.27	100.100.100.18	13.113.49.1		0.0.0.0	0.0.0.0		100.100.100.
28	柳副线356	0.0.0.28	100.100.100.18	13.113.49.1		0.0.0.0	0.0.0.0		100.100.100.
29	3东V母珠301	0.0.0.29	100.100.100.18	13.113.49.1		0.0.0.0	0.0.0.0		100.100.100.

逻辑节点定义表
逻辑节点点类

图 3-44 逻辑节点定义表

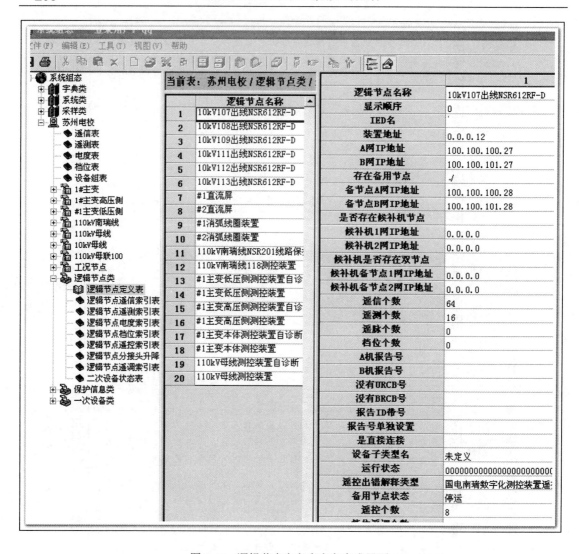

图 3-45　逻辑节点定义表定义完成界面

（2）在"设备组表"中，增加扩建间隔。双击"设备组表"，在"设备组表"中，新增一行，需要定义的域如下：

①设备组名：220kV 某某线。

②设备组类型：进线设备组。

③存在虚设备：选中（为定义保护硬接点信号准备）。

④定义完毕"保存"后，系统组态左部会相应增加"220kV 某某线"设备组。如图 3-46 所示。

（3）双击打开"220kV 某某线"设备组，可以看到属于该间隔的"遥信表""遥测表""电度表""档位表""设备表－虚设备""设备表－开关""设备表－刀闸""设备表－线路"等。

1）在"设备表－开关"表中定义"220kV 某某线 2219 开关"。打开开关表，增加一行记录，需要定义的域如下：

①开关名：220kV 某某线 2219 开关。

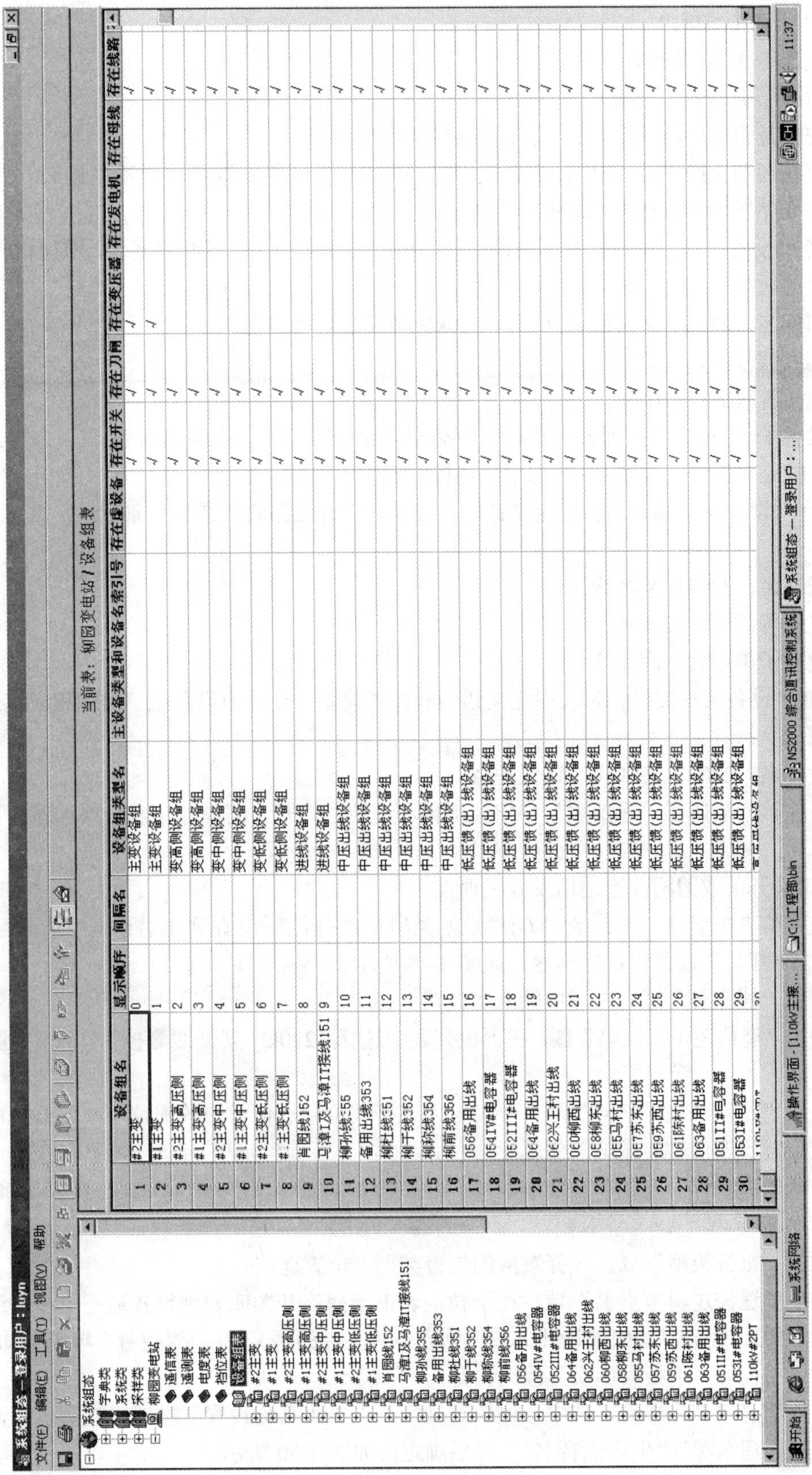

图 3-46　设备组表定义完成界面

②调度编号：2219。

③电压等级名：220kV。

④设备子类型名：进线开关。

⑤遥控是否需要防误检查：（选中：遥控经五防闭锁）。

⑥存在同期合操作：（选中：后台遥控为同期合闸，不选：装置自动准同期）。

⑦定义完毕后"保存"。如图 3-47 所示。

2）在"设备表－刀闸"表中定义该间隔的所有刀闸及地刀。打开刀闸表，增加相应记录，需要定义的域如下：

①刀闸名：220kV 某某线××刀闸/220kV 某某线××地刀。

②调度编号：××。

③电压等级名：220kV。

④设备子类型名：（在列表中选择对应类型，如母线刀闸，线路刀闸等）。

⑤遥控是否需要防误检查：（选中：遥控经五防闭锁）。

3）在"设备表－线路"表中定义该间隔线路。打开线路表，增加一条记录，需定义的域如下：

①线路名：220kV 某某线。

②电压等级名：220kV。

③设备子类型名：潮流线。

4）在"设备表－虚设备"表中定义该间隔保护设备。打开虚设备表，增加相应记录，需定义的域如下：

虚设备名：220kV 某某线线路保护 A。

（4）在该间隔所属"遥信表"中定义遥信和遥控。打开该间隔遥信表，增加遥信记录，步骤如下：

1）定义开关或刀闸位置遥信及开关遥控。

①在遥信表中增加一条记录，双击"设备类型及索引名"域，在弹出对话框中选择"220kV 某某线 2219 开关"设备，然后确定。如图 3-48 所示。

②双击"测点名"域，在域中输入"位置"。

③双击"遥信逻辑节点名"域，在下拉列表中选择"220kV 某某线测控"节点。如图 3-49 所示。

④双击"逻辑节点遥信号"域，手动输入该开关位置遥信对应的遥信号（遥信号由实际接线决定，装置遥信号＝图纸遥信端子－1）。

注：若开关位置是双位遥信，则需要设置下列相关域：选中"双位遥信"，然后在"逻辑节点遥信号"域中，手动输入开关常开节点对应的遥信号，在"逻辑节点双位遥信号"域中，手动输入开关常闭节点对应的遥信号。

⑤双击"报警类型"域，选择对应的告警类型"位置遥信"。

⑥双击"遥控逻辑节点名"域，在下拉列表中选择该开关或刀闸设备遥控所在的逻辑节点"220kV 某某线测控"（如果该开关或刀闸设备有遥控的话）。在"遥控号"域中手动输入，该设备对应遥控号（遥控号由实际接线决定）。

⑦以上信息定义完毕后，选中该遥信记录行，点击"名称设置"按钮，在弹出对话框中选择"生成四遥名称""生成语音名"，然后确定。如图 3-50 所示。

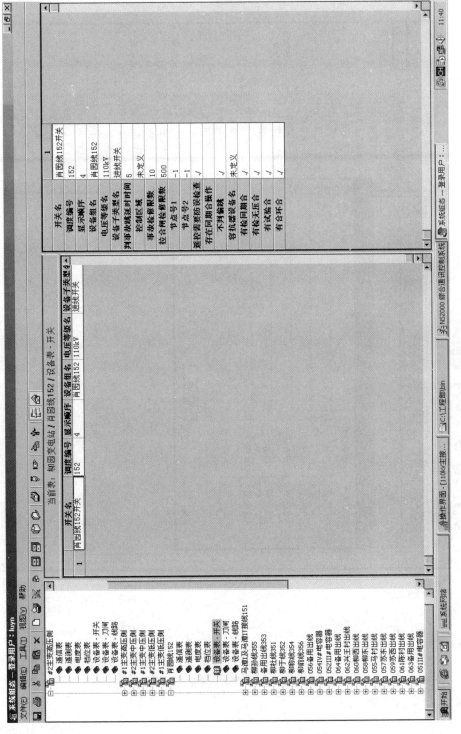

图 3-47　设备表—开关表

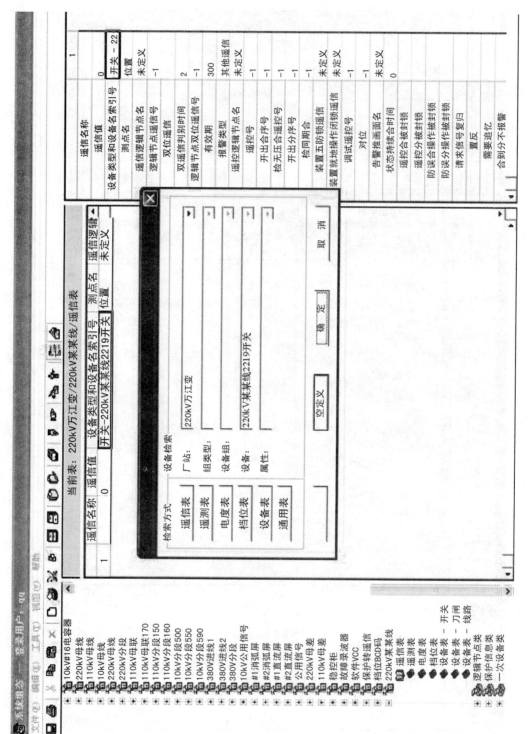

图 3-48　遥信表中增加记录

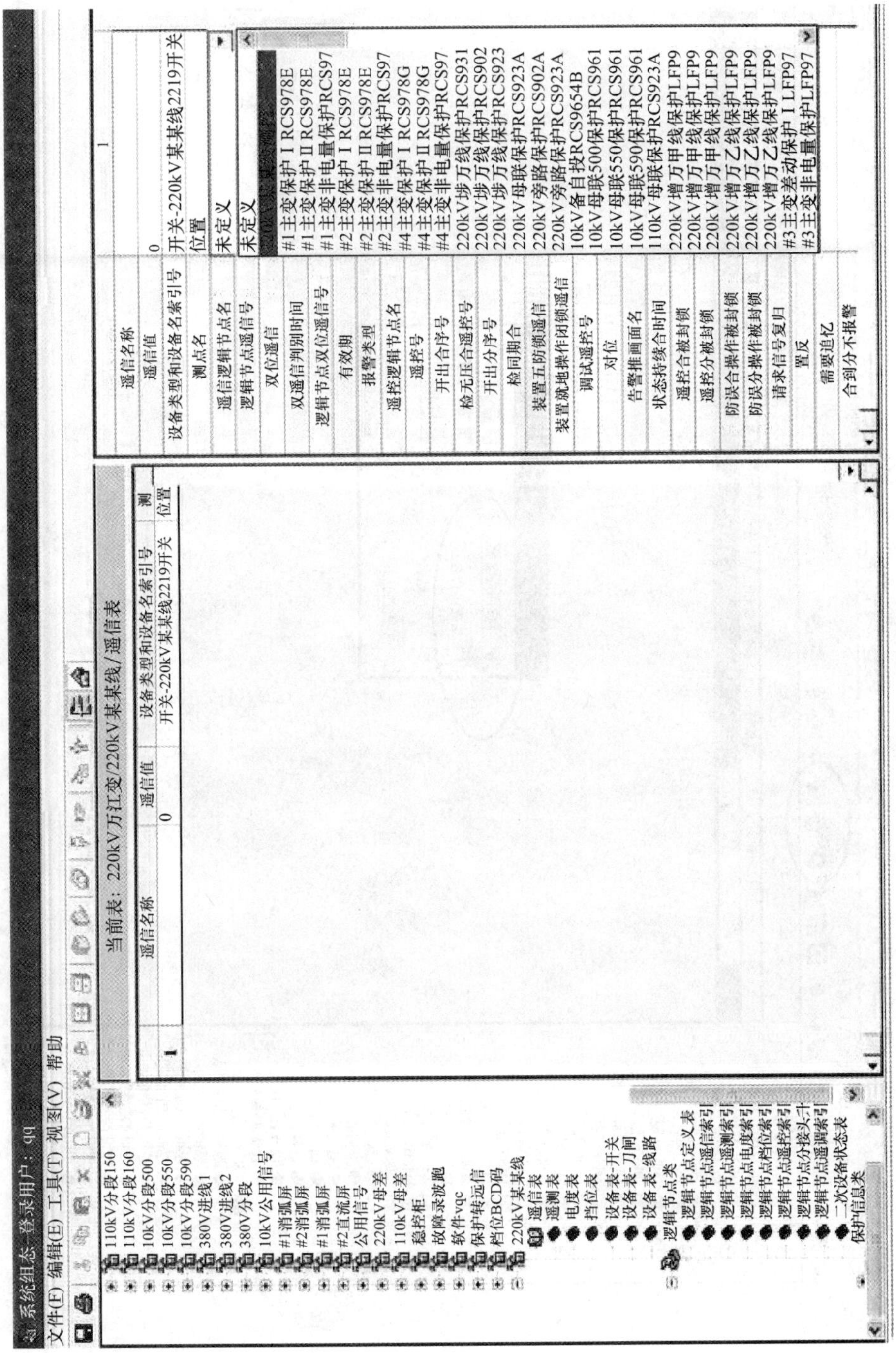

图 3-49　遥信逻辑节点名

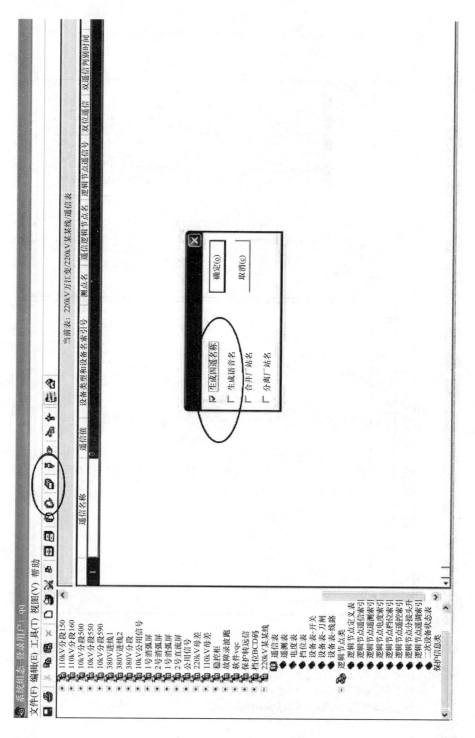

图 3-50　名称设置

2）定义保护硬接点遥信，大致可以参照定义开关刀闸位置遥信及开关遥控的步骤，需要定义的域如下：

①设备类型和设备索引号：选择"220kV 某某线路保护 A"。

②测点名：保护动作（重合闸动作、装置异常等）。

③逻辑节点遥信名：选择"220kV 某某线测控"。

④遥信号：视具体接线而定。

⑤报警类型：选择"保护遥信"。

⑥定义完毕，点击"工具"→"系统重要参数确认"菜单。

（5）在该间隔所属"遥测表"中定义遥测，步骤可以参照遥信的定义，区别在于遥测需要定义遥测系数的"标度系数"以及"参比因子"两项。并且遥测的测点（电压、电流、功率等）有固定的点号，扩建线路可以参照以投运间隔的测点顺序。如图 3-51 所示。

①标度系数：电流＝CT 变比；电压＝PT 变比；功率＝PT 变比×CT 变比。

②参比因子可以参照二次电压电流额定值相同的同类型装置设置。

三、画面制作

1. 绘制新设备

对于新投入的系统，按照步骤演示，先进入画面编辑状态。按照实际接线图，分别在画面上新增断路器、刀闸等设备。选择新增设备，进入新增界面。如图 3-52 所示。

按照各选项操作，如未定义厂站，新增厂站；如未定义设备组，新增设备组；如未定义设备，新增设备。选择相应的设备子类型，修改设备名称，选择电压等级。

调度编号如果还没有，该项可以先预留，等确定后再次打开该界面修改。如图 3-53 所示。

选择必须定义的测点，开关刀闸必须定义位置，主变必须定义档位，母线必须定义 AB 相电压，线路定义有功。其他可选测点可在画面编辑界面直接增加，也可以在组态界面增加。如图 3-54 所示。

定义信号对应的逻辑节点及点号。进入系统组态界面，分别进入遥信表、遥测表。修改遥信逻辑节点表和逻辑节点遥信序号，遥测逻辑节点号和逻辑节点遥测号，遥控逻辑节点和遥控号。

2. 复制新增设备

根据已有的间隔参数新增一条完全一样的间隔，可以采用快速复制操作，具体操作步骤如下：

1）打开逻辑节点定义表，新增一个装置，用模板间隔复制一条记录，然后修改装置名称、装置地址、IP1、IP2。如图 3-55 所示。

2）进入画面编辑状态，选中一个被复制间隔，选择的时候只能选择一个间隔图元；然后使用 Ctrl＋C 和 Ctrl＋V 快键组合，就会弹出一个对话框，选复制，在新设备组名中，输入新的间隔名称，直接点下方"组合"键，将图形拖至预定位置后取消组合，这样在系统组态和画面中都新建了一条回路（复制时不要选上母线侧刀闸与母线间的 2 根连线，这段连线关联母线设备，复制后将不能使用设备组替换）。如图 3-56 所示。

系统组态 - 登陆用户 qq

文件(F)　编辑(E)　工具(T)　视图(V)　帮助

- 遥测表
  - 遥测表
  - 电度表
  - 档位表
  - 设备组表
  - 1号主变本体
  - 2号主变本体
  - 3号主变本体
  - 4号主变本体
  - 1号主变高压侧
  - 2号主变高压侧
  - 3号主变高压侧
  - 4号主变高压侧
  - 1号主变中压侧
  - 2号主变中压侧
  - 3号主变中压侧
  - 4号主变中压侧
  - 1号主变低压S01侧
  - 2号主变低压S11侧
  - 1号主变低压S02侧
  - 2号主变低压S22侧
  - 3号主变低压侧
  - 1号主变低压侧
  - 220kV增万甲线
  - 遥测表

当前表：220kV万丘变/220kV增万甲线 遥测表

序号	遥测名称	显示顺序	设备类型和设备名称引导	遥测逻辑节点名	测点名	遥测节点遥测序号	参效期	报警名	标度系数	参比因子	总值	
1	220kV增万甲线频率	620	线路 - 220kV增万甲线	220kV增万甲线测控	频率		600	其他遥测	10	2047	50	k
2	220kV增万甲线功率因数	621	线路 - 220kV增万甲线	220kV增万甲线测控	功率因数	1	600	其他遥测	1	1000	0	k
3	220kV增万甲线A相电压	622	线路 - 220kV增万甲线	220kV增万甲线测控	A相电压	2	600	其他遥测	220	1706	0	k
4	220kV增万甲线B相电压	623	线路 - 220kV增万甲线	220kV增万甲线测控	B相电压	3	600	其他遥测	220	1706	0	k
5	220kV增万甲线C相电压	624	线路 - 220kV增万甲线	220kV增万甲线测控	C相电压	4	600	其他遥测	220	1706	0	k
6	220kV增万甲线AB相电压	625	线路 - 220kV增万甲线	220kV增万甲线测控	AB相电压	5	600	其他遥测	220	1706	0	k
7	220kV增万甲线BC相电压	626	线路 - 220kV增万甲线	220kV增万甲线测控	BC相电压	6	600	其他遥测	220	1706	0	k
8	220kV增万甲线CA相电压	627	线路 - 220kV增万甲线	220kV增万甲线测控	CA相电压	7	600	其他遥测	220	1706	0	k
9	220kV增万甲线A相电流	628	线路 - 220kV增万甲线	220kV增万甲线测控	A相电流	8	600	其他遥测	240	341	0	k
10	220kV增万甲线B相电流	629	线路 - 220kV增万甲线	220kV增万甲线测控	B相电流	9	600	其他遥测	240	341	0	k
11	220kV增万甲线C相电流	630	线路 - 220kV增万甲线	220kV增万甲线测控	C相电流	10	600	其他遥测	240	341	0	k
12	220kV增万甲线零序电压	631	线路 - 220kV增万甲线	220kV增万甲线测控	零序电压	11	600	其他遥测	220	1706	0	k
13	220kV增万甲线零序电流	632	线路 - 220kV增万甲线	220kV增万甲线测控	零序电流	12	600	其他遥测	240	341	0	k
14	220kV增万甲线有功	633	线路 - 220kV增万甲线	220kV增万甲线测控	有功	13	600	其他遥测	91	284	0	k
15	220kV增万甲线无功	634	线路 - 220kV增万甲线	220kV增万甲线测控	无功	14	600	其他遥测	91	284	0	k
16	220kV增万甲线同期电压	635	线路 - 220kV增万甲线	220kV增万甲线测控	同期电压	15	600	其他遥测	220	1706	0	k
17	220kV增万甲线同期频率	636	线路 - 220kV增万甲线	220kV增万甲线测控	同期频率	16	600	其他遥测	10	2047	50	k

图 3-51　遥测表中定义遥测

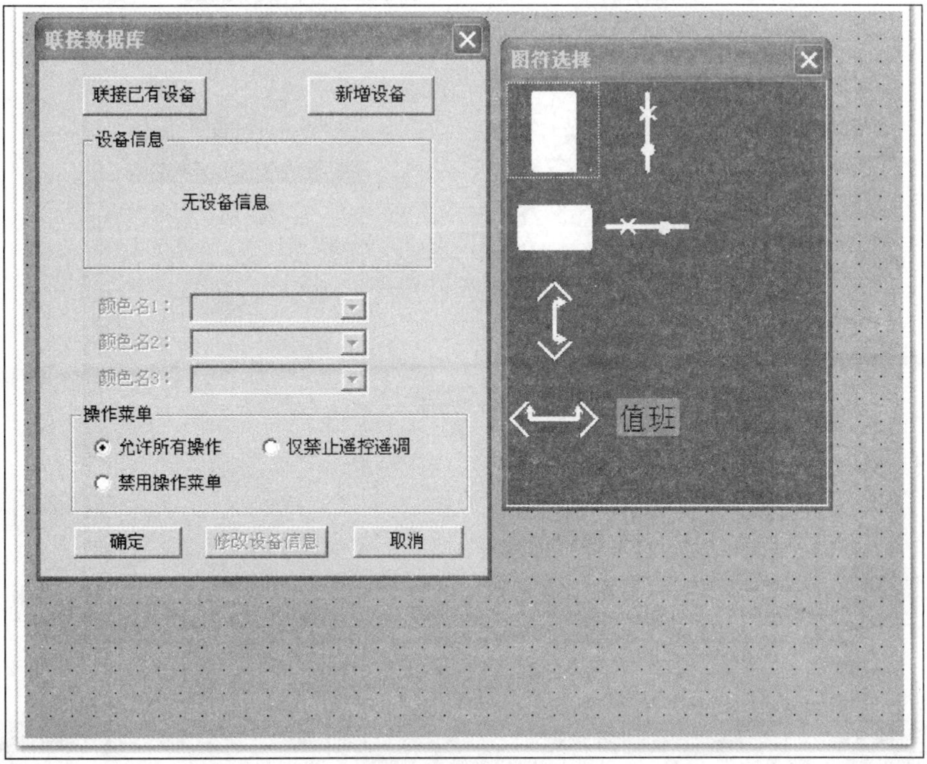

图 3-52　新增设备界面

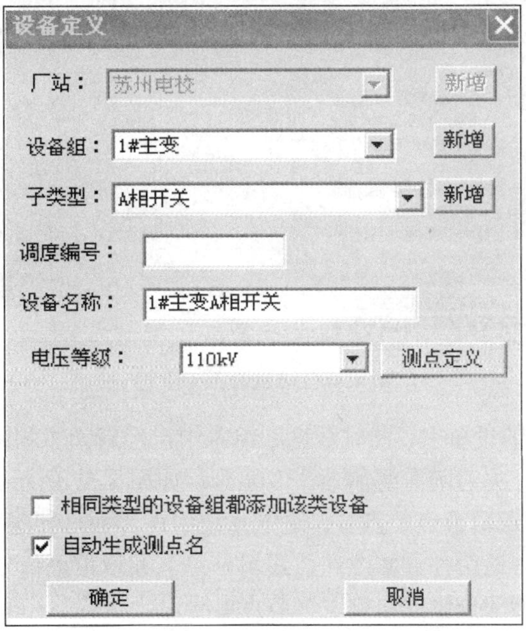

图 3-53　设备定义

图 3-54　定义测点

	逻辑节点名称	显示顺序	IED名	装置地址	A网IP地址	B网IP地址	存在备用节点	
1	对时节点	0		0.22.0.200	100.100.100.27	100.100.101.27	√	1
2	工况节点(计算)	1		0.22.0.202	100.100.100.27	100.100.101.27	√	1
3	计算节点(与遥信)	2		0.22.0.203	100.100.100.27	100.100.101.27	√	1
4	计算节点(或遥信)	3		0.22.0.204	100.100.100.27	100.100.101.27	√	1
5	220kV母联212及公用测控装置	14		17.0.0.1	100.100.100.117	100.100.101.117		0
6	220kV母联213及公用测控装置	4		19.0.0.1	100.100.100.119	100.100.101.119		0
7	220kV竞赛线2987测控装置自诊断	5		21.0.0.0	100.100.100.121	100.100.101.121		0
8	220kV竞赛线2987测控装置	6		21.0.0.1	100.100.100.121	100.100.101.121		0
9	#1主变高压侧测控装置自诊断	7		22.0.0.0	100.100.100.122	100.100.101.122		0
10	#1主变高压侧测控装置	8		22.0.0.1	100.100.100.122	100.100.101.122		0
11	#1主变低压侧测控装置自诊断	9		23.0.0.0	100.100.100.123	100.100.101.123		0
12	#1主变低压侧测控装置	10		23.0.0.1	100.100.100.123	100.100.101.123		0
13	220kV母联及公用测控装置自诊断	11		24.0.0.0	100.100.100.124	100.100.101.124		0
14	220kV母联及公用测控装置	12		24.0.0.1	100.100.100.124	100.100.101.124		0
15	220kV新建线2000测控装置	13		28.0.0.1	100.100.100.128	100.100.101.128		0

图 3-55　逻辑节点定义表

3）修改新设备组下的设备名，此时数据库组态中已经新增了相应的设备，但是设备命名需要修改成规范名称，开关刀闸需要加上调度编号。如图 3-57 所示。

4）定义信号对应的逻辑节点及点号。进入系统组态界面，如图 3-58～图 3-60 所示，分别进入遥信表、遥测表。遥信部分修改遥信逻辑节点名和双位遥信，遥控部分修改遥控逻辑节点名和遥控号，遥测部分修改遥测逻辑节点名号。

注：1. 在遥信表遥信名称已自动修改完毕，将逻辑节点名由"未定义"改为"新加的逻辑节点名"，注意"合成开关和拓扑刀闸"不改，并将遥控逻辑节点名中的开关、刀闸改为新间隔，并修改遥控号。

2．删去数据库里的自诊断遥信，否则报"遥信重复"错。

3．双位置遥信的分位节点号不能自动改变，根据间隔图纸确定。

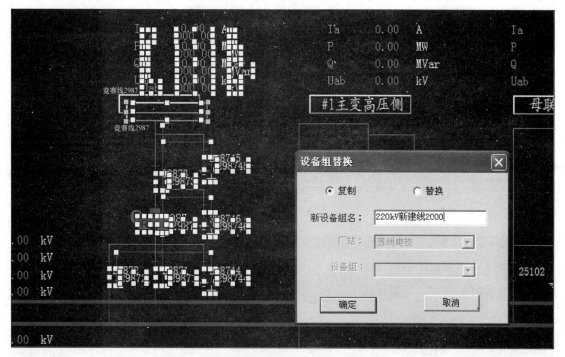

图 3-56　画面编辑状态

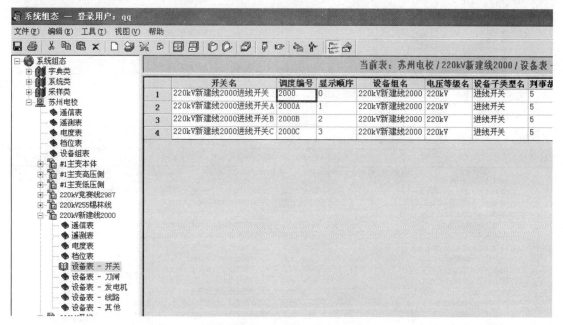

图 3-57　修改新设备组下设备名

5）开关三相合并制作，建立计算公式，采用三个数值与逻辑计算方式。将开关三相及总合成开关关联至公式输入输出参数中。注意计算公式中，合成开关位置、开关三相分相位置选择时，使用属性"遥信值"，不要选"带状态的值"。如图 3-61、图 3-62 所示。

	遥信名称	显示顺序	遥信值	带状态的值	设备类型和设备名索引号	测点名	遥信逻辑节点名	逻
1	220kV新建线2000进线开关位置	0	0	-Void-Data-	开关 - 220kV新建线2000进线开关	位置	未定义	-1
2	220kV新建线2000进线开关控制回路断线	1	0	-Void-Data-	开关 - 220kV新建线2000进线开关	控制回路断线	220kV新建线2000测控装置	2
3	220kV新建线2000进线开关跳闸压力报警	2	0	-Void-Data-	开关 - 220kV新建线2000进线开关	跳闸压力报警	220kV新建线2000测控装置	0
4	220kV新建线2000进线开关合闸压力报警	3	0	-Void-Data-	开关 - 220kV新建线2000进线开关	合闸压力报警	220kV新建线2000测控装置	1
5	220kV新建线2000进线开关A位置	4	0	-Void-Data-	开关 - 220kV新建线2000进线开关A	位置	220kV新建线2000测控装置	3
6	220kV新建线2000进线开关B位置	5	0	-Void-Data-	开关 - 220kV新建线2000进线开关B	位置	220kV新建线2000测控装置	4
7	220kV新建线2000进线开关C位置	6	0	-Void-Data-	开关 - 220kV新建线2000进线开关C	位置	220kV新建线2000测控装置	5
8	220kV新建线2000进线开关弹簧未储能	7	0	-Void-Data-	开关 - 220kV新建线2000进线开关	弹簧未储能	220kV新建线2000测控装置	0
9	220kV新建线2000进线开关SF6闭锁	8	0	-Void-Data-	开关 - 220kV新建线2000进线开关	SF6闭锁	220kV新建线2000测控装置	10
10	220kV新建线2000进线开关三相不一致	9	0	-Void-Data-	开关 - 220kV新建线2000进线开关	三相不一致	220kV新建线2000测控装置	11
11	220kV新建线2000正母刀闸位置	10	0	-Void-Data-	刀闸 - 220kV新建线2000正母刀闸	位置	220kV新建线2000测控装置	15
12	220kV新建线2000副母刀闸位置	11	0	-Void-Data-	刀闸 - 220kV新建线2000副母刀闸	位置	220kV新建线2000测控装置	16
13	220kV新建线2000线路刀闸位置	12	0	-Void-Data-	刀闸 - 220kV新建线2000线路刀闸	位置	220kV新建线2000测控装置	17
14	220kV新建线2000母线刀闸所属地刀位置	13	0	-Void-Data-	刀闸 - 220kV新建线2000母线刀闸所属地刀	位置	220kV新建线2000测控装置	18
15	220kV新建线2000开关侧地刀位置	14	0	-Void-Data-	刀闸 - 220kV新建线2000开关侧地刀	位置	220kV新建线2000测控装置	19
16	220kV新建线2000线路侧地刀位置	15	0	-Void-Data-	刀闸 - 220kV新建线2000线路侧地刀	位置	220kV新建线2000测控装置	20
17	220kV新建线2000进线开关解锁	16	0	-Void-Data-	开关 - 220kV新建线2000进线开关	解锁	220kV新建线2000测控装置	60
18	220kV新建线2000进线开关检修	17	0	-Void-Data-	开关 - 220kV新建线2000进线开关	检修	220kV新建线2000测控装置	61
19	220kV新建线2000进线开关远方操作	18	0	-Void-Data-	开关 - 220kV新建线2000进线开关	远方操作	220kV新建线2000测控装置	62
20	220kV新建线2000进线开关就地操作	19	0	-Void-Data-	开关 - 220kV新建线2000进线开关	就地操作	220kV新建线2000测控装置	63

图 3-58　系统组态界面

系统组态 — 登录用户: qq

文件(F)　编辑(E)　工具(T)　视图(V)　帮助

当前表：苏州电校 / 220kV新建线2000 / 遥信表

	双位遥信	双遥信判别时间	逻辑节点双位遥信号	有效期	报警类型	遥控逻辑节点名	遥控号	开出合序号
1		2	-1	300	位置遥信	220kV新建线2000测控装置	0	-1
2		2	-1	300	保护遥信	未定义	-1	-1
3		2	-1	300	保护遥信	未定义	-1	-1
4		2	-1	300	保护遥信	未定义	-1	-1
5	√	2	-1	300	位置遥信	未定义	-1	-1
6	√	2	-1	300	位置遥信	未定义	-1	-1
7	√	2	-1	300	位置遥信	未定义	-1	-1
8		2	-1	300	保护遥信	未定义	-1	-1
9		2	-1	300	保护遥信	未定义	-1	-1
10		2	-1	300	保护遥信	未定义	-1	-1
11		2	-1	300	位置遥信	未定义	-1	-1
12		2	-1	300	位置遥信	未定义	-1	-1
13	√	2	-1	300	位置遥信	未定义	-1	-1
14	√	2	-1	300	位置遥信	未定义	-1	-1
15	√	2	-1	300	位置遥信	未定义	-1	-1
16		2	-1	300	位置遥信	未定义	-1	-1

系统组态
字典类
系统类
采样类
苏州电校
　遥信表
　遥测表
　电度表
　挡位表
　设备组表
　#1主变本体
　#1主变高压侧
　#1主变低压侧
　220kV竞泰线2987
　　遥信表
　　遥测表
　　电度表
　　挡位表
　　设备表 - 开关
　　设备表 - 刀闸
　　设备表 - 发电机
　　设备表 - 线路
　　设备表 - 其他

图 3-59　遥信表

当前表：苏州电校 / 220kV新建线2000 / 遥测表

	遥测名称	显示顺序	遥测值	带状态的值	设备类型和设备名索引号	测点名	遥测逻辑节点名	逻辑节点遥测序
1	220kV新建线2000潮流线频率	0	0	-Void-Data-	线路 - 220kV新建线2000潮流线	频率	220kV新建线2000测控装置	0
2	220kV新建线2000潮流线功率因数	1	0	-Void-Data-	线路 - 220kV新建线2000潮流线	功率因数	220kV新建线2000测控装置	1
3	220kV新建线2000潮流线A相电压	2	0	-Void-Data-	线路 - 220kV新建线2000潮流线	A相电压	220kV新建线2000测控装置	3
4	220kV新建线2000潮流线B相电压	3	0	-Void-Data-	线路 - 220kV新建线2000潮流线	B相电压	220kV新建线2000测控装置	3
5	220kV新建线2000潮流线C相电压	4	0	-Void-Data-	线路 - 220kV新建线2000潮流线	C相电压	220kV新建线2000测控装置	4
6	220kV新建线2000潮流线AB相电压	5	0	-Void-Data-	线路 - 220kV新建线2000潮流线	AB相电压	未定义	5
7	220kV新建线2000潮流线BC相电压	6	0	-Void-Data-	线路 - 220kV新建线2000潮流线	BC相电压	未定义	6
8	220kV新建线2000潮流线CA相电压	7	0	-Void-Data-	线路 - 220kV新建线2000潮流线	CA相电压	对时节点	7
9	220kV新建线2000潮流线A相电流	8	0	-Void-Data-	线路 - 220kV新建线2000潮流线	A相电流	工况节点(计算)	8
10	220kV新建线2000潮流线B相电流	9	0	-Void-Data-	线路 - 220kV新建线2000潮流线	B相电流	计算节点(与遥信)	9
11	220kV新建线2000潮流线C相电流	10	0	-Void-Data-	线路 - 220kV新建线2000潮流线	C相电流	计算节点(或遥信)	10
12	220kV新建线2000潮流线无功	11	0	-Void-Data-	线路 - 220kV新建线2000潮流线	无功	220kV母联212及公用测	13
13	220kV新建线2000潮流线有功	12	0	-Void-Data-	线路 - 220kV新建线2000潮流线	有功	220kV母联213及公用测	14
14	220kV新建线2000潮流线同期电压	13	0	-Void-Data-	线路 - 220kV新建线2000潮流线	同期电压	220kV竞泰线2987测控	17
15	220kV新建线2000潮流线同期频率	14	0	-Void-Data-	线路 - 220kV新建线2000潮流线	同期频率	220kV竞泰线2987测控	18

（下拉列表：未定义　对时节点　工况节点(计算)　计算节点(与遥信)　计算节点(或遥信)　220kV母联212及公用测　220kV母联213及公用测　220kV竞泰线2987测控　220kV竞泰线2987测控　#1主变高压侧测控装置自　#1主变高压侧测控装置　#1主变低压侧测控装置自　#1主变低压侧测控装置　220kV母联及公用测控装　220kV母联及公用测控装）

图 3-60　遥测表

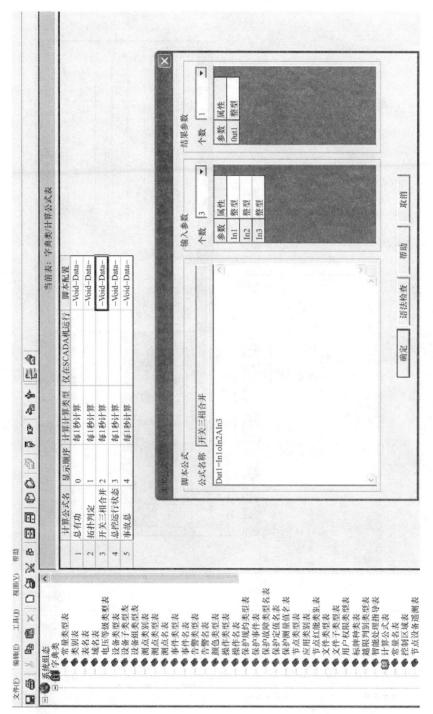

图 3-61　开关三相合并制作

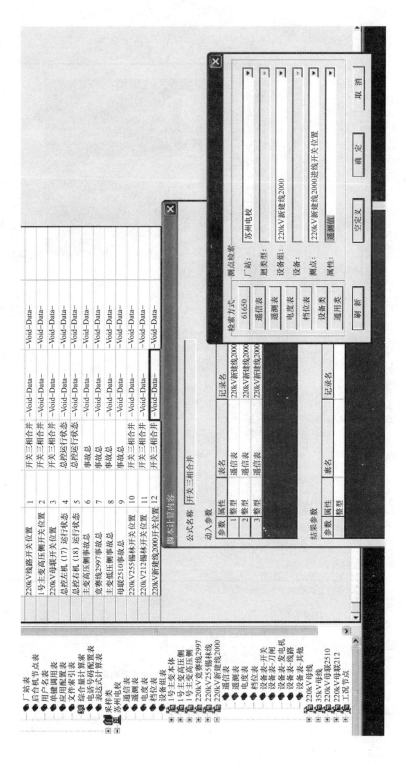

表 3-62　计算

6）进入画面编辑状态，双击选中相应的画面遥测量，计算进入修改画面遥测链接界面，如画面上线路名称未采用数据库链接方式，则需要人工修改。如图 3-63 所示。

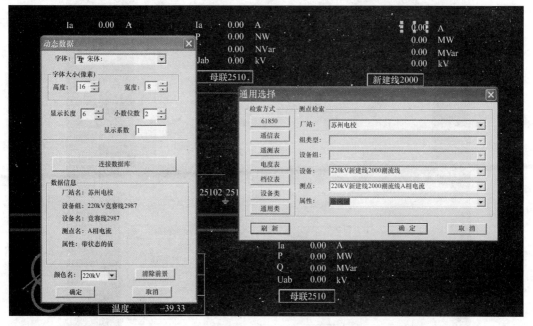

图 3-63 修改画面遥测链接

7）建立分画面（从其他分画面复制一份），修改所属厂站和背景色，修改开关刀闸及其调度编号、线路名称、装置地址、通信状态等相关关联，全选中画面上开关刀闸右键"编辑"选择"前景替换"，将画面数据库一次性关联完毕。如图 3-64 所示。

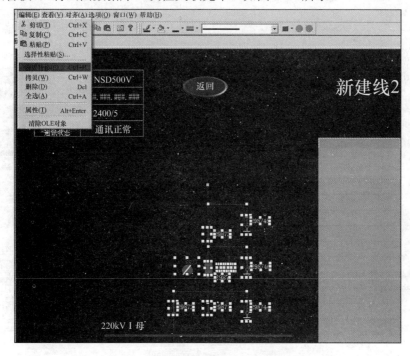

图 3-64 建立分画面

8）其中遥测列表关联修改如图 3-65 所示。

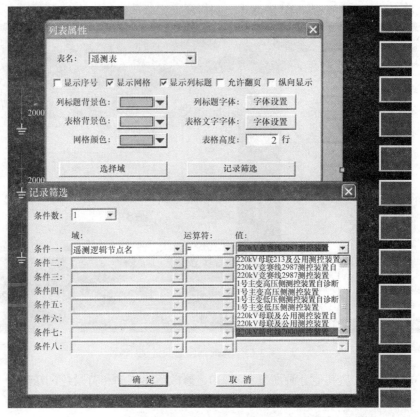

图 3-65　修改遥测列表关联

9）修改光字牌关联（所有显示在光字牌的遥信，在数据库组态遥信表里都要勾选）。如图 3-66 所示。

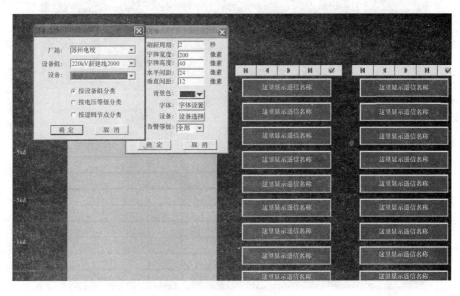

图 3-66　修改光字牌关联

10）画面修改完后，网络保存当前图形，存放地点在接线图一栏内。

11）回到主接线图上，修改热敏点，将热敏点关联至新建分画面，并修改主画面遥测关联。如图 3-67 所示。

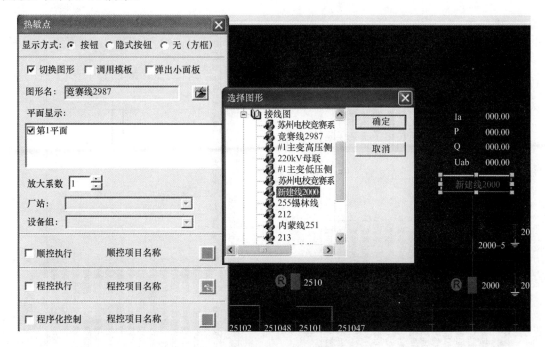

图 3-67　修改主画面遥测失联

四、报表制作

1．进入遥测数据库，将需要制作报表的遥测进行采样保存、统计保存以及统计功能开放。如图 3-68、图 3-69 所示。

打开报表，进入编辑界面，设置报表日期。如图 3-70 所示。

录入定时采样数据及统计采样数据。需要手动维护表名、厂站、设备、记录、域名字段，关联到指定间隔。如图 3-71、图 3-72 所示。

制作完成的报表格式如图 3-73 所示。

五、备份与还原

1．后台数据备份

1）进入监控系统安装文件位置 ns2000\bin 目录。

2）运行程序 SQLDBManager.exe。

3）点击菜单"数据库备份"→"备份实时库及文件库"。如图 3-74 所示。

4）在弹出对话框中输入文件名，建议名称"××变×年×月×日"，并选择合适的文件夹用来存放生成的备份文件（bcp 文件），然后点击"打开"。如图 3-75 所示。

5）系统会提示"选择波形是否备份"，选择"数据备份剔除波形文件"。

6）如果后台具有前置功能，还需要备份前置文件。在"D:\ns2000"工程名文件旁边有 FrontDb 文件夹，将其拷贝到存放 bcp 备份文件的文件夹中。

7）后台数据备份完毕。

	遥测名称	显示顺序	遥测值	将状态的值	设备类型和设备名索引号	测点名	遥测逻辑节点名	逻辑节点遥测序号	遥测采样类型	统计采样类型
1	竞赛线2987i频率	0	40	-Void-Data-	线路 - 竞赛线2987	频率	220kV竞赛线2987测控装置	0	不保存	不保存
2	竞赛线2987功率因数	1	0	-Void-Data-	线路 - 竞赛线2987	功率因数	220kV竞赛线2987测控装置	1	不保存	不保存
3	竞赛线2987A相电压	2	0	-Void-Data-	线路 - 竞赛线2987	A相电压	220kV竞赛线2987测控装置	2	不保存	不保存
4	竞赛线2987B相电压	3	0	-Void-Data-	线路 - 竞赛线2987	B相电压	220kV竞赛线2987测控装置	3	不保存	不保存
5	竞赛线2987C相电压	4	0	-Void-Data-	线路 - 竞赛线2987	C相电压	220kV竞赛线2987测控装置	4	不保存	不保存
6	竞赛线2987AB相电压	5	0	-Void-Data-	线路 - 竞赛线2987	AB相电压	220kV竞赛线2987测控装置	5	不保存	不保存
7	竞赛线2987BC相电压	6	0	-Void-Data-	线路 - 竞赛线2987	BC相电压	220kV竞赛线2987测控装置	6	不保存	不保存
8	竞赛线2987CA相电压	7	0	-Void-Data-	线路 - 竞赛线2987	CA相电压	220kV竞赛线2987测控装置	7	五分钟保存	按日保存
9	竞赛线2987A相电流	8	0	-Void-Data-	线路 - 竞赛线2987	A相电流	220kV竞赛线2987测控装置	8	五分钟保存	按日保存
10	竞赛线2987B相电流	9	0	-Void-Data-	线路 - 竞赛线2987	B相电流	220kV竞赛线2987测控装置	9	五分钟保存	按日保存
11	竞赛线2987C相电流	10	0	-Void-Data-	线路 - 竞赛线2987	C相电流	220kV竞赛线2987测控装置	10	五分钟保存	按日保存
12	竞赛线2987无功	11	0	-Void-Data-	线路 - 竞赛线2987	无功	220kV竞赛线2987测控装置	13	五分钟保存	按日保存
13	竞赛线2987有功	12	0	-Void-Data-	线路 - 竞赛线2987	有功	220kV竞赛线2987测控装置	14	五分钟保存	按日保存
14	竞赛线2987同期电压	13	0	-Void-Data-	线路 - 竞赛线2987	同期电压	220kV竞赛线2987测控装置	17	不保存	不保存
15	竞赛线2987同期频率	14	40	-Void-Data-	线路 - 竞赛线2987	同期频率	220kV竞赛线2987测控装置	18	不保存	不保存

图 3-68 采样保存

当前表：苏州电校 / 220kV竞赛线2987 / 遥测表

	遥测名称	显示顺序	遥测值	将状态的值	设备类型和设备名索引号	测点名	遥测逻辑节点名	逻辑节点遥测序号	判实变的限值	统计最大	统计最小	统计平均
1	竞赛线2987i频率	0	40	-Void-Data-	线路 - 竞赛线2987	频率	220kV竞赛线2987测控装置	0	0			
2	竞赛线2987功率因数	1	0	-Void-Data-	线路 - 竞赛线2987	功率因数	220kV竞赛线2987测控装置	1	0			
3	竞赛线2987A相电压	2	0	-Void-Data-	线路 - 竞赛线2987	A相电压	220kV竞赛线2987测控装置	2	0			
4	竞赛线2987B相电压	3	0	-Void-Data-	线路 - 竞赛线2987	B相电压	220kV竞赛线2987测控装置	3	0			
5	竞赛线2987C相电压	4	0	-Void-Data-	线路 - 竞赛线2987	C相电压	220kV竞赛线2987测控装置	4	0			
6	竞赛线2987AB相电压	5	0	-Void-Data-	线路 - 竞赛线2987	AB相电压	220kV竞赛线2987测控装置	5	0			
7	竞赛线2987BC相电压	6	0	-Void-Data-	线路 - 竞赛线2987	BC相电压	220kV竞赛线2987测控装置	6	0			
8	竞赛线2987CA相电压	7	0	-Void-Data-	线路 - 竞赛线2987	CA相电压	220kV竞赛线2987测控装置	7	0	✓	✓	✓
9	竞赛线2987A相电流	8	0	-Void-Data-	线路 - 竞赛线2987	A相电流	220kV竞赛线2987测控装置	8	0	✓	✓	✓
10	竞赛线2987B相电流	9	0	-Void-Data-	线路 - 竞赛线2987	B相电流	220kV竞赛线2987测控装置	9	0	✓	✓	✓
11	竞赛线2987C相电流	10	0	-Void-Data-	线路 - 竞赛线2987	C相电流	220kV竞赛线2987测控装置	10	0	✓	✓	✓
12	竞赛线2987无功	11	0	-Void-Data-	线路 - 竞赛线2987	无功	220kV竞赛线2987测控装置	13	0	✓	✓	✓
13	竞赛线2987有功	12	0	-Void-Data-	线路 - 竞赛线2987	有功	220kV竞赛线2987测控装置	14	0	✓	✓	✓
14	竞赛线2987同期电压	13	0	-Void-Data-	线路 - 竞赛线2987	同期电压	220kV竞赛线2987测控装置	17	0			
15	竞赛线2987同期频率	14	40	-Void-Data-	线路 - 竞赛线2987	同期频率	220kV竞赛线2987测控装置	18	0			

图 3-69 统计功能

图 3-70　报表编辑界面

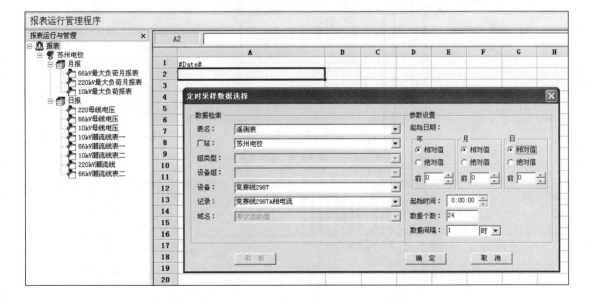

图 3-71　定时采样数据选择

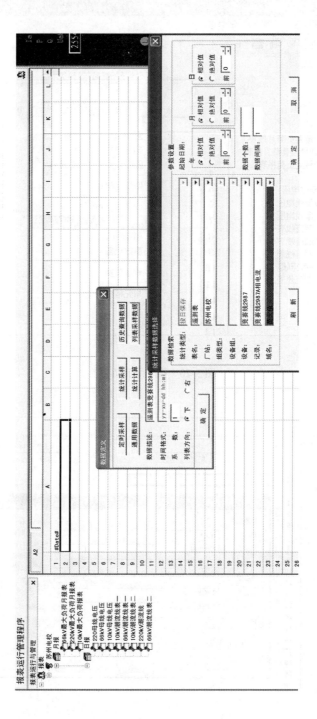

图 3-72　统计采样数据选择

报表(F) 查看(V) 帮助(H)

报表 - [220kV潮流线] - 运行

2016-12-18

苏州电校日报220kV潮流线

报表运行与管理

报表
苏州电校
月报
66kV最大负荷
220kV最大负荷
10kV最大负荷
日报
220kV母线电压
66kV母线电压
10kV母线电压
10kV潮流线表一
66kV潮流线表一
66kV潮流线表二
220kV潮流线
2937负荷潮流

220kV潮流线

时间	竞赛线29987			#1主编高压侧2501			****			****		
	Ia(A)	P(MW)	Q(MVar)	Ia(A)	P(MW)	Q(MVar)	Ia(A)	P(MW)	Q(MVar)	Ia(A)	P(MW)	Q(MVar)
0:00	0	0	0	0	0	0	0	0	0	0	0	0
1:00	0	0	0	0	0	0	0	0	0	0	0	0
2:00	0	0	0	0	0	0	0	0	0	0	0	0
3:00	0	0	0	0	0	0	0	0	0	0	0	0
4:00	0	0	0	0	0	0	0	0	0	0	0	0
5:00	0	0	0	0	0	0	0	0	0	0	0	0
6:00	0	0	0	0	0	0	0	0	0	0	0	0
7:00	0	0	0	0	0	0	0	0	0	0	0	0
8:00	0	0	0	0	0	0	0	0	0	0	0	0
9:00	0	0	0	0	0	0	0	0	0	0	0	0
10:00	0	0	0	0	0	0	0	0	0	0	0	0
11:00	0	0	0	0	0	0	0	0	0	0	0	0
12:00	0	0	0	0	0	0	0	0	0	0	0	0
13:00	0	0	0	0	0	0	0	0	0	0	0	0
14:00	0	0	0	0	0	0	0	0	0	0	0	0
15:00	0	0	0	0	0	0	0	0	0	0	0	0
16:00	0	0	0	0	0	0	0	0	0	0	0	0
17:00	0	0	0	0	0	0	0	0	0	0	0	0
18:00	0	0	0	0	0	0	0	0	0	0	0	0
19:00	0	0	0	0	0	0	0	0	0	0	0	0
20:00	0	0	0	0	0	0	0	0	0	0	0	0
21:00	0	0	0	0	0	0	0	0	0	0	0	0
22:00	0	0	0	0	0	0	0	0	0	0	0	0
23:00	0	0	0	0	0	0	0	0	0	0	0	0

图3-73 报表格式

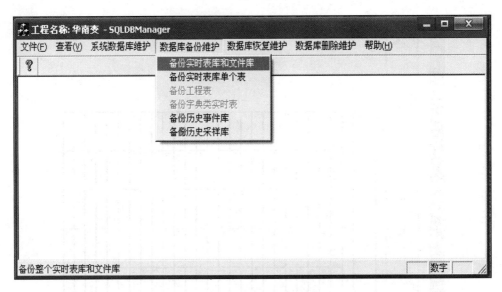

图 3-74　备份实时库及文件库

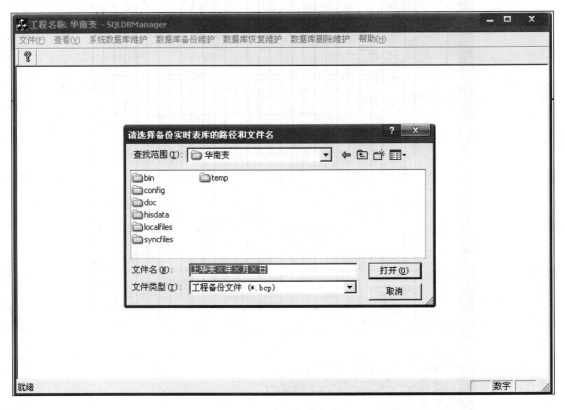

图 3-75　存储备份文件

2. 恢复后台数据备份

1）将后台软件 NS2000 关闭。先用具有一定权限的用户名登录到后台，然后点击系统配置按钮，在弹出的菜单中点击"关闭系统"，选择"关闭 NS2000 监控系统"。如图 3-76 所示。

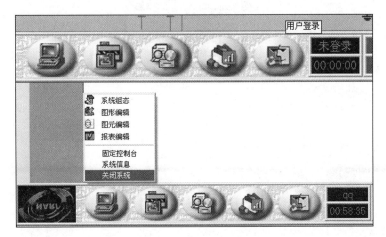

（a）

（b）

图 3-76　关闭 NS2000 监控系统

2）进入"D:\上华变\bin 目录"。

3）运行程序"SQLDBManager.exe"。

4）点击"数据库恢复维护"→"恢复整个实时表和文件库"菜单，恢复整个实时表和文件库。如图 3-77 所示。

5）选中要恢复的备份文件（BCP 文件），点击"打开"如图 3-78 所示。

6）选择"保留工程数据中的字典常量数据"，确认。数据库文件恢复完毕，如图 3-79 所示。

7）如果还有前置功能，还需要恢复前置的备份。将备份中的 FrontDb 文件拷贝到"D:\目录"下，覆盖原文件。

8）重新启动后台。在桌面上双击"NS2000Start"图标，或者在"D:\ns2000\"中双击 NS2000Start，即可启动后台系统。

六、常见监控参数修改

1. 信号名称修改

首先，打开 NS2000 数据库，点击"系统类"前的"＋"号，即可打开树形结构。以 110kV 母线为例，点击 110kV 母线前的"＋"号，打开树形结构，双击"遥信表"打开，如图 3-80 所示，先修改 "测点名"，再修改 "遥信名称"，修改后保存即可。

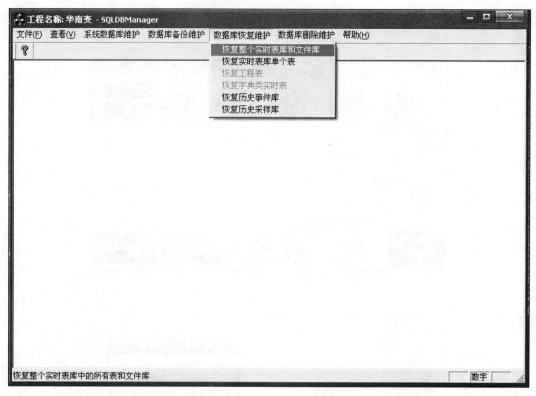

图 3-77　恢复整个实时表和文件库

图 3-78　选择恢复的备份文件

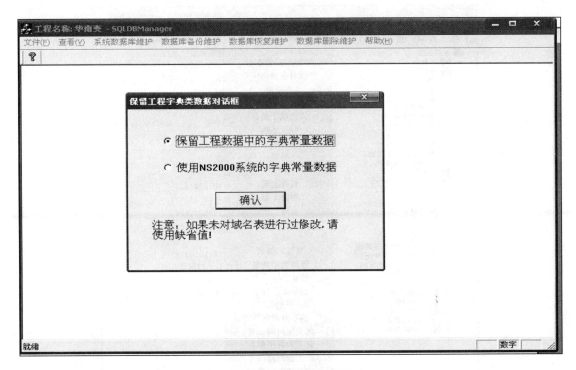

图 3-79　数据恢复界面

	遥信名称	遥信值	设备类型和设备名索引号	测点名	遥信逻辑节点名	逻辑节点遥信号
1	110kV母线测控装置远方/当地	1	线路 - 110kV母线	远方/当地	自诊断110kV母线测控	3
2	110kV母线测控装置运行	1	线路 - 110kV母线	装置运行	自诊断110kV母线测控	5
3	110kV母线测控装置网卡1故障	0	线路 - 110kV母线	网卡1故障	自诊断110kV母线测控	6
4	110kV母线测控装置网卡2故障	0	线路 - 110kV母线	网卡2故障	自诊断110kV母线测控	7
5	110kVI母PT重动	0	母线 - 110kVI母	PT重动	110kV母线测控	0
6	110kVII母PT重动	0	母线 - 110kVII母	PT重动	110kV母线测控	1
7	110kV母线PT并列	0	线路 - 110kV母线	PT并列	110kV母线测控	2

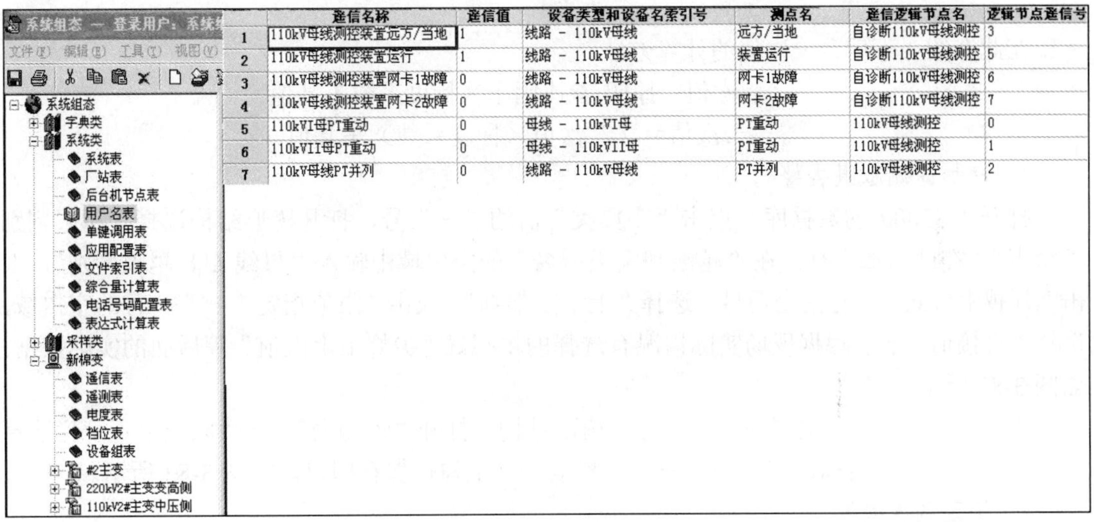

图 3-80　信号名称修改

2. CT 变比修改

打开 NS2000 的数据库，点击“××变”前的“＋”号，打开树形结构。以 110kV 母线为例，点击 110kV 母线前的“＋”号，打开树形结构，双击“遥测表”，如图 3-81 所示。

在“标度系数”一栏，填写 CT 变比，同时有功、无功的标度系数的数据也要相应改变，最后保存即可。

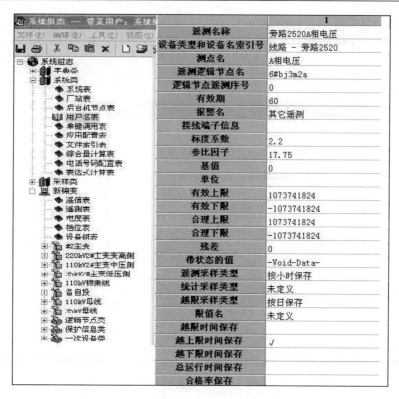

图 3-81　CT 变比修改

在此介绍一下后台一次值的计算方法：

$$一次值＝原码/参比因子×标度系数＋基值$$
$$一次值＝（二次值×标度系数）＋基值$$

3. 增加遥测越限告警

打开 NS2000 的数据库，点击"字典类"前的"＋"号，打开树形结构选择"越限判别类型表"，在此增加一行。在"越限判别类型名"的空白域中输入"母线 U_ab 越限判别"，双击"判越限方式"一行的空白域，选择"上下限都判"，双击"限值指定方式"一行的空白域，选择"直接值"然后跟据现场实际情况有选择的填写好"尖峰上上限值"等后面的实际数据。如图 3-82 所示。

点击"××变"前的"＋"号，打开树形结构，打开"遥测表"，在"限值名"一栏选择好刚才已定义好的名称，在"判越限"一栏双击打上勾，保存即可。如图 3-83 所示。

4. 修改调度编号

在主接线图的工具栏中，点击"应用切换"选择"进入编辑状态"，如图 3-84 所示。

双击需要修改的调度编号，弹出对话框，在"请输入文字"下输入正确的编号，点击"确定"（同样方法可修改画面文字），修改完成后，进行网络保存，点击 A 项，回到监控界面。如图 3-85 所示。

七、监控系统常见参数设置

1. Windows 后台系数计算

计算公式是：（标度系数/参比因子）×装置码值＋基值＝一次值。如图 3-86、图 3-87 所示。

图 3-82　越限判别类型表界面

	越限判别类型名	显示顺序	延迟时间	判越限方式	限值指定方式	回差或死区	尖峰上上限值	尖峰上限值	尖峰下限值	尖峰下下
1	频率	0	5	所有越限都判	直接值	0.01	51	-107374176	-107374176	-107374
2	电压相对有效值	1	5	所有越限都判	直接值	2	92	-107374176	-107374176	-107374
3	电流	2	5	所有越限都判	直接值	2	83	-107374176	-107374176	-107374
4	功率	3	5	所有越限都判	直接值	2	83	-107374176	-107374176	-107374
5	500kV1M母线电压越限判别	4	5	上下限都判	直接值	0	315	540	515	234
6	500kV2M母线电压越限判别	5	5	上下限都判	直接值	0	315	540	515	280
7	220kV1M母线电压越限判别	6	5	上下限都判	直接值	0	230	238	226	210
8	220kV2M母线电压越限判别	7	5	上下限都判	直接值	0	230	238	226	210
9	220kV5M母线电压越限判别	8	5	上下限都判	直接值	0	230	238	226	210
10	220kV6M母线电压越限判别	9	5	上下限都判	直接值	0	230	238	226	210
11	35kV1M母线电压越限判别	10	5	上下限都判	直接值	0	38	38	32	280
12	35kV3M母线电压越限判别	11	5	上下限都判	直接值	0	38	38	32	280
13	主变高压组温度越限判断	12	5	上下限都判	直接值	0	110	90	-80	0
14	主变公共绕组温度越限判断	13	5	上下限都判	直接值	0	110	90	-80	0
15	主变油温度越限判断	14	5	上下限都判	直接值	0	80	68	-80	0
16	珠广甲线电流越限判据	15	5	上下限都判	直接值	0	1700	900	0	900
17	珠广乙线电流越限判据	16	5	上下限都判	直接值	0	1700	900	0	900
18	广番甲线电流越限判据	17	5	上下限都判	直接值	0	1700	1500	0	900
19	广番乙线电流越限判据	18	5	上下限都判	直接值	0	1700	1500	0	900
20	广花甲线电流越限判据	19	5	上下限都判	直接值	0	1700	1650	0	900
21	广花乙线电流越限判据	20	5	上下限都判	直接值	0	1700	1650	0	900
22	广富临线电流越限判据	21	5	上下限都判	直接值	0	1700	1200	0	900
23	广芳乙线电流越限判据	22	5	上下限都判	直接值	0	1700	1200	0	900
24	广瑞甲线电流越限判据	23	5	上下限都判	直接值	0	1700	1130	0	900

	1			
遥测名称	旁路2520A相电压	最大值时刻	2002-12-05 13:50:05::562
设备类型和设备名索引号	线路 - 旁路2520	最小值	0
测点名	A相电压	最小值时刻	2002-11-15 10:42:11::156
遥测逻辑节点名	6#bj3m2a	平均值	0.194
逻辑节点遥测序号	0	负荷率	0
有效期	60	越限毫秒数	0
报警名	其它遥测	越上限毫秒数	0
接线端子信息		越下限毫秒数	0
标度系数	2.2	总运行毫秒数	0
参比因子	17.75	合格率	0
基值	0	尖峰越限毫秒数	0
单位		峰越限毫秒数	0
有效上限	1073741824	平越限毫秒数	0
有效下限	-1073741824	谷越限毫秒数	0
合理上限	1073741824	底谷越限毫秒数	0
合理下限	-1073741824	异常	
残差	0	不变化或值无效	√
带状态的值	-Void-Data-	人工封锁	
遥测采样类型	按小时保存	报警被抑制	
统计采样类型	未定义	需确认	
越限采样类型	按日保存	被旁路	
限值名	未定义	符号变反	
越限时间保存		需要追忆	
越上限时间保存	√	梯度处理	
越下限时间保存		判越限	
总运行时间保存		取绝对值	
合格率保存		有计划值	

图 3-83　遥测表界面

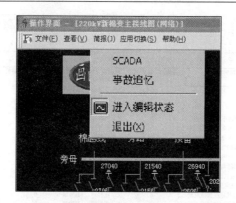

图 3-84　编辑状态界面

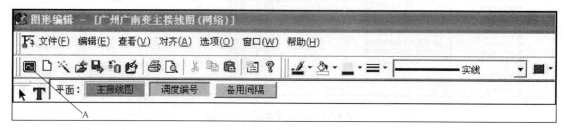

图 3-85　修改调度编号界面

测点名	遥测逻辑节点名	逻辑节点遥测序号	有效期	报警名	标度系数	参比因子	基值
频率	220kV曲贺线	0	300	其他遥测	1	204.7	50
功率因数	220kV曲贺线	1	300	其他遥测	1	1000	0
A相电压	220kV曲贺线	2	300	其他遥测	2.2	17.058	0
B相电压	220kV曲贺线	3	300	其他遥测	2.2	17.058	0
C相电压	220kV曲贺线	4	300	其他遥测	2.2	17.058	0
AB线电压	220kV曲贺线	5	300	其他遥测	2.2	17.058	0
BC线电压	220kV曲贺线	6	300	其他遥测	2.2	17.058	0
CA线电压	220kV曲贺线	7	300	其他遥测	2.2	17.058	0
A相电流	220kV曲贺线	8	300	其他遥测	240	341.17	0
B相电流	220kV曲贺线	9	300	其他遥测	240	341.17	0
C相电流	220kV曲贺线	10	300	其他遥测	240	341.17	0
零序电压	220kV曲贺线	11	300	其他遥测	2.2	17.058	0
零序电流	220kV曲贺线	12	300	其他遥测	240	341.17	0
有功	220kV曲贺线	13	300	其他遥测	0.528	1.641	0
无功	220kV曲贺线	14	300	其他遥测	0.528	1.641	0
同期电压	220kV曲贺线	17	300	其他遥测	1.27	17.058	0

图 3-86　Windows 后台系数计算

测点名	遥测逻辑节点名	逻辑节点遥测序号	有效期	报警名	标度系数	参比因子	基值
温度	2#主变本体	26	300	其他遥测	200	2047	-60
温度	2#主变本体	27	300	其他遥测	200	2047	-60

图 3-87　直流量计算方式

以 NSD500V 测控为例，装置满码值是 2047，具体说明如下：

频率的标度系数是 1，参比因子是 204.7，表示满码值对应 10Hz，基值 50 表示码值上送 0 时，频率对应 50Hz（500V 装置运行状态下，频率码值接近 0）。

功率因数的标度系数是 1，参比因子是 1000，表示 1 对应 1000 码值，功率因数最大不会超过 1。

电压的标度系数是 2.2，即 220/100，参比因子是 17.058，即 2047/（100×1.2），公式简化为（220×1.2）/2047，表示满码值对应 220×1.2kV，为了防止越限，装置计算时将数值缩小了 1.2 倍。

电流的标度系数是 240，即 1200/5，参比因子是 341.17，即 2047/（5×1.2），公式简化为（1200×1.2）/2047，表示满码值对应 1200×1.2A，并且二次值是 5A，为了防止越限，装置计算时将数值缩小了 1.2 倍。

功率的标度系数是 0.528，即（240×2.2）/1000，参比因子是 1.641，即 2047/（5×1.2×100×1.2×1.732），公式简化为（220×1200×1.44×1.732）/（2047×1000），表示满码值对应（1.732×U×I×1.44）/1000MW（MVar）。

如果装置满码值是 4096，则将上述算式里的 2047 替换成 4096 即可。

直流量的计算方式与交流量略有不同，以温度为例，−20～140℃输入，4～20mA 输出。当输出 4mA 时，外部输入码值并不等于 0，而是 2047/5＝409.4，温度是−20℃；20mA 对应码值是 2047，温度是 140℃。由此将 4～20mA 四等分，得出 0～20mA 对应温度范围是−60～140℃，表示当码值上送 0 时，温度对应−60℃，即基值等于−60；码值上送 2047 时，温度对应 140℃。因此总量程 200℃对应总码值 2047，即标度系数等于 200，参比因子等于 2047。

八、监控系统常见问题及处理方案

1. NS2000 监控系统常见问题

（1）遇到运行站需要重装后台的，安装之前最好备份好整个工程文件夹，安装后需要替代 BIN 及 CONFIG 中部分文件（CONFIG 文件夹中比较大的几个文件不能替换）。

（2）运行站后台机不得修改用户账户（一般为 Adminsitrator）、登录密码（一般为 qwe123），否则 NS2000 系统无法运行。如果遇到用户修改密码或用户名后无法打开 NS2000 的情况，可以通过查询桌面 START.exe 的属性，可查到原来用户名及密码。

（3）维护时（尤其是 8 年以上的），可检查下历史库大小，清理历史库需要慎重处理（保留 1 年内的事件库和采样库即可）。如遇到现场历史数据无法查询，可检查企业管理器中 hisdata 的圆柱体颜色是否变灰（正常是黄色），变灰表示历史库损坏（一般是数据量太大导致）。现场恢复方案：卸载后台（直接卸载，不在 SQLDBManger 中删除数据库），然后打开数据源（ODBC），删除带工程名的 ODBC 数据文件，重启电脑后再安装 NS2000 即可。

（4）老站双机无法同步的问题。NS2000 系统长期运行后，SQL 库可能会出现问题，从而导致双机不能同步（最明显的体现在双机系统下无法用户登录登出），解决方法有两种：

1）卸载后台、SQL，重新安装 SQL 及后台；

2）如果后台电脑硬件配置太老或后台有特殊配置，无法确保重装后还能使用的情况下，可以采用双机单网独立运行的方案：A 机 A 网，B 机 B 网，如有维护工作，则在两台后台上分别修改。

（5）如遇现场反应后台数据或位置信号不刷新或不正确，可先检查是否信号（数据）被封锁或告警被抑制，在画面右击鼠标，选择"恢复厂站告警"或"解除封锁"。

（6）NS2000 后台画面四遥测点的前景定义中，切换到运行状态后，要想使遥测值不但显示正确的数值，还要能根据系统颜色表中的配置用不同颜色来显示该遥测量的各种状态，如越限、异常等，则测点的域必须选择"带状态的值"。

2. NS2000 监控系统处理方案

（1）后台监控机报通信退出。如图 3-88 所示。

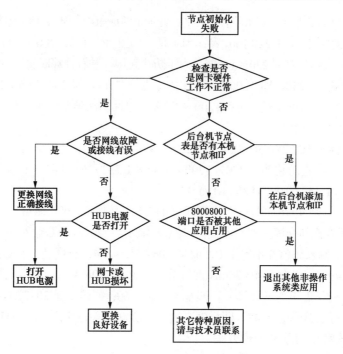

图 3-88　后台监控机报通信退出解决方案

（2）遥信与实际不符。如图 3-89 所示。

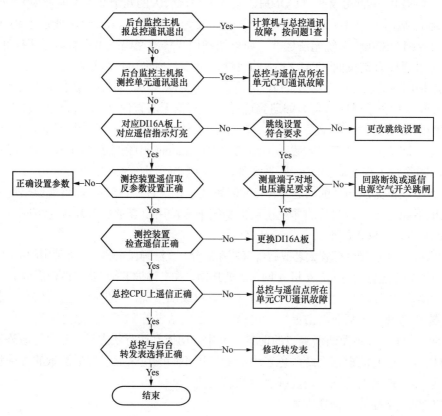

图 3-89　遥信与实际不符解决方案

（3）调度做遥控不执行。如图 3-90 所示。

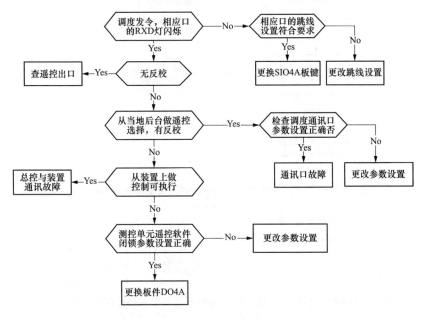

图 3-90 调度做遥控不执行的解决方案

（4）后台所有遥测数据不变。如图 3-91 所示。

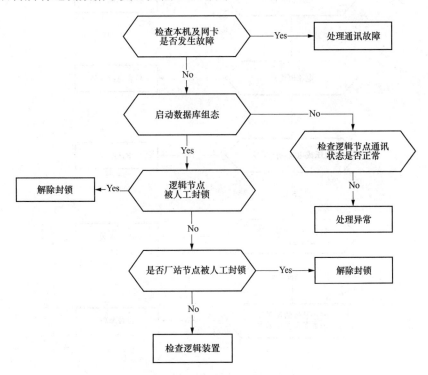

图 3-91 后台所有遥测数据不变解决方案

（5）后台有一处遥测数据不变或与现实不符。如图 3-92 所示。

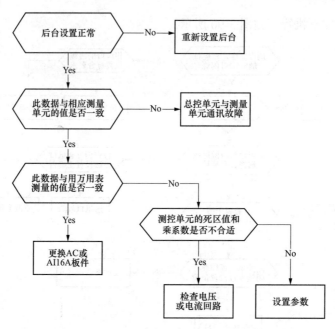

图 3-92 后台有一处遥测数据不变或与现实不符解决方案

（6）后台机某线路有功 P 或无功 Q 为 0。如图 3-93 所示。

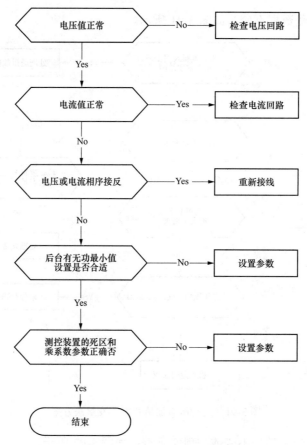

图 3-93 后台机某线路有功 P 或无功 Q 为 0 解决方案

（7）打印机不打印报警的内容。如图 3-94 所示。

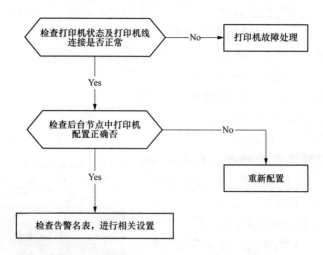

图 3-94　打印机不打印报警的内容解决方案

（8）后台主接线图上某一开关变位不报警。如图 3-95 所示。

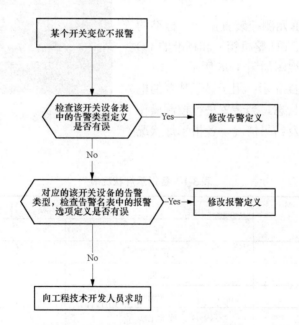

图 3-95　后台主接线图上某一开关变位不报警解决方案

第二节　测　　控

一、功能介绍

NSD500V 系列超高压变电站单元测控装置是以变电站内一条线路或一台主变为监控对象的智能监控设备。它既采集本间隔的实时信号，又可与其他测控装置通信，同时通过双以太网接口直接上网与站级计算机系统相连，构成面向对象的分布式变电站计算机监控系统。NSD 500V 单元测控装置与后台系统之间通信的应用层采用国际标准 IEC 60870—5—103 的应用层。支持 IEC 60870—5—103 规约的其他厂家的智能电子设备可以很方便地接入本系统。每台 NSD500V 装置需要配置相应的装置地址和 IP 地址，NSD500V 装置面板上可以查看装置地址和 IP 地址。它既支持传统电磁式互感器，也支持电子式互感器，支持 IEC 61850—9—1 和 9—2 标准；既支持传统继电器控制输出，也支持基于 IEC 61850 标准的 GOOSE 控制输出。

　　NSD500V 系列装置，采用数据代码（数据结构）与软件代码（运行程序）分开的设计方案，通过灵活的结构配置，使其可以适应各种测控模式。NSD500V 系列装置不能在装置上直接进行同期定值以外的参数修改，需要应用 NSD500V 组态软件进行参数配置，并将生成的数据结构输入到装置中。根据配置文件的不同，配合更换 I/O 标准模件，使 NSD500V 装置适用于线路单元、变压器单元、母线单元、公用单元等不同应用环境。

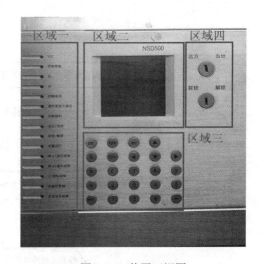

图 3-96　装置正视图

二、硬件结构

1. 装置面板

　　NSD500V 系列单元测控装置由一个标准的 6U 机箱（6U 半机箱、6U 整机箱）和标准的 I/O 模件等组成。装置正视图如图 3-96 所示。

　　（1）区域一：LED 显示：用于显示装置的电源和主要部件的工作状态。当装置进行控制操作时，指示所做的控制及结果情况，各指示灯状况见表 3-1。

表 3-1　各指示灯状况表

名　　称	指示灯状态	
	亮	灭
Vcc	正常	故障
控制使能	使能	不使能
合	合动作	—
分	分动作	—
控制成功	成功	—
操作条件不满足	不满足	—
控制超时	超时	—
远方/当地	远方	当地
联锁/解锁	联锁	解锁
装置运行	运行	—
网卡 1 通信故障	故障	正常

名　称	指示灯状态	
	亮	灭
网卡 2 通信故障	故障	正常
I/O 模件故障	故障	正常
装置配置错	错	对
装置电源故障	故障	正常

1）合上装置电源，等待 30 多秒，检查装置是否运行正常，正常情况下"Vcc""装置运行"灯会亮，"远方/当地""联锁/解锁"指示灯状态与"远方/当地""联锁/解锁"把手位置一致。

2）"控制使能""合""分""控制成功""操作条件不满足""控制超时"等灯在开关或者刀闸有出口开出时会闪。

3）"网卡 1 通信故障""网卡 2 通信故障"网口坏，或者网线通信故障时灯会长亮。

4）"I/O 模件故障"，单个板件本身坏或者单个板件与 NSD500V-CPU 通信故障，单个板件与机箱接触不好，单个板件的地址没有拨码成相应的地址，或者组态里面模块配置时配置出错等情况下会使 I/O 模件故障灯亮，具体哪块板件坏，可以在装置里面查看。

5）"装置配置错"一般不用。

6）"装置电源故障"在装置电源有故障时指示灯会亮。

（2）区域二：LCD 显示：用于显示实时数据、记录、配置情况等。基本的菜单如图 3-97所示。

图 3-97　区域二 LCD 显示基本菜单

⚠ 显示装置状态字中，模件状态"？"表示该模件异常，"."表示该模件正常。模件异常时一般为该模件故障、电源插件故障或者 GPS 对时故障。

（3）区域三：通过区域三的按键操作可以翻看 LCD 显示内容，进行当地控制操作。

（4）区域四："远方/当地"切换开关：用于切换装置的控制方式；"联锁/解锁"切换开关：用于切换控制闭锁状态。

2. 装置插件

NSD500V 6U 半机箱可安装 3 块 I/O 标准模件，6U 整机箱可安装 8 块 I/O 标准模件。每台 NSD500V 装置的 PWR 和 CPU 板件固定在 1 号和 2 号槽位。I/O 模件可以根据工程的需要灵活配置。I/O 模件采用 CAN 网与 NSD500V-CPU 模件通信，通常 I/O 模件可任意安装在机箱槽位上，其地址取决于在机箱上的位置。第一个 IO 槽位 IO1 地址为"1"，依次递增，在每块模件上板地址拨码用以确定模件在 CAN 网络上的地址，拨码开关拨到"ON"表示"1"，"OFF"表示"0"，板件地址以二进制表示。

如果 NSD500V-DLM 模件有控制输出，对于半机箱，NSD500V-DLM 模件需安装在第 2 个 IO 槽位上，其地址为 2，NSD500V-DOM 模件需安装在第 3 个 IO 槽位上；对于整机箱，NSD500V-DLM 模件需安装在第 $2n-1$ 个 IO 槽位上，其地址为 $2n-1$，NSD500V-DOM 模件需安装在第 $2n$ 个 IO 槽位上（$n=1$，2，3，4），NSD500V-DLM 模件与 NSD500V-DOM 模件需相邻安装。NSD500V 测控装置背板布置如图 3-98、图 3-99 所示。

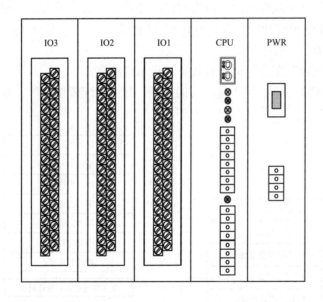

图 3-98　NSD500V 6U 半机箱背板布置

NSD500VI/O 模件类型及每块 I/O 模件对应的测点类型及容量见表 3-2。

表 3-2　NSD500VI/O 模件类型及每块 I/O 模件对应的测点类型及容量表

序号	I/O 模件类型	采集量
1	NSD500V-DIM	32 路遥信量
2	NSD500V-AIM	8 路直流量
3	NSD500V-DLM	一条线路交流量和 8 对象控制
4	NSD500V-DOM	8 对象遥控开出

序号	I/O 模件类型	采 集 量
5	NSD500V-BSM	8 对象接点
6	NSD500V-DL3	一条线路交流量和 8 对象控制
7	NSD500V-ACM	一条线路的交流量采集、两组同期电压
8	NSD500V-PTM	2 条母线电压测量、8 个对象控制

注：NSD500V-DOM 是纯继电器出口板，要与 NSD500V-DLM 或 NSD500V-PTM 配合使用。

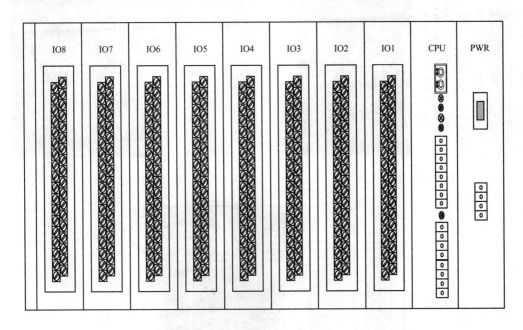

图 3-99　NSD500V 6U 整机箱背板布置

3. 插件分板介绍

（1）DIM 模件用于采集站内的开关量信号，在板地址拨码用以确定模件在 CAN 网络上的地址，拨码开关拨到"ON"表示"1"，"OFF"表示"0"。NSD500V-DIM 模件可任意安装在机箱槽位上，其地址取决于在机箱上的位置（电源插件和 CPU 插件不计入地址编号）。NSD500V-DIM 模件通过采用光电隔离等抗干扰措施，以提高采集信号的可靠性。滤波延时等参数可用 NSD500V 组态软件定义。如图 3-100 所示。

（2）AIM 模件用于采集站内的直流模拟信号，如主变温度、直流母线电压等经过变送器后输出的 0～5V 或 0～20mA（或 4～20mA）的信号。NSD500V-AIM 模件上 E1～E8 中的某一跳线柱跳上，表示该通道采集的是 0～20mA 电流信号，断开表示该通道采集的是 0～5V 电压信号。如图 3-101 所示。

（3）DLM 模件用于采集站内一条线路的交流信号，以及断路器的控制（可自动检同期、无压）、电动刀闸或其他对象的控制，NSD500V-DOM 模件是继电器输出接口模件。对于需输出控制的单元，两模件要配合使用，DLM 模件如图 3-102 所示。

（4）PTM 模件用于采集 8 路交流电压信号（一般用于采集两条母线电压信号），以及 8

个电动刀闸或其他对象的控制。对于需输出控制的单元，NSD500V-PTM 模件要与 NSD500V-DOM 模件配合使用。当 NSD500V-PTM 模件与 NSD500V-DOM 模件配合使用时，NSD500V-DOM 模件的第一个对象（断路器）可作为普通对象控制输出。

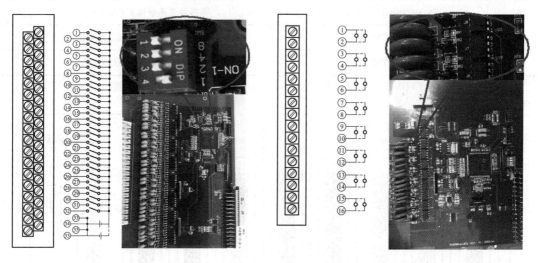

图 3-100　DIM 模件　　　　　　　　　　图 3-101　AIM 模件

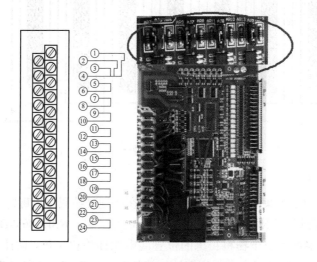

图 3-102　DLM 模件

（5）CPU 插件可配置地方只有对时方式，NSD500V 测控装置对时是通过 CPU 插件上的跳线决定的，为了实现全站 SOE 分辨率达到 1ms，NSD500V 单元测控装置接受 GPS 的同步信号以同步所有测控装置的时钟。GPS 的分同步对时方式有两种：

1）5～24V 有源对时方式，J2 的 1-2 端子；

2）RS 485 对时方式，J2 的 3-4 端子。

NSD500V-CPU 模件上 JT1～JT2.1～2 短接，表示是 5～24V 有源对时方式，2～3 短接，表示是 RS 485 对时方式。NSD500V 支持 B 码对时，需要安装 B 码对时小卡（在图 3-103 中的左下角位置），目前变电站最主流的对时方式即 B 码对时。如图 3-103 所示。

图 3-103　NSD500V-CPU 模件

三、组态配置

1. 组态配置工具使用

修改、重启运行中的 NSD500V 设备时，须退出本装置所有遥控压板。

运行变电站不能用短接线在遥控端子上短接。

NSD500V 的组态文件配置需要使用专用软件，连接笔记本电脑进行配置。软件配置主要内容如下：

1）装置地址配置：包含间隔地址和以太网 IP 地址。一定要配置，并且不能与其他装置地址相同。

2）装置模件配置：根据硬件配置需求，生成响应的模件配置。断路器同期操作参数在 DLM 模件参数中配置，一定要配置。

3）模拟量显示配置：NSD500V 系列单元测控装置所测模拟量在 MMI 面板上可以显示一次值，也可以显示二次值，如果模拟量显示不配置，则默认显示二次值。

4）虚拟开入配置：如果本装置需要其他测控装置开入信息，则要进行虚拟开入配置，否则虚拟开入不需要配置。

5）控制按键序列配置：如果本装置有控制输出，则要进行控制按键序列配置，控制按键序列采用调度编号，这样可以防止在装置上做操作控制时选错间隔。

6）控制出口配置：控制出口配置主要配置控制输出对应的开入返回以及控制闭锁规则，如果控制出口不配置，则默认没有开入返回和没有控制闭锁功能。

7）用户自定义画面配置：NSD500V 系列单元测控装置有 8 页用户可以自定义的画面，用户自定义画面可以显示单元接线图、本线路测量值、设备静态参数。

运行 zutai.exe 文件，可以进入组态软件界面。如图 3-104 所示。

点击配置，出现下拉菜单，NSD500V 装置的参数配置主要配置"公共信息配置""模块配置""节点配置""出口配置"和"用户界面"等表，当所有参数配置完成后下装到相应的 NSD500V 装置，将装置断电重启，参数生效。如图 3-105 所示。

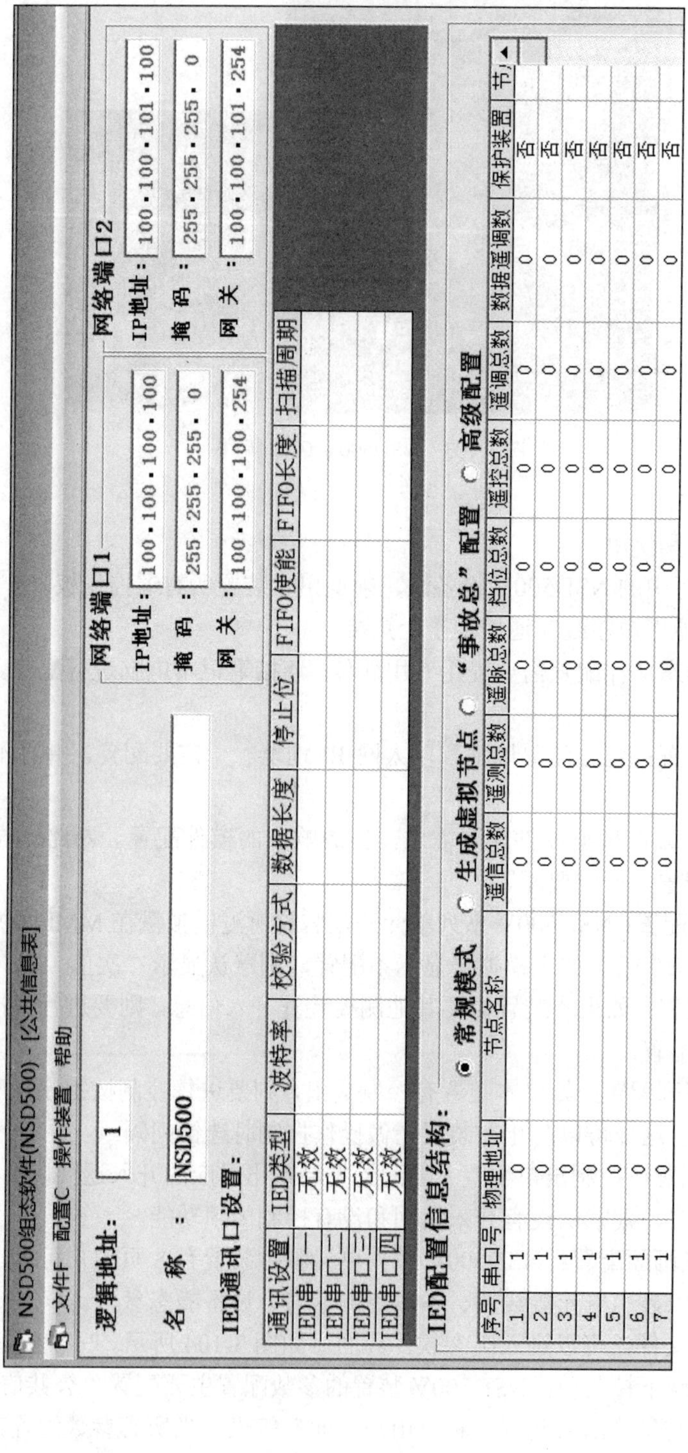

图 3-104 组态软件界面

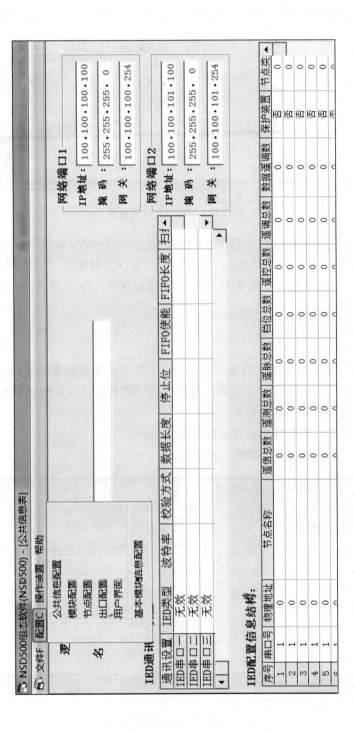

图 3-105　NSD500V 装置参数配置

2．IP 地址设置

组态软件中有关装置 IP 的设置步骤共三个区域需设置，如图 3-106 所示。

图 3-106　IP 地址设置步骤

区域一：装置逻辑地址，设置范围 0～255，全站 NSD500V 装置地址不能重复。

区域二：网络端口 1 和网络端口 2 为装置的双以太网配置。一般网络端口 1 配置为 100.100.100.1××，网络端口 2 配置为 100.100.1010.1××，IP 的第四段一般为 100＋逻辑地址，掩码和网关用默认值。

区域三：测控装置的名称。

3．标准模件配置

（1）NSD500V 测控装置的实时数据有两类，一类为本装置采集的实时数据，如接入本装置的开关量输入信号、交流信号、直流信号等；另一类为通过以太网接收到的其他装置的开关量信号，我们将这种数据称为虚拟开入。

组态软件中有关标准模件的设置步骤共两步：

第一步：配置—模块配置，如图 3-107 所示。

NSD500组态软件(NSD500) - [模块配置表]

文件F　配置C　操作装置　帮助

区域一
装置内部插件配置：

序号	有效	模块类型	遥信起点	遥控起点	遥脉起点	遥测起点	遥信总数	遥控总数	遥脉总数	遥测总数	参数设置
1	是	NSD500-PWR	0	0	0	0	0	0	0	0	
2	是	NSD500-CPU	0	0	0	0	0	0	0	0	
3	是	NSD500-DLM	0	0	0	0	0	16	0	24	
4	是	NSD500-DOM	0	16	0	24	0	0	0	0	
5	是	NSD500-DIM	0	16	0	24	32	0	0	0	
6	是	NSD500-DIM	32	16	0	24	32	0	0	0	
7	否										
8	否										
9	是	NSD500-BSM	64	16	0	24	8	16	0	0	
10	否		**区域二**								

图 3-107　组态软件模块配置

在区域二，配置装置插件时应该注意以下几点：

1）模块类型完全按照 NSD500V 装置的插件的顺序和类型来配置，当模件类型为空时，参数配置栏中的其他信息均不可以被设置。

2）通常装置的第一个模件为电源模件，第二个模件为 CPU 模件。

3）自上而下配置模件时，相关信息可以自动计算出来，无须人工干预。当非顺序配置模件时，必须修改相应的起点，否则会出错。

4）一块 DLM 板共采集 24 路遥测量，16 路遥控量（一个对象的合、分算作两路遥控量）一块 DIM 板件共采集 32 路遥信量。一块 BSM 板共 8 路闭锁量。

5）PWR 板和 CPU 板也要配置，分别在第一位和第二位。

第二步：分别配置各个模件信息。

我们按照板件顺序逐一说明该板件的配置及参数。由于 PWR 板和 CPU 板固定位于第一、第二插槽，并且不具有四遥功能，所以这两个板件不需要配置具体的参数。

DLM 模件用于采集站内一条线路的交流信号，以及断路器的控制（可自动检同期、无压）、电动刀闸或其他对象的控制，如变压器分接开关、风机组及保护装置远方复归等。DOM 模件是继电器输出接口模件。对于需输出控制的单元，两模件要配合使用。另外，NSD500V-DLM 模件有 3 个手动把手空接点输入，这样屏柜上安装手动把手控制断路器时，手动控制输出具有同期闭锁功能，并能保证 NSD500V 测控装置输出的合后、分后位置与断路器位置一致。

一块 DLM 板共控制 8 个对象。开关一般固定为对象 1，对应遥控号为 0。

组态软件中关于遥控的设置步骤，如图 3-108 所示。

NSD500组态软件(NSD500)-[模块配置表]

文件F　配置C　操作装置　帮助

装置内部插件配置： 区域一

序号	有效	模块类型	通信起点	遥控起点	遥脉起点	遥测起点	遥信总数	遥控总数	遥脉总数	遥测总数	参数设置
1	是	NSD500-PWR	0	0	0	0	0	0	0	0	
2	是	NSD500-CPU	0	0	0	0	0	0	0	0	
3	是	NSD500-DLM	0	0	0	0	0	16	0	24	☑ 参数按钮
4	是	NSD500-DOM	0	16	0	24	0	0	0	0	
5	是	NSD500-DIM	0	16	0	24	32	0	0	0	
6	是	NSD500-DIM	32	16	0	24	32	0	0	0	
7	否										
8	否										
9	是	NSD500-BSM	64	16	0	24	8	16	0	0	
10	否										

插件定值配置： 区域二

位置	含义	数值	位置	含义	数值
0	Ue1(0.01V)	3774	12	电度	0
1	Ue2(0.01V)	5774	13	无效	0
2	Ue3(0.01V)	5774	14	无效	0
3	Ue4(0.01V)	5774	15	无效	0
4	Df/dt(0.01Hz/s)	50	16	D01开出脉冲	0
5	df(0.01Hz)	50	17	D02开出脉冲	0
6	dU(0.01V)	1000	18	D03开出脉冲	0
7	Qs(0.01。)	3000	19	D04开出脉冲	0
8	Tdq(1ms)	200	20	D05开出脉冲	0
9	相角补偿使能	0	21	D06开出脉冲	0
10	相角补偿时钟数	0	22	D07开出脉冲	0
11	无压退出	0	23	D08开出脉冲	0

测量量系数配置： 区域三

序号	比例系数	比例系数小数位数	偏移量	偏移量小数位数
0	1000	2	5000	2
1	2046	3	0	0
2	12000	2	0	0
3	12000	2	0	0
4	12000	2	0	0
5	1200	1	0	0
6	1200	1	0	0
7	1200	1	0	0
8	6000	3	0	0
9	6000	3	0	0
10	6000	3	0	0

图 3-108　组态软件中关于遥控设置步骤

区域一：按照板件实际的位置在配置—模块配置里面添加好 NSD500V-DLM 和 NSD500V-DOM 板件。

DLM 插件配置直接影响开关同期遥控，其参数说明见表 3-3。

表 3-3 DLM 插件配置参数

序号	定值名称	默认定值	定值说明
1	Ue1（0.01V）	5774	表示母线电压二次值，一般为 5774
2	Ue2（0.01V）	5774	表示线路抽取电压二次值，与实际设备对应：100V 设为 10000，57.74V 设为 5774
3	Ue3（0.01V）	5774	备用，不用设置
4	Ue4（0.01V）	5774	备用，不用设置
5	Df/Dt（0.01Hz/s）	10	频率变化率闭锁定值
6	df（0.01Hz）	50	频差闭锁定值
7	dU（0.01V）	1000	压差闭锁定值
8	Qs（0.01）	3000	角差闭锁定值
9	Tdq（1ms）	200	合闸导前时间，一般为 200ms
10	相角补偿使能	0	抽取 A 相时，使能为 0；抽取非 A 相时，使能为 1
11	相角补偿时钟数	0	抽取 A 相时，时钟为 0；抽取 B 相时，时钟为 4；抽取 C 相时，时钟为 8；抽取 Uab 时，时钟为 11 抽取 Ubc 时，时钟为 3；抽取 Uca 时，时钟为 7
12	无压退出	0	本项置 1 时，调度、后台普通遥控强制转检同期时 置 0 时，调度、后台遥控先判检无压，后判检同期
13	电度	0	备用，不用设置

同期操作是通过判断断路器两侧（母线侧和线路侧）电压、频率和相角，使断路器在同期点合闸到位，保证对电网的冲击最小。

1）判断断路器两侧电压是否满足同期条件：

①当断路器任意一侧电压幅值小于 80%额定值或者大于 120%额定值时，认为电压幅值异常，延时判断 200ms 后退出同期状态，并上送合闸失败原因。

②当断路器两侧电压差的绝对值大于定值 ΔU 时，认为电压差异常，延时判断 200ms 后退出同期状态，并上送合闸失败原因。

2）判断断路器两侧频率是否满足同期条件：

①当断路器任意一侧的频率小于 48Hz，或大于 52Hz，认为频率大小异常，延时判断 200ms 后退出同期状态，并上送合闸失败原因。

②当断路器两侧频率差的绝对值大于定值 ΔF 时，认为电压差异常，延时判断 200ms 后退出同期状态，并上送合闸失败原因。

③当断路器两侧频率差的变化率 $d\Delta F/dt$ 大于定值 Df/dt 时，认为频差变化率异常，延时判断 200ms 后退出同期状态，并上送合闸失败原因。

3）同期合闸的方式：

①同期有压合闸：不同电网间，两侧均有电压的情况下捕捉同期点合闸（差频合闸）。

②无压合闸：两侧至少有一侧没有电压。

③合环：同一电网，两侧均有电压，频率相同或相近。

④自动准同期：根据断路器两侧电压状态，自动进行同期有压合闸、无压合闸、合环判断。

后台和调度遥控合命令开出后装置进行同期判定。测控装置设置了强制手合的压板，合上此压板，在装置屏柜上手动合断路器时装置不判同期，否则，装置判定同期条件。此压板只影响手动合闸，在后台和调度上遥控时与之无关。

组态软件中关于同期的设置步骤如 DLM 模件配置部分。

在区域二进行同期参数配置：

U_{e1}：表示同期合闸时母线侧电压取的是相电压还是线电压。数值为 5774 时表示相电压，数值为 10000 时表示线电压，单位为 0.01V。比如数值为 5774 时，取 $4 \times 0.01 = 57.74V$ 就表示母线侧 A 相电压。默认取 A 相，一般不更改。

U_{e2}：表示同期合闸时线路测所取电压。数值为 5774 时表示相电压，可以取 U_a，U_b，U_c 三相中任一电压。数值为 10000 时表示线电压，可取 U_{ab}，U_{bc}，U_{ca} 中的任一电压。0.01V 表示单位。

U_{e3}：备用，不用设置。

U_{e4}：备用，不用设置。

Df/dt（0.01Hz/s）表示同期合闸的频率加速度闭锁值。默认值是 $50 \times 0.01 = 0.5Hz/s$，当母线侧和线路侧电压频率差值的变化率超过这个值时闭锁同期合闸。

df（0.01Hz）表示同期合闸的频差闭锁值。默认值是 $50 \times 0.01 = 0.5Hz$。当母线侧和线路侧电压频率差超过这个值时闭锁同期合闸。

dU（0.01V）表示同期合闸的压差锁值。默认值是 $1000 \times 0.01 = 10V$。当母线侧和线路侧电压差超过这个值时闭锁同期合闸。

Qs（0.01）表示同期合闸的角差闭锁值。默认值是 $3000 \times 0.01 = 30$。当母线侧和线路侧电压角差超过这个值时闭锁同期合闸。

Tdq（1ms）表示合闸脉冲的宽度，默认值 $200 \times 1 = 200ms$。

相角补偿使能表示是否启用相角补偿功能。数值为 1 表示有效。

相角补偿时钟数表示相角补偿的角度。以 0～11 表示 0～330°，对应于时钟上 0 点到 12 点。每一点对应 30°。

无压退出表示是否退出第一路遥控的无压合功能。

DLM 模件还用于采集站内一条线路的交流信号。DLM 模件上 J1-J4 跳线柱跳上，表示采集的是 5A 电流信号，断开表示采集的是 1A 电流信号。

NSD500V 装置交流信号的遥测点号固定见表 3-4。

表 3-4　遥测参数设置

遥测点号	名　称	备　注
0	F	频率
1	cosφ	功率因数
2	U_a	A 相电压
3	U_b	B 相电压

续表 3-4

遥测点号	名　称	备　注
4	U_c	C 相电压
5	U_{ab}	线电压 U_{ab}
6	U_{bc}	线电压 U_{bc}
7	U_{ca}	线电压 U_{ca}
8	I_a	A 相电流
9	I_b	B 相电流
10	I_c	C 相电流
11	$3U_0$	（计算 $3U_0$）
12	$3I_0$	（计算 $3I_0$）
13	P	有功
14	Q	无功
15	U_l	测量 $3U_0$ 相电压
16	I_l	测量 $3I_0$ 相电流
17	U_{sa}	同期电压
18	f_{sa}	同期频率
19	θ_{sa}	同期角度差
20	$\theta_{sa\text{-}bc}$	补偿后的同期角度差
21	Df	同期合闸时频率差
22	df/dt	同期合闸时频差加速度
23	θ_{hz}	同期合闸角度

组态软件中有关模拟量采集的设置步骤如前：配置—模块配置—区域三。测量系数一般不需要配置，当 DLM 板件采集的是 5A 电流信号时，序号 8、9、10、12 设为 6000、13，14 改为 12470 即可。当 DLM 板件采集的是 1A 电流信号时，序号 8、9、10、12 均改为 1200，13、14 改为 2494 即可。

（2）对 DOM 模件配置只有出口脉冲时间，DO1 开出脉冲-DO8 开出脉冲默认值为 0，代表控制开出脉冲保持 2000ms，此值可根据现场更改，单位为 ms。如图 3-109、图 3-110 所示。

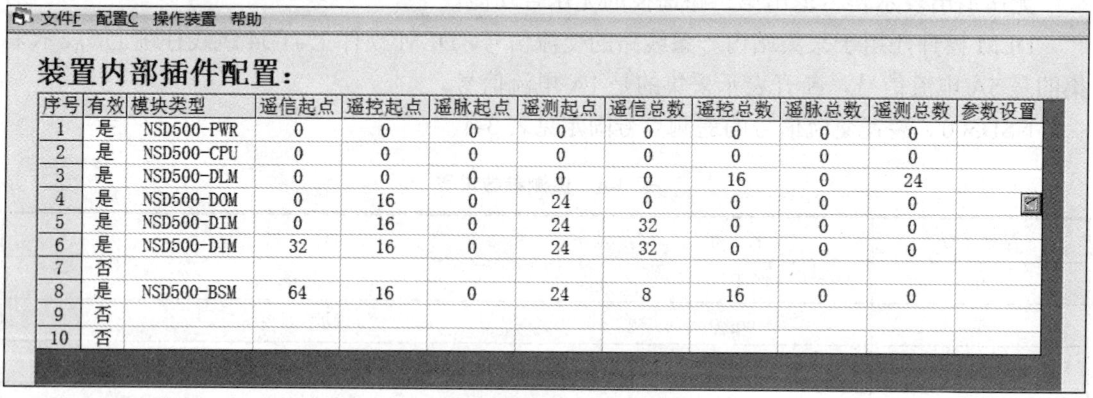
文件F　配置C　操作装置　帮助

装置内部插件配置：

序号	有效	模块类型	遥信起点	遥控起点	遥脉起点	遥测起点	遥信总数	遥控总数	遥脉总数	遥测总数	参数设置
1	是	NSD500-PWR	0	0	0	0	0	0	0	0	
2	是	NSD500-CPU	0	0	0	0	0	0	0	0	
3	是	NSD500-DLM	0	0	0	0	0	16	0	24	
4	是	NSD500-DOM	0	16	0	24	0	0	0	0	
5	是	NSD500-DIM	0	16	0	24	32	0	0	0	
6	是	NSD500-DIM	32	16	0	24	32	0	0	0	
7	否										
8	是	NSD500-BSM	64	16	0	24	8	16	0	0	
9	否										
10	否										

图 3-109　装置内部插件配置

（3）NSD500V-DIM 模件用于采集站内的开关量信号，如开关、刀闸的位置接点信号、保护及各种告警信号等，即通过电缆接入装置的硬接点信号。其中开关、刀闸等位置信号的分位和合位都接入装置，称为双位置遥信。一般的告警信号等状态信号通常是一个遥信量接入装置，称为单遥信。每块 NSD500V-DIM 采集 32 路遥信量。

插件定值配置：

位置	含 义	数值	位置	含 义	数值
0	出口脉冲1	2000	12	无效	2000
1	出口脉冲2	2000	13	无效	2000
2	出口脉冲3	2000	14	无效	2000
3	出口脉冲4	2000	15	无效	2000
4	出口脉冲5	2000	16	无效	2000
5	出口脉冲6	2000	17	无效	2000
6	出口脉冲7	2000	18	无效	2000
7	出口脉冲8	2000	19	无效	2000
8	出口脉冲9	2000	20	无效	2000
9	出口脉冲10	2000	21	无效	2000
10	出口脉冲11	2000	22	无效	2000
11	出口脉冲12	2000	23	无效	2000

图 3-110　插件定值配置

遥信量采集实端子的点号从 1 开始，对应 NSD500V 和后台遥信点号从 0 开始。装置面板上开入量的查看—显示实时数据—显示开入量状态。当某一点号的信号动作，则开入量状态为 1，信号复归则开入量状态为 0。NSD500V-DIM 模件通过采用光电隔离等抗干扰措施，以提高采集信号的可靠性。滤波延时等参数可用 NSD500V 组态软件定义。如图 3-111 所示。

区域一：滤波时间 1～滤波时间 24 分别指遥信滤波时间，表示对应的遥信需要正电维持多少时间装置才认为有效。前 23 个滤波时间分别对应前 23 个遥信，第 24 个滤波时间影响第 24～32 个遥信。这个值一般在现场遇到一些遥信只能维持很短的时间而装置无法采集到的时候才使用。装置默认时间为 60ms。若出现一些信号过短，装置无法采集的时候，可以适当缩短滤波时间（单位默认为 ms）。

1）NSD500V 装置电源和遥信电源采用不同的空开控制。合上遥信电源装置才能采集到信号。

2）如果启用检修压板，当检修压板合上，遥信量、遥测量不上送后台和调度，后台和调度也不能进行遥控操作。

组态软件中装置检修压板的设置步骤：配置→公共信息配置表。如图 3-112 所示。

区域二：在区域二将检修压板投入的勾打上，压板遥信点号根据设计白图查检修压板的遥信点号。

（4）测控装置五防闭锁设置。

NSD500V 系列高压变电站单元测控装置具备直接上网的功能，在一个单元装置中可以监听到网上其余装置的以太网报文，一个单元装置就可以获得变电站内全部的状态信息，从而使完全实时控制闭锁成为可能。在变电站中，此功能一般不使用。

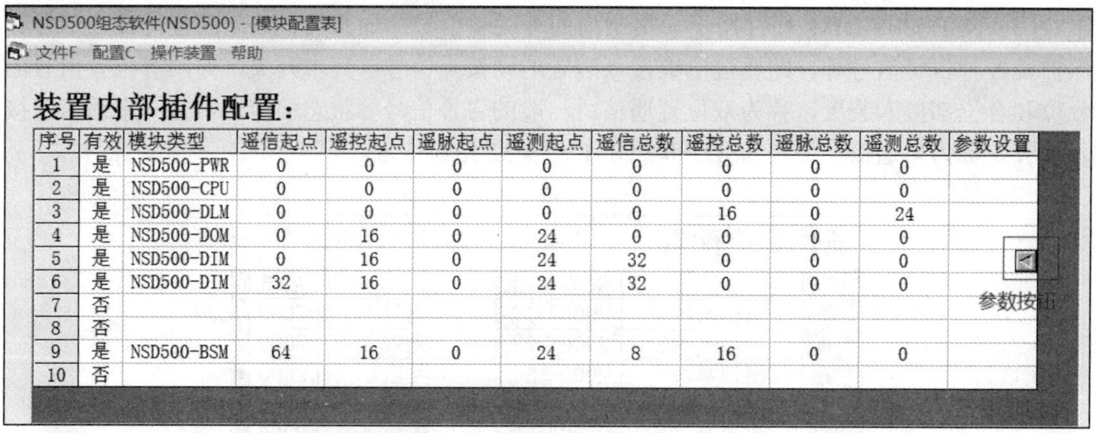

NSD500组态软件(NSD500) - [模块配置表]

文件F 配置C 操作装置 帮助

装置内部插件配置：

序号	有效	模块类型	遥信起点	遥控起点	遥脉起点	遥测起点	遥信总数	遥控总数	遥脉总数	遥测总数	参数设置
1	是	NSD500-PWR	0	0	0	0	0	0	0	0	
2	是	NSD500-CPU	0	0	0	0	0	0	0	0	
3	是	NSD500-DLM	0	0	0	0	0	16	0	24	
4	是	NSD500-DOM	0	16	0	24	0	0	0	0	
5	是	NSD500-DIM	0	16	0	24	32	0	0	0	
6	是	NSD500-DIM	32	16	0	24	32	0	0	0	
7	否										
8	否										
9	是	NSD500-BSM	64	16	0	24	8	16	0	0	
10	否										

（a）

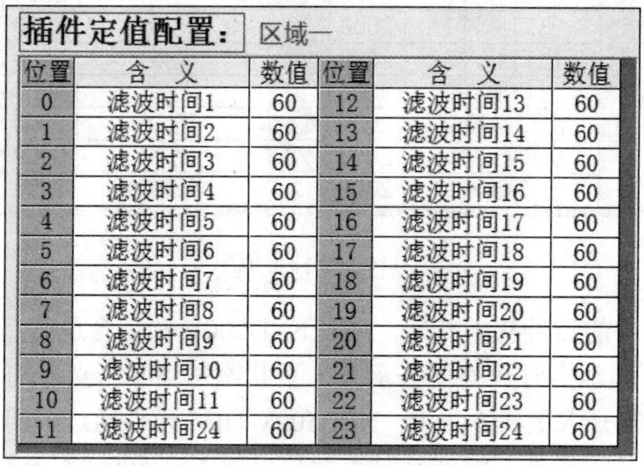

插件定值配置： 区域一

位置	含义	数值	位置	含义	数值
0	滤波时间1	60	12	滤波时间13	60
1	滤波时间2	60	13	滤波时间14	60
2	滤波时间3	60	14	滤波时间15	60
3	滤波时间4	60	15	滤波时间16	60
4	滤波时间5	60	16	滤波时间17	60
5	滤波时间6	60	17	滤波时间18	60
6	滤波时间7	60	18	滤波时间19	60
7	滤波时间8	60	19	滤波时间20	60
8	滤波时间9	60	20	滤波时间21	60
9	滤波时间10	60	21	滤波时间22	60
10	滤波时间11	60	22	滤波时间23	60
11	滤波时间24	60	23	滤波时间24	60

（b）

图 3-111 滤波延时等参数定义

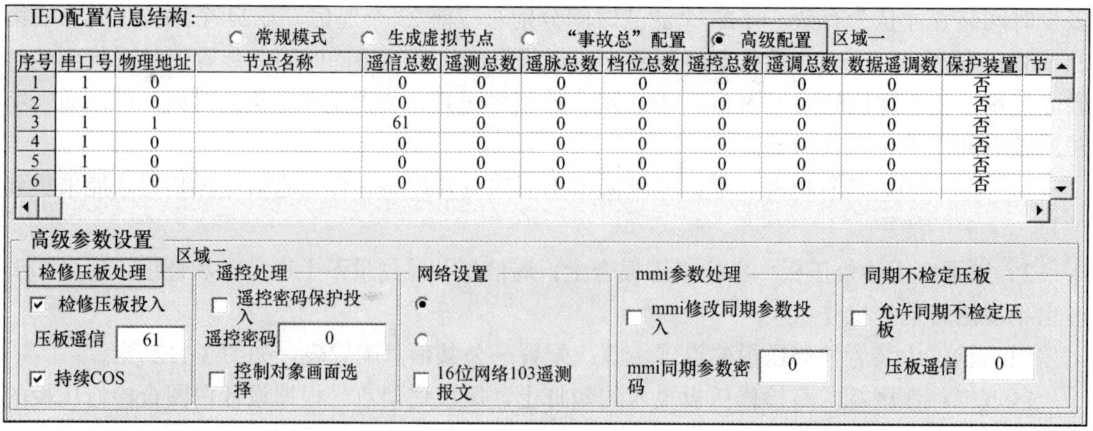

IED配置信息结构：

常规模式 生成虚拟节点 “事故总”配置 高级配置 区域一

序号	串口号	物理地址	节点名称	遥信总数	遥测总数	遥脉总数	档位总数	遥控总数	遥调总数	数据遥调数	保护装置	节
1	1	0		0	0	0	0	0	0	0	否	
2	1	0		0	0	0	0	0	0	0	否	
3	1	1		61	0	0	0	0	0	0	否	
4	1	0		0	0	0	0	0	0	0	否	
5	1	0		0	0	0	0	0	0	0	否	
6	1	0		0	0	0	0	0	0	0	否	

图 3-112 检修压板设置步骤

在远方调度和当地后台遥控操作时，NSD500V 的 DOM 板设置五防逻辑，实现调度和后台闭锁。在一次设备就地操作或者在测控屏上操作时：NSD500V 的 BSM 板设置五防逻辑，实现刀闸就地操作的五防闭锁。

NSD500V 单元测控装置设置了两个切换把手，分别用于切换"远方/当地"状态和"联锁/解锁"状态。当切换把手处于"远方"时，只有后台或调度的遥控命令被执行，当地面板的控制命令被禁止；当切换把手处于"当地"时，只有当地面板的控制命令被执行，遥控命令被禁止。"联锁/解锁"切换把手用于投/切控制闭锁功能。打到"联锁"位置进行逻辑闭锁检查。打到"解锁"位置则不进行逻辑闭锁检查。同样屏柜上也设置了"远方/当地"和"联锁/解锁"把手。假设各个切换开关和把手名称如下：

1SK：测控屏上联锁/解锁装置。

2SK：测控装置上联锁/解锁装置。

1KK：测控屏上的远方/就地把手。

2KK：测控装置上的远方/就地把手。

1QS：刀闸机箱中的远方/就地把手。

列举了几种遥控操作情况下切换开关和把手应处的状态，见表 3-5。

表 3-5　切换开关和把手应处状态对应表

名称	遥控操作需要验证五防	遥控操作不需要验证五防	刀闸就地操作（操作回路经过闭锁节点）	刀闸就地操作（操作回路不经过闭锁节点）
1SK	联锁/解锁	联锁/解锁	联锁	解锁
2SK	联锁	解锁	联锁	联锁/解锁
1KK	远方	远方	远方/就地	远方/就地
2KK	远方	远方	远方/就地	远方/就地
1QS	远方	远方	就地	就地

（5）组态文件的上装和下载。

用一根直联网线连接电脑和 NSD500V 装置，本组态软件与装置之间采用了 FTP 模式数据传输，需要将电脑设置如图 3-113 所示。

区域一：将电脑 IP 设置成 100.100.100.×的网段，子网掩码设置成 255.255.255.0，其余不用设置。

组态软件中下装参数设置如图 3-114 所示。

区域一：点击操作装置，弹出与装置进行数据传输的界面。

区域二：IP 设置为要下装参数的装置的 IP。

区域三：点击写入数据。

区域四：点击运行。参数就下装到装置。重启装置参数生效。

申请参数时在区域三点击"保存数据"。将装置参数申请出来后，点击"另存为"，保存为后缀为 nsc 的文件。

1）查看测控装置面板菜单"装置配置表"，记录 B 网 IP 地址（如为 100.100.100.1）。

2）修改之前先备份好的测控装置参数，将维护电脑与测控装置 B 网连接，运行 zutai.exe 程序，点击"操作装置"菜单，在弹出对话框中选中"读出参数"菜单，然后在 IP 地址栏中输入装置 B 网 IP 地址（100.100.100.1），最后点击"运行"，程序会自动打开参数。如图 3-115 所示。

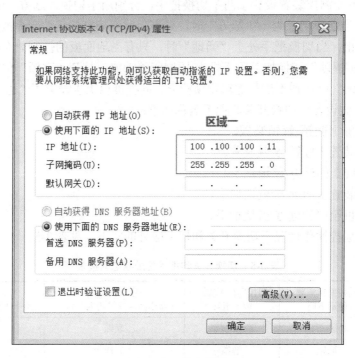

图 3-113　电脑设置

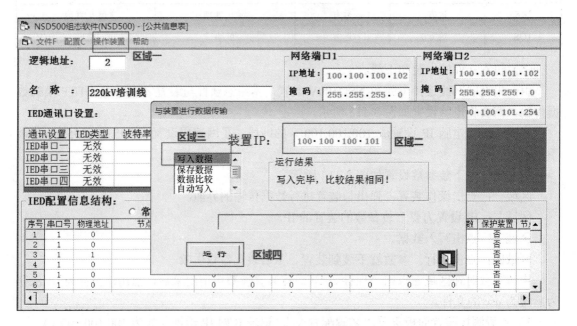

图 3-114　组态软件中下装参数设置

3）然后点击"文件"→"另存为"菜单，将参数备份为 nsc 类型的参数文件。如图 3-116 所示。

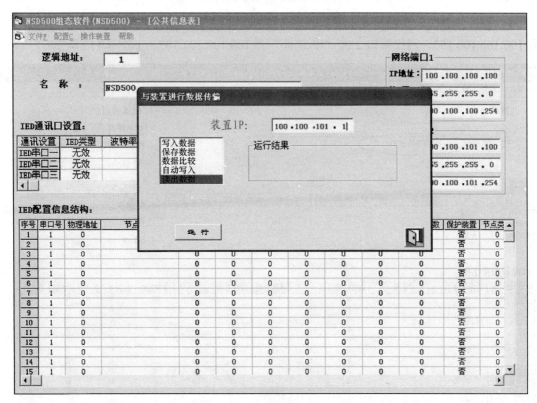

图 3-115　与装置进行数据传输

图 3-116　备份参数

4）修改装置逻辑地址为 7，修改名称为 220kV 某某线，修改网络端口 1 的"IP 地址"为 100.100.100.107，网络端口 2 的"IP 地址"为 100.100.101.107。如图 3-117 所示。

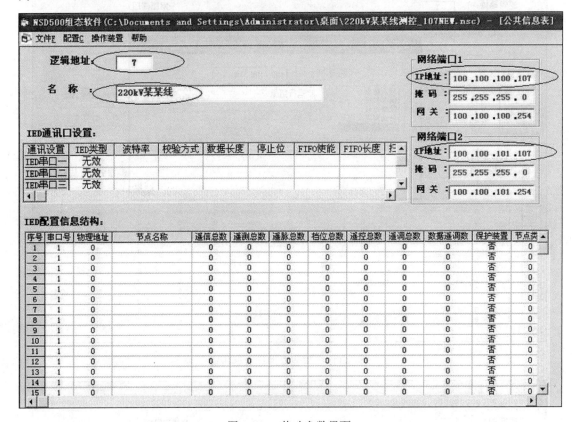

图 3-117   修改参数界面

5）把修改后的参数重新保存为新的备份文件"220kV 某某线测控_107new.nsc"。

6）将修改后的参数下装。点击"操作装置"菜单，在弹出对话框中选中"写入数据"菜单，在装置 IP 栏中输入测控装置当前的 B 网地址，然后点击"运行"。下装完毕后，重启装置，进入装置菜单，检查参数修改是否生效。如果修改正确，则可以把测控装置接入交换机。如图 3-118 所示。

四、测控装置现场典型问题

1. NSD500V 测控装置对时不准

现象：站内有两个 NSC200 总控，一个作通信接口（17），一个作远动转发（19），GPS 装置接在 17 总控上，可测控装置对时不准。

导致原因：排除装置本身及通信的原因，只能是总控参数配置上的问题。查看两个总控的配置，发现 17 总控的对时来源设置里"第一时间来源"是 GPS，"第二时间来源"是以太网 1；19 总控的对时来源设置跟 17 一样，因为：

（1）当 NSC200 总控没有接串口 GPS 的时候，选择对时来源"以太网 1"，此时只接收对时，不在网络上广播对时报文（小室总控没有 GPS 和调度）；

（2）当 NSC200 总控接有串口 GPS 的时候，选择对时来源"以太网 1"，此时只接收对时，不在网络上广播对时报文（小室总控有 GPS）；

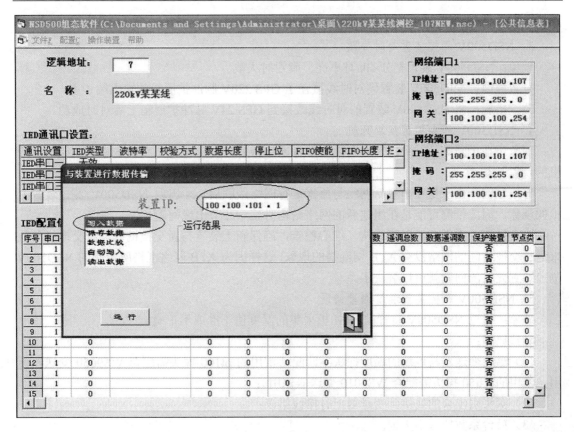

图 3-118　下装修改后参数

（3）当 NSC200 总控接有串口 GPS 或调度的时候，不选择对时来源"以太网 1"，在网络上广播对时报文（远动总控有 GPS 或调度）。

另外，NSD500、NSD263 装置以太网接收总控对时只能对到年、月、日、时、分，必须外接分脉冲硬对时才能对到秒。

改正措施：将 17 总控对时来源设置里"第一时间来源"选 GPS，其他时间来源不选。而 19 总控对时来源设置里"第一时间来源"选以太网 1，其他不选。

2. SOE 信号时间与 COS 信号时间相差大

现象：变电站与调度对信号时，调度端看到的 SOE 信号时间与 COS 信号时间相差大大超过 2s，此时查看后台相应信号的时间差也是一样的情况，而在后台及 NSD500 装置上看到的时间与 GPS 同步。

导致原因：NSD500V 装置的硬对时没有对上。虽然在 NSD500 装置上看到的时、分、秒均与 GPS 同步，但是这是由报文对时对上的，而秒及秒以下的时间是由硬对时对上的。如果测控装置的硬对时没有对上，则 SOE 信号的秒及秒以下的时间是不准确的。

改正措施：测控装置的硬对时可通过观察整分时，装置 CPU 板上的 CLK 灯是否点亮来查看。如果未点亮，则先查看测控柜端子排上的 GPS 端子，从 GPS 装置过来的外部输入一般只有一路，而一个测控柜上一般有 2～3 个装置，端子排上可能并没有将这 2～3 个内部接收端短接起来，所以容易造成一种假相，误认为 GPS 脉冲信号已经输入到各个装置，可实际上只有一个装置硬对时成功。显示装置状态字中，GPS 状态"？"也可以表示 GPS 异常，

GPS 状态"."表示 GPS 正常。

3. NSD500V 测控装置对时失败

现象：NSD500V 装置整分 clk 灯不亮，硬对时失败。

导致原因：NSD500V 装置硬对时线接在了 GPS 220V 脉冲扩展箱的输出端子上。

改正措施：将 NSD500V 装置的对时线改接到 GPS 24V 脉冲扩展箱上后对时成功。

4. NSD500V 测控装置频繁死机

现象：在把新测控装置的网络与原来运行网络级联后，出现新上 NSD500V 测控装置死机的现象。

导致原因：由于是在出现新网络与原来运行网络级联后，才出现 NSD500V 测控装置死机的现象，因此推测可能是在组建新的网络结构时某一环节出现问题。

改正措施：重新理清网络结构，细心检查，确保新上装置与新交换机以及新交换机与原来运行交换之间的网络没有 A、B 网混搭的现象。这样因为 A、B 网络混搭所引起的 NSD500V 测控装置死机的问题就可以解决了。

5. NSD500V 测控装置温度测量错误

现象：通过 NSD500V 装置的 AIM 板采集的温度值不准或不正确。

导致原因：

（1）温度变送器与现场的温度探头不匹配（常用的 pt100 探头需配合 WS9050 变送器使用；常用的 Cu50 探头需配合 WS9010 变送器使用）；

（2）探头引出来的线接到变送器上时接线错误；

（3）后台系数填写不正确；

（4）NSD500V 装置的 AIM 板 4-20mA/0-5V 跳线错误。

改正措施：

（1）注意观察现场的温度变送器与温度探头是否匹配，如不匹配，需更换变送器；

（2）对照变送器上的接线示意图看探头引出来的线接到变送器上是否正确，如不正确将接线改正；

（3）将后台系数对照变送器的输入输出范围正确换算后填写正确；

（4）根据变送器的输出正确跳线。变送器 4～20mA 输出时跳线柱跳上，变送器 0～5V 输出时跳线柱拿掉。

6. NSD500V 测控装置不上送工况

现象：变电站监控系统工况节点不能收到 NSD500V 装置的工况遥信。

导致原因：当站内有 NSD500V 装置时，只在总控节点配置里设一个通信介质为无效的工况节点还不够，还需再设一个通信介质为以太网一的工况节点，否则不能转 NSD500V 装置的工况遥信。

改正措施：再设一个通信介质为以太网一的工况节点。

7. NSD500V 测控装置遥测采样错误

现象：NSD500V 装置在做遥测试验，当试验台加 5A 电流时遥测采样值显示 1.2A，与实际值不符。

导致原因：装置 DLM 板上二次额定值设置成了 1A，导致遥测越限无法正确采样。

改正措施：将装置 DLM 板上的 4 个跳线柱跳上使 DLM 板上二次额定值设置成 5A 即可。

第三节　远　动

NSC300 通信控制器是变电站综合自动化系统的信息采集及处理中心，在变电站中处于站控层，它通过不同的通信介质和通信规约对变电站内各种装置的信息进行采集、分析及处理，形成标准的信息格式并通过模拟、数字或网络通道与集控中心和调度主站通信。NSC3000 通信控制器是一种采用实时操作系统开发的嵌入式多任务通信控制装置。

一、功能介绍

1. 实现与变电站内各种微机保护、测控装置、安全自动装置等智能设备的通信；
2. 将变电站内各种装置的遥信、遥测等信息传送至集控中心和调度主站；
3. 接收集控中心和调度主站的遥控、遥调命令并下发至变电站间隔层设备；
4. 支持多种远动通信规约，如 IEC 60870—5—101、IEC 60870—5—104、DNP、CDT 等；
5. 能够接收 GPS 和北斗时钟同步信息、统一系统时间；
6. 实现变电站内各种设备的通信状态监视；
7. 实现远动通道监视及切换等。

二、硬件结构及接口

（1）NSC300 通信控制器（以下统一简称为 NSC300 总控）面板结构及状态显示，如图 3-119 所示：

1）运行灯：闪烁表示主程序运行正常；

2）值班灯：仅主机闪烁，用以区分主机或备机；

3）正常灯：闪烁表示 RAM 数据正常；

4）校时灯：接收到 GPS 报文并解析成功后闪烁；

5）启动灯：总控启动十几秒后常亮，表示系统硬件初始化正常。

（2）NSC300 总控背板结构，如图 3-120 所示。

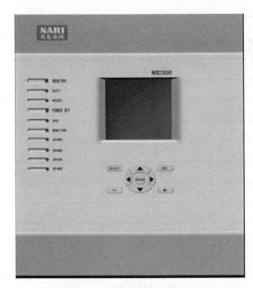

图 3-119　NSC300 通信控制器面板结构及状态显示

图 3-120　NSC300 总控背板结构

1）P60C（或 P60B）电源板：1P 位置，电源电压 220V/110V，交、直流通用，正常情况下＋5V 灯常亮。P60C 带失电输出节点，P60B 不带失电输出节点。

2）NET2-A4（或 NET2）扩展网卡：2P 位置，100M 速率，配置软件看门狗，自带独立 CPU。三个 RJ45 口从上往下分别对应 B 网（网口 2）、A 网（网口 1）和单板调试口，B 网、A 网通常接入站控层网络。

3）CPU4E（或 CPU4F）主板：3P 位置，INIT 灯总控启动十几秒后常亮表示系统硬件初始化正常，熄灭则代表总控死机。CAN 灯闪烁表示 RAM 数据正常。CPU4E 网口是电口，CPU4F 网口是光口。七个 RJ45 口从上往下分别对应：

①双机切换口：用于主、备远动总控互联，判别对侧总控状态用于切换主备机。

②内部配置口：用于恢复故障板件。

③串口 1：可接入外部设备。

④现场总线 CAN 网口 1 和 CAN 网口 2：可接入采用 CAN 网通信的设备。

⑤网口 1、网口 2：10M 速率，代表 A 网、B 网，建立连接后 Link 黄灯常亮，Act 绿灯闪烁。

⑥主 CPU 板通常用于申请、下装参数（网口 IP 地址可以在总控液晶面板上查看），不建议接入站控层网络。

4）S5C 串口板：4P 位置，固定与主 CPU 板相邻，七个 RJ45 口从上往下分别对应：

①串口 2：板件内部通过跳线选择 232/422/485 方式，有数据发送时 T1 黄灯闪，接收数据时 R1 绿灯闪。

②串口 3、4、5、6：同串口 2。

③网口 2、网口 1：100M 速率，代表 B 网、A 网，网口指示灯常灭，可用作调试维护、接入站控层网络、连接调度数据网 104。

5）S5A 串口板：5P、6P 位置，五个 RJ45 口分别对应 5 个串口，板件内部 232/422/485 跳线同串口 2。

串口板共包括 S5A、S5C、S5D 几种，S5A 不带网口，S5C 板带网口，S5D 板带 B 码对时。

（3）NSC300 总控网卡分布及特性，见表 3-6。

表 3-6　NSC300 总控网卡分布及特性

项　目	NET2/NET2-A4	CPU4E	S5C
是否支持 UDP 协议	是	是	是
是否支持 TCP/IP 协议	新版支持	是	是
是否支持 FTP 协议	是	是	是
是否能够传参数、程序（CPU 板）	否	是	是
是否能够传程序（扩展网卡）	是	否	否
速率	快	慢	较快
是否能够连接 104 规约	新版支持	是	是
是否能够连接 NSD500V 等网络设备	是（优先推荐）	是（装置少慎用，装置多禁用）	是
是否能够观察报文	否	是	是
设置 IP 地址的地方	系统参数（本机设置）扩展网络设置	系统参数（本机设置）本机网络设置	NSC200.Ini〉[PciNet0]/[PciNet1]

（4）NSC300 总控接线。通常总控背板配置见表 3-7。

表 3-7　通常总控背板配置表

电源板 （P60C）	PPC 板 （NET2-A4）	主 CPU 板 （CPU4E）	S5C 板	S5A 板	S5A 板
	以太网 2	双机通信口	串口 2	串口 7	串口 12
	以太网 1	内部配置口	串口 3	串口 8	串口 13
	调试口	串口 1	串口 4	串口 9	串口 14
		CAN1	串口 5	串口 10	串口 15
		CAN2	串口 6	串口 11	串口 16
		以太网 1	扩展 PCI 网口 2		
		以太网 2	扩展 PCI 网口 1		

1）P60C 电源板。

装置电源采用站内直流电源，两台总控的电源需采用不同来源的直流电源。每块电源板具有装置失电开出接点，接点通常接至站内公用测控或其他测控装置，并可上传至后台机和调度主站。

2）NET2-A4 板。

接入站控层网络时网口 2、网口 1 按照 RJ45 的标准线序分别接至站控层的 B 网、A 网交换机。

3）CPU4E 板。

①双机通信口：RJ45 一端是标准线序，另一端 7、8 芯互反。

②串口 1：该串口建议使用 232 方式，接线包括 RJ45 金属插针、串口板跳线、端子排接线三部分。

后视 RJ45 金属插针从上至下，见表 3-8。

表 3-8　串口 1 后视 RJ45 金属插针从上至下排列表

8	RS232/发
7	RS232/收
6	RS232/地
5	RS422/发＋
4	RS422/发－
3	RS422/收＋
2	RS422/收－
1	RS422/地

串口板跳线：将串口板拔下后，按照板上跳线说明选择三种通信方式"232/422/485"。如果是 RS485 通信方式，则在端子上把 RS-422/发＋和 RS-422/收＋短接作为 RS-485/A＋，把 RS-422/发-和 RS-422/收-短接作为 RS-485/B-。

端子排接线：端子排内侧接线同 RJ45 金属插针顺序，外侧与串口通信装置相连，注意收、发的对应。

③CAN 网 1、2：后视 RJ45 金属插针从上至下，见表 3-9。

表 3-9　CAN 网 1、2 后视 RJ45 金属插针从上至下排列表

8	
7	
6	
5	CAN_H
4	CAN_L
3	
2	
1	CAN GROUND

④网口 1、网口 2：

接入调度数据网 104 使用时按照 RJ-45 的标准线序连接调度数据网设备。

作为调试维护使用时可以用网线连接电脑登录总控进行操作，此时可以通过查看总控面板显示的网络地址将电脑设置成与之相同的网段。

4）S5C 板。

①串口 2、3、4、5、6：同串口 1 接线。

②网口 2、网口 1：可作为调试维护使用，也可以接入站控层网络或接入调度数据网 104，根据不同需要按照 RJ45 的标准线序分别连接不同设备。

5）S5A 板。

串口 7 至串口 16：同串口 1 接线，可以接入五防、直流、低周减载装置等。

三、参数及组态配置

1. NscAssist 组态调试软件

（1）NscAssist 组态调试软件功能。

NscAssist 组态调试软件是 NSC300 总控的专用组态及调试工具，主要有通道监视、数据浏览和组态设置三大功能模块。可方便地通过以太网与总控进行通信，实时监测总控各个通道的通道原码和规约报文，实时浏览总控所有数据以及对总控的通信规约、数据转发和数据处理等功能进行组态设置。

（2）NscToolsVer3.1b.55 组态调试软件安装。

运行组态安装包安装程序，默认安装在 C:\NscTools\ 下，然后将与 NSC300 总控程序版本相一致的参数包所有文件拷贝至 C:\NscTools 安装目录下的 NscPara 文件夹内，如 C:\NscTools\NscPara，再将 NscPara.ini 和 NscHelper.ini 两个文件复制到 C:\NscTools 下。

2. 参数设置

（1）系统参数，如图 3-121 所示。

1）本机设置。

①时钟设置：一般对时方式选择"接收对时"，第一对时来源选择"GPS"，表示总控通过串口与 GPS 通信接收 GPS 对时报文。

②本机网络设置：1 号网络 IP、2 号网络 IP 分别对应 CPU-4E 板网口 1、网口 2 的 IP 地址。

③扩展网络设置：指扩展网卡与站内装置通信的 IP 地址，与装置 IP 地址处于同一网段，最后一位一般从 27 开始向后排列。

图 3-121　系统参数设置

④其他设置：单击"其他组态设置"，系统会自动弹出 ProtocolMan 规约参数组态软件，且打开了对应的 nspara.par 文件。

2）遥控设置。

单击"计算遥信参数设置"，系统会自动弹出 ProtocolMan 规约参数组态软件，且打开了对应的 nsyxand.par 文件，可以进行与、或、非逻辑计算参数的设置。如图 3-122 所示。

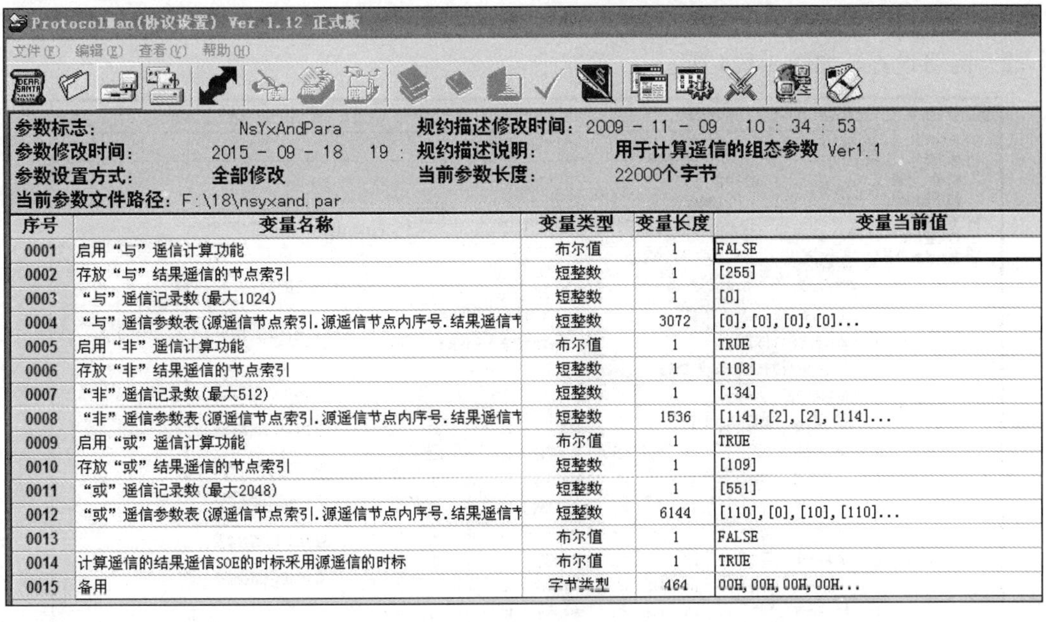

序号	变量名称	变量类型	变量长度	变量当前值
0001	启用"与"遥信计算功能	布尔值	1	FALSE
0002	存放"与"结果遥信的节点索引	短整数	1	[255]
0003	"与"遥信记录数(最大1024)	短整数	1	[0]
0004	"与"遥信参数表(源遥信节点索引.源遥信节点内序号.结果遥信节	短整数	3072	[0], [0], [0], [0]...
0005	启用"非"遥信计算功能	布尔值	1	TRUE
0006	存放"非"结果遥信的节点索引	短整数	1	[108]
0007	"非"遥信记录数(最大512)	短整数	1	[134]
0008	"非"遥信参数表(源遥信节点索引.源遥信节点内序号.结果遥信	短整数	1536	[114], [2], [2], [114]...
0009	启用"或"遥信计算功能	布尔值	1	TRUE
0010	存放"或"结果遥信的节点索引	短整数	1	[109]
0011	"或"遥信记录数(最大2048)	短整数	1	[551]
0012	"或"遥信参数表(源遥信节点索引.源遥信节点内序号.结果遥信节	短整数	6144	[110], [0], [10], [110]...
0013		布尔值	1	FALSE
0014	计算遥信的结果遥信SOE的时标采用源遥信的时标	布尔值	1	TRUE
0015	备用	字节类型	464	00H, 00H, 00H, 00H...

图 3-122　计算逻辑参数设置

（2）通信参数

1）串口设置：共包括 16 个串口，用于设置通过串口进行通信的设备。如图 3-123 所示。

①规约类型：装置通信使用的规约类型，如保护类、测控类、调度类、五防类等；

②规约名称：装置通信使用的规约名称，如 IEC103、华宁 GPS、部颁 IEC101 规约等；

③转发表：装置的转发表序号，与调度主站通信时才生效。

④波特率：装置的通信波特率，可选，一般保护常用 9600B/s 或 4800B/s，调度 IEC101 常用 1200B/s、600B/s，数字信号有时会选用 9600B/s。

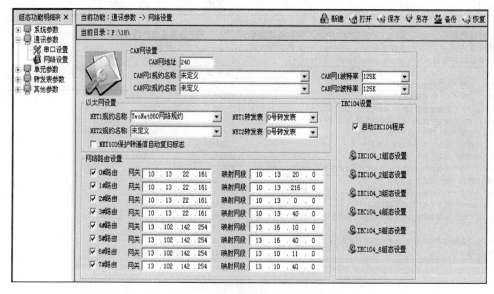

通讯口	规约类型	规约名称	转发表	波特率	校验方式	传输方式	遥控方式	数据位
串口1	专用类	华宁GPS规约	0号转发表	4800	无校验	RS485方式一	可遥控	8位
串口2	所有类	未定义	0号转发表	9600	无校验	RS422/RS232方式	可遥控	8位
串口3	所有类	未定义	0号转发表	9600	无校验	RS422/RS232方式	可遥控	8位
串口4	所有类	未定义	0号转发表	4800	无校验	RS422/RS232方式	可遥控	8位
串口5	调度类	华北CDT规约	1号转发表	600	无校验	RS422/RS232方式	可遥控	8位
串口6	所有类	未定义	0号转发表	600	无校验	RS422/RS232方式	可遥控	8位
串口7	所有类	未定义	0号转发表	9600	无校验	RS422/RS232方式	可遥控	8位
串口8	所有类	未定义	0号转发表	9600	无校验	RS422/RS232方式	可遥控	8位
串口9	所有类	未定义	0号转发表	4800	无校验	RS422/RS232方式	可遥控	8位
串口10	调度类	华北CDT规约	0号转发表	600	无校验	RS422/RS232方式	可遥控	8位
串口11	其它类	备用49号规约	0号转发表	1200	偶校验	RS422/RS232方式	可遥控	8位
串口12	所有类	未定义	0号转发表	9600	无校验	RS422/RS232方式	可遥控	8位
串口13	其它类	备用36号规约	0号转发表	9600	偶校验	RS422/RS232方式	可遥控	8位
串口14	其它类	备用36号规约	0号转发表	9600	偶校验	RS422/RS232方式	可遥控	8位
串口15	所有类	未定义	0号转发表	9600	无校验	RS422/RS232方式	可遥控	8位
串口16	所有类	未定义	0号转发表	9600	无校验	RS422/RS232方式	可遥控	8位

图 3-123 通信参数串口设置

⑤校验方式：装置的通信校验方式，一般调度 IEC101 常用偶校验，与其他厂家通信时需约定校验方式。

2）网络设置，如图 3-124 所示。

图 3-124 通信参数网络设置

①以太网设置：在"NET1 规约名称"处选择 Twonet860 网络规约或 Twonet103 网络规约。Twonet860 或 Twonet103 网络规约的选择与网卡有一定的关系，如果使用扩展网卡与站内装置通信选择 Twonet860 规约，如果使用 S5C 网卡与站内装置通信则选择 Twonet103。

②IEC104 设置：需打勾选中"启动 IEC104 程序"，表示启动 IEC104 程序。

③网络路由设置：包括 0～7 号共 8 路路由，根据需要依次打勾选用。"网关"处填写子站网关，"映射网段"处填写调度主站前置机 IP 地址。

以太网设置用于站内网络规约的设置，IEC104 设置和网络路由设置用于与调度主站的网络设置。

（3）单元参数。

其中节点设置，如图 3-125 所示。

节点索引	类型	1网IP地址	2网IP地址	站号	间隔号	通讯介质	节点地址	遥测数	遥信数	遥控数
0	未定义	100.100.100.28	100.100.101.28	0	0	无效	199	20	20	0
1	工况节点	100.100.100.28	100.100.101.28	0	0	以太网1	201	0	512	1
2	NSR	100.100.100.29	100.100.101.29	0	95	CAN网1	1	24	80	1
3	NSR	100.100.100.29	100.100.101.29	0	95	CAN网1	2	24	80	1
4	NSR	100.100.100.29	100.100.101.29	0	95	CAN网1	3	24	80	1
5	NSR	100.100.100.29	100.100.101.29	0	95	CAN网1	4	24	80	1
6	NSR	100.100.100.29	100.100.101.29	0	95	CAN网1	5	24	80	1
7	NSR	100.100.100.29	100.100.101.29	0	95	CAN网1	6	24	80	1
8	NSR	100.100.100.29	100.100.101.29	0	95	CAN网1	7	24	80	1
9	NSR	100.100.100.29	100.100.101.29	0	95	CAN网1	8	24	80	1
10	NSR	100.100.100.29	100.100.101.29	0	95	CAN网1	9	24	80	1
11	NSR	100.100.100.29	100.100.101.29	0	95	CAN网1	10	24	80	1
12	NSR	100.100.100.29	100.100.101.29	0	95	CAN网1	11	24	80	1
13	NSR	100.100.100.29	100.100.101.29	0	95	CAN网1	12	24	80	1

图 3-125 单元参数节点设置

1）类型：站内装置类型，如 NSD500 测控、NSR201R 保护等。

2）1 网 IP 地址、2 网 IP 地址：站内装置的 1 网、2 网 IP 地址，如果是通过串口通信的保护设备，则填写总控 IP 地址。

3）间隔号：站内装置单元地址。

4）通信介质：包括以太网、CAN 网、串口等。如果用扩展网卡与站内装置通信，通信介质为以太网 1，如果用 S5C 网卡与站内装置通信，通信介质为 CAN 网 1。如果是保护通过串口通信时，通信介质则填写对应串口设置里的串口号。

5）节点地址：如果是使用 NSD500 的四遥节点，节点地址固定填 1，如果使用 NSD500 的自诊断节点，节点地址固定填 0，如果是保护、保护测控或直流等设备，节点地址则填写装置单元地址。

（4）转发表参数。

可定义 4 张不同的转发表，分为状态量、模拟量、电度量，遥控转发表的定义在总控组态申请上来的 YkZF.par 文件中进行设置。

3. 组态设置

主要包括与站内装置通信设置、与调度主站通信设置、调度转发表设置、计算遥信的设置、总控数据描述的导入、总控组态申请与下装等。

（1）与站内装置通信。

打开 NscAssist 组态设置—单元参数—节点设置，如添加一台 NSD500 测控装置，如图 3-126 所示。

1）类型：选择 NSD500；

2）1 网 IP 地址和 2 网 IP 地址：分别填写 NSD500 测控装置的 IP 地址，如 100.100.100.101 和 100.100.101.101；

组态功能明细栏 ×	当前功能：单元参数 -> 节点设置									🐟新建 🖋打开 💾保存 📋另存 ⛏备份 🔄恢复	
⊞ 系统参数	当前目录：F:\18\										
⊞ 通讯参数	节点索引	类型	1网IP地址	2网IP地址	站号	间隔号	通讯介质	节点地址	遥测数	遥信数	遥控数
⊟ 单元参数	24	NSR	100.100.100.31	100.100.101.31	0	97	CAN网1	23	24	80	1
🖳 节点设置	25	NSR	100.100.100.31	100.100.101.31	0	97	CAN网1	24	24	80	1
🔧 电度表设置	26	NSR	100.100.100.31	100.100.101.31	0	97	CAN网1	25	24	80	1
⊞ 转发表参数	27	NSR	100.100.100.31	100.100.101.31	0	97	CAN网1	26	24	80	1
⊞ 其他参数	28	NSR	100.100.100.31	100.100.101.31	0	97	CAN网1	27	24	80	1
	29	NSR	100.100.100.31	100.100.101.31	0	97	CAN网1	28	24	80	1
	30	NSR	100.100.100.31	100.100.101.31	0	97	CAN网1	29	24	80	1
	31	NSR	100.100.100.31	100.100.101.31	0	97	CAN网1	30	24	80	1
	32	NSR	100.100.100.31	100.100.101.31	0	97	CAN网1	31	24	80	1
	33	NSR	100.100.100.29	100.100.101.29	0	95	CAN网1	32	24	85	1
	34	NSD500	100.100.100.101	100.100.101.101	0	1	以太网1	1	40	64	0
	35	NSD500	100.100.100.102	100.100.101.102	0	2	以太网1	1	0	32	0
	36	NSD500	100.100.100.103	100.100.101.103	0	3	以太网1	1	80	64	4
	37	NSD500	100.100.100.104	100.100.101.104	0	4	以太网1	1	80	64	4
	38	NSD500	100.100.100.105	100.100.101.105	0	5	以太网1	1	80	64	4
	39	NSD500	100.100.100.106	100.100.101.106	0	6	以太网1	1	80	64	2

图 3-126　与站内装置通信设置

3）间隔号：填写 NSD500 测控装置单元地址，如 1；

4）通信介质：填写以太网 1，表示使用扩展网卡与站内通信；

5）节点地址：填写 1，表示使用 NSD500 的四遥节点。

（2）与调度主站通信。

1）采用 IEC101 与调度主站通信。

①串口及规约设置。

打开 NscAssist 组态设置—通信参数—串口设置，在 16 个串口中分配一个串口用于与 IEC101 通信，例如串口 5，如图 3-127 所示。

a. 规约类型：选择调度类；

b. 规约名称：选择部分页 IEC 101 规约；

c. 转发表：选择 0～3 号转发表的其中一个，选中×号转发表之后，由 IEC101 规约给调度主站的转发数据就必须添加在×号转发表内；

d. 波特率：可选，具体由调度主站指定；

e. 校验方式：一般选择偶校验，具体由调度主站指定。

②IEC101 规约文件 nsgj101.par 设置。

选中对应的串口 5 一行，鼠标单击右键，选择"规约组态设置"，系统弹出 ProtocolMan 规约参数组态软件，需要对相关参数进行设置。如链路地址、遥信、遥测及遥控起始地址、SOE 时标类型、遥测上送类型等，遥信、遥测及遥控的起始地址分别为 0001（H）、4001（H）、6001（H）。

通讯口	规约类型	规约名称	转发表	波特率	校验方式	传输方式	遥控方式
串口1	专用类	华宁GPS规约	0号转发表	4800	无校验	RS485方式一	可遥控
串口2	所有类	未定义	0号转发表	9600	无校验	RS422/RS232方式	可遥控
串口3	所有类	未定义	0号转发表	9600	无校验	RS422/RS232方式	可遥控
串口4	所有类	未定义	0号转发表	4800	无校验	RS422/RS232方式	可遥控
串口5	调度类	部颁IEC101规约	1号转发表	1200	偶校验	RS422/RS232方式	可遥控
串口6	所有类	未定义	0号转发表	600	无校验	RS422/RS232方式	可遥控
串口7	所有类	未定义	0号转发表	9600	无校验	RS422/RS232方式	可遥控
串口8	所有类	未定义	0号转发表	9600	无校验	RS422/RS232方式	可遥控
串口9	所有类	未定义	0号转发表	4800	无校验	RS422/RS232方式	可遥控
串口10	调度类	华北CDT规约	0号转发表	600	无校验	RS422/RS232方式	可遥控
串口11	其他类	备用49号规约	0号转发表	1200	偶校验	RS422/RS232方式	可遥控
串口12	所有类	未定义	0号转发表	9600	无校验	RS422/RS232方式	可遥控
串口13	其他类	备用36号规约	0号转发表	9600	偶校验	RS422/RS232方式	可遥控
串口14	其他类	备用36号规约	0号转发表	9600	偶校验	RS422/RS232方式	可遥控
串口15	所有类	未定义	0号转发表	9600	无校验	RS422/RS232方式	可遥控
串口16	所有类	未定义	0号转发表	9600	无校验	RS422/RS232方式	可遥控

图 3-127　与调度主站通信设置

③串口跳线及外部接线：同串口 1。

2）采用国际 IEC104 与调度主站通信。

主要包括 IEC104 程序启动、网卡软件设置、路由参数设置、IEC104 版本选择、nsgj104.par 规约文件设置等几项。

①启动 IEC104 程序。

打开 NscAssist 组态设置→通信参数→网络设置，在 IEC104 设置部分，打勾选中"启动 IEC104 程序"。

②网卡软件设置。

通常 S5C 板网口用于与调度数据网 104 通信，网卡的软件设置在 Nsc200.ini 文件（总控申请出来的组态文件）中，找到[PciNet0]和[PciNet1]处，将 IP 和 Msak 修改为子站在 104 规约中的 IP 地址及子网掩码，如图 3-128 所示。

注意：PciNet0 对应 S5C 板上下面的网口，PciNet1 对应 S5C 板上上面的网口。

```
[PciNet0]
Ip=192.168.0.18
Mask=255,255,255,0
[PciNet1]
Ip=100.100.101.18
Mask=255,255,255,224
```

图 3-128　网卡软件设置

③路由参数设置。

打开 NscAssist 组态设置→通信参数→网络设置，在网络路由设置部分，根据需要依次打勾选中"*#路由"。如省调调度数据网 104 一平面子站网关 10.13.21.33，对应调度主站前置机 IP 为 10.13.0.9 与 10.13.0.10，二平面子站网关 13.102.130.254，对应调度主站前置机 IP 为 13.10.11.11 与 13.10.11.12，则路由设置如图 3-129 所示。

④选择 IEC104 版本。

打开 Nsc200.ini 文件（总控申请出来的组态文件），找到[NsIec104-Type]处，填写 CloseOldLink、Mode、Type*几项参数，如图 3-130 所示。

⑤IEC104 规约文件 nsgj104.par 设置。

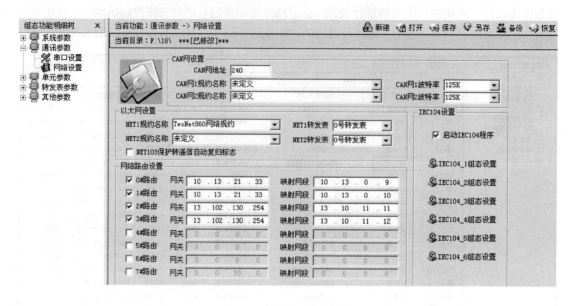

图 3-129　路由参数设置

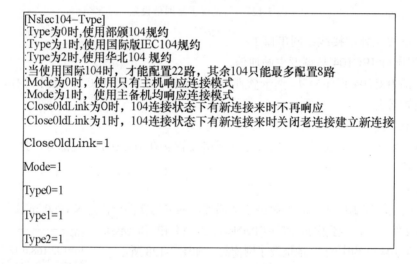

图 3-130　选择 IEC104 版本

打开 nsgj104.par（总控申请出来的组态文件），系统弹出 ProtocolMan 规约参数组态软件，第一路 IEC104（对应 Type0）的参数设置在串口 1 处，第二路 IEC104（对应 Type1）的参数设置在串口 2 处，依次类推。首先选择通信介质串口 1，如图 3-131 所示。

然后设置相关规约参数，如前置机 IP1 与前置机 IP2、端口号（十六进制为 964H）、ASDU 地址、遥信、遥测及遥控起始地址（分别为 0001H、4001H、6001H）、SOE 时标类型（分为三字节与七字节）、遥控类型（分为单点与双点）、转发表号等。如图 3-132 所示。

（3）转发表设置。

给调度主站转发的数据都在转发表里进行设置，与远动定值单对应。

1）状态量。

打开 NscAssist 组态设置→转发表参数→＊号转发表设置→状态量，如图 3-133 所示。

①转发序号：即调度主站数据库序号，总控状态量转发序号从 0 开始，需与调度主站起始点号对应；

ProtocolMan(协议设置) Ver 1.12 正式版
文件(F) 编辑(E) 查看(V) 帮助(H)
参数标志: NsIec104
规约描述修改时间: 2015 - 03 - 30 14 : 08 : 34
参数修改时间: 2016 - 10 - 13 10 :
规约描述说明: IEC104
参数设置方式: 各个修改
当前参数长度: 4008个字节
当前参数文件路径: F:\20170602(苏村远动备份)\81\NSGJ104.PAR
序号 变量名称 变量类型 变量长度 变量当前值
0001 前置机IP使用范围(1使用、0不使用、缺省：不使用) 字类型 1 0000H
0002 前置机IP1(或IP [10],[13],[0],[9]
0003 前置机IP2(或IP [10],[13],[0],[10]
0004 0000H
0005 允许设置端口号 0000H
0006 端口号(缺省：9 0964H
0007 0000H
0008 ASDU最大长度(最 [249]
0009 判别下行报文中 0001H
0010 判别下行报文中 0001H
0011 U格式下行报文S 0001H
0012 U格式下行报文S 0001H
0013 0000H
0014 k值(1 - 32767; [12]
0015 w值(1 - 32767; [8]
0016 t0值(1 - 255秒 [30]
0017 t1值(1 - 255秒; 缺省: 15) 短整数 1 [15]
选择通讯介质
确 认
通讯介质
CAN网1 串口4 串口9 串口14
CAN网2 串口5 串口10 串口15
串口1 串口6 串口11 串口16
串口2 串口7 串口12 以太网1
串口3 串口8 串口13 以太网2

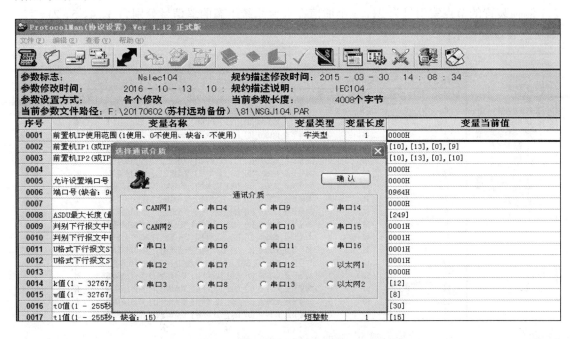

图 3-131　IEC104 规约文件 nsgj104.par 设置

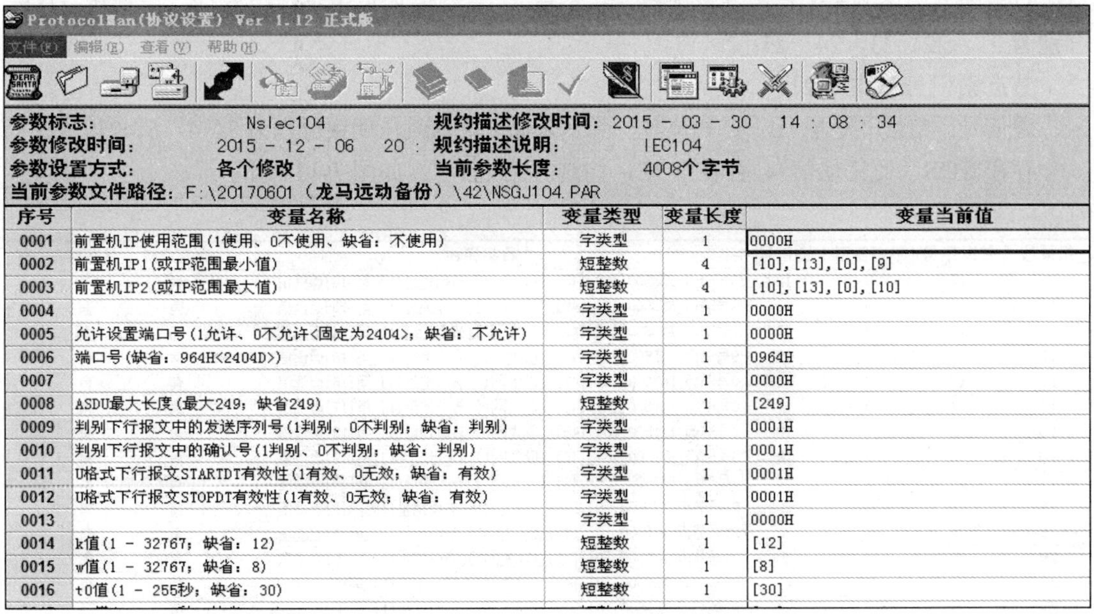

ProtocolMan(协议设置) Ver 1.12 正式版
文件(F) 编辑(E) 查看(V) 帮助(H)
参数标志: NsIec104
规约描述修改时间: 2015 - 03 - 30 14 : 08 : 34
参数修改时间: 2015 - 12 - 06 20 :
规约描述说明: IEC104
参数设置方式: 各个修改
当前参数长度: 4008个字节
当前参数文件路径: F:\20170601(龙马远动备份)\42\NSGJ104.PAR
序号 变量名称 变量类型 变量长度 变量当前值
0001 前置机IP使用范围(1使用、0不使用、缺省：不使用) 字类型 1 0000H
0002 前置机IP1(或IP范围最小值) 短整数 4 [10],[13],[0],[9]
0003 前置机IP2(或IP范围最大值) 短整数 4 [10],[13],[0],[10]
0004 字类型 1 0000H
0005 允许设置端口号(1允许、0不允许<固定为2404>；缺省：不允许) 字类型 1 0000H
0006 端口号(缺省：964H<2404D>) 字类型 1 0964H
0007 字类型 1 0000H
0008 ASDU最大长度(最大249；缺省249) 短整数 1 [249]
0009 判别下行报文中的发送序列号(1判别、0不判别；缺省：判别) 字类型 1 0001H
0010 判别下行报文中的确认号(1判别、0不判别；缺省：判别) 字类型 1 0001H
0011 U格式下行报文STARTDT有效性(1有效、0无效；缺省：有效) 字类型 1 0001H
0012 U格式下行报文STOPDT有效性(1有效、0无效；缺省：有效) 字类型 1 0001H
0013 字类型 1 0000H
0014 k值(1 - 32767；缺省：12) 短整数 1 [12]
0015 w值(1 - 32767；缺省：8) 短整数 1 [8]
0016 t0值(1 - 255秒；缺省：30) 短整数 1 [30]

图 3-132　设置相关规约参数

②节点索引：为转发遥信的节点索引号，对应总控节点设置中的节点索引号；

③遥信号：为转发遥信所在节点内的序号，对应后台系统组态中节点遥信的序号；

④存在 COS、存在 SOE：定义为"有"表示上送 COS 和 SOE 数据，否则无法上送。

如调度主站需增加 5 个遥信，分别为 211 开关 A、B、C 相位置，弹簧未储能，低气压闭锁 5 个信号，转发序号分别为 21、22、23、24、25，该调度主站对应的转发表为 2 号转发表，211 测控装置的节点索引号为 21，5 个遥信在后台系统组态的遥信号分别为 3、4、5、21、22。则转发表设置如下：

纪录号	转发序号	节点索引	遥信号	数据描述	存在COS	存在S
0	0	109	0	109号节点_合并遥信_[0]_[0]_[无效]_节点地址[101]_第[0]点遥信	有	有
1	1	44	0	44号节点_NSD500_[0]_[11]_[以太网1]_节点地址[1]_第[0]点遥信	有	有
2	2	45	0	45号节点_NSD500_[0]_[12]_[以太网1]_节点地址[1]_第[0]点遥信	有	有
3	3	46	0	46号节点_NSD500_[0]_[13]_[以太网1]_节点地址[1]_第[0]点遥信	有	有
4	4	40	0	40号节点_NSD500_[0]_[7]_[以太网1]_节点地址[1]_第[0]点遥信	有	有
5	5	36	0	36号节点_NSD500_[0]_[3]_[以太网1]_节点地址[1]_第[0]点遥信	有	有
6	6	48	0	48号节点_NSD500_[0]_[15]_[以太网1]_节点地址[1]_第[0]点遥信	有	有
7	7	41	0	41号节点_NSD500_[0]_[8]_[以太网1]_节点地址[1]_第[0]点遥信	有	有
8	8	37	0	37号节点_NSD500_[0]_[4]_[以太网1]_节点地址[1]_第[0]点遥信	有	有
9	9	55	0	55号节点_NSD500_[0]_[32]_[以太网1]_节点地址[1]_第[0]点遥信	有	有
10	10	42	0	42号节点_NSD500_[0]_[9]_[以太网1]_节点地址[1]_第[0]点遥信	有	有
11	11	38	0	38号节点_NSD500_[0]_[5]_[以太网1]_节点地址[1]_第[0]点遥信	有	有
12	12	17	19	17号节点_NSR_[0]_[95]_[CAN网1]_节点地址[16]_第[19]点遥信	有	有
13	15	59	0	59号节点_NSD500_[0]_[36]_[以太网1]_节点地址[1]_第[0]点遥信	有	有
14	16	54	0	54号节点_NSD500_[0]_[31]_[以太网1]_节点地址[1]_第[0]点遥信	有	有
15	20	58	0	58号节点_NSD500_[0]_[35]_[以太网1]_节点地址[1]_第[0]点遥信	有	有
16	21	57	0	57号节点_NSD500_[0]_[34]_[以太网1]_节点地址[1]_第[0]点遥信	有	有

图 3-133　状态量

点击转发表参数—2 号转发表选择"状态量"，右键追加记录，选择五行，设置转发序号分别为 21、22、23、24、25；

节点索引号：均为 21；

遥信号：211 开关 A、B、C 相位置，弹簧未储能，低气压闭锁分别为 3、4、5、21、22；

存在 COS（变化遥信）、存在 SOE，均选择为"有"。如图 3-134 所示。

当前目录：D:\17\

纪录号	转发序号	节点索引	遥信号	数据描述	存在COS	存在SOE	存
9	12	9	12	9号节点_NSD500_[0]_[45]_[以太网1]_节点地址[1]_第[12]点遥信	有	有	
10	13	9	13	9号节点_NSD500_[0]_[45]_[以太网1]_节点地址[1]_第[13]点遥信	有	有	
11	14	9	14	9号节点_NSD500_[0]_[45]_[以太网1]_节点地址[1]_第[14]点遥信	有	有	
12	15	9	15	9号节点_NSD500_[0]_[45]_[以太网1]_节点地址[1]_第[15]点遥信	有	有	
13	16	9	16	9号节点_NSD500_[0]_[45]_[以太网1]_节点地址[1]_第[16]点遥信	有	有	
14	17	9	17	9号节点_NSD500_[0]_[45]_[以太网1]_节点地址[1]_第[17]点遥信	有	有	
15	18	9	18	9号节点_NSD500_[0]_[45]_[以太网1]_节点地址[1]_第[18]点遥信	有	有	
16	19	9	19	9号节点_NSD500_[0]_[45]_[以太网1]_节点地址[1]_第[19]点遥信	有	有	
17	20	9	20	9号节点_NSD500_[0]_[45]_[以太网1]_节点地址[1]_第[20]点遥信	有	有	
18	21	21	3	21号节点_NSD500_[0]_[45]_[以太网1]_节点地址[1]_第[3]点遥信	有	有	
19	22	21	4	21号节点_NSD500_[0]_[45]_[以太网1]_节点地址[1]_第[4]点遥信	有	有	
20	23	21	5	21号节点_NSD500_[0]_[45]_[以太网1]_节点地址[1]_第[5]点遥信	有	有	
21	24	21	21	21号节点_NSD500_[0]_[45]_[以太网1]_节点地址[1]_第[21]点遥信	有	有	
22	25	21	22	21号节点_NSD500_[0]_[45]_[以太网1]_节点地址[1]_第[22]点遥信	有	有	

图 3-134　遥信号

2）模拟量。

打开 NscAssist 组态设置→转发表参数→＊号转发表设置→模拟量，如图 3-135 所示。

①系数值：转发遥测附加的系数。当上送一次值时，系数按照后台标度系数除以参比因子填写，如电流系数＝2047×CT 变比/（1.2×电流二次额定值）、电压系数＝2047×PT 变比/（1.2×电压二次额定值）、功率系数＝2047×PT 变比×CT 变比/（1.44×电压二次额定值×电流二次额定值）。当上送二次值时，系数为 1。

②基数值：转发遥测附加的基值，一般针对油温、频率而言。

纪录号	节点索引	遥测号	数据描述	系数值	基数值
0	44	13	44号节点_NSD500_[0]_[11]_[以太网1]_节点地址[1]_第[13]点遥测	[1.000000]	[0.000000]
1	44	14	44号节点_NSD500_[0]_[11]_[以太网1]_节点地址[1]_第[14]点遥测	[1.000000]	[0.000000]
2	44	8	44号节点_NSD500_[0]_[11]_[以太网1]_节点地址[1]_第[8]点遥测	[1.000000]	[0.000000]
3	45	13	45号节点_NSD500_[0]_[12]_[以太网1]_节点地址[1]_第[13]点遥测	[1.000000]	[0.000000]
4	45	14	45号节点_NSD500_[0]_[12]_[以太网1]_节点地址[1]_第[14]点遥测	[1.000000]	[0.000000]
5	45	8	45号节点_NSD500_[0]_[12]_[以太网1]_节点地址[1]_第[8]点遥测	[1.000000]	[0.000000]
6	46	13	46号节点_NSD500_[0]_[13]_[以太网1]_节点地址[1]_第[13]点遥测	[1.000000]	[0.000000]
7	46	14	46号节点_NSD500_[0]_[13]_[以太网1]_节点地址[1]_第[14]点遥测	[1.000000]	[0.000000]
8	46	8	46号节点_NSD500_[0]_[13]_[以太网1]_节点地址[1]_第[8]点遥测	[1.000000]	[0.000000]
9	40	13	40号节点_NSD500_[0]_[7]_[以太网1]_节点地址[1]_第[13]点遥测	[1.000000]	[0.000000]
10	40	14	40号节点_NSD500_[0]_[7]_[以太网1]_节点地址[1]_第[14]点遥测	[1.000000]	[0.000000]
11	40	8	40号节点_NSD500_[0]_[7]_[以太网1]_节点地址[1]_第[8]点遥测	[1.000000]	[0.000000]
12	41	13	41号节点_NSD500_[0]_[8]_[以太网1]_节点地址[1]_第[13]点遥测	[1.000000]	[0.000000]
13	41	14	41号节点_NSD500_[0]_[8]_[以太网1]_节点地址[1]_第[14]点遥测	[1.000000]	[0.000000]
14	41	8	41号节点_NSD500_[0]_[8]_[以太网1]_节点地址[1]_第[8]点遥测	[1.000000]	[0.000000]
15	42	13	42号节点_NSD500_[0]_[9]_[以太网1]_节点地址[1]_第[13]点遥测	[1.000000]	[0.000000]
16	42	14	42号节点_NSD500_[0]_[9]_[以太网1]_节点地址[1]_第[14]点遥测	[1.000000]	[0.000000]

图 3-135　模拟量

③变化阀值：变化遥测的变化大于此阀值后方能上送，一般为 0，可解决遥测刷新慢的问题。

如调度主站需增加 3 个遥测，分别为 211 开关 A 相电流、P、Q，转发序号为 45、46、47，该调度主站对应的转发表为 2 号转发表，211 测控装置的节点索引号为 21，3 个遥测在后台系统组态的遥测点号分别为 8、13、14，遥测按二次值上送。则转发表设置如下：

点击转发表参数，2 号转发表选择"模拟量"，右键追加记录，选择三行，设置转发序号分别为 45、46、47；

节点索引号：均为 21；

遥测号：分别为 8、13、14，最大值为 2047，最小值为－2047，系数值为 1，基数值为 0。如图 3-136 所示。

3）遥控设置。

需使用配置文件进行设置，打开 ykZf.par 文件（总控申请出来的组态文件），如图 3-136 所示。

①＊号遥控转发表名称：填写需要遥控设置的转发表对应的调度名称。

②＊号遥控转发表个数：转发遥控个数。

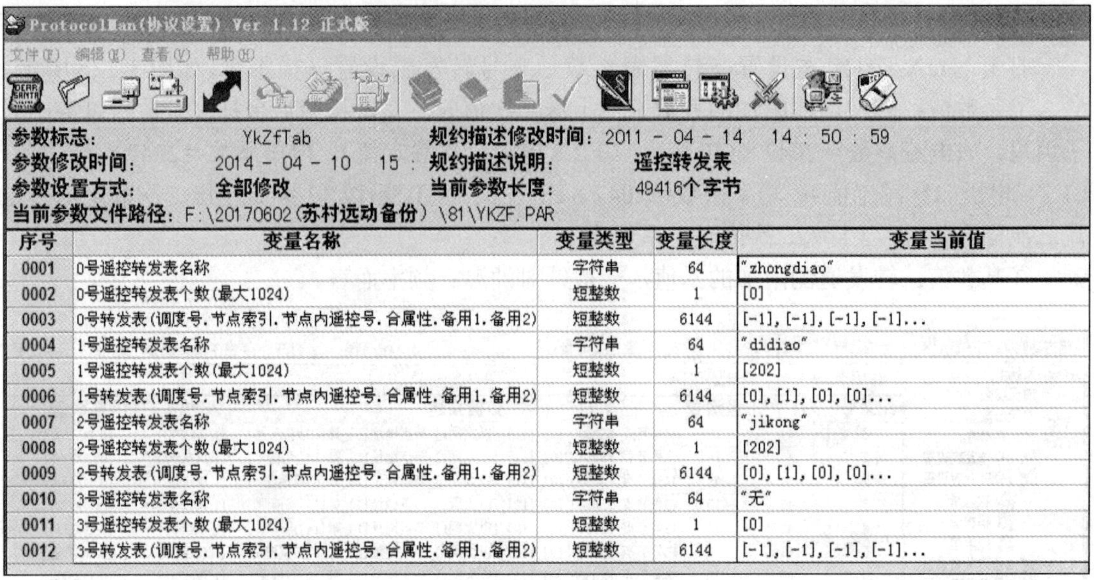

ProtocolMan(协议设置) Ver 1.12 正式版

文件(F) 编辑(E) 查看(V) 帮助(H)

参数标志: YkZfTab 规约描述修改时间: 2011 - 04 - 14 14 : 50 : 59
参数修改时间: 2014 - 04 - 10 15 : 规约描述说明: 遥控转发表
参数设置方式: 全部修改 当前参数长度: 49416个字节
当前参数文件路径: F:\20170602(苏村远动备份)\81\YKZF.PAR

序号	变量名称	变量类型	变量长度	变量当前值
0001	0号遥控转发表名称	字符串	64	"zhongdiao"
0002	0号遥控转发表个数(最大1024)	短整数	1	[0]
0003	0号转发表(调度号.节点索引.节点内遥控号.合属性.备用1.备用2)	短整数	6144	[-1],[-1],[-1],[-1]...
0004	1号遥控转发表名称	字符串	64	"didiao"
0005	1号遥控转发表个数(最大1024)	短整数	1	[202]
0006	1号转发表(调度号.节点索引.节点内遥控号.合属性.备用1.备用2)	短整数	6144	[0],[1],[0],[0]...
0007	2号遥控转发表名称	字符串	64	"jikong"
0008	2号遥控转发表个数(最大1024)	短整数	1	[202]
0009	2号转发表(调度号.节点索引.节点内遥控号.合属性.备用1.备用2)	短整数	6144	[0],[1],[0],[0]...
0010	3号遥控转发表名称	字符串	64	"无"
0011	3号遥控转发表个数(最大1024)	短整数	1	[0]
0012	3号转发表(调度号.节点索引.节点内遥控号.合属性.备用1.备用2)	短整数	6144	[-1],[-1],[-1],[-1]...

图 3-136　遥控设置

③*号转发表：定义遥控点号，点击“变量当前值”，如图 3-137 所示。

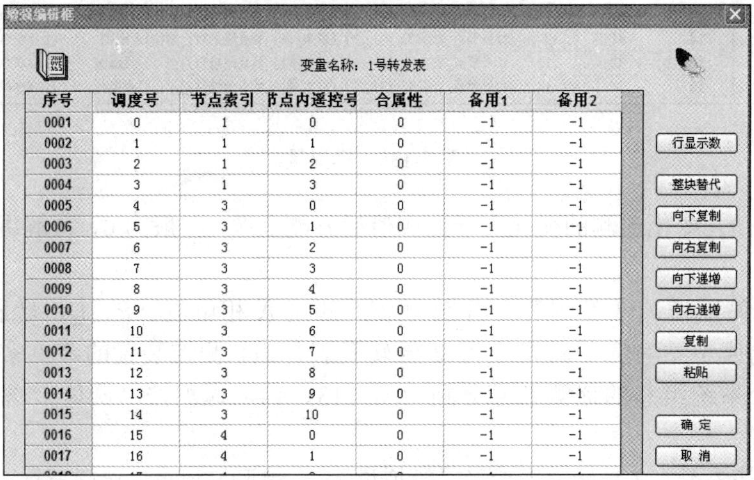

增强编辑框

变量名称：1号转发表

序号	调度号	节点索引	节点内遥控号	合属性	备用1	备用2
0001	0	1	0	0	-1	-1
0002	1	1	1	0	-1	-1
0003	2	1	2	0	-1	-1
0004	3	1	3	0	-1	-1
0005	4	3	0	0	-1	-1
0006	5	3	1	0	-1	-1
0007	6	3	2	0	-1	-1
0008	7	3	3	0	-1	-1
0009	8	3	4	0	-1	-1
0010	9	3	5	0	-1	-1
0011	10	3	6	0	-1	-1
0012	11	3	7	0	-1	-1
0013	12	3	8	0	-1	-1
0014	13	3	9	0	-1	-1
0015	14	3	10	0	-1	-1
0016	15	4	0	0	-1	-1
0017	16	4	1	0	-1	-1

行显示数 整块替代 向下复制 向右复制 向下递增 向右递增 复制 粘贴 确定 取消

图 3-137　定义遥控点号

④调度号：调度主站数据库的遥控点序号。

⑤节点索引：为转发遥控的节点索引号，对应总控节点设置中的节点索引号。

⑥节点内遥控号：为转发遥控所在节点内的序号，对应后台系统组态中节点遥控的序号。

如调度主站需增加 1 个遥控，遥控对象为 211 开关，遥控转发序号为 12，该调度主站对应的转发表为 2 号转发表，211 测控装置的节点索引号为 21，211 开关在后台系统组态的遥控点号为 0。则遥控转发文件 ykZf.par 设置如下：

找到 2 号转发表一行，点击“变量当前值”，如图 3-138 所示。

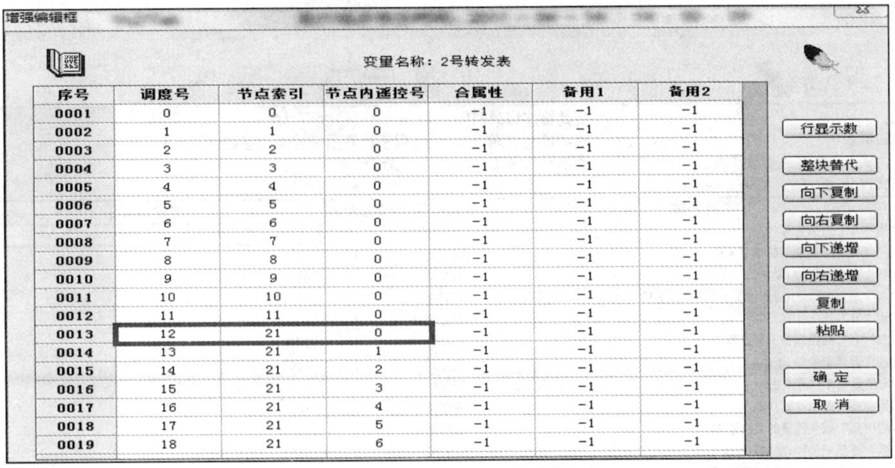

序号	调度号	节点索引	节点内遥控号	合属性	备用1	备用2
0001	0	0	0	−1	−1	−1
0002	1	1	0	−1	−1	−1
0003	2	2	0	−1	−1	−1
0004	3	3	0	−1	−1	−1
0005	4	4	0	−1	−1	−1
0006	5	5	0	−1	−1	−1
0007	6	6	0	−1	−1	−1
0008	7	7	0	−1	−1	−1
0009	8	8	0	−1	−1	−1
0010	9	9	0	−1	−1	−1
0011	10	10	0	−1	−1	−1
0012	11	11	0	−1	−1	−1
0013	12	21	0	−1	−1	−1
0014	13	21	1	−1	−1	−1
0015	14	21	2	−1	−1	−1
0016	15	21	3	−1	−1	−1
0017	16	21	4	−1	−1	−1
0018	17	21	5	−1	−1	−1
0019	18	21	6	−1	−1	−1

图 3-138　遥控转发文件 ykZf.par 设置

（4）计算遥信设置。

1）增加虚拟节点（用于存放计算后的遥信）。

打开 NscAssist 组态设置→单元参数→节点设置，增加 1 个节点，如图 3-139 所示。

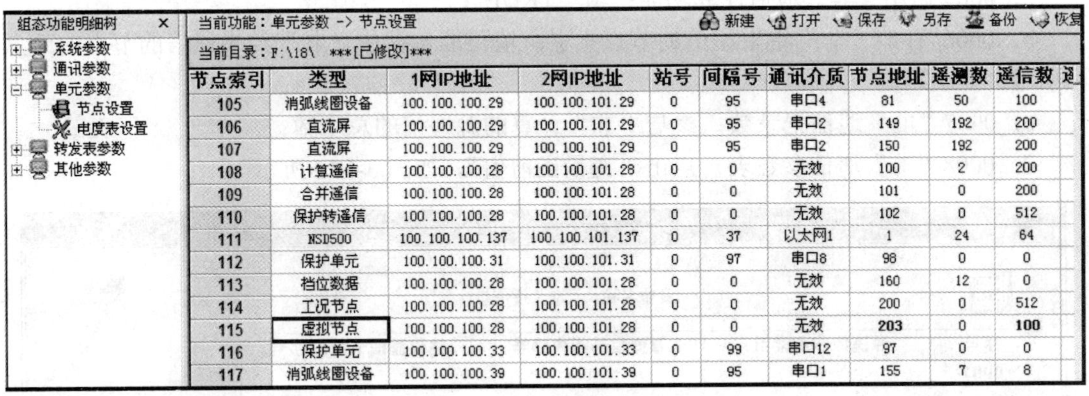

节点索引	类型	1网IP地址	2网IP地址	站号	间隔号	通讯介质	节点地址	遥测数	遥信数
105	消弧线圈设备	100.100.100.29	100.100.101.29	0	95	串口4	81	50	100
106	直流屏	100.100.100.29	100.100.101.29	0	95	串口2	149	192	200
107	直流屏	100.100.100.29	100.100.101.29	0	95	串口2	150	192	200
108	计算遥信	100.100.100.28	100.100.101.28	0	0	无效	100	2	200
109	合并遥信	100.100.100.28	100.100.101.28	0	0	无效	101	0	200
110	保护转遥信	100.100.100.28	100.100.101.28	0	0	无效	102	0	512
111	NSD500	100.100.100.137	100.100.101.137	0	37	以太网1	1	24	64
112	保护单元	100.100.100.31	100.100.101.31	0	97	串口8	98	0	0
113	档位数据	100.100.100.28	100.100.101.28	0	0	无效	160	12	0
114	工况节点	100.100.100.28	100.100.101.28	0	0	无效	200	0	512
115	虚拟节点	100.100.100.28	100.100.101.28	0	0	无效	203	0	100
116	保护单元	100.100.100.33	100.100.101.33	0	99	串口12	97	0	0
117	消弧线圈设备	100.100.100.39	100.100.101.39	0	95	串口1	155	7	8

图 3-139　增加虚拟节点

①类型：选择虚拟节点。

②1 网 IP 地址和 2 网 IP 地址：分别填写本机（总控）的 IP 地址，建议填写扩展网卡的 IP 地址，如 100.100.100.28 和 100.100.101.28。

③通信介质：填无效。

④节点地址：填 203，虚拟节点地址习惯设置为比较大的数，一般是 200 以后。

⑤遥信数：填 100，遥信数量要大于虚拟生成的遥信个数。

注意：与、或、非三个不同逻辑计算数据需建立 3 个虚拟节点，不可以一个虚拟节点内有多个逻辑计算结果。

2）计算遥信合成。

①“非”计算遥信。

一般“非”计算遥信主要用于站内装置通信中断信号。打开 NscAssist 组态设置→系统参数→遥控设置，在“遥控参数设置”部分左键单击“计算遥信参数设置”，系统会自动弹出 ProtocolMan 规约参数组态软件，且打开了对应的 nsyxand.par 文件，如图 3-140 所示。

图 3-140　"非"计算遥信

a. 0005 启用"非"遥信计算功能：填"TRUE"；

b. 0006 存放"非"结果遥信的节点索引：填写准备存放"非"结果遥信的节点的节点索引号；

c. 0007"非"遥信记录数：参与"非"计算的源遥信的总个数；

d. 0008"非"遥信参数表，点击"变量当前值"。如图 3-141 所示。

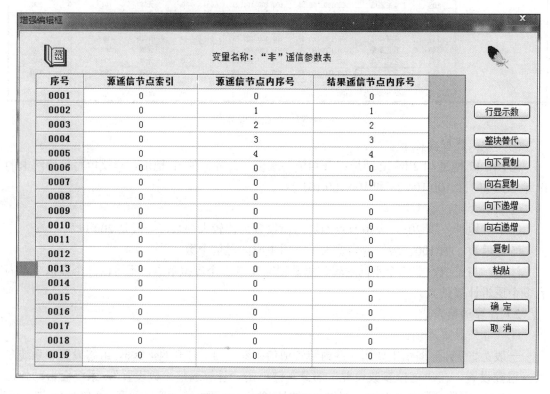

图 3-141　"非"遥信参数表

其中“结果遥信节点内序号”指的是结果遥信分配在虚拟装置内的新遥信点号。

②“或”计算遥信。

a．0009 启用“或”遥信计算功能：填“TRUE”；

b．0010 存放“或”结果遥信的节点索引：填写准备存放“或”结果遥信的节点的节点索引号；

c．0011“或”遥信记录数：参与“或”计算的源遥信的总个数；

d．0012“或”遥信参数表，点击“变量当前值”，如图 3-142 所示。

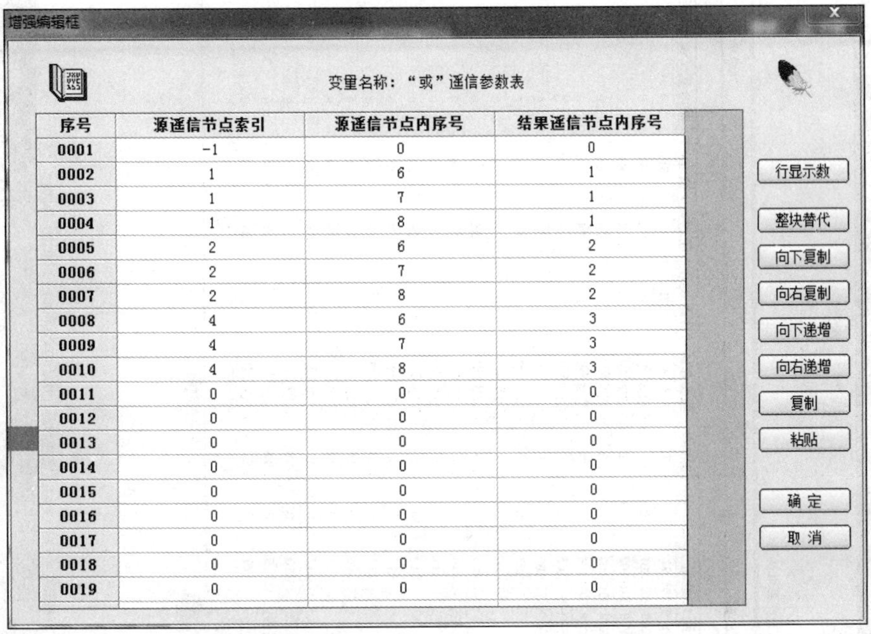

序号	源遥信节点索引	源遥信节点内序号	结果遥信节点内序号
0001	-1	0	0
0002	1	6	1
0003	1	7	1
0004	1	8	1
0005	2	6	2
0006	2	7	2
0007	2	8	2
0008	4	6	3
0009	4	7	3
0010	4	8	3
0011	0	0	0
0012	0	0	0
0013	0	0	0
0014	0	0	0
0015	0	0	0
0016	0	0	0
0017	0	0	0
0018	0	0	0
0019	0	0	0

图 3-142　“或”遥信参数表

其中“结果遥信节点内序号”为 2 的计算遥信合并了三个遥信点，合并的是节点索引号为 2 遥信号分别为 6、7、8 的遥信。

（5）NSC300 总控数据描述的导入。

Nsc300 总控作为数据处理单元，本身不具备数据节点和四遥数据点的名称符号表设置功能。为了方便现场调试和运行中简单的数据浏览，NscAssist 调试维护软件提供了一个从后台数据库生成的数据描述文件里生成总控符号表的功能，用来对应总控转发表里的数据名称。

1）生成数据描述文件。

打开 NS2000 后台，使用权限较高的用户登陆系统，然后进入系统组态，分别打开逻辑节点定义表、遥信表、遥测表三张表，另存为三个*.txt 文件。

2）读取数据描述文件。

使用 NscAssist 组态工具，打开参数备份，进入“单元参数”中的“节点设置”，单击右键弹出对话框，选择“装载符号表”，如图 3-143 所示。

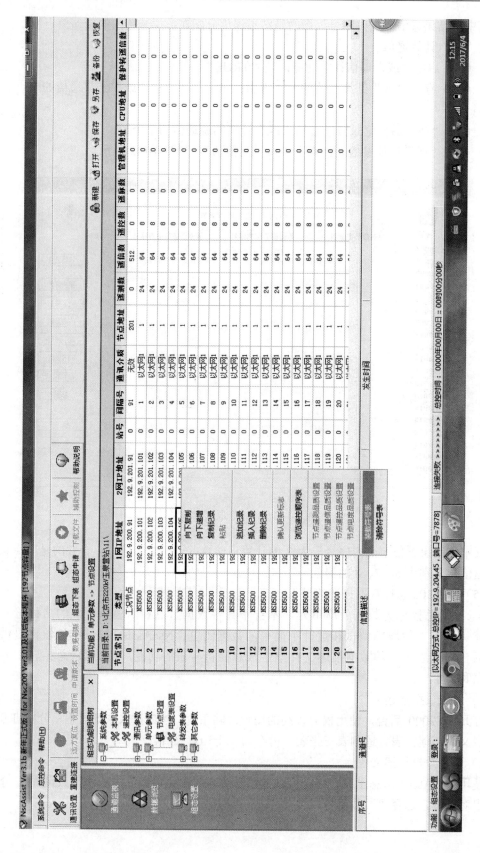

图 3-143　读取数据描述文件

弹出告警窗，点击"是"后，如图 3-144 所示。

图 3-144 装载参数符号表

①逻辑节点名称：选择事先保存的"逻辑节点定义表.txt"文件。

a. 节点名称列号：为"逻辑节点名称"的列号，需对应到后台系统组态中逻辑节点定义表中的"逻辑节点名称"所在的实际列号，一般为"1"；

b. 节点地址列号：为"装置地址"的列号，对应于逻辑节点定义表中的"装置地址"的实际列号，一般为 3；

c. 1 网 IP1 列号、1 网 IP2 列号：为"A 网、B 网 IP 地址"的列号，对应于逻辑节点定义表中的"A 网、B 网 IP 地址"。

②遥控名称：选择"遥信表.txt"文件。

a. 遥控名称列号：为"遥信名称"的列号，需对应到后台系统组态中遥信表中的"遥信名称"所在的实际列号，一般为 1；

b. 节点名称列号：为"遥控逻辑节点名"的列号，对应于遥信表中的"遥控逻辑节点名"所在的实际列号；

c. 遥控号列号：为"遥控号"的列号，对应于遥信表的"遥控号"所在的实际列号。

③遥信名称：选择"遥信表.txt"文件；

a. 遥信名称列号：为"遥信名称"的列号，需对应到后台系统组态中遥信表中的"遥信名称"所在的实际列号；

b. 节点名称列号：为"遥信逻辑节点名"的列号，对应于遥信表中的"遥信逻辑节点名"所在的实际列号；

c．遥信号列号：为"遥信号"的列号，对应于遥信表中的"遥信号"所在的实际列号。

④遥测名称：选择"遥测表.txt"文件。

a．遥测名称列号：为"遥测名称"的列号，需对应到后台系统组态中遥测表中的"遥测名称"所在的实际列号；

b．节点名称列号：为"遥测逻辑节点名"的列号，对应于遥测表中的"遥测逻辑节点名"所在的实际列号。

c．遥测号列号：为"遥测号"的列号，对应于遥测表中的"遥测号"所在的实际列号。

选择完毕按"确定"成功后会有提示，这样就可以看到转发表里数据描述的具体名称。

（6）NSC300 总控组态申请与下装。

NSC300 总控组态申请与下装可以通过后台机或电脑进行操作，前提是将 NSC300 总控相关组态软件安装到后台机或电脑上。如果使用电脑进行操作需要将电脑的 IP 地址设置成与总控 IP 在同一网段。

1）组态申请

首先在后台机或电脑某盘符下创建一个新文件夹，建议创建在 D 盘或者 E 盘的根目录下，不推荐在桌面上创建。文件夹一般命名为总控 IP 地址的最后一位，如 D：\17\。

双击打开 NscAssist 组态调试软件，用户名及密码处按回车跳过，点击"组态申请"按钮后如图 3-145 所示。

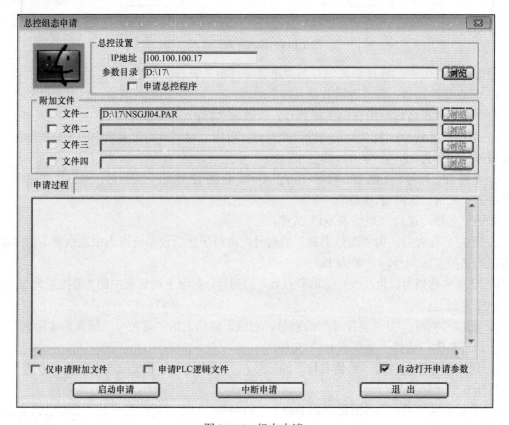

图 3-145　组态申请

①IP 地址：待申请组态的总控 IP 地址，当使用后台机或电脑连接 S5C 板网口时 IP 地址为 Nsc200.ini 文件里 PciNet0 或 PciNet1 的 IP 地址，当使用电脑连接 CPU4E 板网口时 IP 地址为总控液晶面板的网络地址。

②参数目录：存放组态参数文件的目录名，如 D：\17\。

③申请总控程序：在申请组态参数的同时也申请 Nsc300 总控的 VxWorks 程序。

④附加文件：在标准配置的组态参数外，另外需要申请的文件名。

输入相关内容后点击"启动申请"，大约 30～40s 左右，数据申请结束会在提示框里有显示。如果我们需要申请总控程序，就在"申请总控程序"这里打勾，随着其他参数一起申请到 D：\17\的文件夹中。

2）组态下装。

双击打开 NscAssist 组态调试软件，点击"组态下装"按钮后如图 3-146 所示。

图 3-146　组态下装

其中 IP 地址、参数目录、附加文件等项的设置同组态申请。然后点击"启动传输"按钮，大约 30～40s 左右会把系统需要的文件打包传送到总控中。

3）"附加文件"的使用。

正常的组态申请和下装都是打包方式，一次性申请或下装数十个文件（具体文件数量及名称见 filelink.ini）。如果只需要申请或下装某一个文件时，可以点击"仅传输附加文件"按钮，然后在"附加文件"处输入需要单独申请或下装的文件路径及文件名，这样 filelink.ini 里的批量文件不再冗余传输，传输时间减少很多，一个文件传输仅 1～2s。但是总控组态中一些特殊文件是不参与打包申请和下装的，如 Vxworks 的下装、Nsgj104.par 和 Swnet.par 的申请和下装等，这几个文件如果申请和下装必须单独列出。

（7）参数及组态配置注意事项。

1）参数设置。

①NSC300 总控的通用程序 Vxworks 共有 3 个，分别提供给 CPU4E 板、NET2 板、NET-A4 板使用，3 块板件的程序不可混用，CPU 主程序与扩展网卡程序版本要配套使用，程序与参数版本也要配套使用；

②调试、维护时首先将参数从总控（一般是备用总控）中申请出来才能进行修改或下装，然后切为主机，实验正确后再操作另一台。

2）组态设置。

①进行修改配置或更换程序等工作时切勿对两台总控同时操作或关掉其中一台对另外一台进行操作；

②与、或、非、档位等计算的结果需建立、存放在不同的虚拟节点，即一个节点仅参与完成一种功能。

3）总控重启。

①重启一台总控前需确认另一台总控各节点数据正常刷新、总控运行正常、与各调度主站通信正常等，防止双机切换时另一台总控异常无法正常工作；

②重启总控时采用断电重启方式，禁止采用组态工具软重启，因为软重启不彻底可能会出现上送调度主站的数据紊乱情况；

③总控重启后需等待 3min 左右再进行主、备切换操作，防止总控重启后在数据初始化尚未完成的情况下切机导致将错误数据上送给调度主站。

4．NSC300 总控数据浏览

（1）转发数据。

1）转发状态量如图 3-147 所示。

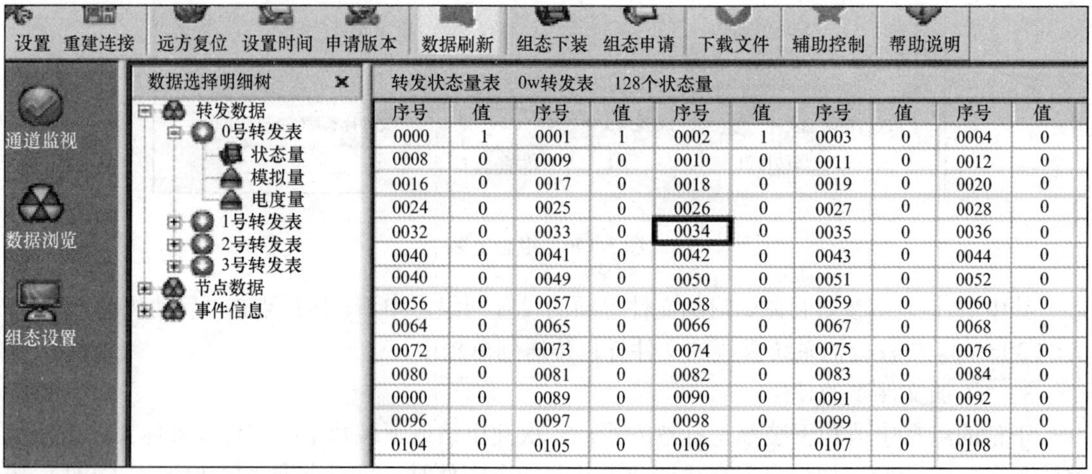

图 3-147　转发状态量

①序号：遥信转发表序号。

②值：遥信值，"0"表示分，"1"表示合。由此可以判断总控给调度主站所发遥信是否正确。

2）转发模拟量。

模拟量可以按十进制原码值、十六进制原码值和经过系数值、基数值处理后的实际值等三种方式显示。按实际值显示如图 3-148 所示。

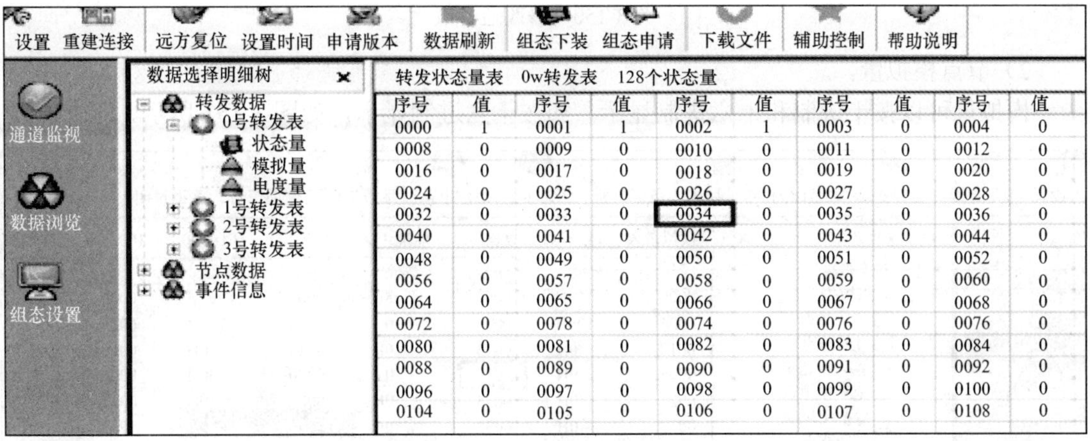

图 3-148　转发模拟量

（2）节点数据。

1）节点状态量如图 3-149 所示。

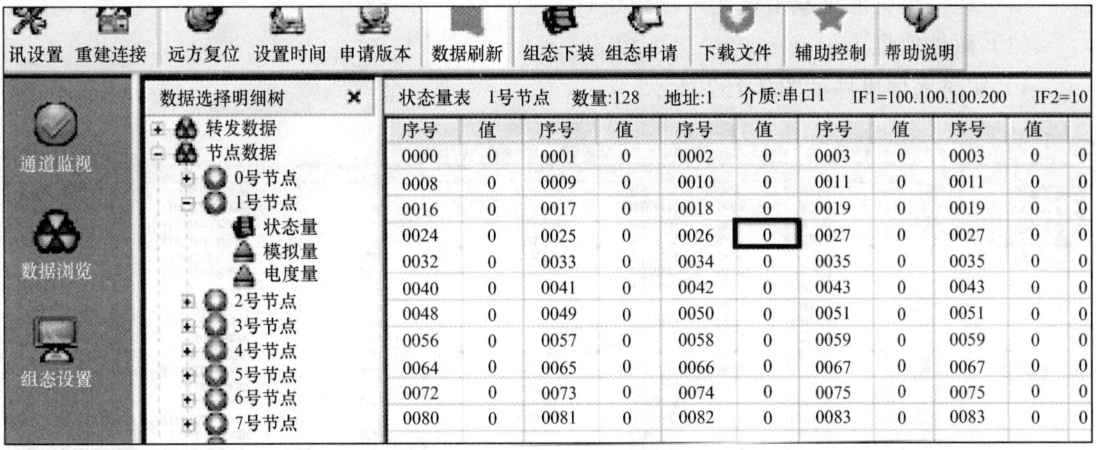

图 3-149　节点状态量

①序号：装置内遥信顺序。

②值：遥信值，"0"表示分，"1"表示合。

节点遥信可通过双击选定遥信值进行人工置位，并同时产生遥信 COS 及 SOE，一次允许修改一个遥信值，方便与调度主站调试用以核对数据库的一致。如图 3-150 所示。

修改状态量值
指定状态值
分位状态
合位状态
确 认
取 消

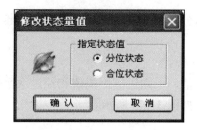

图 3-150 修改通信值

2）节点模拟量。

模拟量可以按十进制和十六进制显示。如按十六进制显示，如图 3-151 所示。

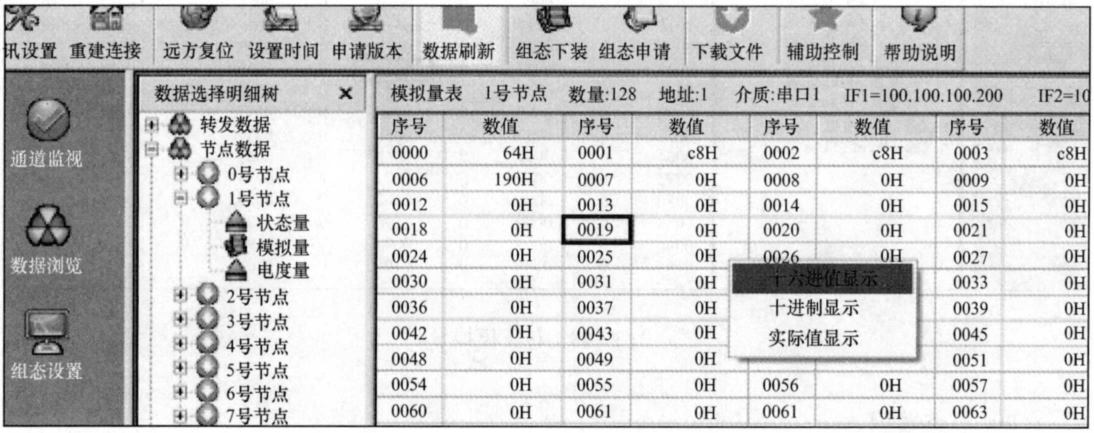
讯设置 重建连接 远方复位 设置时间 申请版本 数据刷新 组态下装 组态申请 下载文件 辅助控制 帮助说明
通道监视
数据浏览
组态设置
数据选择明细树
转发数据
节点数据
0号节点
1号节点
状态量
模拟量
电度量
2号节点
3号节点
4号节点
5号节点
6号节点
7号节点
模拟量表 1号节点 数量:128 地址:1 介质:串口1 IF1=100.100.100.200
序号 数值 序号 数值 序号 数值 序号 数值
0000 64H 0001 c8H 0002 c8H 0003 c8H
0006 190H 0007 0H 0008 0H 0009 0H
0012 0H 0013 0H 0014 0H 0015 0H
0018 0H 0019 0H 0020 0H 0021 0H
0024 0H 0025 0H 0026 0H 0027 0H
0030 0H 0031 0H 0033 0H
0036 0H 0037 0H 0039 0H
0042 0H 0043 0H 0045 0H
0048 0H 0049 0H 0051 0H
0054 0H 0055 0H 0056 0H 0057 0H
0060 0H 0061 0H 0061 0H 0063 0H
十六进值显示
十进制显示
实际值显示

图 3-151 节点模拟量

节点遥测也可通过双击选定遥测值进行人工置数。

（3）事件信息。

1）实时遥信事件如图 3-152 所示。

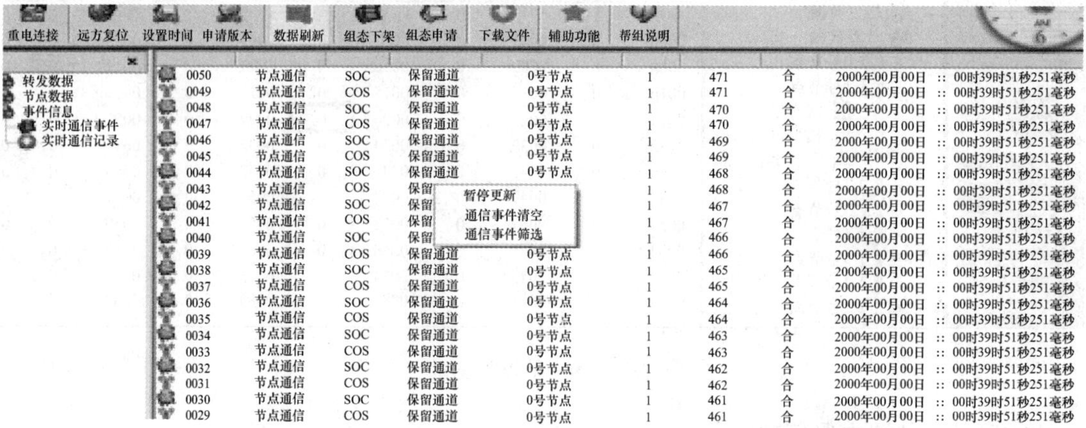
重电连接 远方复位 设置时间 申请版本 数据刷新 组态下架 组态申请 下载文件 辅助功能 帮组说明
转发数据
节点数据
事件信息
实时通信事件
实时通信记录
0050 节点通信 SOC 保留通道 0号节点 1 471 合 2000年00月00日 :: 00时39时51秒251毫秒
0049 节点通信 COS 保留通道 0号节点 1 471 合 2000年00月00日 :: 00时39时51秒251毫秒
暂停更新
通信事件清空
通信事件筛选

图 3-152 实时遥信事件

包括来源（节点遥信或转发遥信）、节点名称（节点索引）、地址（节点地址）、遥信号、状态、发生时间等几项，其中发生时间对于 COS 是总控收到该变位时总控赋予该变位的时间，对于 SOE 是装置上送的 SOE 报文里的时间。

2）实时遥控操作如图 3-153 所示。

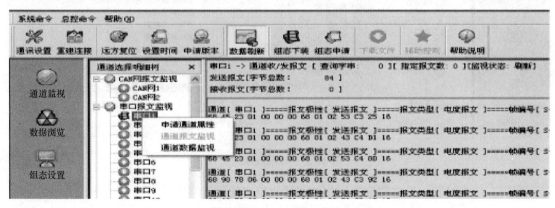

图 3-153 实时遥控操作

①遥控来源：表示总控收到调度主站遥控命令的介质来源；

②发生时间：表示总控收到遥控命令时总控的时间。

5. NSC300 总控通道监视

用于监视 NSC300 总控各个通信介质的通道原码数据，以及经过各个规约模块处理后的通道报文，包括 CAN 网报文、串口报文、以太网报文监视。

（1）串口报文。

1）申请通道属性。

选择相应串口右键单击"申请通道属性"，可显示该串口通道的简单参数，如规约名称、转发表号等。如图 3-154 所示。

图 3-154 申请通道属性

2）通道报文监视。

监视经过各个规约通信模块处理过的通信报文，可对报文进行搜索、分类、统计和自动存储等处理操作，在报文显示区右击弹出菜单如图 3-155 所示。

①设置通道报文：对显示报文的指定同步字串、指定报文类型和显示模式进行设置。

②通道报文自动保存：该功能启动后自动将显示区的报文保存到 NscTools 目录下的

SaveData 目录中，文件名按通道名称和当前时间命名，每 5min 保存一个文件。

图 3-155　通道报文监视

3）通道数据监视。

监视 NSC300 总控收到的没有经过规约模块处理的通道原码数据，接收和发送分别显示。可对通道原码数据进行搜索、统计和自动存储等处理操作，在报文显示区右击弹出菜单，如图 3-156 所示。

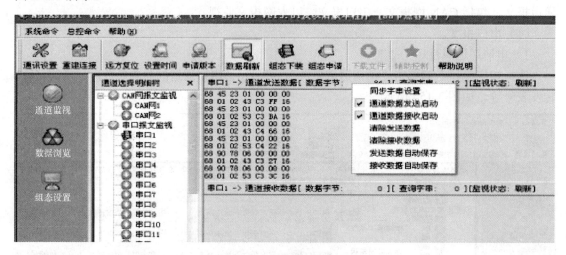

图 3-156　通道数据监视

①同步字串设置：设置搜索发送报文和接收报文的同步字串。

②发送数据自动保存/接收数据自动保存：同"通道报文自动保存"。

（2）以太网报文。

以太网 104 是按照 nsgj104.par 文件里 IEC104 的设置来划分的，第一路 IEC104 对应串口 1，并与"以太网报文监视"下的"以太网 104-1"对应，第二路 IEC104 对应串口 2，并与"以太网报文监视"下的"以太网 104-2"对应，以此类推。如图 3-157 所示。

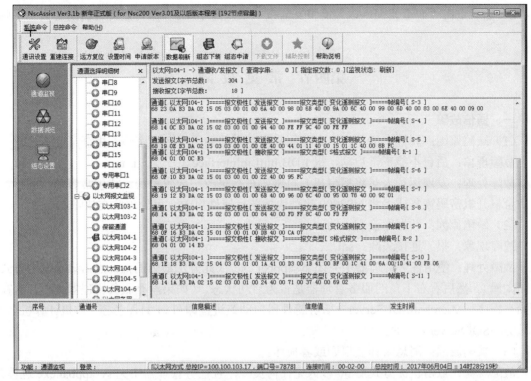

图 3-157　以太网报文

如果需要监视不同调度主站的 104 规约报文，则需要找到 104 相对应的串口。如监视省调的备调一平面报文，该 104 规约通道对应的调度主站前置机 IP 为 10.13.40.11 与 10.13.40.12。

1）首先查看 IEC104 设置，打开 nsgj104.par，系统弹出 ProtocolMan 规约参数组态软件，依次选择通信介质串口*，找到前置机 IP 为 10.13.40.11 与 10.13.40.12 的对应串口（串口 2）如图 3-158 所示。

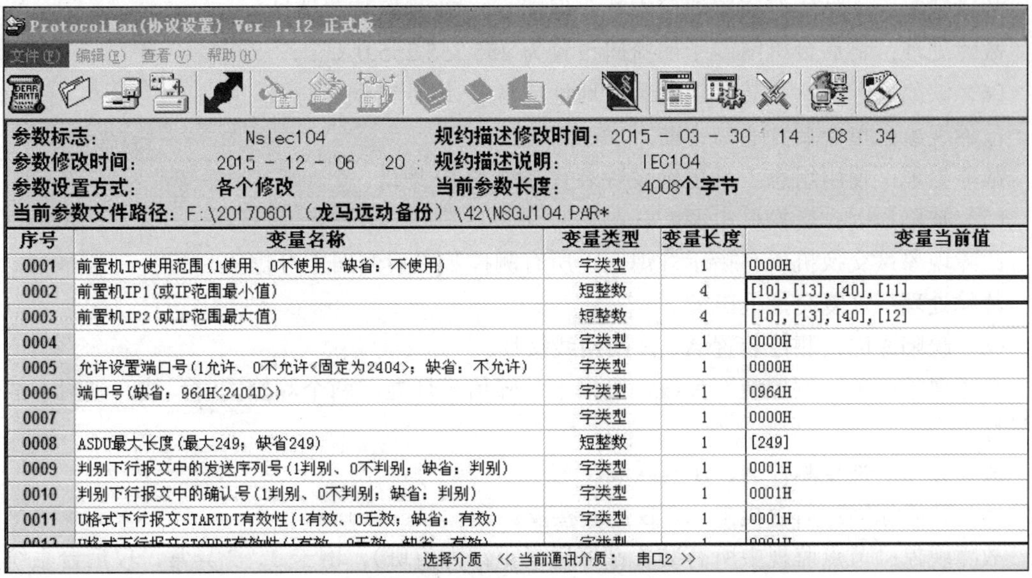

参数标志：		Nslec104	规约描述修改时间：	2015 - 03 - 30　14：08：34

参数标志：　　　　Nslec104　　　　规约描述修改时间：2015 - 03 - 30　14：08：34
参数修改时间：　　2015 - 12 - 06　20：　规约描述说明：　　　IEC104
参数设置方式：　　各个修改　　　　当前参数长度：　　4008 个字节
当前参数文件路径：F:\20170601（龙马远动备份）\42\NSGJ104. PAR*

序号	变量名称	变量类型	变量长度	变量当前值
0001	前置机 IP 使用范围(1 使用、0 不使用、缺省：不使用)	字类型	1	0000H
0002	前置机 IP1(或 IP 范围最小值)	短整数	4	[10], [13], [40], [11]
0003	前置机 IP2(或 IP 范围最大值)	短整数	4	[10], [13], [40], [12]
0004		字类型	1	0000H
0005	允许设置端口号(1 允许、0 不允许<固定为 2404>；缺省：不允许)	字类型	1	0000H
0006	端口号(缺省：964H<2404D>)	字类型	1	0964H
0007		字类型	1	0000H
0008	ASDU 最大长度(最大 249，缺省 249)	短整数	1	[249]
0009	判别下行报文中的发送序列号(1 判别、0 不判别；缺省：判别)	字类型	1	0001H
0010	判别下行报文中的确认号(1 判别、0 不判别；缺省：判别)	字类型	1	0001H
0011	U 格式下行报文 STARTDT 有效性(1 有效、0 无效；缺省：有效)	字类型	1	0001H
0012	U格式下行报文STOPDT有效性(1有效、0无效；缺省：有效)	字类型	1	0001H

选择介质　≪ 当前通讯介质：　串口2 ≫

图 3-158　协议设置

2）然后点击"通道监视→以太网报文监视→以太网 104-2"即可监视省调的备调一平面报文。

第四节　常 见 故 障

一、通信故障

（1）缺陷原因：属性中的用户名、密码和实际登陆的用户名、密码不相符。

故障现象：后台不能正常启动，报 LDB.InitLibInterface（　　）Err。

故障处理：发现运行人员将后台机开机密码进行更改，导致系统无法正常启动、运行，将后台机开机密码恢复或者将 NS2000 启动快捷图标属性更改，可处理此类故障。

（2）缺陷原因：数据库没有启动。

故障现象：报"连接失败：sql……"。

故障处理：使用任务管理器中关闭 sysappbar.exe。（此方法最为简洁，点击提示窗的方式关闭太慢）。然后看右下角的服务管理器是否为启动状态，（如果没有服务管理器进程，则在开始→程序→MicrosoftSQLServer→服务管理器启动该进程即可。）且服务器（本机计算机名）和服务（SQLServer）是否正确。

（3）缺陷原因：消息队列被误删或者损坏。

故障现象：点击快捷方式后 30 秒内无任何反应，且任务管理器中无 sysappbar.exe 进程。

故障处理：重新安装消息队列控制面板---添加删除程序---添加删除 windows 组件，最后边消息队列，勾打上，然后下一步至完成。

（4）缺陷原因：后台机网卡地址设置错误。

故障现象：不能 ping 通测控装置地址，厂站所有装置通信中断。

故障处理：将后台机地址正确设置，地址网段 100.100.100.X 和 100.100.101.X。

（5）缺陷原因：后台机网卡子网掩码设置错误。

故障现象：厂站所有装置通信中断，但能 ping 通测控装置地址。

故障处理：将后台机网卡子网掩码设置为 255.255.255.0。

（6）缺陷原因：测控装置上的装置地址或者 IP 地址错误。

故障现象：单个装置通信中断。

故障处理：使用组态工具正确设置装置地址和 IP 地址。

（7）缺陷原因：交换机电源断开。

故障现象：交换机所有指示灯熄灭，所有测控装置后面网卡灯熄灭。

故障处理：恢复交换机电源。

（8）缺陷原因：测控装置 A、B 网网线接反。

故障现象：单一测控装置反线，则网卡故障信号灯亮，两个测控同时反线，则网卡故障信号灯不亮。

故障处理：恢复测控 A、B 网网线。

（9）缺陷原因：后台机上 A、B 网线接反。

故障现象：节点监视中所有装置都停运（正常为值班），网卡 1、2 异常，仅后台系统网络窗口显示运行状态正常。

故障处理：交换后台机 A、B 网线。

（10）缺陷原因：数据库组态里后台机 IP 地址设置错误。

故障现象：分两种情况：1、和主机网卡 IP 地址比，改动小时，所有都正常，仅系统网络窗口显示运行状态异常。最后一位改动不影响。2、改动大时，遥测遥信正确反映，遥控不能预置。

故障处理：后台机系统组态—后台机节点表里的后台机 IP 地址与网卡 IP 地址相对应。

（11）缺陷原因：数据库组态里变电站厂号不为 0。

故障现象：通信中断，但可以 ping 通。网络节点监视中所有装置网卡 1、2 正常，但不值班。

故障处理：将系统类—厂站表—厂号设置为 0。

（12）缺陷原因：误投入置检修压板。

故障现象：遥控报乱码，通信正常，遥信、遥测都不变。

故障处理：将测控装置置检修压板退出。

（13）缺陷原因：交换机上网线虚插。

故障现象：Ping 不通，网址设置等软设置均无错误。

故障处理：恢复交换机上网线。

（14）缺陷原因：测控装置对时线反。

故障现象：装置插件实时数据中有 GPS 这一项，如果显示"？"，表示对时失败，如果显示点号表示对时成功。

故障处理：将对时线反接。

（15）缺陷原因：远动机装置地址设置错误。

故障现象：远动机与各个装置通信中断，四遥数据上送不正确。

故障处理：正确配置远动机装置地址。

（16）缺陷原因：远动机中 104 通道相关 IP 地址设置错误。

故障现象：对应 104 通道通信中断。

故障处理：正确配置远动机中 104 通道相关 IP 地址。

（17）缺陷原因：远动机中装置逻辑地址设置不正确。

故障现象：相关装置的四遥数据不能正常上送，依据数据库分配修改逻辑地址。

故障处理：正确配置各测控装置地址。

（18）缺陷原因：远动机配置中，数字、模拟通道的相关参数设置不正确。

故障现象：通道不通。

故障处理：例如：奇、偶校验，编码方式等，要根据实际通道或主站要求进行配置

（19）缺陷原因：远动机 101 通道收发线反。

故障现象：101 通道不通。

故障处理：将远动机 101 通道收发线恢复正常。

二、遥信故障

（1）缺陷原因：测控装置遥信、遥控板未插紧。

故障现象：测控装置内部相应插件位置显示"？"，装置面板装置故障灯亮，模件故障报警。测控装置内部以及后台相关遥信、遥控均不能正常指示。

故障处理：断开电源后，将对应板件恢复正常。

（2）缺陷原因：遥信板地址设置错误。

故障现象：测控装置内部相应插件位置显示"？"，装置面板装置故障灯亮，模件故障报警。测控装置内部以及后台相关遥信均不能正常指示。

故障处理：按照板件位置修改遥信板地址。

（3）缺陷原因：综合量计算公式中输入输出参数类型错误。

故障现象：参数类型设置错误，导致与公式相关联的遥信、遥测不能正确计算。

故障处理：正确配置综合量计算公式中输入输出参数类型。

（4）缺陷原因：后台机节点表中有综合量计算未使能，或公式错误或关联错误。

故障现象：分信号正确，但合成遥信档位不正确，或始终为0。

故障处理：将后台机节点表中有综合量计算使能，修正公式并重新关联。

（5）缺陷原因：开关或刀闸位置遥信测点名未设定为位置或根本就没有开关位置遥信。

故障现象：画面中遥控报"设备索引与测点索引中测点名不一致，请重新连接前景后再试。故障处理：建议不要重新连接前景，那样只能增加遥信（并且不修改，让增加遥信不增加时，再遥控会报"读取实时库错误"）。最好直接去库中找到该点，将其测点名改为位置即可，如果没有，则新建一个。

（6）缺陷原因：遥信中没有对应的位置遥信，且点击看关联时未选择增加位置遥信。

故障现象：开关右键报读取实时库错误。

故障处理：直接去库中找该点，将其测点名改为位置，如果没有新建一个。然后到画面中重新关联一次即可（注意要彻底再重选一次，只看点击出的第一界面无效）。

（7）缺陷原因：报警被抑制。

故障现象：所有的接线和带状态的值变为黑色。不影响通信状态显示。

故障处理：取消报警抑制。

（8）缺陷原因：厂站被封锁。

故障现象：所有的接线和带状态的值变为灰白色。但不影响通信状态显示。

故障处理：取消厂站封锁。

（9）缺陷原因：画面—右键挂牌。

故障现象：画面上有挂牌标示（很明显），不影响遥信遥测，不允许遥控。

故障处理：取下挂牌。

（10）缺陷原因：后台机遥信逻辑节点名错。

故障现象：测控装置中遥信开入正确，后台机中遥信不正确。

故障处理：正确关联遥信逻辑节点名。

（11）缺陷原因：后台机遥信点号错。

故障现象：测控装置中遥信开入正确，后台机中遥信不正确。

故障处理：根据实际接线配置遥信点号。

（12）缺陷原因：后台机双位遥信点号相反。

故障现象：测控装置中遥信开入正确。双位遥信常见于开关位置，点号相反造成开关位置与实际位置正好处于相反的状态。

故障处理：将后台机双位遥信点号恢复正常。

（13）缺陷原因：遥信被置反。

故障现象：遥信显示与实际状态相反，测控装置中开入正常。

故障处理：取消遥信置反。

（14）缺陷原因：测控装置遥信滤波时间被修改。

故障现象：遥信上送时间长，开关变位时间长。

故障处理：缩短遥信滤波时间。

（15）缺陷原因：刀闸开关两侧节点号定义不正确。

故障现象：刀闸开关置数后两侧拓扑不正确。

故障处理：按照事先的编号及联接关系正确定义刀闸开关两侧节点号。

（16）缺陷原因：刀闸开关类型不是位置。

故障现象：刀闸开关置数后两侧拓扑不正确。

故障处理：将刀闸开关类型选为位置。

（17）缺陷原因：地刀一次设备类型不是地刀。

故障现象：地刀置数后拓扑不正确。

故障处理：地刀一次设备类型选为地刀。

（18）缺陷原因：变压器档位计算公式不正确。

故障现象：档位显示不正确。

故障处理：参考公式 $Out1 = I_n1 + 2 \times I_n2 + 4 \times I_n3 + 8 \times I_n4 + 10 \times I_n5 + 20 \times I_n6$。

三、遥测故障

（1）缺陷原因：遥测板地址被修改。

故障现象：测控"I/O 异常"灯点亮。

故障处理：正确配置遥测板地址。

（2）缺陷原因：组态软件中设置遥测起点设置错或者个数位置设置错误。

故障现象：配置测控遥测时，如果数目配置为 2 个，则公共显示电压、电流无显示；分板中显示正常。

故障处理：正确配置遥测起点及个数。

（3）缺陷原因：后台机画面上遥测显示系数不为 1。

故障现象：实时数据显示正确，画面显示遥测数值不正确。

故障处理：将后台机画面上遥测显示系数设置为 1。

（4）缺陷原因：1A/5A 跳线整定错误，如 5A 系统整定为 1A。

故障现象：加量超过 1.2A 后测控显示值为测控组态中整定的最大值。

故障处理：修改 DLM 插件跳线。

（5）缺陷原因：电压相序错误。

故障现象：电压采样值不正确，通入电压时 A、B、C 三相电压分别通入三相不一致的数值很容易就能看出此缺陷。

故障处理：按照回路图将电压回路恢复正常。

（6）缺陷原因：电流相序错误。

故障现象：电流采样值显示不正确，通入电流时 A、B、C 三相电压分别通入三相不一致的数值很容易就能看出此缺陷。

故障处理：按照回路图将电流回路恢复正常。

（7）缺陷原因：电流输入极性反接。

故障现象：电流采样值、遥测值正确，但功率数值不正确。

故障处理：按照回路图将电流回路恢复正常。

（8）缺陷原因：电压、电流二次回路接触不良。

故障现象：单相接触不良，电压、电流相应相别的数值采样值为 0。如果电压 N 虚接，三相电压采样值均不正确，前提条件是三相通入不一样的电压才能看出来。如果电流的 N 虚接，三相电流采样值均为 0。

故障处理：将电流、电压回路接线重新接入。

（9）缺陷原因：电压空开跳开。

故障现象：测控装置电压采样数值为 0。

故障处理：恢复电压空开。

（10）缺陷原因：数据库组态中，遥测逻辑节点名错。

故障现象：装置采样数值正确，但后台遥测数值不正确。

故障处理：将遥测逻辑节点名关联到正确的装置。

（11）缺陷原因：数据库组态中，遥测逻辑节点遥测序号错。

故障现象：采样数值正确，但后台遥测数值显示颠倒，错误序号的相应的遥测数值不正确。

故障处理：按照说明书将逻辑节点遥测序号设置正确。

（12）缺陷原因：数据库组态中，遥测参数标度系数设置错误。

故障现象：装置采样数值正确，但后台遥测数值不正确。

故障处理：按照一次设备参数正确设置标度系数。

（13）缺陷原因：数据库组态中，遥测参数"参比因子"错误。

故障现象：装置采样数值正确，但后台遥测数值不正确。

故障处理：按照一次设备参数正确设置标度系数。

（14）缺陷原因：数据库组态中，遥测参数"基值"错误。

故障现象：装置采样数值正确，但后台遥测数值不正确。即使不加入遥测值，后台也会有显示。

故障处理：将所有遥测量基值修改为 0（仅频率基值为 50）。

（15）缺陷原因：数据库组态中，遥测参数选项"取绝对值"勾选。

故障现象：装置采样数值正确，但后台遥测数值不正确，符号相反，尤其是对于功率这种有方向的遥测值来说。

故障处理：后台机遥测表——取绝对值不使能。

（16）缺陷原因：后台监控画面不能显示拓扑颜色。

故障现象：画面拓扑不着色。

故障处理：将显示拓扑颜色使能。

（17）缺陷原因：后台监控画面不能显示拓扑颜色。

故障现象：画面拓扑不着色。

故障处理：将系统组态—系统表—有网络拓扑计算使能。

（18）缺陷原因：数据库组态中，后台机节点表中"有综合量计算"不使能。

故障现象：画面拓扑不着色。

故障处理：由于拓扑着色要用到计算公式，所以此处要使能。

（19）缺陷原因：数据库组态中，字典类的"计算公式表"中拓扑计算公式不正确。

故障现象：画面拓扑不着色。

故障处理：参考公式 if（$I_n1>132$）Out1＝1；elseOut1＝0；然后在系统类—综合量计算表中，In1 定义为线路侧电压，Out1 定义为建立的"拓扑判定刀闸"。（拓扑判断刀闸用于将发电机和链接。其两端节点号分别为发电机节点号和进线节点号。）

（20）缺陷原因：测控装置中直流采样板 AIM 板上温度跳线整定错误。

故障现象：温度显示错误。

故障处理：AIM 板跳线跳上表示采电流 0～20mA，不跳表示采电压 0～5V，根据实际情况进行整定。

（21）缺陷原因：后台温度系数设定不正确。

故障现象：温度显示错误。

故障处理：温度标度系数为计算 0～20mA 或 0～5V 对应的总量程，参比因子 2047，基值为 0mA 或 0V 时对应的温度值。

四、遥控故障

（1）缺陷原因：装置上遥控处于就地位置。

故障现象：遥控选择报处于就地态，不能遥控。

故障处理：将装置置于远方位置。

（2）缺陷原因：DOM 板未插紧。

故障现象：手合手跳能够成功，遥控不行；并且 DOM 板虚接，装置"I/O 模件故障"灯不会点亮。

故障处理：将 DOM 板复位。

（3）缺陷原因：数据库组态中，开关参数中"人工操作使能禁止"被勾选。

故障现象：点击遥控报遥控该开关处于 VQC 自动调节状态，禁止遥控。

故障处理：取消数据库组态中，设备表→开关中禁止人工操作。

（4）缺陷原因：后台机节点表中，误勾选"五防机使能"。

故障现象：右键只有人工置位等，没有遥控选项。

故障处理：取消后台机节点表中五防机功能。

（5）缺陷原因：画面上不能遥控开关。

故障现象：画面开关右键遥控变灰色不使能。或根本没有右键菜单。双击开关将下边的选项更改。

故障处理：将画面上禁止遥控取消。

（6）缺陷原因：数据库组态中，后台机节点表"有监控功能"未使能。

故障现象：遥控报本机无此操作功能。但遥信、遥测正常。

故障处理：将数据库组态中，"库→系统类→后台机节点表"，"有监控功能"使能。

（7）缺陷原因：设备加入控制区，而用户无权限。

故障现象：遥控报当前用户无权控制该设备所属区域。

故障处理：两种方法，一种是修改用户名表将所有区域使能，一种是将设备表中对应设备控制区域选为未定义。

（8）缺陷原因：遥信中远方遥控模式下禁控及画面工具栏远方遥控被误勾选。

故障现象：遥控报当地后台不允许遥控。

故障处理：将遥信中远方遥控模式下禁控或画面工具栏远方遥控去掉任何一个即可。

（9）缺陷原因：开关位置遥信未关联遥控导致遥控失败。

故障现象：遥控报遥信点不存在系统重要参数中。

故障处理：在数据库组态中重新关联开关遥控。

（10）缺陷原因：后台监控机不能进行同期遥控合闸。

故障现象：右键遥控合操作选项不全。

故障处理：将后台设备表-开关中"存在同期合操作"使能。

（11）缺陷原因：后台机遥控逻辑节点名选错对应测控装置。

故障现象：遥控选择失败。测控无遥控报文。

故障处理：正确关联遥控逻辑节点。

（12）缺陷原因：后台机遥控逻辑节点遥控号设置出错，与实际接线不符。

故障现象：遥控失败，测控装置遥控报文不正确。

故障处理：根据实际接线配置遥控号。

（13）缺陷原因：测控组态同期定值中线路侧电压设置不正确。

故障现象：同期时报电压条件不满足。

故障处理：根据要求正确设置 Ue2 值，5774（对应 57.74V）或 10000（对应 100V）。

（14）缺陷原因：测控组态同期定值中相角补偿使能及相角补偿时钟数错误设置。

故障现象：同期时报角度条件不满足。

故障处理：画向量图，看抽取相对于 A 的点钟即可。注意 A 右为负角度，左为正角度。若抽取为 B 相电压，则此处为 4，为 C 相电压则为 8，AB 相电压则为 11。

（15）缺陷原因：测控装置端子接线的同期电压 Usa 极性接反。

故障现象：同期合闸不成功，角度条件不满足，与预计的相差 180 度。

故障处理：将抽取电压极性恢复正常。

第五节　实　操　试　题

电网调度自动化厂站端调试检修员实操试卷（考生卷）

作业人员考号：＿＿＿＿＿＿＿＿＿＿＿＿＿

一、操作说明

1. 同期合闸采用检同期方式。同期相别：U_a；同期压差：10V；同期角差：30°，频差：0.5Hz。

2. 104 规约：选用 IEC104 规约，站址、链路地址 1；主站前置机 IP：192.168.0.5，192.168.0.6。

3. 101 规约：选用部颁 IEC101 规约简化版，站址、链路地址 1，用串口 5；波特率 1200bps，偶校验，中心频率 1700±400Hz。

4. 远动信息体起始地址：遥信：点号从 1H 开始，单点遥信；遥测：点号从 4001H 开始，送原码值；遥控：点号从 6001H 开始。

5．温度变送器型号：4mA～20mA 对应 -20℃～100℃。PT100：100 Ω 对应 0℃，138.5 Ω 对应 100℃。

6．厂站路由器接口及 VLAN IP 地址配置正确，厂站路由器与主站路由器互联接口地址：厂站侧为 10.0.*.2，主站侧为 10.0.*.1（*表示工位号，如 1 号工位*设置为 1）。OSPF AREA 为 area 0。厂站 BGP AS 65527。VPN rt 代表实时 VPN（100:1），VPN nrt 代表非实时 VPN（200:1）。主站侧实时 VPN 网段 192.168.0.0/24。

7．所需说明资料及软件工具放在桌面"考试相关资料"中。

8．所操作回路可视为检修状态。

二、操作任务

请你根据题中任务完成安全措施票的填写并完成相应操作及故障报告的填写。

1．完成全站测控装置与后台的通信。（4 分）

2．将"220kV 备用线 2345"改为"220kV 竞赛线 2987"；新建 220kV 竞赛线 P、Q 日报表（报表中包含：0:00-23:00 每小时的"当前值"和"最大值"、"最小值"）。（16 分）

3．按要求先计算再加遥测，在后台画面中正确显示#1 主变高压侧 2501 开关 P、Q、I 遥测值。

（14 分）（$P＝-300MW$，$Q＝-200MVA$　CT：1200/5　误差±1%）

选手填写遥测值计算结果：$\varphi＝\underline{\qquad}$　　　$I＝\underline{\qquad}A$（二次电流）

4．完成 220kV 竞赛线 2987 开关、刀闸遥信位置；在后台分画面中完成 220kV 竞赛线开关遥控的分合试验，在后台正确反映其实际状态。（16 分）

5．完成 220kV 母联开关的手动同期合闸。（6 分）（同期电压取 U_a 与母线侧电压进行比较，压差定值 10V，角差定值 30 度，频差定值 0.5Hz）

6．完成 220kV 竞赛线的拓扑着色功能并正确演示。（5 分）（含 220kV 母线必须着色）

7．用 B 码对时方式完成全部测控装置对时功能并确认。（2 分）

8．用电阻箱模拟，在后台画面上显示 1# 主变油温 60℃。（4 分）

选手填写电阻值计算结果：$R＝\underline{\qquad}\Omega$

9．用短接线模拟 BCD 码档位，在后台画面上显示#1 主变档位 11 档，遥信接入点如表 3-10 所示。（6 分）

表 3-10　遥信接入点

信号名称	端子排号	信号名称	端子排号
1#主变档位 BCD 码 1	3D3-11	1#主变档位 BCD 码 8	3D3-14
1#主变档位 BCD 码 2	3D3-12	1#主变档位 BCD 码 10	3D3-15
1#主变档位 BCD 码 4	3D3-13		

10．调试远动 A 机（单机模式，不考虑备机）至调度主站的通信（要求 101 模拟和 104 网络通道均正常），并在调度主站正确显示"220kV 竞赛线 2987"三相开关位置及 U_a、U_b、U_c。（8 分）

11. 以上项目完成后将数据备份在 D:\竞赛\作业人员考号\的子目录中。（3 分）

12. 现场恢复、清理。（1 分）

注：安全措施部分：5 分；故障处理报告部分：10 分。

表 3-11 自动化厂站端调试检修员实操项目安全措施（评分模板）

序号	作业中危险点	控 制 措 施	恢复措施
1	作业时造成人身触电	将实验仪外壳可靠接地，在带电部位端子排处工作时应戴手套，并使用带绝缘的工具	工作完毕后按原样恢复
2	拆动二次线，易发生遗漏及误恢复事故	拆动二次线时要逐一做好记录，工作完毕后按记录恢复	工作完毕后按记录恢复
3	遥测校验及同期试验时，CT 二次侧可能不慎开路	遥测校验或同期试验前，首先将被测试间隔 CT 二次侧回路端子外侧接线短接封好，并用钳形电流表测量及查看测控装置电流显示来进行验证。试验线路接在端子内侧	测试结束后先联通每相连片再拆除端子外侧封线
4	遥测校验及同期试验时，PT 二次侧可能不慎短路或接地	遥测校验或同期试验前，首先将被测试间隔 PT 二次侧回路外侧接线逐个解开并用绝缘胶布包好。试验线路接在端子内侧	测试结束后将外侧接线逐个取下胶布，压接回原端子，恢复原接线
5	遥控试验时（包括同期遥控试验），可能造成遥控误动	遥控试验前，将本测控屏除被试验遥控外的其他遥控把手切为就地并解除遥控出口压板	试验结束，将本屏遥控把手及压板恢复原状态
6	检修过程中如需拔出板件，可能造成电路板损坏	拔插电路板前临时关闭测控装置电源	板件插好后，开启装置电源
7	在后台机进行修改数据库或画面时，可能出现不可逆转的错误	在进行后台机相关操作前、后进行数据库及画面的备份工作。工作中需改动数据库时，严格按照定值单要求执行	考试完毕后，利用工作前的备份恢复现场

评分标准：

1. 选手依据危险点内容，编写对应的控制措施，少写 1 条或写错 1 条扣相应分数。

2. 选手执行控制措施情况，少执行 1 步或执行错误扣相应分数。

表 3-12 自动化厂站端调试检修员实操故障处理报告（评分模板）

序号	故障现象	故 障 处 理	得分
1			
2			
3			

评分标准：

1. 选手将作业任务中发现的故障现象进行记录，并说明处理办法。

2. 选手每完成 1 项故障处理及故障记录得相应的分数。

表 3-13　电网调度自动化厂站端调试检修员实操评分表

作业人员考号：_____　　　　　　得分：_____

裁判员签名：_____

题号	操作项目	要　　求	考评标准	得分	备注
1	故障设置	220kV 竞赛线测控装置 A、B 网线反接			
	故障现象	220kV 竞赛线测控装置与后台机、远动机通信异常			
	故障处理	交换 220kV 竞赛线测控装置的 A、B 网线后通信正常			
	故障设置	后台机逻辑节点定义表里 1# 主变低压侧测控装置的地址设置错误			
	故障现象	1# 变低压侧测控装置与后台机、远动机通信异常			
	故障处理	后台机逻辑节点定义表——1# 主变低压侧的装置地址由 1.0.0.23 改为 23.0.0.1			
	任务完成	全部测控装置通信正常			
2	修改线路名称及报表	逻辑节点定义表修改正确			
		设备组表修改正确			
		开关表修改正确			
		刀闸表修改正确			
		线路表修改正确			
		发电机表修改正确			
		其他表修改正确			
		文件索引表修改正确			
		遥信表修改正确			
		遥测表修改正确			
		报表制作当前值			
		报表制作最大值、最小值			
3	遥测计算及加量	遥测计算正确（符号错误扣 0.5）： φ：−146.3 或 213.7			
		遥测计算正确： I_a：3.94A			
		正确接线，若仅试验仪未接地扣 0.5 分			
		仪表正确加量			
	故障设置	1# 主变高压侧 A、B 电流端子排内侧互换（2D1-1 与 2D1-2 互换）			
	故障现象	1# 主变高压侧装置上遥测值不正确			
	故障处理	1# 主变高压侧 A、B 电流端子排内侧互换（2D1-2 与 2D1-1 互换）			
	故障设置	1# 主变高压侧 B 相电压端子排内侧裹胶布（2D1-10）			
	故障现象	1# 主变高压侧测控装置上 B 相电压遥测值不正确			
	故障处理	1# 主变高压侧 B 相电压端子排内侧去除胶布			
	故障设置	1# 主变高压侧后台机遥测表——基值错			
	故障现象	1# 主变高压侧测控后台上遥测值不正确			

题号	操作项目	要　求	考评标准	得分	备注
3	故障处理	1#主变高压侧后台机遥测表——有功基值由 100 改为 0			
	故障设置	1#主变高压侧后台机遥测表——遥测逻辑节点遥测序号错			
	故障现象	1#主变高压侧后台上有功、无功遥测值不正确			
	故障处理	1#主变高压侧后台机遥测表——遥测逻辑节点遥测序号："有功"由 19 改为 13，"无功"由 20 改为 14			
	故障设置	1#主变高压侧后台机遥测表——取绝对值打勾			
	故障现象	1#主变高压侧有功、无功遥测值不正确			
	故障处理	1#主变高压侧后台机遥测表——取绝对值打勾去除			
	故障设置	1#主变高压侧后台机分画面上——遥测关联错			
	故障现象	1#主变高压侧后台机分画面上遥测值不正确			
	故障处理	1#主变高压侧后台机分画面重新关联遥测表			
	任务完成	在后台上 1#主变高压侧有功、无功显示正确			
4	故障设置	220kV 竞赛线 2987 开关端子排外侧 A 相合、分信号输入接反（1D3-4 与 1D3-7 互换）			
	故障现象	220kV 竞赛线 2987 开关 A 相位置错误			
	故障处理	220kV 竞赛线 2987 开关端子排外侧 A 相合、分信号输入接反（1D3-7 与 1D3-4 互换）			
	故障设置	220kV 竞赛线 2987 遥信表——"遥信号"与"双位遥信号"互换			
	故障现象	220kV 竞赛线 2987 开关 B 相位置错误			
	故障处理	220kV 竞赛线 2987 遥信表——"遥信号"与"双位遥信号"互换			
	故障设置	220kV 竞赛线 2987 开关装置置检修压板合上			
	故障现象	220kV 竞赛线 2987 测控装置遥信信号不刷新			
	故障处理	220kV 竞赛线 2987 开关装置置检修压板断开			
	故障设置	220kV 竞赛线 2987 开关操作箱柜操作正电源空开断开			
	故障现象	220kV 竞赛线 2987 开关遥控操作失败			
	故障处理	220kV 竞赛线 2987 开关操作箱柜操作正电源空开合上			
	故障设置	220kV 竞赛线 2987 开关测控装置上遥控处于当地位置			
	故障现象	220kV 竞赛线 2987 开关遥控选择失败			
	故障处理	220kV 竞赛线 2987 开关测控装置上遥控处于远方位置			
	故障设置	220kV 竞赛线 2987 测控装置 DLM 的组态软件中设置遥信滤波时间为 9000			
	故障现象	220kV 竞赛线 2987 开关信号上送比较慢			
	故障处理	220kV 竞赛线 2987 测控装置 DLM 的组态软件中设置遥信滤波时间为（0～600）			

题号	操作项目	要　　求	考评标准	得分	备注
4	故障设置	220kV 竞赛线 2987 后台机分画面上——开关关联错			
	故障现象	220kV 竞赛线 2987 开关信号显示错误			
	故障处理	220kV 竞赛线 2987 后台机分画面上修改开关关联			
	故障设置	220kV 竞赛线 2987 分画面上禁止遥控功能			
	故障现象	220kV 竞赛线 2987 开关无法遥控选择			
	故障处理	220kV 竞赛线 2987 分画面开关开放遥控功能			
	故障设置	220kV 竞赛线 2987 开关后台机遥信表——遥控号错			
	故障现象	220kV 竞赛线 2987 开关遥控执行错误			
	故障处理	220kV 竞赛线 2987 开关后台机遥信表——遥控号由"7"修改为"0"			
	故障设置	后台机节点表——域名"有监控功能"勾被取消			
	故障现象	220kV 竞赛线 2987 开关无法遥控选择			
	故障处理	后台机节点表——域名"有监控功能"勾选中			
	故障设置	后台机节点表——域名"五防机"勾被选中			
	故障现象	220kV 竞赛线 2987 开关无法遥控选择			
	故障处理	后台机节点表——域名"五防机"勾被取消			
	任务完成	220kV 竞赛线 2987 开关遥控成功并遥信显示正确			
5	故障设置	正确加量：U_a 和同期电压			
		220kV 母联测控装置同期遥控定值错			
	故障现象	220kV 母联开关手动合闸失败			
	故障处理	用组态软件将 220kV 母联测控装置压差定值由 0.05 改为 10			
	故障设置	220kV 母联测控装置同期遥控设置修正角度			
	故障现象	220kV 母联开关手动合闸失败			
	故障处理	用组态软件将 220kV 母联测控装置修正"相角补偿时钟数"由 5 改为 0 或"相角补偿使能"由 1 改为 0			
	故障设置	220kV 母联开关遥控公共端外侧裹胶布（4D2-3）			
	故障现象	220kV 母联开关手动合闸失败			
	故障处理	220kV 母联开关遥控公共端外侧裹胶布去除			
	故障设置	220kV 母联开关遥控端子排外侧遥控分、合接反（4D2-1 与 4D2-2 互换）			
	故障现象	220kV 母联开关手动合闸失败			
	故障处理	220kV 母联开关遥控端子排外侧遥控分、合接反（4D2-2 与 4D2-1 互换）			
	故障设置	220kV 母联开关遥控压板未合			

题号	操作项目	要　　求	考评标准	得分	备注
5	故障现象	220kV 母联开关手动合闸失败			
	故障处理	220kV 母联开关遥控压板合上			
	任务完成	220kV 母联开关手动合闸成功			
6	故障设置	系统表——"有网络拓扑计算"未打勾			
	故障现象	全站拓扑功能未显示			
	故障处理	系统表——"有网络拓扑计算"勾被选中			
	故障设置	220kV 竞赛线设备表——节点号设置错			
	故障现象	220kV 竞赛线拓扑功能显示不正常			
	故障处理	220kV 竞赛线设备表——发电机节点号由 100 改为 0			
	故障设置	计算公式表——拓扑刀闸判定公式 $I_{n1}>760$ 错误			
	故障现象	220kV 竞赛线拓扑功能显示不正常			
	故障处理	计算公式表——拓扑刀闸判定公式中 $I_{n1}>760$ 改为 $I_{n1}>X$。（$0<X<250$）			
	任务完成	正确显示 220kV 竞赛线拓扑状态			
7	故障设置	拔下 GPS 天线插头			
	故障现象	全部测控装置对时失败			
	故障处理	插上 GPS 天线插头			
	故障设置	1#主变低压侧 B 码对时线接反（CPUI-1 和 CPUI-2 互换）			
	故障现象	1#主变低压侧测控装置对时失败			
	故障处理	1#主变低压侧 B 码对时线接反（CPUI-2 和 CPUI-1 互换）			
	任务完成	1#主变低压侧测控装置对时正确			
8	电阻计算	电阻箱计算：电阻输入：123.1			
	故障设置	1#主变温度后台机遥测表——基值错			
	故障现象	1#主变温度显示错误			
	故障处理	1#主变温度后台机遥测表——标度系数由 0 改为-50			
	故障设置	1#主变温度后台机遥测表——标度系数错			
	故障现象	1#主变温度显示错误			
	故障处理	1#主变温度后台机遥测表——标度系数由 200 改为 150			
	任务完成	在画面上显示出 1#主变温度为 60℃			
9	档位制作	在端子排上正确接线：3D3-11 和 3D3-15			
		设置遥信表（能够设置 5 个遥信名称并能够保存即得分）			
		设置计算公式表或表达式计算表（设置公式正确即得分）			

续表 3-13

题号	操作项目	要　　　　求	考评标准	得分	备注
9	档位制作	设置综合量计算表或表达式计算表（关联遥信、档分，若单错遥信或者档位扣 0.5 分）			
	任务完成	在画面上正确显示主变档位为 11 档			
10s	故障设置	101 上、下行通道通信线收发反接（A1 柜 TD-1、2 与 A1 柜 TD-4、5 互换）			
	故障现象	101 通道通信失败			
	故障处理	101 上、下行通道通信线收发反接（A1 柜 TD-4、5 与 A1 柜 TD-1、2 互换）			
	故障设置	与调度通信的串口号设置错误			
	故障现象	101 通道通信失败			
	故障处理	在串口 5 上设置与调度通信的规约			
	故障设置	101 波特率设置错			
	故障现象	101 通道通信失败			
	故障处理	101 波特率设置为 1200bps			
	故障设置	104 规约信息体起始地址设置错误			
	故障现象	104 遥测信号传送失败			
	故障处理	104 规约遥测信息体起始地址设置由 2001 改为 4001			
	故障设置	104 规约主站前置机的 IP 地址设置错误			
	故障现象	104 通道通信失败			
	故障处理	104 规约主站前置机的 IP 地址设置由 192.168.0.11 改为 192.168.0.5；由 192.168.0.12 改为 192.168.0.6。			
	任务完成	在调度主站正确显示"220kV 竞赛线 2987"三相开关位置及 U_a、U_b、U_c			
11	备份	后台考前备份（有文件即可、不需要指定目录）			
		测控考前备份（有文件即可、不需要指定目录）			
		远动考前备份（有文件即可、不需要指定目录）			
		后台考后备份（要求备份到指定目录）			
		测控考后备份（要求备份到指定目录）			
		远动考后备份（要求备份到指定目录）			
12	现场恢复	现场恢复、清理			

实操作业评分要求：

1．查线可不断相关电源，进行改线需停相应电源空开。

2．选手做的每个故障点或项目，如果回答不完整，此项只得此项的一半分值。

3．备份项目中，步骤正确，但内容不完整或错误，得此项的一半分值。

4．做拓扑任务时，遥测量可采用人工置数方式，遥信量需操作执行。选手在启动装置的等待时间内，可进行其他工作。

第四章　许继电气变电站监控系统

第一节　后　　台

CJK-8506B 变电站自动化监控系统是许继电气股份有限公司研制的变电站自动化监控系统。该系统结合许继 CBZ-8000 变电站自动化系统的运维经验，同时针对超高压变电站对自动化系统的要求，对原 CBZ-8000 变电站自动化系统进行了升级设计，完全兼容 UNIX、Windows、Linux 等不同操作系统。同时，在设备对象建模上，遵循 IEC 61850 对象模型，可以非常方便地接入 IEC 61850 的装置。

CJK-8506B 的操作系统：Solaris10 X86 操作系统。

数据库：mysql 数据库。

版本：最新 3.10 版本。

机型：工作站为联想，服务器为 X3750。

监控系统工具：

（1）数据库工具：mysql，作用备份及还原数据库。

（2）Ftp 工具，备份监控系统。

使用范围：适用于 35kV 到 750kV 等各类电压等级的变电站自动化系统，并包含五防一体化功能。

一、功能介绍

1. CJK-8506B 系统模块

（1）数据库。数据库分为维护库、历史库、实时库三个部分，主要完成间隔定义、协议维护、装置信息维护、历史数据存储、实时数据存储、实时数据同步等功能。包括以下应用程序：sysmaintaintool（数据维护工具）、startgaiaservice.sh（实时库启动脚本）、stopgaiaservice.sh（实时库退出脚本）、hdbtrans（历史库转储）、rtdbbrowser（实时库浏览）、rtdbmanager（实时库管理）等。

（2）业务处理模块。业务处理模块主要完成变电站自动化系统的相关功能处理，包括数据统计、底层协议转换、消息中心、进程管理等。包括以下应用程序：PManager（进程管理程序）、taskserver（通讯服务程序）、MSCenter（消息中心）、sntpclient（61850 对时程序）、SurPanager.sh（服务进程启动及监视脚本）、classlibtest（业务库浏览）、synccfg（同步配置）、surveillant（主备机切换）、控制面板（xmanpanel）等。

（3）人机界面。人机界面主要完成画面数据定义、在线监控、历史数据查询、报表浏览、曲线编辑及浏览、报警及画面打印、实时报警等功能。主要包括 visioneditor（图形编辑）、xbrowser（界面浏览）、report（报表服务）等。

（4）告警直传和远程浏览。通过监控主机实现告警直传和远程浏览功能的高级应用，调度自动化可以远程调取就地监控的画面和实时告警信息。

2. 系统结构图

CJK-8506B 监控系统典型结构图，如图 4-1 所示。

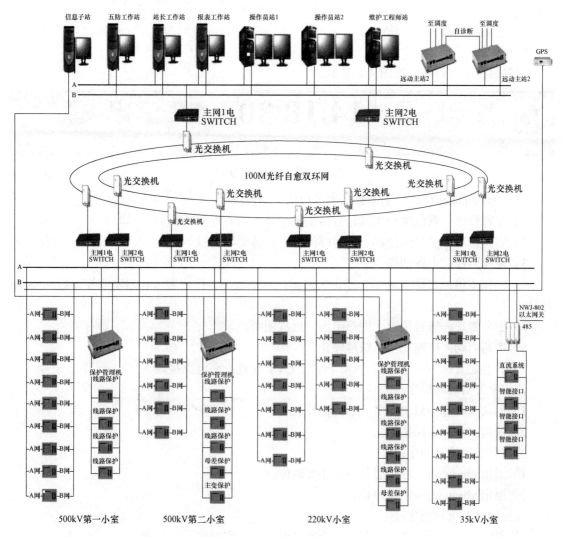

图 4-1　CJK-8506B 监控系统

二、系统参数配置

1. 对应保信转发需要配置网关及 DNS

配置具体步骤如下：

（1）修改# /etc/hosts 文件（如果使用 FTP 下载，则修改/etc/inet/hosts 文件），设置为如下：

```
10.100.100.3        sun3            loghosts
11.100.100.3        sun3-2
10.10.69.28         sun3-3          //主站给子站的 IP
```

（2）修改# /etc/hostname.e1000g0～e1000g3 与/etc/hosts 中的主机名称对应。

（3）删除# /etc/notrouter 文件，修改# /etc/defaultrouter 文件，增加默认的网关为 10.10.69.1
如果该文件没有，则使用# touch defaultrouter 创建。

2. 系统运行

监控机器启动后，点击空白处右键→主机→终端控制台，输入命令：

```
$ bash
$ cd /ics8000/cbin
$ xmanpanel
```

则终端控制台启动，如图 4-2 所示。

图 4-2　终端控制台启动

运行 xmanpanel 启动控制面板，可以启动下面程序：

1）配置管理：系统维护工具、直传配置工具、实时库同步配置。

2）实时管理：实时库建模、实时库浏览、业务类库测试。

3）系统监视：主备切换。

4）监控主机：启动实时库、停止实时库、启动服务、停止服务、启动监控、启动 Sntp 对时。

5）服务管理：进程配置、图形组态、远程图形。

6）快速启动：快速启动、快速停止。

7）其他配置：VQC 配置、VQC 调试、CVT 配置、小电流接地。

监控服务器启动顺序：

1）启动实时库→启动服务→启动监控。

2）快速启动→启动监控。

监控服务器停止顺序：

1）退出 xbrowser→停止服务→停止实时库。

2）退出 xbrowser→快速停止。

监控服务器重启顺序：

1）退出 xbrowser→停止服务→停止实时库→启动实时库→启动服务→启动监控。

2）退出 xbrowser→快速停止→快速启动→启动监控。

3. 常用修改配置文件

（1）进程管理加载配置文件/ics8000/ini/ProcManager.ini。

```
[PROCMANAGER]
DoubleNet     =  1// 单双网标志：0 单网；1 双网
L_ID          =  1// 本地服务器在实时库的中心节点信息中的 ID
R_ID          =  3// 异地服务器在实时库的中心节点信息中的 ID
LocalIP_1     =  "10.100.100.1"// 本地服务器 IP1 地址
LocalIP_2     =  "11.100.100.1"// 本地服务器 IP2 地址
LocalPort_1   =  8031 // 本地服务器端口 1
LocalPort_2   =  8032// 本地服务器端口 2
RemoteIP_1    =  "10.100.100.2"// 异地服务器 IP1 地址
RemoteIP_2    =  "11.100.100.2"// 异地服务器 IP2 地址
```

```
 RemotePort_1      =  8031// 异地服务器端口 1
RemotePort_2      =  8032// 异地服务器端口 2
ProcNumber       = 3 // 进程管理程序启动的进程个数
QuitWhenCreateError = 1// 错误自动退出标志
ServerName        =10.100.100.1// 主备切换本地服务 IP 地址
ServerPort        =18211// 主备切换服务端口（固定）
ServerGIP         =224.11.11.71// 组播 IP，最后一位（1）和 IP 最后一位保持一致（）
ServerGPort       =18271// 组播服务端口，最后一位（1）和 IP 最后一位保持一致


[PROCEDURE_1]
ID                =1
RID               =  10
Name              =  "/ics8000/cbin/MSCenter"
Delay             =  5000
Command_Line      =  "-I 10.100.100.1 -P 10110 -i 11.100.100.1 -p 10110 -L
                     /ics8000/log/msc.log"
Reboot            =  1
RebootDelay       =  10000


[PROCEDURE_2]     // 进程 2 配置信息，通信服务
ID                =2// 进程 2 在实时库"进程管理表"中本地服务器对应的索引
RID               =11// 进程 2 在实时库"进程管理表"中异地服务器对应的索引
Name              =  "/ics8000/cbin/taskserver"         //启动进程 2 的绝对路径
Delay             = 5000//启动延时间隔时间（毫秒）
Command_Line      = //启动进程 2 所带的参数
Reboot            =  1//进程 2 退出时重启标志
RebootDelay       =  5000//重启时间间隔（毫秒）


[PROCEDURE_3]
ID                =  3
RID               =  12
Name              =  "/ics8000/cbin/hdbtrans"
Delay             =  5000
Command_Line      =
Reboot            =  1
RebootDelay       =  10000
```

注：1. 若单网配置。MSCenter 要修改为："-I 10.100.100.1 -P 10110　-L /ics8000/log/msc.log "。

2. 此文件只配置默认启动的三个进程，其他进程可以根据实际情况，由"控制面板"中"服务管理"下的"进程配置"
配置启动。例如：FaultRecord 等。

（2）进程管理加载配置文件/ics8000/ini/workthreadpara.ini。

```
[sProcManIP]=10.100.100.1    //和 ProcManager.ini 里面配置保持一致
[psGIP]=224.11.11.71
[nGPort]=18271
[nServrPort]=18211
```

（3）数据维护库连接设置/ics8000/ini/config.ini。

```
QMYSQL3                        //连接的数据库 QMYSQL3
eng8000                        //数据库名称
root                           //数据库登陆用户名
```

```
root                              //数据库密码
10.100.100.1                      //数据库所在的 IP,若是本机可以设置为 localhost
```

（4）时钟服务进程配置参数设置/ics8000/cbin/sntp.exe。

```
[sntp]
    #主机主网 IP
    IP1=10.100.100.7              //主机 sntp 时钟源的主网 IP
    #主机备网 IP
    IP2=11.100.100.7              //主机 sntp 时钟源的备网 IP
    #备机主网 IP
    IP3=10.100.100.8              //备机 sntp 时钟源的主网 IP
    #备机备网 IP
    IP4=11.100.100.8              //备机 sntp 时钟源的主网 IP
```

4. 实时库同步配置

（1）使用 root 用户修改/etc 目录下的 hosts 文件,添加需要实时库同步的 IP 及机器名,
gedit hosts（修改完毕后重启机器生效）,如图 4-3 所示。

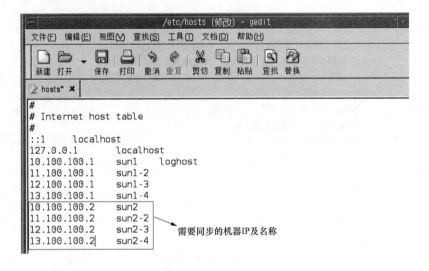

图 4-3　修改 hosts 文件

（2）使用 zdh 用户在终端控制台中输入命令启动实时库 rtdbserver。

```
$ pview run rtdbserver rtdb xuji
```

（3）运行 /ics8000/cbin/synccfg,或从控制面板中启动（实时库同步配置）：

点击"实时库同步配置"→主机配置,配置服务器 ID、服务器 IP。此处 IP 配置为实时
库同步专网的 IP 信息,正常情况下双网配置。如图 4-4 所示。

配置完毕后,直接点击"检查同步管理配置是否正确"进行同步配置检查。

三、数据库操作及维护

新建或为新增间隔更改数据库流程为：

创建一次系统图→导入 SCD 文件（电校虽是常规站配置,但采用 61850 通讯,仍需要制
作 SCD 文件）→创建配置库→配置库实例化→创建实时库。

1. 一次结构图的创建

（1）变电站信息创建。

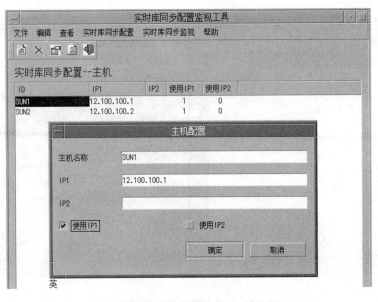

图 4-4　实时库同步配置

在控制面板中启动图形组态→间隔列表→右击空白处→创建厂站→新建厂站，含有厂站"名称""电压等级及主变"和"全局设置"。

1）主变：按变电站主变台数和主变类型进行创建（此处可暂时不创建）。

2）全局设置：显示设备属性的编号信息等描述，如图 4-5 所示。

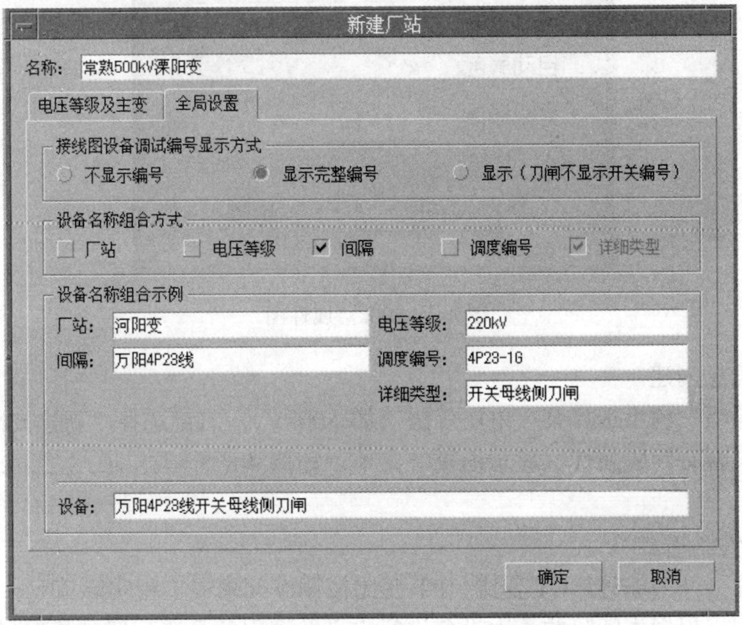

图 4-5　全局设置

3）中心站属性：配置完成后，可以通过"右键"选择"中心站"的"属性"查看和修改厂站的配置信息，如"常熟 500kV 溧阳变"属性图，如图 4-6 所示。

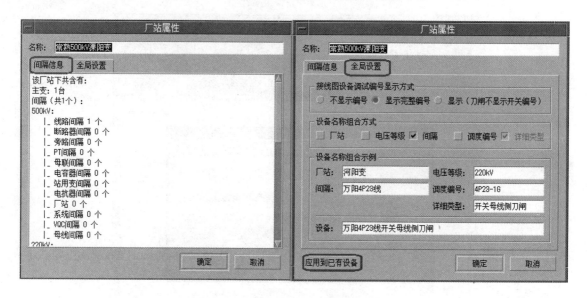

图 4-6　常熟 500kV 溧阳变属性图

4）电压等级属性："右键"选择"电压等级"树结构下的某一电压等级，可以查看和修改该电压等级的配置信息。如"500kV"属性图，如图 4-7 所示。

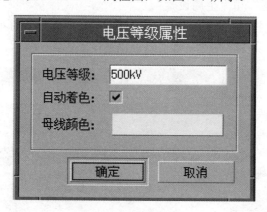

图 4-7　500kV 属性图

（2）间隔信息创建。

在"电压等级"树下选择某一电压等级（如 500kV），右键选择"新建间隔"，弹出"新建间隔"画面，含有间隔属性、显示模板等菜单。如图 4-8 所示。

参数说明：

1）间隔属性。

①间隔名称、开关编号、CT 变比、PT 变比按调度要求或工程实际填写。

②间隔类型：根据本间隔的一次设备进行定义，调用的是"配置工具""基础信息""一次间隔模板"。

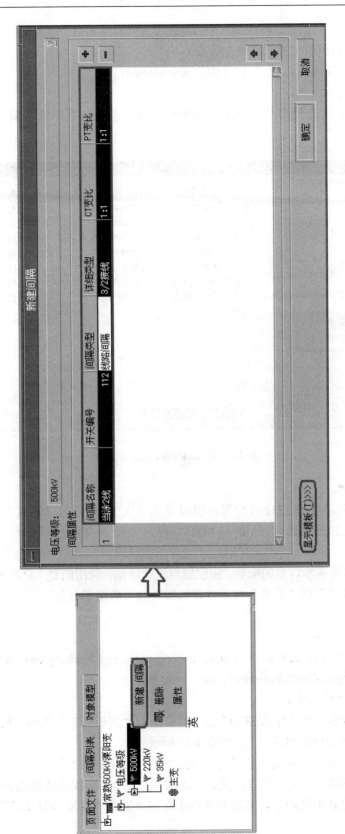

图 4-8 新建间隔

③详细类型：对应不同的"间隔类型"下的接线方式，调用的是"配置工具""基础信息""一次间隔模板"中间隔模板的"详细类型表"。

④"＋"代表增加新间隔，"－"代表删除选中的间隔。

2）开关编号修改。

开关编号修改可通过选择自动修改数据库中设备编号及五防票库设备编号，如图 4-9 所示。

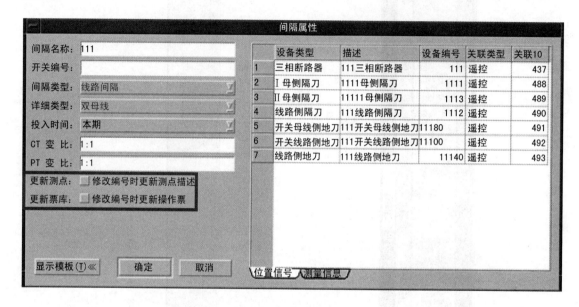

图 4-9　开关编号修改

（3）主变信息创建。

主变可在变电站基本信息创建时配置，也可点击"主变"，通过"右键"→"新建主变"→"新建主变（主变台数）"画面→"＋"，弹出主变本身的配置信息。如图 4-10 所示。

主变类型：主变本身基本信息的配置，按照绕组进行区别，调用的是"配置工具"中"基础信息"菜单"业务数据"的"设备"树下"变压器"的"数据子分类"。

2. 61850 信息导入

（1）SCD 配置文件生成。

把本站 61850 配置信息：XX.SCD、osicfg.xml、groupip.xml、rcbcfg.xml、acsicfg.xml 文件通过 FTP 工具上传到/ics8000/cbin/xcomm/ini"目录下。

（2）间隔和 SCD 文件的关联。

点击"中心站"右键选择"导入 SCD"菜单或者点击"图形组态"菜单"模型配置"的"导入 SCD"，如"常熟 500kV 溧阳变"，如图 4-11 所示。

点击"导入 SCD"菜单，弹出"装置功能分配菜单"，如图 4-12 所示。

然后进行间隔和 SCD 文件的关联：鼠标点击右侧"IED"装置不放拖动到左侧的间隔上面，如果关联左侧间隔出现错误，可以右键点击左侧该装置"取消 IED 关联"。相关图标说明：

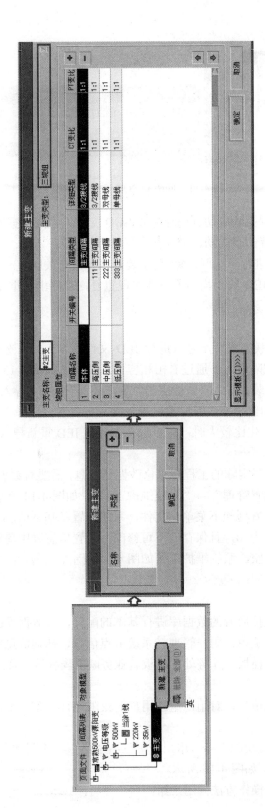

图 4-10 主变信息创建

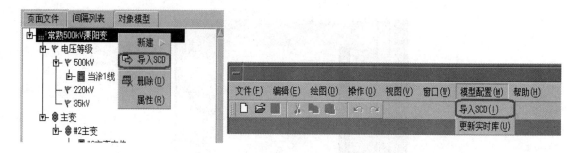

图 4-11　间隔和 SCD 文件的关联

①✓表示间隔和装置关联成功且已经导入 SCD 文件，生成数据库。

②🕐表示间隔和装置关联成功，但还没导入 SCD 文件。

③🔗表示装置已经进行了关联；🔗表示装置现在没有关联。

④IED SCD 文件中 IED 的"描述"不能出现重复，否侧出现重复 IED 设备在导入 SCD 文件时无法刷出来。

（3）SCD 文件的导入。

间隔和 SCD 文件关联完成后，可以进行 IED 文件的导入。可选择三种导入方式：全站导入、电压等级导入、间隔导入。通过右击相应目录实现。如图 4-13 所示。

需要注意的是，选择装置导入：右键点击"某个装置"选择"导入 IED"，只导入该装置，如果该装置 ICD 文件增加部分修改需要重新导入时，可以右键选择"重新导入 IED"覆盖导入，如果该装置的 ICD 变化比较大时，可以选择删除该 IED 重新导入。

3．配置库编辑

SCD 文件导入后，按照实际的工程需求修改四遥信息，需要对数据库四遥信息进行修改，运行"控制面板"→"配置管理"→"系统维护工具"，如图 4-14 所示。

启动系统维护工具后看到如下菜单：文件、系统配置、基础信息等。设置参数时，需要注意所有表中索引号不能为 0，且保存后不可修改；装置信息表中遥测，遥信，遥控及遥脉信息等名称、描述不能为空。系统维护工具如图 4-15 所示。

菜单栏各模块功能说明：

（1）基础信息。

基础信息主要是对监控后台的数据库进行基本的配置，给数据库的高级应用提供配置信息。基础信息包含如下子菜单：用户管理、系统节点信息、基础信息配置、业务处理类型、业务数据分类、一次间隔模板、业务处理模板、业务映射模板等。详细介绍如下：

1）用户管理。

添加和删除用户组或用户，对用户组或用户的权限进行设置，正常情况下先要修改用户组，然后再修改用户。

用户组的添加："系统功能"→"用户管理"→"组"→"新增"，输入"组名"和"描述"，设置用户组的权限。如图 4-16 所示。

用户的添加和删除，操作方法同用户组。

2）系统节点信息。

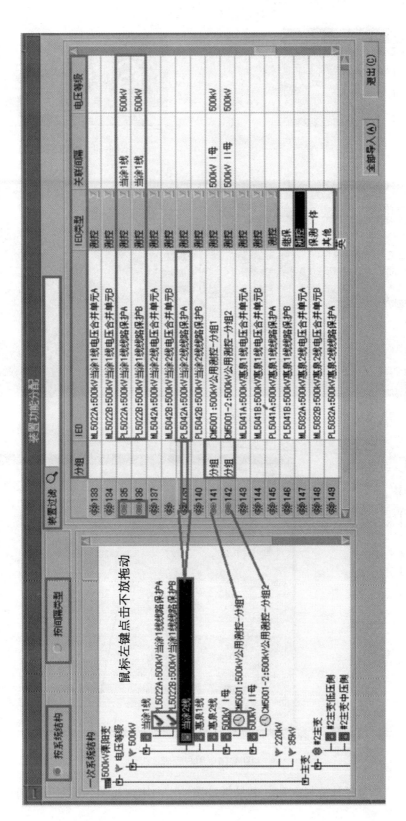

图 4-12　装置功能分配

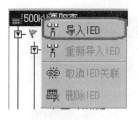

图 4-13　导入

图 4-14　修改四遥信息

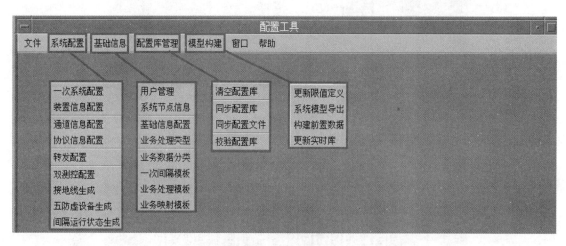

图 4-15　系统维护工具

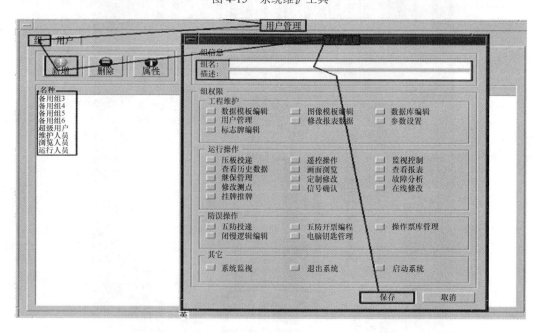

图 4-16　用户管理

　　系统节点信息包括计算机名称、IP 地址等属性，向用户显示各设备网络通讯设置，如图 4-17 所示。

配置工具 - [系统节点信息]

文件　系统配置　基础信息　五防配置　配置库管理　模型构建　窗口　帮助

中心节点信息

索引号	名称	描述	计算机名称	类别	校时优先级	IP1	IP2	调度ID	端口号1	端口号2
1	服务器1	服务器1	sun1	服务器	3	10.100.100.1	11.100.100.1	0	2404	2404
2	通讯服务器1	通讯服务器1	sun1	通信服务器	3	10.100.100.1	11.100.100.1	0	2404	2404
3	服务器2	服务器2	sun2	服务器	3	10.100.100.2	11.100.100.2	0	2404	2404
4	通讯服务器2	通讯服务器2	sun2	通信服务器	4	10.100.100.2	11.100.100.2	0	2404	2404
5	操作员站1	操作员站1	sun1	操作员站	4	10.100.100.1	11.100.100.1	0	2404	2404
6	操作员站2	操作员站2	sun2	操作员站	4	10.100.100.2	11.100.100.2	0	2404	2404
7	远动机1	数据网关机1	WYD1	远动站	4	10.100.100.7	11.100.100.7	0	2404	2404
8	远动机2	数据网关机2	WYD2	远动站	4	10.100.100.8	11.100.100.8	0	2404	2404
9	图形网关机1	图形网关机1	sun9	图形网关机	4	10.100.100.9	11.100.100.9	0	10110	10110
10	图形网关机2	图形网关机2	sun10	图形网关机	4	10.100.100.10	11.100.100.10	0	10110	10110
11	图形网关机operate1	图形网关机operate1	sun9	操作员站	4	10.100.100.9	11.100.100.9	0	2404	2404
12	图形网关机operate2	图形网关机operate2	sun10	操作员站	4	10.100.100.10	11.100.100.10	0	2404	2404

图4-17　系统节点信息

参数说明：

①索引号：该节点信息在数据库中唯一标示。该索引号要和/ics8000/ini/中 Promanager.ini 中的主备服务器节点保持一致。

②计算机名称：必须和实际的计算机名称相同。

③类型：按照实际的机器配置进行设置，如服务器、操作员站等。

a. 服务器：启动应用服务（taskserver）所在机器。

b. 操作员站：启动监视控制界面（xbrowser）所在机器。

④IP1：对应机器公网 IP 中的 A 网，IP2：对应机器公网 IP 中的 B 网。

3）业务处理类型。

业务处理类型主要是对遥测数据的基本信息进行定义及表达式定义，让遥测产生报警的配置信息。

告警包括遥测越上限、遥测越下限、遥测跳变等。

业务处理类型包含时段定义、跳变类型、跳变类型、表达式定义。

①时段定义。

时段定义：按照负荷运行情况、地区运行习惯等把 1 天划分不同的时间区间。各时间区间内的限值可以独立设置，如图 4-18 所示。

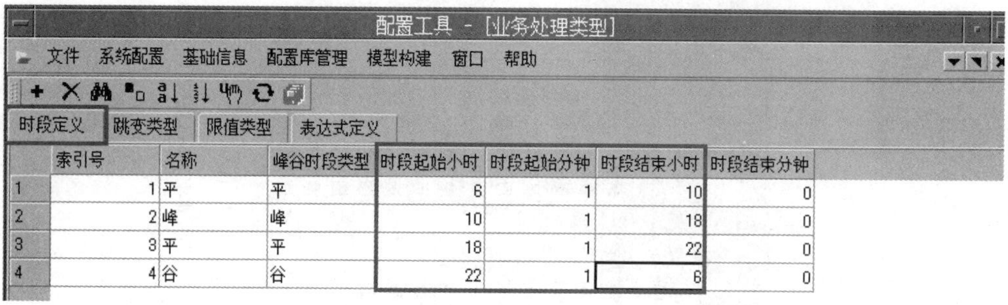

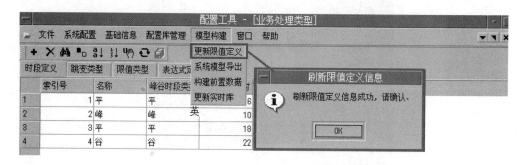

图 4-18 时段定义

配置完成后，点击"模型构建"→"更新限值定义"，更新限值时段配置，确认后时间定义成功，如图 4-19 所示。

图 4-19 刷新限值定义信息

②跳变类型。

跳变类型指遥测跳变动作配置信息。包括跳变类型、变化门槛值、跳变时间门槛值。跳变类型配置给"装置信息"→"遥测信息"→"跳变类型 ID"调用。如图 4-20 所示。

图 4-20　跳变类型

参数设置说明：

a．变化率：|（本次—上次刷新的遥测值）|/|上次刷新的遥测值|。

b．变化值：|（本次刷新的遥测值—上次刷新的遥测值）|。

c．跳变时间门槛值：单位分钟，判别跳变的时间门槛值。

③限值类型。

限值类型可设置各个时间段（分时段）遥测越限值。如图 4-21 所示。

限值类型 ID	限值类型名称	限值类型描述	分时段统计标	报警延时时间	死区值	上上限值	上限值	下限值	下下限值
1	不分时段	不分时段	不分时段统计	0	0	50	35	20	10
2	分时段	分时段	分时段统计	0	0	50	35	20	10

图 4-21　限值类型

若"分时段统计标志"选择"不分时段统计"，越限值以该列后面"上上限值""上限值""下限值""下下限值"作为判据。

若选择"分时段统计"，后面的"上上限值""上限值""下限值""下下限值"不起作用，双击"限值类型 ID"列选择框，配置越限值。

该配置给"配置信息"中"遥测信息"的"限值类型 ID"调用。

（2）系统配置。

系统配置是对变电站高级业务功能进行配置，系统配置包含如下子菜单：一次系统配置、装置信息信息、通道信息配置、协议信息配置、设备描述配置等子菜单，分别对应不同需求的配置。下面做详细介绍：

1）一次系统配置。

一次系统配置是创建一次结构系统树的间隔设备时自动生成的各个间隔的一次设备信息。主要用来实现五防配置（实训室不涉及，不再介绍，但现场工作必须配置）。

2）装置信息配置。

装置信息配置主要是对数据库四遥信息、定值等数据配置，配置时需要根据现场变电站实际设计进行配置生成数据库。配置时建议按以下顺序进行：

①装置配置：点击"中心站"→"间隔名称"，按实际填写本间隔下装置的配置信息。

②模拟量信息：点击"中心站"→"间隔名称"—"××装置"，按实际填写该装置的各模拟量信息，如图 4-22 所示。

参数设置说明：

a．描述：按照现场实际点号定义，如 I_a、U_a。

b．索引号：SCD 文件导入时自动生成，禁止修改。

c．协议 1 索引：该表只对手动增加的间隔有作用，如远动和五防间隔，双击编辑框打开"信息点规约信息输入"窗口，选择与名称对应的协议索引（调用"系统配置"中的"协议信息配置"的"104 模拟量对象"）。

d．详细类型：外厂家的装置，可能由于数据集配置与模板设置不一致，此时生成的详细类型是空的，需要进行手动设置，现在数据库业务配置都是根据"详细类型"进行关联的，关联方式是读取"基础信息"菜单"业务映射模板"配置信息。

e．1 次侧变比：按实际一次设备变比填写。

功率：单位 MW，变比：CT 变比×PT 变比；若单位使用 kW，变比：CT 变比×PT 变比×1000。

档位：变比默认为 1。

频率：变比默认为 1。

远动间隔，则作为转发服务比例系数的计算条件之一，可以按照转发需要修改。

f．2 次量程：默认为 1（61850），若是远动间隔，则作为转发服务比例，系数的计算条件之一，可以按照转发需要修改：

电流：额定值×1.2。

电压：100×1.2。

功率：$U×I×1.732×1.2$。

频率：60。

档位：36。

g．虚点标志：导入装置默认为实点，只有增加的虚装置才设置为虚点。

h．虚点表达式：根据现场需要合成的虚点遥测（调用"基础信息"→"业务处理类型"→"虚点表达式"），正常情况只对虚装置的虚点有作用。该表达式在 220kV 及以下电压等级变电站应用很少。表达式选择如图 4-23 所示。

i．存储时间：存储的间隔时间，不推荐"不存"，至于存储的时间选择取决于历史曲线的显示，没有特别要求时，可以默认 15mm。

j．报警使能标志：默认为 1，禁止修改。若不需要相关告警，可以改为 0。

k．限值类型 ID：判别遥测产生越上限告警、越上上限告警、越下限告警、越下下限告警的配置信息。如图 4-24 所示。

l．报警级别：告警动作时定义一个告警级别，通过下拉框选择告警级别。如图 4-25 所示。

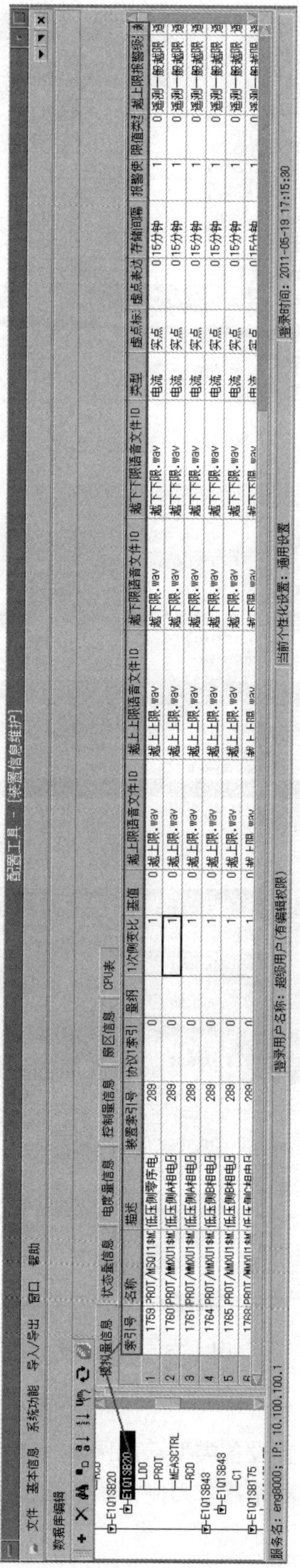

图 4-22　模拟量信息

索引号	名称	描述	装置索引号	功能/索引	量程	量纲	1次/2次变比	置信	越上限语音文件ID	越上限语音文件ID	越下限语音文件ID	越下限语音文件ID	类型	查点标	表达式 存储间隔	报警使 限值类型 越上限报警级别			
1	1759	PROT/MCSO1181MC	低压侧A相序予电	289	0					越上.上限.wav		越下.下限.wav		电流	实点	0 15分钟	1	0 通测 一般越限 液		
2	1760	PROT/MMOU1181MC	低压侧A相电电B	289	0		1		0 越上.上限.wav		越下.下限.wav		电流	实点	0 15分钟	1	0 通测 一般越限 液		
3	1761	PROT/MMOU1181MC	低压侧A相电电B	289	0		1		0 越上.上限.wav		越下.下限.wav		电流	实点	0 15分钟	1	0 通测 一般越限 液		
4	1764	PROT/MMOU1181MC	低压侧B相电电B	289	0		1		0 越上.上限.wav		越下.下限.wav		电流	实点	0 15分钟	1	0 通测 一般越限 液		
5	1765	PROT/MMOU1181MC	低压侧B相电电B	289	0		1		0 越上.上限.wav		越下.下限.wav		电流	实点	0 15分钟	1	0 通测 一般越限 液		
6	1768	PROT/MMOU1181MC	低压侧C相电电B	289	0		1		0 越上.上限.wav		越下.下限.wav		电流	实点	0 15分钟	1	0 通测 一般越限 液		

图 4-23　表达式选择

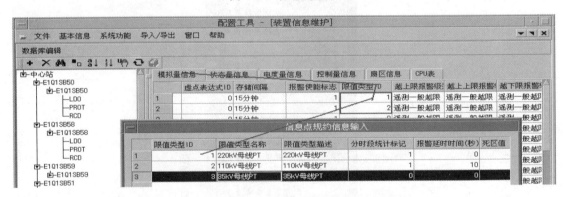

图 4-24　限值类型

图 4-25　报警级别

③状态量信息。

首先按照工程现场实际，配置设备类型，如图 4-26 所示。

设备类型中包括普通遥信、断路器、刀闸等，下面简单介绍如下：

图 4-26 配置设备类型

断路器：对于实际是断路器（开关）的遥信点，类型必须选择"断路器"，作为事故总的一个判别条件。

检修（压板）：对于实际的装置检修压板，类型必须选择"检修（压板）"，遥信上送检修类型和双测控主备自动切换需要判别此条件。

装置通讯状态：对于监控生成的装置通讯状态点，必须选择"装置通讯状态"。如图 4-27 所示。

图 4-27 装置通信状态

a. 分（合）位报警标志：可选"正常"和"异常"，导库时默认生成"异常"，若监控后台实施报警不需要某个报警信息，可选择"正常"来屏蔽，如图 4-28 所示。

b. 分（合）位报警字符串 ID：报警动作的描述信息。

例：112 开关 合上。双击方框调用"基础信息"中"基础信息配置"菜单下"字符串信息"。

c. 取反标志：可选"正常"和"取反"，默认导库生成"正常"。如图 4-29 所示。

d. 单双点标志：可选"单点"和"双点"。

图 4-28 分（合）位报警标志

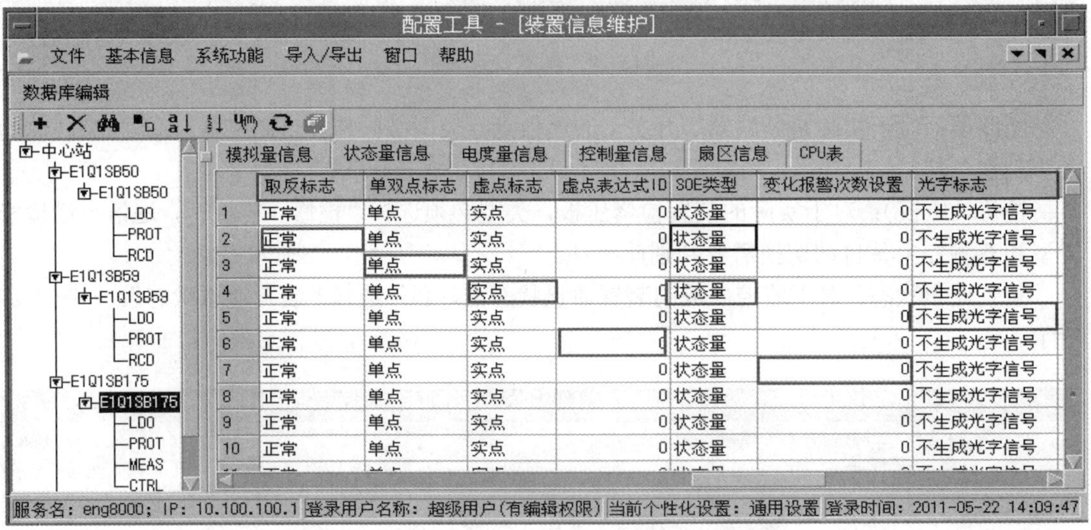

图 4-29 取反标志

双点：上送 4 种状态，0 和 3 代表无效，1 代表分，2 代表合。

单点：上送 2 种状态，0 代表分，1 代表合。

e. 变化报警次数设置：设置告警动作是否多次告警，默认为 0。

f. 光字所属间隔：产生光字信息状态量所属的间隔。

g. 动作再次报警延时（单位秒）：告警设置成多次告警，该列才起作用。

h. 监控 ID：只对远动和五防转发间隔有作用，填写需要转发的实际状态量索引号。

④控制量信息。

配置完状态量信息后，继续配置控制量信息。在该菜单下可配置控制类型、控制标志、遥控双编码等信息，如图 4-30 所示。

参数设置说明：

a. 相关对象号：在导入 SCD 文件时自动生成，无需更改。

b. 相关对象类型：可选状态控制量、梯形控制量、整型控制量、浮点型控制量。

c. 控制类型：控制对象的控制类型，按照实际情况填写。如分接头控制类型为有载调压、复归控制为复归等。

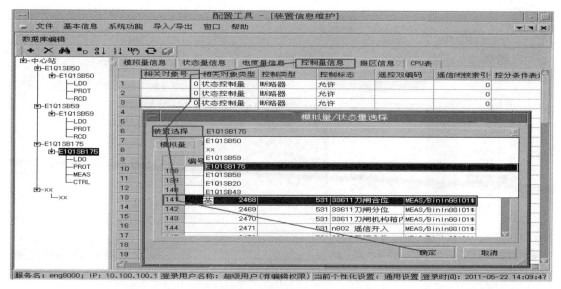

图 4-30　控制量信息

d. 控制标志：可选允许和禁止。选择禁止时闭锁遥控。

e. 控制双编码：该点控制在变电站中的运行编号。按实际的调度编号进行填写。

f. 遥信闭锁索引号：用于判别能否遥控的遥信信息点。如开关遥控一般都要判别远方/就地，防止就地和监控后台同时下发遥控令。如图 4-31 所示。

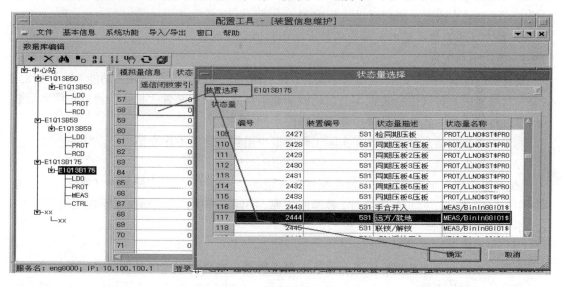

图 4-31　遥信闭锁索引号

g. 控分（合）描述 ID：控制的描述信息，主要给实时告警和历史告警查询使用。双击方框调用"基础信息"中"基础信息配置"的"字符串信息"。

h. 控制模式：遥控时进行判别信息，默认生成模式 43，可根据现场需求灵活选择。如图 4-32 所示。

i. 双摇标志：SCD 文件导入时默认生成，选择 1 表示双点控制。

⑤定值信息。

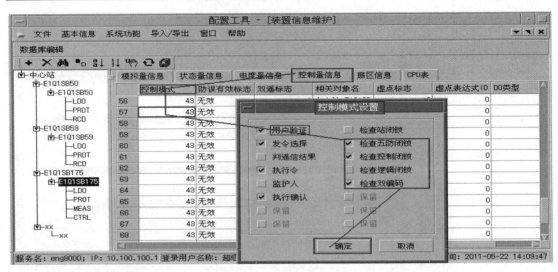

图 4-32　控制模式

单击"××装置"—"PORT",即可浏览、设定装置参数。

定值在 SCD 文件导入时自动生成,需手动配置"一次单位""最大值""最小值""控制字 ID""枚举 ID"。如图 4-33 所示。

定值参数设置说明:

a. 一次单位:正常情况下自动生成,个别厂家ＳＣＤ文件定值单位没有严格按照 61850 配置,无法自动生成时,需要手动进行配置。

b. 最大(小)值:按照实际定值最大(小)值进行配置。

3)通道信息配置。

装置信息配置完后,进行通道信息配置。通道组信息通过"导入/导出"功能"导入 61850 信息"自动完成,每次更新装置均会自动刷新通道信息,只有装置"描述"可以按照实际装置信息进行修改外,其他信息禁止修改。如图 4-34 所示。

剩下的"协议信息配置"等在实际工作中很少用到,这里不作介绍。

(3)配置库管理。

"配置库管理"子菜单包括:清空配置库(现场禁止使用)、同步配置库(实际同步时使用图中的同步功能)、同步配置文件、校验配置库。实际工作中,该菜单基本不需要用户配置,在此不作介绍。

(4)配置库实例化。

为解决相似装置在数据库中进行多次配置的弊端,提高数据库的配置效率。数据库导出后,可进行实例化操作:

1)单个数据实例。

单个数据实例是以"详细类型"为参考字段,可以实例到全部间隔,根据实际选择需要的字段进行实例。如图 4-35 所示。

2)装置数据实例。

装置实例化是以参引路径为依据进行实例,可以选择需要实例化的相同装置,四遥信息的字段可以根据需要进行选择,四遥信息选择自动记忆上次的选择字段。如图 4-36 所示。

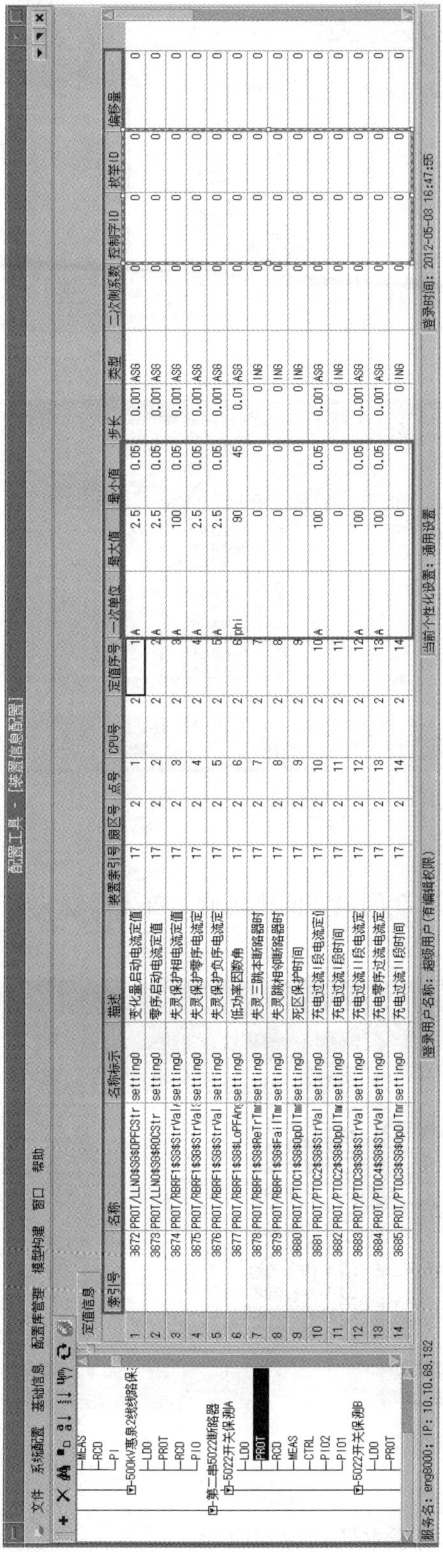

图 4-33　定值信息

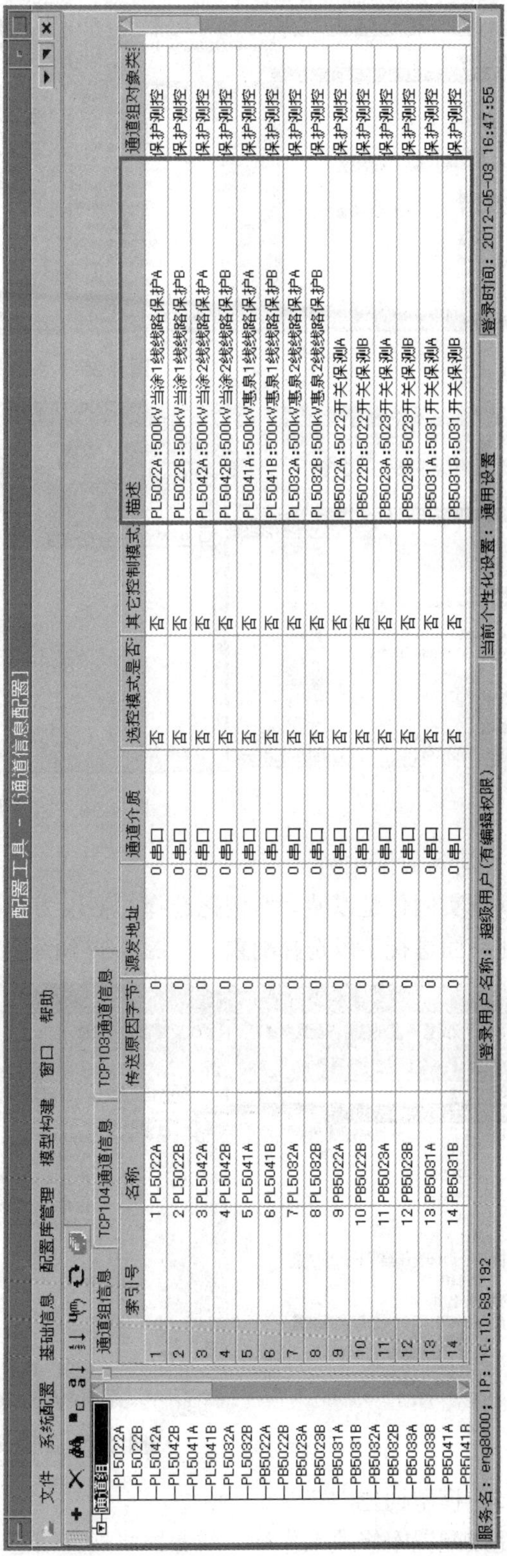

图 4-34　通道信息配置

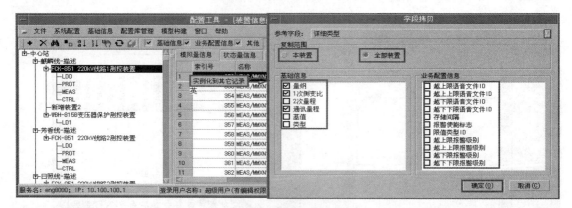

图 4-35　单个数据实例

图 4-36　装置数据实例

3）间隔数据实例。

间隔实例化是以装置实例化选择的字段为基准，因此在间隔实例化之前，首先要在装置实例化里面进行字段选择配置。如图 4-37 所示。

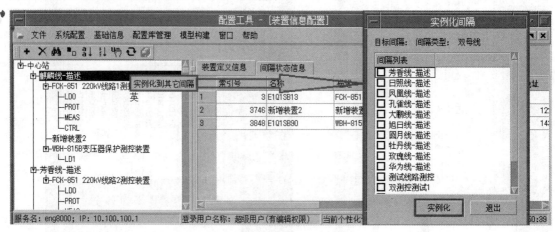

图 4-37　间隔数据实例

（5）模型构建。

完成配置库修改工作后，服务器将配置信息导出，用于重新构建实时库。

1）清空配置文件。

为防止在数据库结构复杂的情况下，多次倒库导致数据库混乱，每次倒库之前应清空配置文件：点击"系统模型导出"，点击"清空"，清除配置文件。如图 4-38 所示。

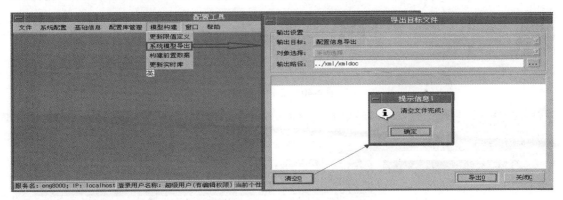

图 4-38 清空配置文件

"模型构建"子菜单中其余的构建前置数据、更新数据库（一般使"控制面板"进行更新操作）都很少使用，在此不作详细介绍。

2）配置文件导出。

清空配置文件后，可进行数据库导出工作，在输出目标中选择"配置信息导出"，点击导出；导出完成后选择"装置信息导出"，点击导出；如果有五防装置通讯，五防配置信息也要导出，否则会导致五防通讯中断。导出的 xml 文件存放在/ics8000/xml/xmldoc 目录。如图 4-39 所示。

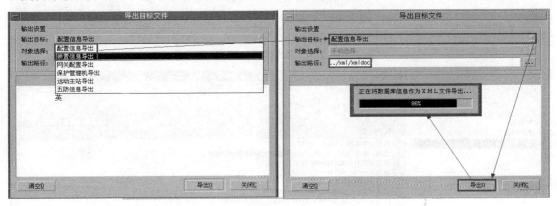

图 4-39 配置文件导出

4. 实时库创建

配置库导出后，应进行实时库的创建工作，创建步骤如下：

（1）打开实时库建模工具。

点击控制面板中"实时管理"中的"实时库建模"打开实时库管理工具，如图 4-40 所示。

（2）初始化实时库。

点击"全部选择"后，选中"初始化实时库"，弹出对话框，选中"yes"，如图 4-41 所示。

（3）创建实时库。

点击"实时库维护"，选择"创建实时库"，创建过程中有个"时钟"，当时钟结束时。表示创建实时库完成。到进度条显示 100%为止（注意此时如果实时库已经启动，需要使用"控制面板→监控主机→停止实时库"菜单停止实时库的工作,否则将无法创建实时库)。等待实时库创建完成后点击"加载数据",直到进度条显示100%,完成数据库的加载。如图4-42所示。

图 4-40　实时库建模

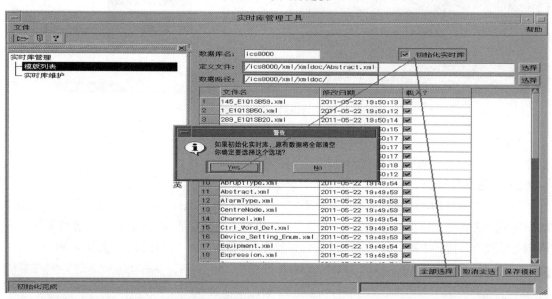

图 4-41　初始化实时库

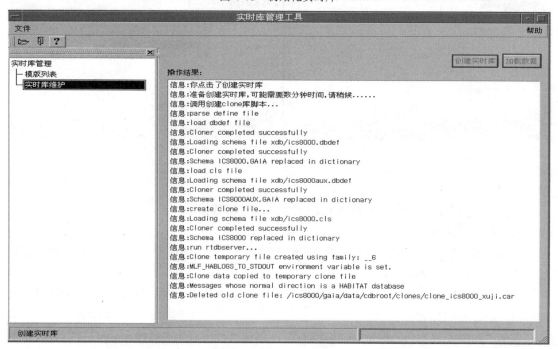

图 4-42　创建实时库

四、画面制作

实时库创建完成后，应进行画面制作。在 xmanpanel 控制面板上点击"服务管理→图形组态"或在 xbrowser 实时界面左下角点击"开始→维护程序→图形组态"可以打开图形编辑界面。其中：

1）创建新画面流程：创建间隔模板→间隔实例化。

2）对画面修改流程：删除原图元模板及相关数据库信息→创建新图元模板→模板实例化。

详细介绍如下：

1. 操作界面介绍

打开编辑页面后整个框架如图 4-43 所示。其中各工具栏的功能简介如下：

1）绘图工具栏：提供编辑器支持的基本几何图形元素的绘制工具，以及图片和文本等基本图形元素；

2）操作工具栏：提供对图形对象进行图形变换、Z 轴次序调节、排版等操作；

3）绘图工作区：图形对象绘制工作区；

4）页面管理器：提供图形目录及页面新建/删除、保存、打开/关闭等操作功能；

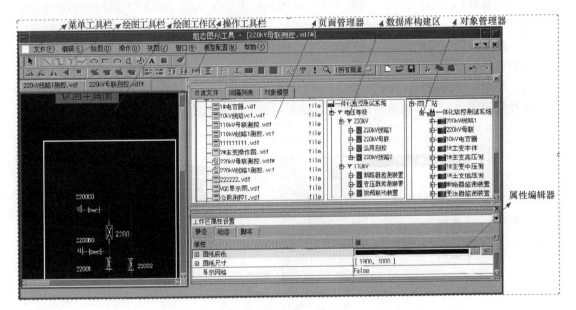

图 4-43　操作界面

5）属性编辑器：提供对图形对象、UI 元素、图形页面等对象的属性管理；

6）对象管理器：提供对应用对象、对象视图模板、UI 元素的管理，以及从模板创建对象的功能。

2. 新建页面

在图形组态工具右侧的页面中，在准备建立页面的目录上点击右键→新建文件。这时会出现名为"unknown.vdf"的页面，修改页面名称为想要的名称，然后就可以编辑、保存新建的页面了。如图 4-44 所示。

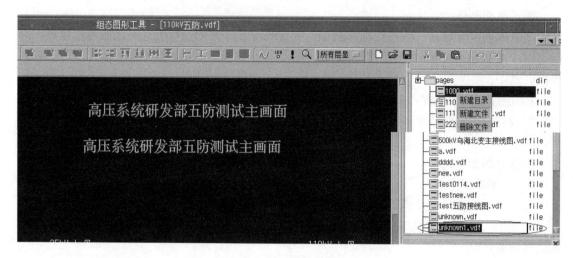

图 4-44　新建页面

画面制作可参照实际接线图绘制，编辑完页面后点击保存按钮以保存页面，每个页面会保存成三个名称相同但扩展名不同的文件，修改页面保存在 unix 为/ics8000/cbin/xview/pages 的目录下。

对于多个间隔相似的情况，可以在一个间隔分图制作完毕后，使用相似间隔拷贝功能进行分图创建。操作步骤如下：

（1）确定相似间隔。

选择某间隔"右键→选中相似间隔"，确定与该间隔相似的间隔，如图 4-45 所示。

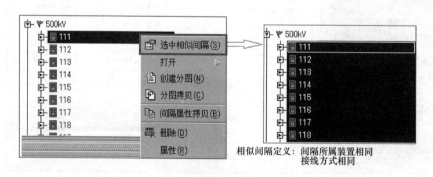

图 4-45　确认相似间隔

（2）间隔分图拷贝。

选择该间隔"右键→分图拷贝"，如果一个间隔下面有很多装置，需要选择"装置映射"进行间隔下各个装置对应映射，设置完成后点击"拷贝页面"。如图 4-46 所示。

3．页面切换

图形之间相互切换，采用超级链接方法，具体操作如下：选中对象后点击右键→页面跳转。如图 4-47 所示。

弹出窗口后选择要跳转的页面名称，如图 4-48 所示。

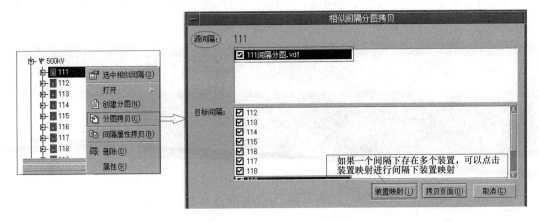

图 4-46　间隔分图拷贝

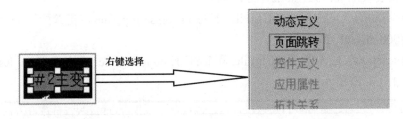

图 4-47　页面切换

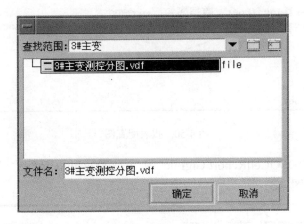

图 4-48　跳转页面

选中文件后点击确定。鼠标"左键"点击跳转对象上可以在右侧工作区属性处查看结果。

4. 调度编号的批量修改

可以实现调度编号在画面上，报表中，以及系统维护工具中的批量修改。

（1）批量修改需具备的前提条件：

1）检查"系统维护工具→一次间隔模板→一次设备表"中编号的填写。

2）新建间隔时必须填写开关编号。如不填写，批量修改时新编号保存不上。

（2）常规变电站批量修改调度标号操作：

可选择"组态图形工具→间隔列表"→右击"属性"→重新填写开关编号"。如图 4-49 所示。

图 4-49　批量修改调度标号

五、报表制作

1. 报表配置

1）java 安装（即 jdk-6u7-solaris-i586.sh）。

2）修改/ics8000/XJCellReport/CfgFile 下的 process.properties，更改配置的运行模式为：runType=ics8000_mysql_db。

3）修改/ics8000/XJCellReport/CfgFile 和/ics8000/cbin/CfgFile 下的 dbConf_ics8000_mysql. Properties，如图 4-50 所示。

```
 1 # 驱动
 2 mysql.driver=com.mysql.jdbc.Driver
 3
 4 # 数据库路径(服务器localhost   数据库名：eng8000)
 5 mysql.url=jdbc:mysql://10.100.100.1/eng8000?useUnicode=true&characterEncoding=GB2312
 6
 7 # 数据库用户名
 8 mysql.user=root                    本地服务器IP
 9
10 # 数据库用户密码
11 mysql.password=root
```

图 4-50　报表配置图一

4）修改/ics8000/XJCellReport/CfgFile 和/ics8000/cbin/CfgFile 下的 dbHis_ics8000_mysql.Properties，如图 4-51 所示。

```
 1 # 驱动
 2 mysql.driver=com.mysql.jdbc.Driver
 3
 4 # 数据库路径(服务器localhost   数据库名：ics8000)
 5 mysql.url=jdbc:mysql://127.0.0.1/ics8000?useUnicode=true&characterEncoding=GB2312
 6
 7 # 数据库用户名
 8 mysql.user=root                    本地服务器IP
 9
10 # 数据库用户密码
11 mysql.password=root
```

图 4-51　报表配置图二

注：上述配置为"报表编辑"配置流程，"报表浏览"需要在 ics8000/cbin/CfgFile 文件下文件进行修改，修改内容和步骤与上述相同。

2. 报表启动

点击"开始→维护程序→报表编辑",进入报表菜单选项,点击 ⬛,选择用户和输入密码。如图 4-52 所示。

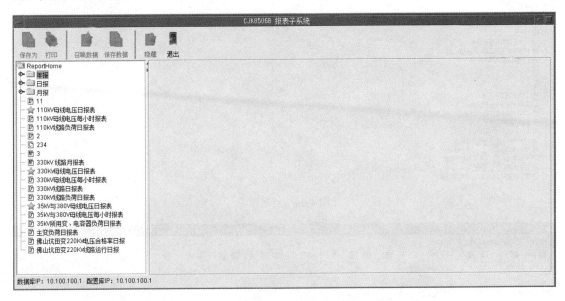

图 4-52　报表启动

3. 报表编辑

1)新建文件夹或报表:点击"Reporthome→创建目录",如图 4-53 所示。

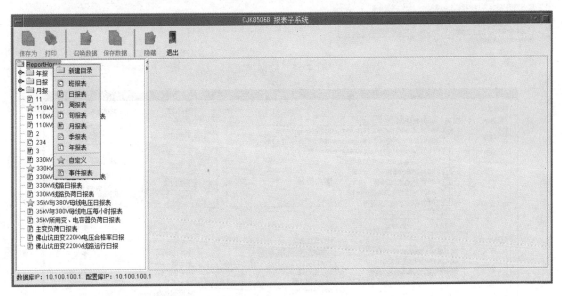

图 4-53　创建目录

2)创建自己报表:在"年报"、"月报"或"日报"中新建报表,如图 4-54 所示。

3)数据绑定:在页面右侧报表区右击,选择"数据绑定",如图 4-55 所示。

4)数据绑定窗口,选择测点信息和显示属性,如图 4-56 所示。

图 4-54　新建报表

图 4-55　数据绑定

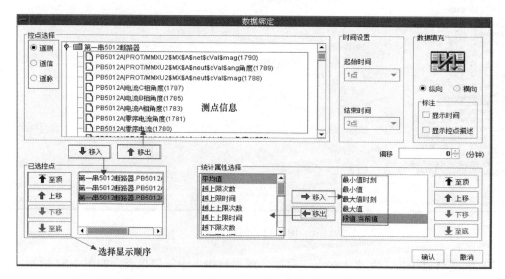

图 4-56　选择测点信息和显示属性

5）公式定义：在表格区域右击点击"公式定义"，可打开公式编辑器，用户可以在弹出的编辑器页面编辑公式，编辑完以后还可以点击画面右侧的"检查合法性"来检查公式是否正确。如图 4-57 所示。

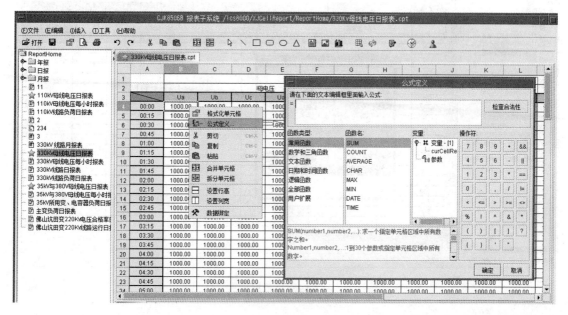

图 4-57　公式定义

4. 报表浏览

单击左侧目录区，打开报表，默认是当天的报表（日报表），如图 4-58 所示。

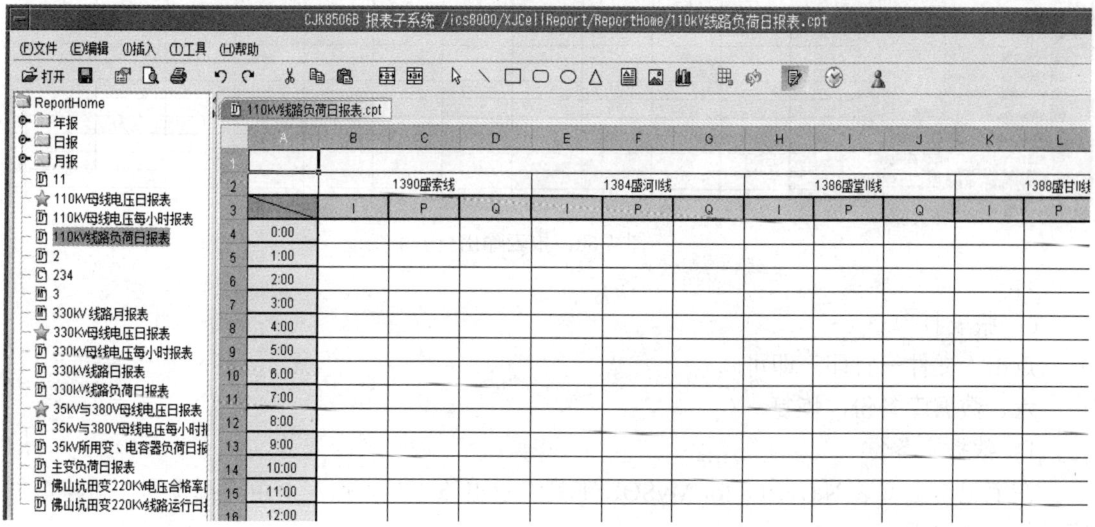

图 4-58　报表浏览

通过设置查询的日期后，重置数据，显示该天报表，如图 4-59 所示。

5. 报表输出

点击"文件"→"报表输出"，导出的文件存放在相应子目录内，如图 4-60 所示。

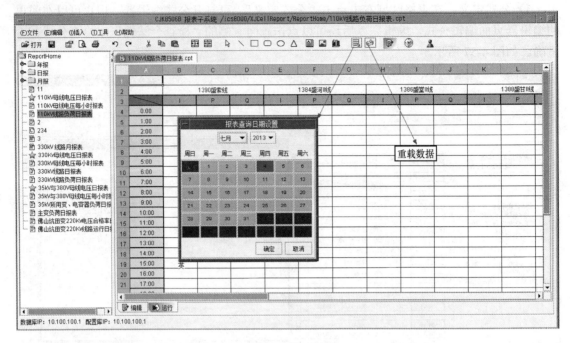

图 4-59　显示报表

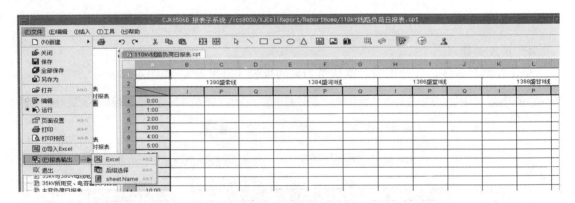

图 4-60　报表输出

6. 报表打印

点击"文件→打印"即可。

六、数据库备份、恢复

1. 数据库备份

在笔记本上安装 Navicat 8 for MySQL 工具，双击该工具，点左上角连接按钮，新建数据库，如图 4-61 所示。

（1）参数设置说明：

标记 1：填写监控服务器机器名；

标记 2：填写监控服务器网卡和笔记本同一网段的 IP 地址；

标记 3：密码输入 root，切记小写。

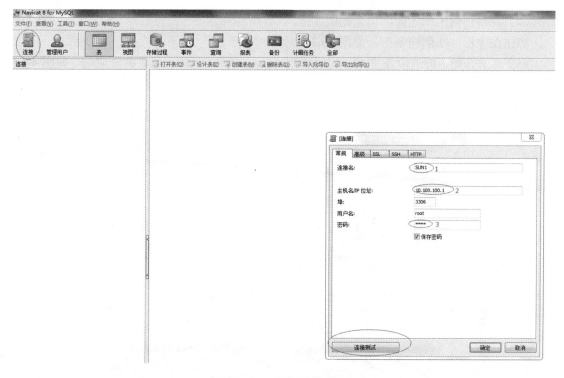

图 4-61　新建数据库

（2）参数填写完成后，点击连接测试，显示"连接成功"，说明数据库创建成功，如图 4-62 所示；报错的话，需要检查笔记本网络和监控主机是否能互相访问。

图 4-62　连接测试

（3）选择左侧一栏 eng8000，选择工具栏右上方备份按钮，如图 4-63 所示。

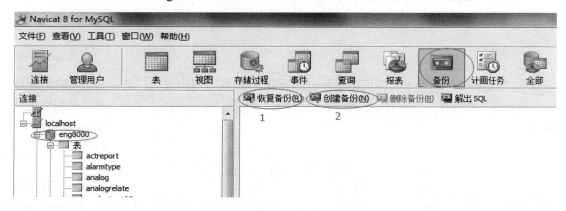

图 4-63　备份

（4）在做任何工作之前，切记先做备份。

点击图中标注 2 创建备份，如图 4-63 所示。

（5）点击开始，待进度条完成，同时出现 Successfully 字样，说明备份成功。如图 4-64 所示。

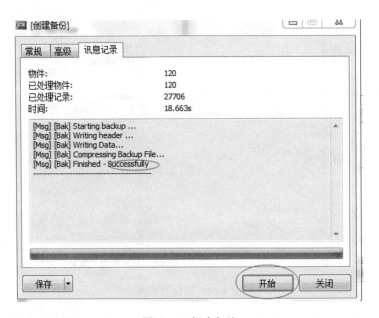

图 4-64　创建备份

（6）备份目录。Navicat 8 for MySQL 安装目录→对应数据库名称的文件夹下→eng8000→最新生成的文件，如图 4-65 所示。

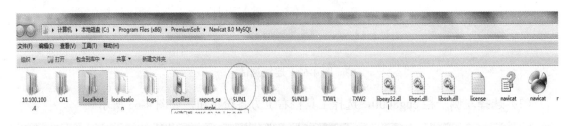

图 4-65　备份目录

2. 还原数据库

在"eng8000"页面下（详见创建备份部分），点击恢复备份按钮，选择备份文件所在目录，找到备份数据库，点击开始，待进度条走满，且出现 Successfully 字样，说明数据库还原成功。

第二节　测　　控

FCK-801C 系列测控装置是适用于 500kV 及以下电压等级的间隔层测控单元，支持 IEC

61850 和 TCP 103 通讯协议。

一、功能介绍

1. 装置特点

（1）功率测量支持两表法和三表法可选。

（2）装置遥信采集分为单点遥信和双点遥信。对于重要的断路器和刀闸位置用跳位状态和合位状态组成一个双点遥信来表示它的状态，两路开入组成的双点遥信有四种状态：

1）00、01、10、11，其中 0 表示跳位，1 合位；

2）1（跳位）0（合位）分别对应双点遥信的合；

3）分状态，0（跳位）0（合位）；

4）1（跳位）1（合位）是无效状态。

（3）装置具有对三组变压器的档位采集和调节功能，遥调为可选配功能。装置具有滑档闭锁功能，滑档功能投入时，如果调压滑档（新确定档位与原来档位相差大于 1），则急停接点自动闭合，并在滑档闭锁时间内闭锁下一次调压操作。滑档功能退出时，如果调压滑档，急停接点不闭合，但在滑档闭锁时间内闭锁下一次调压操作。档位采集为 0 档时，遥调只能升档，而不能降档。

（4）具备同期功能。监控系统和测控装置同时判检同期或检无压，测控装置优先级高于监控；检同期和检无压功能同时投入时，先检无压，线路有压转检同期。

（5）装置对时方式支持 SNTP 对时、B 码对时、GPS 脉冲对时（配置 1 个脉冲对时接口）。

2. 装置功能配置

装置具体功能配置详见表 4-1。

表 4-1　装置功能配置表

功能名称	标配	选配	说　　明
遥测功能	√		包含电压、电流、功率、频率及直流量的处理
遥信功能	√		包含单点遥信及双点遥信的处理
遥控功能	√		包含选控和直控的处理
遥调功能		√	可实现三组档位的采集及控制
同期功能		√	包含对一个断路器的同期判别功能
逻辑闭锁		√	包含遥控闭锁及就地闭锁
报告记录	√		包含遥信记录、事件记录、告警记录及操作记录
通信功能	√		包括与监控系统通信及与调试软件的通信
自检功能	√		包括软件自检和硬件自检
对时功能	√		可选 B 码、脉冲或 SNTP 等对时方式

3. 典型化配置模板

装置典型化配置模板详见表 4-2。

表 4-2　装置典型化配置模板

序号	版本型号	应 用 环 境
1	FCK-801C/R1/1	线路、母联、主变单侧测控，带刀闸闭锁，64 路遥信
2	FCK-801C/R1/2	线路、母联、主变单侧测控，带刀闸闭锁，48 路遥信
3	FCK-801C/R1/3	主变本体测控或主变单侧带本体测控
4	FCK-801C/R1/4	主变各侧合一测控
5	FCK-801C/R1/5	母线测控，64 路遥信
6	FCK-801C/R1/6	母线测控，48 路遥信
7	FCK-801C/R1/7	线路、母联、主变单侧测控，不带刀闸闭锁；线变组测控
8	FCK-801C/R1/8	公用测控；站用变测控；发电机或辅助设备测控

二、装置硬件结构

1. 背面插件布置图表

装置的插件配置见表 4-3。其中：1 号为交流插件、2~5 号为开入开出插件、6 号为 CPU 插件、7 号为电源插件。

表 4-3　装置插件配置

7	6	5	4	3	2	1
电源插件	CPU 插件	开入开出插件 4	开入开出插件 3	开入开出插件 2	开入开出插件 1	交流插件

装置各插件功能简介：

1）交流变换部分包括电流变换器 TA 和电压变换器 TV，用于将系统 TA、TV 的二次侧电流、电压信号转换为弱电信号，供保护插件转换，并起强弱电隔离作用。

2）CPU 插件完成数据采集处理、逻辑运算、控制、就地管理及和站控层的通讯。

3）电源插件将外部提供的直流电源转换为保护装置工作所需电压。本模块输入直流 220V/110V（根据需要选择），输出＋5V、±15V 和＋24V。＋5V 电压用于装置数字器件工作，±15V 电压用于 A/D 采样，＋24V 电压用于出口继电器。

2. 装置端子图表

装置的背板插件端子见表 4-4。

表 4-4　装置端子图表

序号	电源插件	CPU 插件		开入开出插件		交流插件			
上		不含直流	含直流	不含开出	含开出	3I4U	4I8U	6I6U	12U
01		RXD/485_1＋	RXD/485_1＋	远方/就地	远方/就地	IA	IA	IA1	U1
02		RXD/485_1－	RXD/485_1－	手合同期	手合同期	IA'	IA'	IA1'	U1'
03		0V	0V	开入 3	开入 3	IB	IB	IB1	U2
04		485_2＋	485_2＋	连锁/解锁	连锁/解锁	IB'	IB'	IB1'	U2'

续表 4-4

序号 上	电源插件	CPU 插件 不含直流	CPU 插件 含直流	开入开出插件 不含开出	开入开出插件 含开出	交流插件 3I4U	交流插件 4I8U	交流插件 6I6U	交流插件 12U
05	FG＋	485_2－	485_2－	开入 5	开入 5	IC	IC	IC1	U3
06	FG－	0V	0V	开入 6	开入 6	IC′	IC′	IC1′	U3′
07	失电告警	B 码＋	B 码＋	开入 7	开入 7		IS	IA2	
08	失电告警	B 码－	B 码－	开入 8	开入 8		IS′	IA2′	
09	装置故障			开入 9	开入 9			IB2	U4
10	装置故障			开入 10	开入 10			IB2′	U4′
11				开入 11	开入 11			IC2	U5
12				开入 12	开入 12			IC2′	U5′
13				开入 13	开入 13				U6
14				开入 14	开入 14				U6′
15				开入 15	开入 15				屏蔽地
16				检修状态	检修状态				
01	IN＋			开入公共端	开入公共端	UA1	UA1	UC2	U10
02						UA1′	UA1′	UB2	U10′
03	IN－				出口公共端	UB1	UB1	UA2	U11
04					出口 1	UB1′	UB1′	UN2	U11′
05	GNDD				出口 2	UC1	UC1		U12
06					出口公共端	UC1′	UC1′	UA1	U12′
07					出口 3	UX	UX	UB1	
08					出口 4	UX′	UX′	UC1	
09		GPS＋（24V）	GPS＋（24V）		出口 5	屏蔽地	UL	UN1	U7
10		GPS＋（24V）	GPS＋（24V）				UC		U7′
11			DC1＋		出口 6		UB	屏蔽地	U8
12			DC1－		出口 6		UA		U8′
13			DC2＋		出口 7		UN		U9
14			DC2－		出口 7				U9′
15			DC3＋		出口 8			屏蔽地	屏蔽地
16			DC3－		出口 8				

三、定值参数设置

FCK-801C 装置通过面板，可进行设置定值、设置软压板、查询报告、查看版本信息等操作，装置的操作命令菜单采用类 windows 菜单，各级菜单如图 4-66 所示。

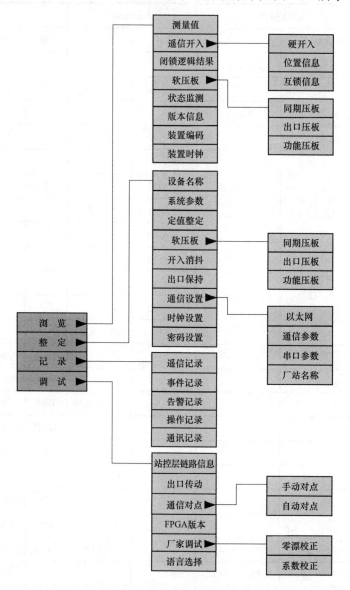

图 4-66　装置的操作命令菜单

1. 系统参数设置

在调试菜单下，才可以对系统参数进行整定，见表 4-5。

表 4-5　系统参数设置

序号	名　　称	定值范围	定值初值
1	两三表法测量	2～3	3
2	CT 断线功能投退	0～1	0
3	PT 断线功能投退	0～1	0

续表 4-5

序号	名　　称	定值范围	定值初值
4	低电压告警功能投退	0～1	0
5	零压告警功能投退	0～1	0
6	CT 二次额定值	1～5	5
7	循环上送周期	10～600s	15s

表中各参数按照工程实际或缺省值设置即可,一定要注意"两三表法测量"设置。功率的计算可分为两表法和三表法。三表法在不对称负荷和各种情况都适用,因此精度相对两表法高。但在不接地系统中,测量互感器有时为两相,三表法则无法应用。

2. 通信设置

进入"主菜单→整定→通信设置"菜单,可以设置装置通信参数及厂站名称。以太网参数配置可由厂内调试人员设置。见表 4-6。

表 4-6　通 信 设 置

序号	参数名称	设 置 说 明
1	以太网口	以太网 1、以太网 2、以太网 3
2	IP 地址	每个网口对应一个 IP 地址
3	子网掩码	255.255.0.0 或 255.255.255.0
4	网关	前三位和 IP 地址前三位一致,第四位用 254
5	MAC 地址	MAC 地址随 IP 地址的改变自动生成(第 1 位表示厂家,可设置为"00",第 2 位表示网名,A 网可设置为"01",B 网可设置为"02",后 4 位对应装置的 IP 地址的十六进制)
6	物理 CPU 个数	1(不可整定)
7	规约类型	61850、许继 103、国网 103、福建 103、无
8	对时方式	PPS、PPM、B 码、STNP、1588、B 码(无校验)

其中,规约类型可由调试人员厂内设置。默认 61850 规约时,不需要要设置装置地址;现场若需要采取 TCP103 通讯时,选择 TCP103 规约后,需要断电重启装置,才可设置装置地址;更换规约类型后会提示重启装置。装置上电后通过在状态栏显示"TCP103 运行成功"或者"61850 运行成功"来提示当前使用的是 TCP103 规约还是 61850 规约。选择 TCP103 规约时,可通过调试工具配置主站(外厂家通讯管理机 IP 地址或许继监控机和远动机地址),配置由调试人员完成,具体配置方法如下:

1)设置计算机 IP 地址与装置 IP 在同一网段,连好网线。检查并核对装置平台、接口、网关和保护程序正确,通过"整定→通信设置→通讯参数"菜单选择 TCP103 规约,重启装置。

2)通过 GWMangger851 工具连接装置并配置后台 IP。在 GWMangger 的"IP 地址"栏中输入装置的 IP 地址,然后单击软件下部的"连接"按钮,如果规约选了 61850 规约,或者网线没有连好,或者输入的 IP 地址错误,或者 IP 地址不在同一个网段,就连不上。

如图 4-67 所示。

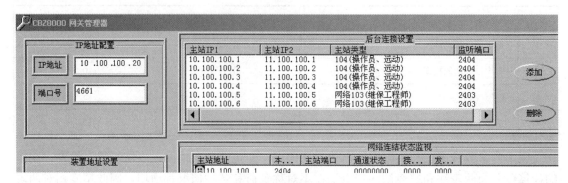

图 4-67　连接配置

3）如果要添加后台，就单击"后台连接设置"栏的"添加"按钮，在弹出的对话框中输入要增加的后台 IP，如果是单网，另一个 IP 保持默认的 0.0.0.0；如果是双网，两个 IP 都必须填好。如果要删除某个后台，就先单击该后台，然后单击"删除"按钮。当后台设置完成后，必须单击软件下部的"设置"按钮，才能保存配置到装置里面。单击"设置"按钮后，按照提示重启装置使设置生效。

3．硬件跳线设置

装置直流测量支持 0～5V 电压或 4～20mA 电流两种方式的输入，每路均可通过直流插件上的跳针实现两种输入方式的切换，当跳针打到 1 和 2 之间时，支持 4～20mA 电流方式输入，当跳针打到 2 和 3 之间时，支持 0～5V 电压方式输入。

4．定值整定

定值整定是测控装置的重要功能，可以对直流定值、遥调定值、同期定值、软压板、遥信消抖时间和开出保持时间进行整定。实际工程中装置的直流定值、遥调定值、遥信消抖时间和开出保持时间在出厂前已进行整定，现场根据要求整定同期和软压板定值即可。

（1）直流定值。

直流输入的路数根据工程配置，最多为 3 路。表 4-7 为一路直流输入所需要的定值。

表 4-7　直流定值

序号	名　　称	定值范围	定值初值
1	DC1 输入最小值	0～50	0
2	DC1 输入最大值	0～300	150
3	DC1 输出最小值（注 1）	0～5	0
4	DC1 输出最大值	0～5	5
5	DC1 突变门限（注 2）	0.1～0.3	0.1
5	DC1 一次结果偏移值	0～300	0

注：1．直流二次输入采用 0～5V 接入时输出最小值整定为 0V，采用 4～20mA 接入时输出最小值整定为 1V。

　　2．突变门限整定说明：实际突变门限＝整定突变门限×输入最大值/100。

（2）遥调定值。

档位调节的组数根据工程配置，最多为 3 组。表 4-8 为一组档位调节所需要的定值。

表 4-8　遥　调　定　值

序号	名　称	定值范围	定值初值	说　明
1	滑档功能投入	0~1	0	
2	中心档位	0~39	0	按实际整定，没有中心档位则整定为 0
3	滑档闭锁时间	0~30s	5s	一般整定为升档或降档所需时间的 1.2 倍
4	升档位开出保持时间	50ms~2000ms	200ms	
5	降档位开出保持时间	50ms~2000ms	200ms	
6	急停开出保持时间	50ms~2000ms	200ms	
7	档位最大值	0~39	39	当前档位大于等于最大档位时，升档命令无效
8	档位最小值	0~39	0	当前档位小于等于最小档位，降档命令无效

（3）同期定值。

装置同期定值设定见表 4-9。

表 4-9　同　期　定　值

序号	名　称	定值范围	定值初值	说　明
1	抽取电压方式	0~5	0	0：A 相，1：B 相，2：C 相，3：AB 相，4：BC 相，5：CA 相
2	电压差	2~50V	2V	压差大于该定值，不允许合闸
3	频率差	0.1~1Hz	0.2Hz	频差大于该定值，不允许合闸
4	允许合闸角度	2~60°	30°	角差大于该定值，不允许合闸
5	线路无压定值	2~50V	2V	小于该定值，认为线路无压
6	线路有压定值	10~100V	20V	大于该定值，认为线路有压
7	母线无压定值	2~50V	2V	小于该定值，认为母线无压
8	母线有压定值	10~100V	20V	大于该定值，认为母线有压
9	断路器合闸脉宽	0~2000ms	200ms	同期合闸开出保持时间
10	断路器合闸时间	0~2000ms	50ms	开关接收到合闸脉冲到合上的时间
a	同期复归时间	0~20s	5s	判别同期条件的最长时间
12	频率滑差定值	0.1~2Hz/s	0.2Hz/s	频率滑差大于该定值，不允许合闸
13	抽取相电压额定值	0~1	0	0：57.7V，1：100V
14	高压闭锁定值	20~100V	70V	任一侧电压大于该定值，闭锁检无压和检同期。

（4）软压板。

软压板包括查看压板和整定压板。查看压板只能浏览压板状态，整定压板可以修改压板状态。见表 4-10。

表 4-10　软压板查看整定

序号	名　称	定值范围	定值初值	说　明
1	无检定	投/退	投	投入该压板，则为无检定合闸方式
2	检无压	投/退	退	投入该压板，则为检无压合闸方式
3	检同期	投/退	退	投入该压板，则为检同期合闸方式
4	远方修改定值	投/退	退	投入该压板，则允许远方修改定值
5	远方投退压板	投/退	退	投入该压板，则允许远方投退压板

同期方式与压板选择见表 4-11。

表 4-11　同期方式与压板选择

同期方式＼压板	无检定压板	检无压压板	检同期压板	备　注
不检定方式	1	×	×	×代表可为 0，也可为 1
检无压方式	0	1	0	
转换方式	0	1	1	先检无压，无压条件不满足时自动转为检同期方式
检同期方式	0	0	1	

注：无检定压板、检无压压板、检同期压板都整定为 0 时，按照不检定方式处理。

同期逻辑说明：

1）无检定方式：收到断路器遥控合闸命令或手合开入后，直接合闸，不进行同期条件的判别。

2）检无压方式：收到断路器遥控合闸命令或手合开入后，在同期复归时间以内满足下列条件则判为同期条件满足：

①检无压压板投入。

②线路电压、母线电压至少一个小于对应无压定值。

3）检同期方式：收到断路器遥控合闸命令或手合开入后，在同期复归时间以内满足下列条件则判为同期条件满足：

①检同期压板投入。

②线路电压、母线电压均大于对应有压定值。

③两侧电压差小于压差定值（两侧电压为非同名相时程序换算为同名相后计算差值）。

④两侧相角差小于角差定值（两侧电压为非同名相时程序换算为同名相后计算差值）。

⑤两侧频率均在 49～51Hz 范围内。

⑥两侧频率差小于频差定值。

⑦频率滑差小于频率滑差定值。

4）转换方式：转换方式下检无压压板及检同期压板均投入，收到断路器遥控合闸命令或手合开入后，在同期复归时间以内检无压方式或检同期方式任一个条件满足均判为同期条件满足。

（5）出口保持。

每路出口保持是对应控制开出的保持时间，包括普通的选控和直控，遥控的总数由具体的工程配置决定，保持缺省值即可。各项参数见表4-12。

表4-12　各 项 参 数

序号	名　　称	定值范围（ms）	定值初值（ms）
1	选控1开出保持时间	10～6000	200
2	选控2开出保持时间	10～6000	200
n	选控n开出保持时间	10～6000	200
n+1	直控1开出保持时间	30～20000	200
n+2	直控2开出保持时间	30～20000	200
n+m	直控m开出保持时间	30～20000	200

（6）开入消抖。

每路开入消抖是对应遥信输入的消抖时间，包括单点遥信和双点遥信，遥信的总数由具体的工程配置决定，如无特殊要求保持缺省值即可。各项参数见表4-13。

表4-13　开 入 消 抖

序号	名　　称	定值范围（ms）	定值初值（ms）
1	遥信1消抖	10～10000	20
2	遥信2消抖	10～10000	20
n	遥信n消抖	10～10000	20

5. 调试菜单介绍

（1）通道传动。

进入"主菜单→调试→出口传动"菜单，可以进行通道传动试验。

出口传动前必须投入检修硬压板，按"＋、－"键，选择要传动的出口，按"确定"键，装置提示"预发返校成功，是否继续"，按"←、→"键选择"是"并按确认键，传动成功，同时返回上一级菜单；如果按"←、→"键选择"否"并按确认键，为放弃传动并返回上一级菜单。试验完毕后退出检修硬压板。

（2）密码设置。

装置整定操作需要输入密码。装置出厂时不设密码，在"主菜单\整定\密码设置"提示界面按"确定"键即可进行操作。用户修改密码时，在密码设置界面，须先输入旧的密码，按"确定"键光标移到"新的密码"，设置完毕按"确定"键光标移到"重复密码"，再次输入密码，按"确定"键，装置提示"密码修改成功！"，完成密码设置。

密码为10位以内的加减键、方向键组合，可以用"＋、－、↑、↓、←、→"键。通用旧密码是10个"→"键。

（3）时钟浏览与设置。

进入"主菜单\浏览\装置时钟"菜单，可以浏览装置当前年、月、日与时钟。

进入"主菜单\整定\时钟设置"菜单，可以设置装置运行时钟。

装置可以设置时区、日期和时间。按"↑、↓、←、→"键可以移动光标到指定位置，通过"＋、－"键可以设置，设置完成后按"确定"键，装置提示"日期时间修改成功!"，完成时钟设置。

其余的子菜单现场基本不会用到，不再详细介绍。

6. 装置异常信息说明及处理意见

装置发生异常报警时，液晶背景光将打开，自动弹出相应记录报文，同时报警灯亮。直至按下"复归"键，若此时报警状态仍未消除，则"报警"灯不熄灭，直至操作人员排除故障后，再次按下"复归"键，"报警"灯才能熄灭。见表 4-14。

表 4-14　装置异常及处理

序号	报文内容	报文含义	处理办法
1	A/D 故障	装置的数据采集回路故障	更换 CPU
2	开出回路断线	装置的继电器驱动回路故障	更换 CPU 或对应开出插件
3	定值出错	定值或软压板整定错误	重新整定定值或压板
4	电源自检出错	电源出错，退出运行	更换 CPU 插件或电源插件
5	RAM 错	RAM 出错，退出运行	更换 CPU 插件

第三节　远　　动

WYD-811 是许继公司开发的适用于 500kV 及其以下电压等级变电站、电厂等自动化系统的微机远动装置，将采集到的站内数据通过电力线、网线或者光纤等通讯介质用约定的通讯规约传送到远方控制中心。操作系统为定制 Debian Linux4，内核为 2.6.18。

一个三级调度主站，站内双机双网的配置示例图如图 4-68 所示。

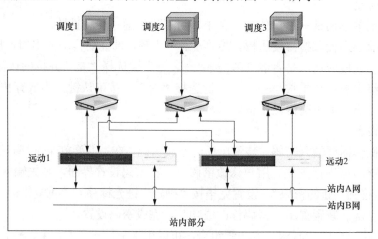

图 4-68　三级调度主站

一、功能介绍

WYD-811 远动机对上连接站控层、对下连接间隔层装置。对上站控层和调度端通讯，支持 CDT、IEC-101 和 IEC-104 等规约对下连接站内装置支持的规约有 IEC-104 和 IEC-61850。WYD-811 实现了跨硬件平台的设计，系统分为三大子系统：在线运行模块、配置工具 guiedit 、调试工具 guimonitor 。

1. WYD-811 系统简介

（1）在线运行模块。

在线运行模块子系统主要是通信服务处理模块，是在线运行的子系统。

（2）配置工具。

配置工具的作用是离线制作数据库、转发表和修改配置。

（3）调试工具。

调试工具是监视通信服务单元运行状态的工具，同时也提供了在线升级通讯服务单元子系统的途径，完成配置更新、远动装置远程重启和修改 IP 地址等功能。

系统的三大子系统结构与运行方式如图 4-69 所示。

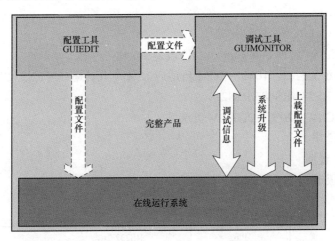

图 4-69　WYD-811 三大子系统结构

2. 远动程序安装目录各文件说明

1）安装目录各文件如图 4-70 所示。

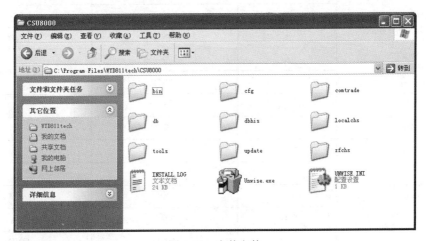

图 4-70　安装文件

2）各文件功能简介：

①bin：存放可执行文件和一些资源文件。

②cfg：站级配置信息。

③comtrade：存放录波文件信息。

④db：数据库文件。

⑤dbhis：历史数据库。

⑥localchs：接入程序配置信息文件。

⑦tools：存放工具文件。

⑧update：升级文件。

⑨zfchs：存放转发通道配置信息文件。

二、硬件结构及接口

1. WYD-811 微机远动装置硬件条件

（1）CPU：1GHz。

（2）内存：2G。

（3）操作系统：定制 Debian Linux4，内核为 2.6.18。

（4）通信口：6 个网口（10M～100M 自适应），4 个九针串口（RS232/RS485/RS422），6 个 5 孔端子串口（RS232/RS485/RS422）。

（5）电源：AC/DC 220V（DC110V 可选）。

2. 接线端子说明

（1）通讯端子说明。

WYD-811 背板通讯端子见表 4-15。

表 4-15　通讯端子

	Pin	RS232 方式	RS485 方式
COM1～COM4 RS232/485 混合模块	1	空	空
	2	空	DATA＋
	3	空	DATA－
	4	空	空
	5	GND	GND
	6	空	空
	7	TXD	空
	8	RXD	空
	9	空	空
COM5～COM10 串口	1	TXD	空
	2	RXD	空
	3	空	DATA－
	4	空	DATA＋
	5	GND	GND

续表 4-15

	Pin	10/100 Base-T 信号	
以太网接口 LAN1～LAN6	1	TX＋	
	2	TX－	
	3	RX＋	
以太网接口 LAN1～LAN6	Pin	RS232 方式	RS485 方式
	4	NC 空	
	5	NC 空	
	6	RX－	
	7	NC 空	
	8	NC 空	

（2）电源端子说明。

WYD-811 背板电源端子见表 4-16。

表 4-16　电源端子

	端子号	名　称	定　义
电　源	1	VIN	外接电源（＋220V）
	2	VIN	外接电源（＋220V）
	3	VBAT	外接电源（－220V）
	4	VBAT	外接电源（－220V）
	5	GND	外接电源地
	6	GND	外接电源地

三、组态及参数设置

WYD-811 的组态及参数配置均通过远动配置工具 guiedit 进行，guiedit 工具栏如图 4-71 所示。

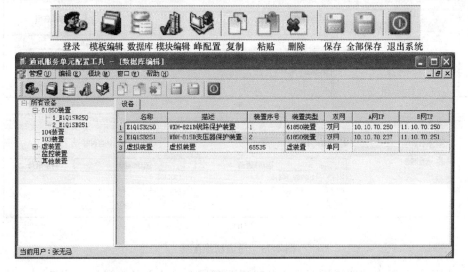

图 4-71　配置工具

1. 前期准备工作

在进行数据库配置、添加远动通道和制作转发表之前，可先进行业务配置、通道切换和远程服务等前期辅助工作：

（1）公共信息。

首先进行电铃驱动等公共信息配置，如图 4-72 所示。

各字段功能简介：

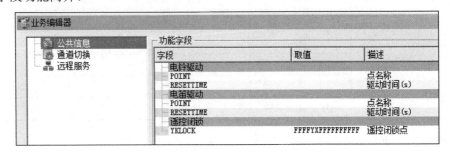

图 4-72　公共信息配置

① 电铃驱动。

POINT：驱动电铃的遥控点标示。例如：01YK01016004。

RESETTIME：响铃持续的时间单位为秒（s）。

② 电笛驱动。

POINT：驱动电笛的遥控点标示。例如：01YK01016005。

RESETTIME：响笛持续的时间单位为秒（s）。

③ 遥控闭锁。

YKLOCK：闭锁全站遥控的遥信点标示。例如：01YX01010007。

（2）通道切换。

公共信息配置完后，可进行通道切换配置，如图 4-73 所示。

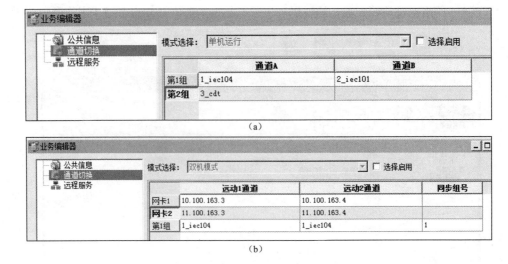

图 4-73　通道切换配置

当通信服务单元支持双通道互为主备时需要配置互为主备的双通道的信息：

1）选择启用。

勾上可以选择双通道互为主备的方式，是单机互为主备还是双机互为主备方式。

如图 4-73（b）为双机模式，即双机互为主备，即一台机上的一个通道与另外一台机上的一个通道互为主备。

2）网卡。

配置两台通信服务单元网卡 IP 地址。

3）第 n 组。

表示是第几组互为主备的通道，如图 4-73（b）为远动 1 的通道 1 和远动 2 的通道 1 互为主备。

如果是单机模式，则只需要配置互为主备的通道即可，既是本机上的一个通道与另一个通道互为主备。

注：配置过的通道不允许重复配置。

（3）远程服务。

要使用调试工具 guimonitor 与 WYD-811 连接并查看 WYD-811 的运行状态，需要配置 WYD-811 和站内设备进行通讯的网口的 IP 地址。如图 4-74 所示。

图 4-74　远程服务

注：IP1 为 WYD-811 的站内 A 网 IP 地址，IP2 为 WYD-811 的站内 B 网 IP 地址。

2. 数据库制作

单击"模板编辑"图标，打开数据库编辑界面，界面主要划分为两大区域：设备树试图、数据表格试图。如图 4-75 所示。

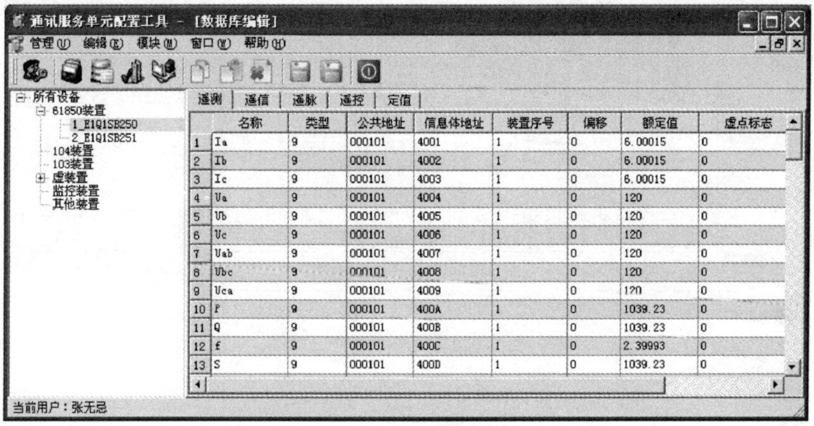

图 4-75　数据库编辑界面

（1）通过 SCD 制作工具，制作好 SCD 文件，生成远动运行所需环境文件。点击 61850 装置，单击鼠标右键，弹出新建装置，如图 4-76 所示。

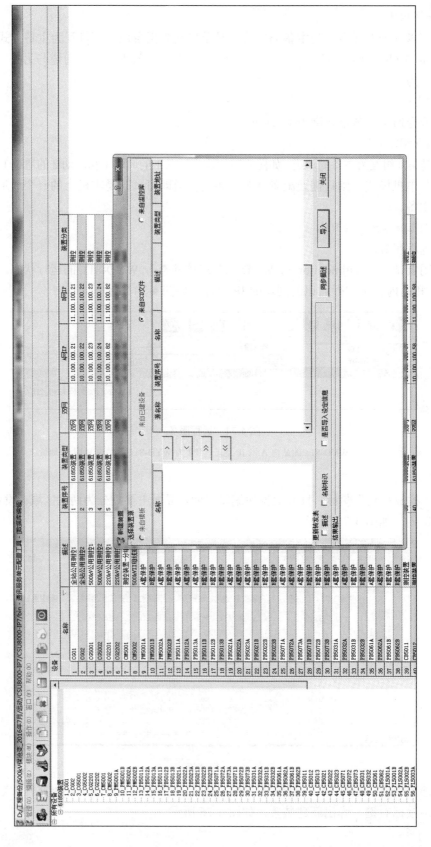

图 4-76　新建装置

（2）选择来自 SCD 文件，单击来自 SCD 文件，弹出选择文件目录，如图 4-77 所示。

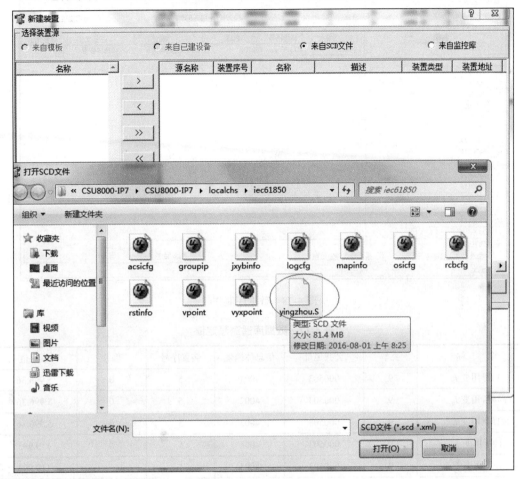

图 4-77　选择文件目录

（3）选择 SCD 文件，加载完成后，选择新加装置，左侧为 SCD 文件中所含的所有 61850 装置，选中要添加的装置，点击 > 添加到右侧，点导入，数据库制作完成。如图 4-78 所示。

（4）数据库制作完成后要对数据库遥测额定值进行检查，数据库里额定值计算逻辑：

1）电压 $U=1.2\times100=120$。

2）二次额定值为 1A 时，电流 I、有功 P 和无功 Q 计算：

电流 $I=1.2\times1=1.2$；

有功 $P=1.2\times1\times100\times1.732=207.8$；

无功 $Q=1.2\times1\times100\times1.732=207.8$。

3）二次额定值为 5A 时，电流 I、有功 P 和无功 Q 计算：

电流 $I=1.2\times5=6$；

有功 $P=1.2\times5\times100\times1.732=1039.2$；

无功 $Q=1.2\times5\times100\times1.732=1039.2$。

数据库遥测额定值见表 4-17。

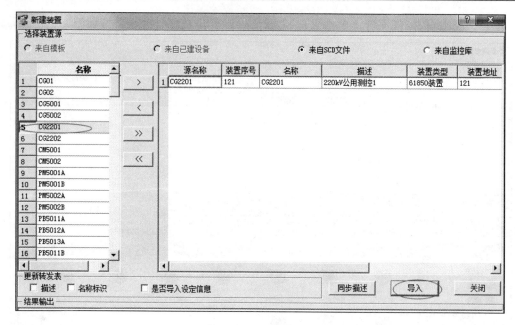

图 4-78　数据库制作

表 4-17　数据库遥测额定值

名　称	类型	公共地址	信息体地址	装置序号	偏移	额定值
1#所用变 I_a	9	000503	4001	5	0	5.996.36
1#所用变 I_b	9	000503	4002	5	0	5.996.36
1#所用变 I_c	9	000503	4003	5	0	5.996.36
1#所用变 U_a	9	000503	4004	5	0	119.993
1#所用变 U_b	9	000503	4005	5	0	119.993
1#所用变 U_c	9	000503	4006	5	0	119.993
1#所用变 U_ab	9	000503	4007	5	0	119.993
1#所用变 U_bc	9	000503	4008	5	0	119.993
1#所用变 U_ca	9	000503	4009	5	0	119.993
1#所用变 P	9	000503	400A	5	0	1039.17
1#所用变 Q	9	000503	400B	5	0	1039.17
1#所用变 S	9	000503	400C	5	0	1039.17
1#所用变 COS	9	000503	400D	5	0	1.19996
1#所用变 F	9	000503	400E	5	50	59.9636
2#所用变 I_a	9	000503	400F	5	0	5.99636
2#所用变 I_b	9	000503	4010	5	0	5.99636
2#所用变 I_c	9	000503	4011	5	0	5.99636
2#所用变 U_a	9	000503	4012	5	0	119.993
2#所用变 U_b	9	000503	4013	5	0	119.993

名　　称	类型	公共地址	信息体地址	装置序号	偏移	额定值
2#所用变 U_c	9	000503	4014	5	0	119.993
2#所用变 U_ab	9	000503	4015	5	0	119.993
2#所用变 U_bc	9	000503	4016	5	0	119.993
2#所用变 U_ca	9	000503	4017	5	0	119.993
2#所用变 P	9	000503	4018	5	0	1039.17
2#所用变 Q	9	000503	4019	5	0	1039.17
2#所用变 S	9	000503	401A	5	0	1039.17
2#所用变 COS	9	000503	401B	5	0	1.19996
2#所用变 F	9	000503	401C	5	50	59.9636
110kV Ⅰ母电压 U_a	9	000503	401D	5	0	119.993
110kV Ⅰ母电压 U_b	9	000503	401E	5	0	119.993
110kV Ⅰ母电压 U_c	9	000503	401F	5	0	119.993
110kV Ⅰ母电压 U_ab	9	000503	4020	5	0	119.993
110kV Ⅰ母电压 U_bc	9	000503	4021	5	0	119.993
110kV Ⅰ母电压 U_ca	9	000503	4022	5	0	119.993
110kV Ⅱ母电压 U_a	9	000503	4023	5	0	119.993
110kV Ⅱ母电压 U_b	9	000503	4024	5	0	119.993
110kV Ⅱ母电压 U_c	9	000503	4025	5	0	119.993
110kV Ⅱ母电压 U_ab	9	000503	4026	5	0	119.993
110kV Ⅱ母电压 U_bc	9	000503	4027	5	0	119.993
110kV Ⅱ母电压 U_ca	9	000503	4028	5	0	119.993
母线电压 $3U_a$	9	000503	4029	5	0	119.993
母线电压 $3U_b$	9	000503	402A	5	0	119.993
母线电压 $3U_c$	9	000503	402B	5	0	119.993
母线电压 $3U_a$b	9	000503	402C	5	0	119.993
母线电压 $3U_b$c	9	000503	402D	5	0	119.993
母线电压 $3U_c$a	9	000503	402E	5	0	119.993
110kV Ⅰ母 $3UO$	9	000503	402F	5	0	119.993
110kV Ⅱ母 $3UO$	9	000503	4030	5	0	119.993
110kV Ⅲ母 $3UO$	9	000503	4031	5	0	119.993
110kV Ⅰ母 f	9	000503	4032	5	50	29.9636

3. 建立远动通道

数据库制作完成后，并且数据库遥测额定值检查无误后，应与调度自动化连通，明确需要建立的业务通道。目前河北南网运行的远动通道 101、104 双平面。点击工具条上的"模块编辑"按钮或者从"模块"菜单进入模块编辑界面。如图 4-79 所示。

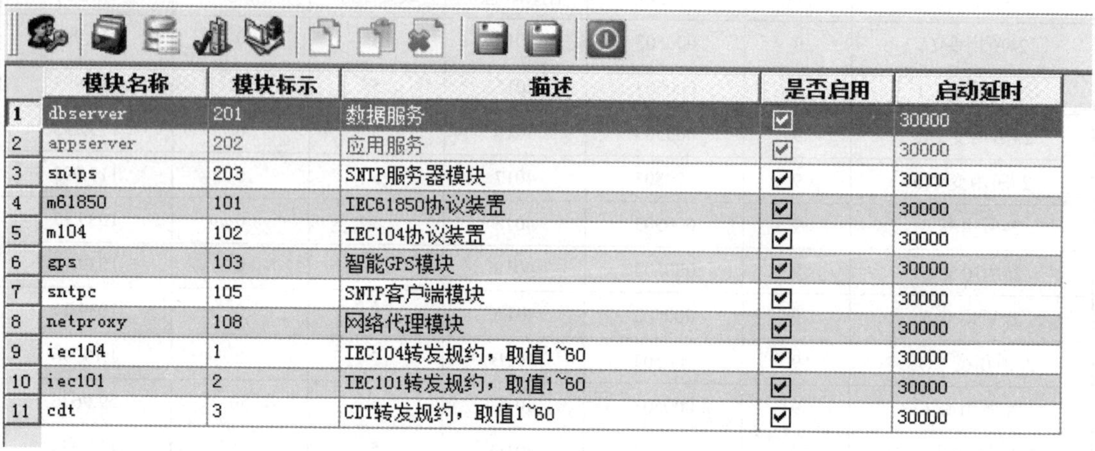

	模块名称	模块标示	描述	是否启用	启动延时
1	dbserver	201	数据服务	☑	30000
2	appserver	202	应用服务	☑	30000
3	sntps	203	SNTP服务器模块	☑	30000
4	m61850	101	IEC61850协议装置	☑	30000
5	m104	102	IEC104协议装置	☑	30000
6	gps	103	智能GPS模块	☑	30000
7	sntpc	105	SNTP客户端模块	☑	30000
8	netproxy	108	网络代理模块	☑	30000
9	iec104	1	IEC104转发规约，取值1~60	☑	30000
10	iec101	2	IEC101转发规约，取值1~60	☑	30000
11	cdt	3	CDT转发规约，取值1~60	☑	30000

图 4-79　模块编辑界面

（1）操作说明。

1）按方向键↓增加模块，点击工具条上的"删除"按钮或者按 Del 键删除选中的模块。

2）dbserver（数据服务）和 appserver（应用服务）是必须的，无法删除。"模块标示"固定为 201 和 202，无法更改。

3）使用远动对全站校时需要添加 sntps（SNTP 服务器模块），此模块启动后远动成为 SNTP 服务器，对全站发出广播式的校时命令。"模块标示"固定为 203。

4）有 61850 装置的时候需要添加 m61850（IEC61850 协议装置），"模块标示"固定为 101。

5）有 104 装置的时候需要添加 m104（IEC104 协议装置），"模块标示"固定为 102。

6）有 GPS 装置对远动校时时需要添加 gps（智能 GPS 模块），"模块标示"固定为 103。

7）系统中有其他的 SNTP 服务器，远动需要通过接收 SNTP 服务器广播的校时命令来校时时添加 sntpc（SNTP 客户器模块），"模块标示"固定为 105。

8）有时候中调和地调需要共用同一根网线通讯，给远动只分配了一个 IP 地址，但是中调和地调需要的转发表又不同，需要添加 netproxy（网络代理模块）来实现，"模块标示"固定为 108。

9）增加 104 通道需要添加 iec104（IEC104 转发规约），有多少个 104 通道就添加多少个，"模块标示"可以自己编号，建议采用系统缺省值。

10）增加 101 通道需要添加 iec101（IEC101 转发规约），有多少个 101 通道就添加多少个，"模块标示"可以自己编号，建议采用系统缺省值。

11）增加 cdt 通道需要添加 cdt（CDT 转发规约），有多少个 cdt 通道就添加多少个，"模块标示"可以自己编号，建议采用系统缺省值。

12）"是否启用"勾上时模块才会启用，已经配置好但暂时不用的模块可以将"勾"去掉不启用。尤其是 104 通道，如果已经配置好但是还没接网线，一定要将"勾"去掉，否则会导致远动无法运行。

（2）模块配置。

模块编辑配置主要配置通信服务单元设备中将要运行的通信服务程序的信息，主要是转发数据库和接入规约模块的配置，鼠标单击工具栏上的"模板编辑"按钮，打开模块编辑窗口如图 4-80 所示。

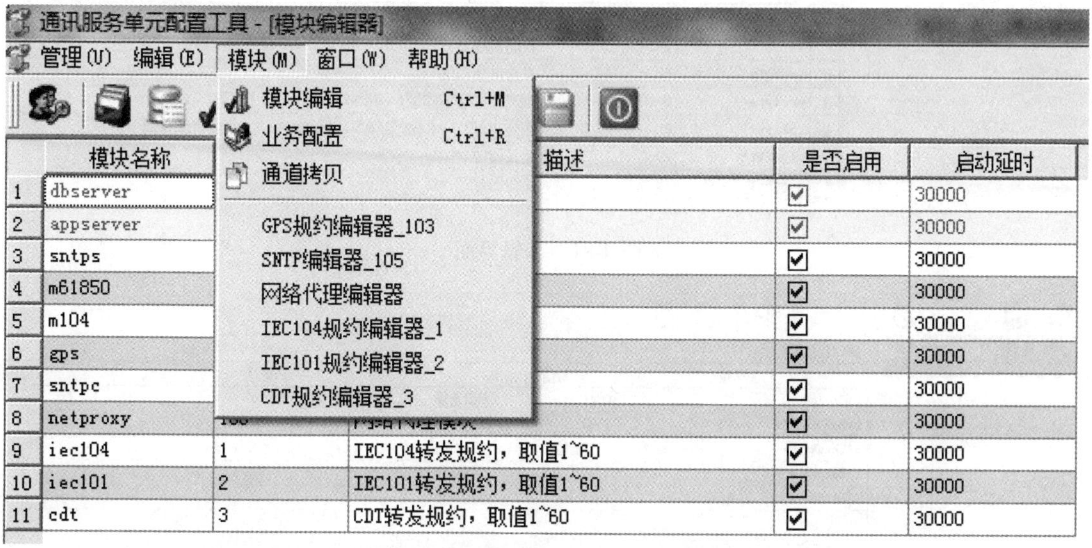

图 4-80　模块编辑界面

通信服务单元设备目前必须运行的通信服务软件为进程管理器（rtuserver.exe），其他的服务软件均由通信服务单元配置工具来配置是否由进程管理器启动。数据库服务器（dbserver.exe）、通信服务单元业务服务程序（appserver.exe）必须启动，不允许配置。其他模块如现场规约程序（m61850.exe，m104.exe）、通道规约服务程序（iec104.exe，iec101.exe）均可通过配置控制启停。

增加一个模块，要将鼠标焦点移至表格的最后一行，利用键盘上↓键增加一行，选择模块名称，如果选择的是 m61850.exe\m104.exe 则模块标示自动设置，无须修改。其他通道规约模块必须修改模块标示为通道号。要求模块标示唯一。现场通道的 m104.exe 和 m61850.exe 允许同时运行，但不运行同时运行两个及以上 m61850.exe 或是两个及以上 m104.exe。

结合现场应用，此处只详细介绍 GPS 规约编辑器、IEC104 规约编辑器。

1）GPS 规约编辑器。

点击模块→GPS 规约编辑器即可进入编辑界面，如图 4-81 所示。

通道参数中提供了目前常用的几大 GPS 厂家的规约，其他 GPS 厂家规约和通道参数不一致时，可根据通讯规约对通道参数进行调整。如图 4-82 所示。

"通讯参数"中配置远动与 gps 装置通讯的 com 口、波特率、校验位、数据位、停止位等参数。通讯参数设置详见各个厂家通讯规约。

2）SNTP 编辑器。

SNTP 编辑器有 sntps（SNTP 服务器模块）和 sntpc（SNTP 客户端模块）两种模块。

sntps（SNTP 服务器模块）用于远动机对站内设备对时。

sntpc（SNTP 客户端模块）用于 GPS 设备对远动机对时。

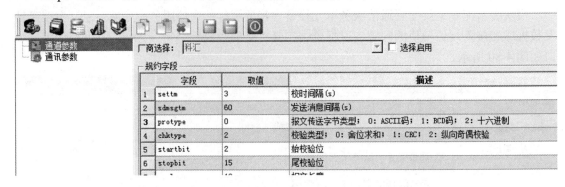

图 4-81　编辑界面

图 4-82　通道参数

3）网络代理编辑器。

网络代理模块是为了实现一个物理 104 通道同时与多级调度进行数据交换，例如：地调数据网同时需要转发给地调和省调数据，目前 104 双平面配置应用很广。

4）IEC 104 规约编辑器。

点击模块→IEC 104 规约编辑器即可进入编辑界面，下面介绍相关参数配置：

①通道参数配置。

一般情况下，"通道参数"可保持默认值不用修改，区域选择默认为通用。如图 4-83 所示。

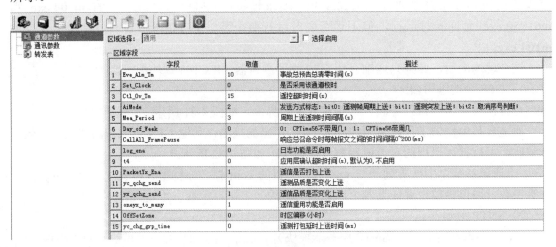

图 4-83　通道参数配置

②通讯参数配置。

"通讯参数"如图 4-84 所示。

图 4-84　通道参数

"本机 IP 地址"处填写调度分配给我们的 IP，端口一般为 2404，有些调度会指定别的端口，比如 2405，就按调度要求填写。

控制允许"勾"上表示此调度有遥控的权限，否则禁止此调度遥控。

遥控返校超时时间指的是在遥控的选择/执行下发到通信服务单元设备，通过通信服务单元下发到装置，而装置在"遥控返校超时时间"内没有给通信服务单元确认，则通信服务单元认为控制超时，回调度控制失败。

在远方调度配置框中按方向键↓添加调度主站的 IP，调度有多少主站就要添加多少个，最多可以添加 16 个主站 IP，只填写 IP 即可，其余参数保持默认值不用修改。

4. 转发表配置

远动通道添加完毕后，即可开始进行转发表配置，下面分别介绍遥测、遥信、遥控转发表的配置。

（1）遥测转发表配置。

点击 IEC 104 规约编辑器→转发表→遥测，即可进入遥测转发表编辑界面，选中要添加的量，右击添加记录即可添加到转发表中，如图 4-85、图 4-86 所示。

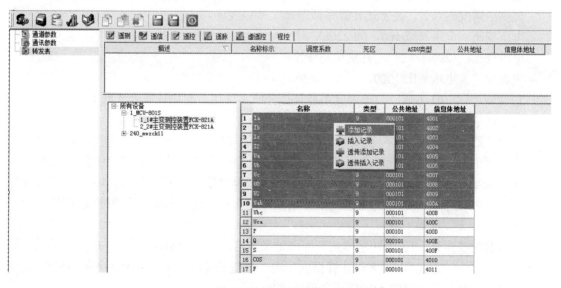

图 4-85　遥测转发表配置

注：连续选中多个量的时候是按选中的先后顺序添加到转发表中的。

图 4-86　添加量

调度端接收到的报文值乘以这里的调度系数得到的是二次值，一般调度都要求显示一次值，应将这里的调度系数乘以相应的变比算好后提供给调度。

1）以规划值 09 上送，装置调度系数计算如下：

电压 $U=1.2\times100/32767=0.003662221137$。

二次额定值为 1A 时，电流 I、有功 P 和无功 Q 计算：

电流 $I=1.2\times1/32767=0.00003666222$；

有功 $P=1.2\times1\times100\times1.732/32767=0.005814386425$；

无功 $Q=1.2\times1\times100\times1.732/32767=0.005814386425$。

二次额定值为 5A 时，电流 I、有功 P 和无功 Q 计算：

电流 $I=1.2\times5/32767=0.00018111057$；

有功 $P=1.2\times5\times100\times1.732/32767=0.0317148350474563$；

无功 $Q=1.2\times5\times100\times1.732/32767=0.0317148350474563$。

提供给调度的系数，在上述计算系数基础上乘以变比。

电压变比：电压等级/100，如 220kV 对应变比为 220/100＝2.2；

电流变比：1200/5＝240，有功无功变比：

电流变比×电压变比/1000。

2）以短浮点 0D 上送，装置调度系数计算公式 1/变比，变比计算公式同上。

（2）遥信转发表配置。

遥信量的添加删除方法与遥测量一样，不在详细描述。

需注意的是：调度一般都会需要"事故总信号"这个点，从虚拟装置中找到这个点添加到转发表最前面。事故总信号和普通遥信的"报警级别"一般选告警，可以触发预告总信号，需要触发事故总信号的点的"报警级别"选事故。选正常则不触发任何信号。如图 4-87 所示。

各参数功能简介："遥信转发模式"用来定义遥信上送的 ASDU 类型，所显示的数字是由所选的遥信上送方式按 8421 码计算得到。同一个遥信量动作时可以上送多条 ASDU 类型不同的报文，具体上送哪些 ASDU 类型就在这里定义。

ASDU1 为单点不带时标上送、ASDU30 为单点带时标上送、ASDU3 为双点不带时标上送、ASDU31 为双点带时标上送、ASDU38 为双点 SOE 带时标上送。如图 4-88 所示。

	描述	名称标示	报警级别	遥信转发模式	公共地址	信息体地址	负逻辑	合并类型	报警相关达式
1	虚拟装置_虚拟装置_事故总信号	FFFFYXFFFF020001	告警	5	0001	0001	0	NONE	
2	MCU-801S_1#MCU_通信1	0001YX0001010000	告警	5	0001	0002	0	NONE	
3	MCU-801S_1#MCU_通信2	0001YX0001010001	告警	5	0001	0003	0	NONE	
4	MCU-801S_1#MCU_通信3	0001YX0001010002	告警	5	0001	0004	0	NONE	
5	MCU-801S_1#MCU_通信4	0001YX0001010003	告警	5	0001	0005	0	NONE	
6	MCU-801S_1#MCU_通信5	0001YX0001010004	告警	5	0001	0006	0	NONE	
7	MCU-801S_1#MCU_通信6	0001YX0001010005	事故	5	0001	0007	0	NONE	
8	MCU-801S_1#MCU_通信7	0001YX0001010006	事故	5	0001	0008	0	NONE	
9	MCU-801S_1#MCU_通信8	0001YX0001010007	事故	5	0001	0009	0	NONE	
10	MCU-801S_1#MCU_通信9	0001YX0001010008	事故	5	0001	000A	0	NONE	
11	MCU-801S_1#MCU_通信10	0001YX000101000A	事故	5	0001	000B	0	NONE	

图 4-87　报警级别

单点遥信和双点遥信不能同时配置，具体需要哪几种 ASDU 类型要看调度的要求。

"负逻辑"为 1 时将此遥信的状态值取反后送往调度。

合并类型：鼠标双击将打开合并类型选择下拉选择框如图 4-89 所示。

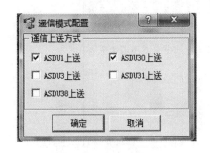

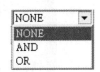

NONE：不合并。AND：与合并。OR：或合并。

图 4-88　遥信模式配置　　　　　　　　　　图 4-89　打开合并类型选择

（3）遥控转发表配置。

遥控量的添加删除方法与遥测量一样。遥控方式分为直控和选控，选控标志为 1 时，表示该控制量类型为选控；选控标志为 0 时，表示该控制量类型为直控。如图 4-90 所示。

5. IEC 101、CDT 规约编辑器

以上均是以 IEC 104 规约为例进行说明，下面简单介绍下 IEC 101、CDT 规约编辑器。

IEC 101 和 CDT 规约都采用串口通讯方式，串口通讯调度数据网通道分为模拟通道和数字通道，波特率、校验方式和 RTU 地址和调度自动化沟通确认，配置相关参数即可。转发表制作方法同 IEC 104。

6. 配置下装

数据库和转发表配置完成后，最后一步配置文件下发到远动机里。

WYD-811 的程序安装包为绿色软件，可用备份包直接运行。

（1）获取远动机运行的最新备份。

在对数据操作之前先进行备份，获取远动机运行的最新备份。

用笔记本电脑或监控后台机，双击 guimonitor 图标，登录用户名"张无忌"，密码"空"，

点击视图下拉菜单，选中远程管理，自动刷新打钩，网络访问正常出现远程管理界面，如图 4-91 所示。

D:/工程备份/500kV/乐治乙_2016年7月/乐治乙/CSU8000-4P7/CSU8000-4P7/bin - 通讯报号单元配置工具 [IEC104规约乐器器_1]

管理(U) 编辑(M) 操作(W) 窗口(O) 帮助(H)

通道参数
通讯参数
转发表
版本管理

序号	描述	名称标识	ASDU类型	装置序号	滤控标志	相关通信	公共地址	信息体地址	装置系数	转发系数	参引
17	CL2204_测控装置_断路器添290	0015YX0015003503I	2E	117	1	-1	0075	6021	0.00000000	0.00000000	CL2204CTRL/CBSynCSWI1.Pos
18	CL2205_测控装置_断路器添295	0077YX0076003603I	2E	118	1	-1	0075	6023	0.00000000	0.00000000	CL2205CTRL/CBSynCSWI1.Pos
19	CL2206_测控装置_断路器添296	0077YX0077003603I	2E	119	1	-1	0075	6025	0.00000000	0.00000000	CL2206CTRL/CBSynCSWI1.Pos
20	CT2224_测控装置_断路器添202	004CYX0040003603I	2E	76	1	-1	0075	6027	0.00000000	0.00000000	CT2224CTRL/CBSynCSWI1.Pos
21	CF2212_测控装置_断路器添203	0046YX0046003603I	2E	70	1	-1	0075	6029	0.00000000	0.00000000	CF2212CTRL/CBSynCSWI1.Pos
22	CF2234_测控装置_断路器添204	0049YX0049003603I	2E	73	1	-1	0075	602B	0.00000000	0.00000000	CF2234CTRL/CBSynCSWI1.Pos
23	CT2201_1号主变中压侧测控_断路器添211	0051YX0051003603I	2E	81	1	-1	0075	602D	0.00000000	0.00000000	CT2201CTRL/CBSynCSWI1.Pos
24	CT3501_1号主变低压侧测控_断路器添311	0052YX0052003603I	2E	82	1	-1	0075	602F	0.00000000	0.00000000	CT3501CTRL/CBSynCSWI1.Pos
25	CT2204_4号主变中压侧测控_断路器添214	0054YX0054003603I	2E	84	1	-1	0075	6031	0.00000000	0.00000000	CT2204CTRL/CBSynCSWI1.Pos
26	CT3504_4号主变低压侧测控_断路器添314	0055YX0055003603I	2E	85	1	-1	0075	6033	0.00000000	0.00000000	CT3504CTRL/CBSynCSWI1.Pos
27	PK3501_保护测控装置_断路器位置添3811	0059YX0059046601B	2E	89	1	-1	0075	6035	0.00000000	0.00000000	PK3501CTRL/CBCSWI1.Pos
28	PK3502_保护测控装置_断路器位置添3812	005AYX005A046601B	2E	90	1	-1	0075	6037	0.00000000	0.00000000	PK3502CTRL/CBCSWI1.Pos
29	PR3501_保护测控装置_断路器位置添3813	0057YX0057046602C	2E	87	1	-1	0075	6039	0.00000000	0.00000000	PR3501CTRL/CBCSWI1.Pos
30	PR3502_保护测控装置_断路器位置添3814	0058YX0058046602C	2E	88	1	-1	0075	603B	0.00000000	0.00000000	PR3502CTRL/CBCSWI1.Pos
31	FS3501_保护测控装置_高压侧断路器添3815	005BYX005B046030	2E	95	1	-1	0075	603D	0.00000000	0.00000000	FS3501CTRL/CB1CSWI1.Pos
32	PR3507_保护测控装置_断路器位置添3841	005CYX005B046602C	2E	91	1	-1	0075	603F	0.00000000	0.00000000	PR3507CTRL/CBCSWI1.Pos
33	PR3508_保护测控装置_断路器位置添3842	005CYX005C046602C	2E	92	1	-1	0075	6041	0.00000000	0.00000000	PR3508CTRL/CBCSWI1.Pos
34	PK3507_保护测控装置_断路器位置添3843	005DYX005D046601B	2E	93	1	-1	0075	6043	0.00000000	0.00000000	PK3507CTRL/CBCSWI1.Pos
35	FK3508_保护测控装置_断路器位置添3844	005DYX005D046601B	2E	94	1	-1	0075	6045	0.00000000	0.00000000	FK3508CTRL/CBCSWI1.Pos
36	FS3504_保护测控装置_高压侧断路器添3845	0060YX0060046030	2E	96	1	-1	0075	6047	0.00000000	0.00000000	FS3504CTRL/CB1CSWI1.Pos
37	FS3500_保护测控装置_高压侧断路器添3800	0061YX0061046030	2E	97	1	-1	0075	6049	0.00000000	0.00000000	FS3500CTRL/CB1CSWI1.Pos
38	CL2206_测控装置_夏引闭锁号	0077YX0077016001	2E	119	0	-1	0003	604A	0.00000000	0.00000000	CL2206LD0/LLN0_LEDRs

图 4-90 遥控转发表配置

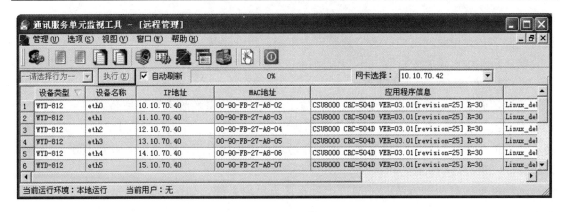

图 4-91 远程管理

"网卡选择"选后台网卡的 IP 地址，该 IP 要与远动装置的 IP 地址在同一网段才能连上。

选中和笔记本电脑同一网段的 IP，选择配置更新，点击执行，当进度条到 100%时，配置更新完成，重启远动机即可。远动机重启业务恢复时间需要 5～8mm。

（2）修改 IP 地址。

操作过程中如需修改 IP 地址，选中需要修改 IP 地址的网卡，再选中修改 IP 地址，然后点"执行"按钮，弹出"设置 IP 地址"页面，填入 IP 地址、子网掩码和默认网关（3.02 以前的版本只能修改 IP），确认后重启远动系统。如图 4-92 所示。

图 4-92 修改 IP 地址

以用第 6 个口 eth5 和后台进行通讯为例，我们应先将 eth5 的 IP 修改为后台分配的远动 IP，例如 10.100.163.103，子网掩码 255.255.255.0，默认网关 10.100.163.254，生效后电脑就可以改回原来的 10.100.163.101 等 IP。

WYD-811 装置中使用的是 Linux 系统，对 6 个网口的 IP 地址设置要求非常苛刻，设置不对就对导致远动装置无法正常运行。

6 个网口的 IP 地址要尽量在完全不同的网段，例如装置默认的 IP 为：

eth0:10.10.70.40　　　　eth1:11.10.70.40　　　　eth2:12.10.70.40

eth3:13.10.70.40　　　　eth4:14.10.70.40　　　　eth5:15.10.70.40

每个网口 IP 地址的首位数字都不相同，这就是完全不同的网段。

如果实际情况不允许 IP 地址的首位数字都不相同，例如 eth5 已经设置成了 10.100.163.103，eth0 用来和调度通讯，而调度分配的 IP 为 10.100.130.60，也为 10.100 开头，这时必须注意子网掩码的设置，由于 IP 地址前两个数字相同，子网掩码起码要前两个数字都为 255，即设置成 255.255.0.0 才能保证通讯正常。

如果子网掩码还是默认的 255.0.0.0，就会导致远动装置无法正常运行。因此建议将 6 个网口的子网掩码都改成 255.255.255.0，同时 6 个网口的 IP 尽可能的让首位数字就不相同，如果首位数字必须相同的第二位数字就尽可能不同，以此类推。

默认网关按实际要求设置，不用的网口可以设置成 0.0.0.0。

7. 程序升级

新设备调试，先确认最新发布版本，核实应用程序信息的版本号和校验码是否和最新发布版本一致，不一致的情况下，安装最新的程序安装包到笔记本或监控机上，选中获取配置，将远动机正在运行的数据获取下来，做好备份。点击程序升级，在进度条走到 100% 的时候，升级完成，重启远动机。

远动机重启有两种方法：①通过工具直接点重启系统，如图 4-93 所示；②断装置电源重启。

判断通讯服务单元是否重启了：①听到设备"嘀"的一声；②重启时选中"自动刷新"，如果通信服务单元的信息先消失，然后再出现，就说明通信服务单元重启了。

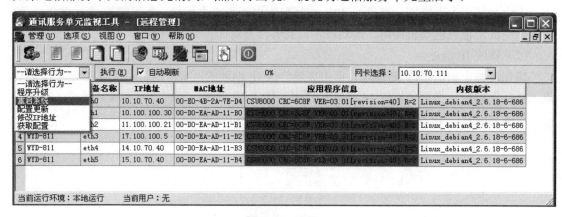

图 4-93　重启

8. 程序下载或升级后状态检查

（1）进程管理。

配置更新后重启远动装置，然后到进程管理中查看各个模块的运行情况。如图 4-94 所示。

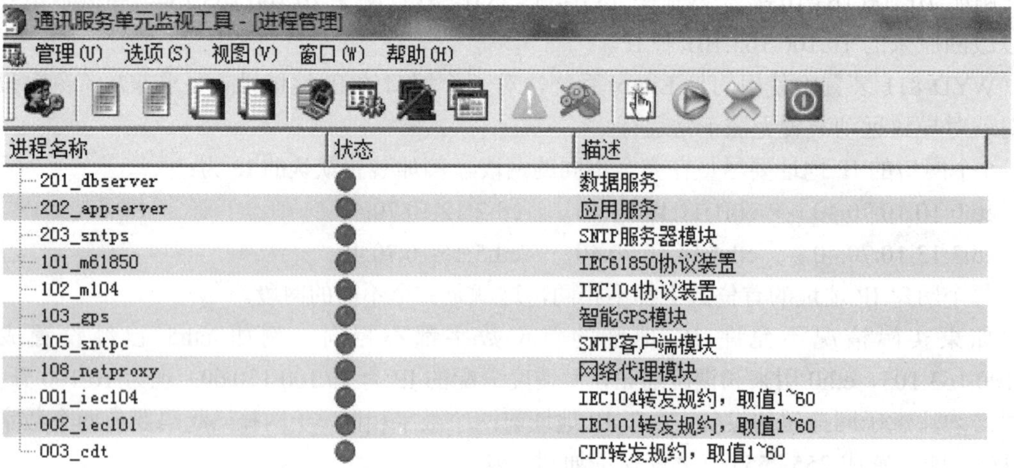

图 4-94　各个模块运行情况

在 guiedit 中所添加的所有模块都会显示在这里，远动装置启动时这里的模块会按从上到下的顺序依次启动，启动成功后状态指示灯会由灰色变为绿色，然后再启动下一个模块。

如果某一个模块配置有问题，启动到这个模块时尝试几次都无法启动，前面已成功启动的模块就会停止，重新变为灰色。因此远动装置无法正常运行时，可以从这里观察到是启动到哪个模块时出的问题，从而有针对性地进行检查。如 m104 模块无法启动，肯定是 104 装置数据库组有问题，IEC 104 模块无法启动，肯定是 104 通道配置有问题。已配好的 IEC 104 模块，没插网线也会无法启动，可以先不启用。

注意：netproxy（网络代理模块）启动很慢，需要好几分钟，有时还要重启几次才能成功，遇到 netproxy（网络代理模块）启动不了的情况可能配置并没有问题，多尝试几次即可。

模块上点右键可以选择"启动"或者"停止"。

（2）装置状态。

进程管理中的模块状态都正常以后，再看一下装置状态。如图 4-95 所示。

	装置名称	装置序号	IP1地址	通讯状态	IP2地址	通讯状态
1	E1Q1SB1	1	10.100.163.1	● 工作		● 备用
2	E1Q1SB2	2	10.100.163.2	● 工作		● 备用
3	E1Q1SB3	3	10.100.163.3	● 工作		● 备用
4	E1Q1SB4	4	10.100.163.4	● 工作		● 备用
5	E1Q1SB5	5	10.100.163.5	● 工作		● 备用
6	E1Q1SB6	6	10.100.163.6	● 工作		● 备用
7	MCU-801S	7	10.100.163.7	● 工作		● 备用

图 4-95　装置状态

这里有所有网关和 MCU 的通讯状态显示，通讯正常时指示灯由灰色变为绿色，有装置在操作员站中通讯正常而在这里通讯不上时一般是因为 IP 地址设置或装置地址设置错误，或是网关和 MCU 中的 104 站个数设置过少。

（3）数据监视。

数据监视中可以监视不同模块的遥测、遥信等数据，数据监视 1 和数据监视 2 是完全一样的，分为两个方便同时监视两个模块。数据监视子窗口分为两个区域：过滤条件输入区、数据输出区。如图 4-96 所示。

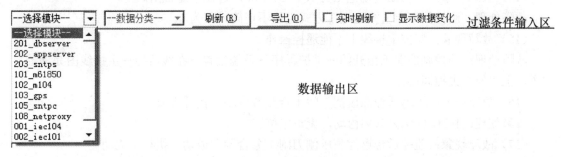

图 4-96　数据监视

第四节　常见故障

（1）故障现象：后台和远动通讯故障。

故障处理：FCK-801C 装置 IP 设置与 SCD 分配的 IP 不一致。

（2）故障现象：后台有报文，光子牌不亮。

故障处理：数据库里光子标志选成了不生成光子，应该选成生成光子（可在线修改）。

（3）故障现象：后台间隔光子确认，光子牌一直闪烁，不能复归。

故障处理：光子所属间隔关联错误，关联到相对应间隔（可在线修改）。

（4）故障现象：光子牌可正常闪烁变位，报警窗里无报文显示。

故障处理：合位报警标志和分位报警标志选择正常，应该为异常（需要导库生效）。

（5）故障现象：测控装置通讯中断。

故障处理：A 网和 B 网网线松动，接触不好，拔出网线，重新插上；插错网口，按网线标签恢复。

（6）故障现象：测控装置故障灯点亮。

故障处理：CPU 板卡松动，紧固恢复。

（7）故障现象：测控装置软压板不能遥控。

故障处理：测控装置远方投退软压板未投入，投入远方投退软压板。

（8）故障现象：监控后台不能修改测控装置同期定值。

故障处理：测控装置远方修改定值软压板未投入，投入远方修改定值软压板。

（9）故障现象：开关刀闸后台不能遥控。

故障处理：测控装置出口压板软压板未投入，投入出口压板软压板。

（10）故障现象：监控后台显示一次值不正确。

故障处理：变比设置不正确，按实际变比整定（可在线修改）。

（11）故障现象：测控装置时间不正确。

故障处理：测控装置对时方式设置不正确，根据设计确认对时当时，装置面板整定。

（12）故障现象：测控信号只上后台或者只上远动。

故障处理：SCD 实例号冲突，检查所有远动机和监控机的实例号，确保不冲突。

（13）故障现象：监控后台显示温度不对。

故障处理：测控装置直流定值整定和温度变送器不一致，确定温度变送器量程整定。

（14）故障现象：检同期同期电压为 A 相 57.74V，遥控不能合闸。

故障处理：测控同期定值抽取电压方式定值不正确，改为 0。

（15）故障现象：监控主接线上不能遥控操作。

故障处理：监控画面左下角开始→维护程序→系统设置→在线监控→主接线图允遥控打勾了，把"勾"去掉即可。

（16）故障现象：远动遥控高压侧刀闸 1 合预置成功，执行失败。

故障处理：1-21CD27 公共端松动，无正电位。

（17）故障现象：监控后台遥控高压侧刀闸 1 分合预置成功，执行不成功。

故障处理：1-21CD22 和 1-21CD23 内部线配反，对调可正常操作。

（18）故障现象：测控装置遥控开关，预置失败。

故障处理：2-21KK-6 内部线配错位置到 n203，将线挪到 n201 上恢复正常。

（19）故障现象：监控后台遥调档位，降档失败。

故障处理：测控装置 BCD 码输出档位为 0，装置内部配线 n217 松动，紧固 n217。

（20）故障现象：远动遥控高压侧开关正常，监控后台不能遥控。

故障处理：后台数据库里遥控标志为禁止，改为允许（需要导库生效）。

（21）故障现象：监控主机报表未记录主变低压侧测控遥测量。

故障处理：数据库里模拟量信息存储间隔为不存，改为 15 分钟或 30 分钟（需要导库生效）。

（22）故障现象：用 guimonitor 工具无法连接 WYD-811 远动机获取配置。

故障处理：笔记本设置和网口设置同一网段的情况下，guiedit 下模块—业务配置—远程服务的 IP 地址配置错误，应为远动机网口 1 地址和网口 2 地址，否则连接不成功。

（23）故障现象：101 通道正常，对 101 通道进行总召，主站反映无总召报文。

故障处理：101 通道参数设置链路地址与主站提供的参数不一致，和主站核实，更改一致则正常。

（24）故障现象：主站反映远动 104 通道通讯突然中断。

故障处理：104 网线松动，紧固网线，恢复正常。

（25）故障现象：遥测以短浮点 0D 上送给主站，主站反映主变高压侧功率数据不正确。

故障处理：主变高压侧功率变比设置错误，根据变比重新核算系数。

（26）故障现象：某次事故跳闸，104 通道开关变位正常，保护动作信号正常，调度主站反映无事故推图。

故障处理：104 遥信转发表报警类型未选择事故触发全站事故总，关联成事故正常。

（27）故障现象：测控装置故障信息点上送远动，主站说信号光子不能保持。

故障处理：装置故障信息点为合并点，转发表中合并类型为 NONE，改成 OR。

（28）故障现象：测控装置弹簧未储能信号主站反馈收不到，其他信号上送正常。

故障处理：和主站核对点号，数据库信息体地址和主站提供地址不一致，修改一致下装远动正常。

（29）故障现象：104 通道测控无检定压板远动无法遥控，监控后台遥控正常。

故障处理：104 通道转发表遥控的选控标志选择错误，压板为 0，开关刀闸为 1。

（30）故障现象：104 通道主站反应调档不成功，监控后台操作正常。

故障处理：104 转发表中 ASDU 类型为 2E，应该设置为 2F。

（31）故障现象：试验仪对主变高压侧测控装置加量，测控装置没显示。

故障处理：电压空开断开；电压 N 开路。

（32）故障现象：101 通道中断，主站对下报文正常。

故障处理：远动机串口损坏；收发线接反；地线接触不好。

（33）故障现象：主变高压侧开关变位后，操作箱跳闸信号和合闸信号灯不亮。

故障处理：1-4CD4 和 1-4CD5 之间少连接片，1-4CD1 和 1-4CD2 之间少连接片。

（34）故障现象：主变高压侧保护跳闸后，开关未跳开，操作箱上保护跳闸灯未点亮。

故障处理：n210 和 n211 内部配线错位，颠倒两根线号位置。

（35）故障现象：监控系统从控制面板打开配置管理里的配置数据库报下面错误，见图4-97。

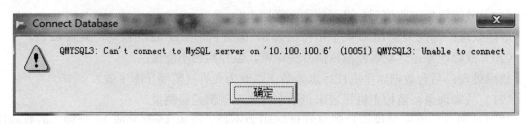

图 4-97　报错

故障处理：安装目录下/ics8000/ini/config.ini 文件里的最后一行要填写 localhost 或者服务器网卡 IP 地址，不能改成其他地址。

（36）故障现象：主变高压侧测控加电流，装置模拟量无显示。

故障处理：电流连接片短接，需要划开。

（37）故障现象：主变高压侧测控用试验仪加 3A，装置上显示 0.6A。

故障处理：测控装置系统参数里 CT 二次额定值设置成 1A，交流插件交流头是 5A，将二次额定值设置为 5A。

（38）故障现象：做主变高压侧测控信号，信号上送远动正常，监控系统看不到报文。

故障处理：监控系统实时告警屏蔽设置，取消高压侧测控信号屏蔽。

（39）故障现象远动 WYD-811 装置无法 ping 通调度数据网 104 通道主站 IP，用笔记本可以 ping 通。

故障处理：在 guimonitor 界面修改 IP 时，目标网络添加错误。目标网络取决于主站 IP，前三位一致，最后一位用 0。例如：主站 IP 是 13.10.16.13/14，目标网络填成 13.10.16.0。

（40）故障现象：1#主变高压侧测控投入远方，主站显示就地；测控投入就地，主站显示远方。

故障处理：远动机 WYD-811 遥信转发表里的负逻辑选为 0，下装远动。

（41）故障现象：1#主变高压侧测控，监控系统数据刷新正常，远动机上送主站刷新很慢。

故障处理：远动机 WYD-811 遥测转发表死区默认为 0，设置过大就存在主站刷新慢甚至不刷新的情况。

第五节　实操试题

电网调度自动化厂站端调试检修员实操试卷（考生卷）

作业人员考号：＿＿＿＿＿＿＿＿＿＿＿＿＿＿＿

一、操作说明

1. 同期合闸采用检同期方式。同期相别：U_a；同期压差：10V；同期角差：30°，频差：0.5Hz。

2. 104 规约：选用 IEC 104 规约，站址、链路地址 1；主站前置机 IP：192.168.0.5，192.168.0.6；

3. 101 规约：选用部颁 IEC101 规约简化版，站址、链路地址 1，用串口 5；波特率 1200bps，偶校验，中心频率（1700±400）Hz。

4．远动信息体起始地址：遥信：点号从 1H 开始，单点遥信；遥测：点号从 4001H 开始，送原码值；遥控：点号从 6001H 开始。

5．温度变送器型号：4～20mA 对应 -20℃～100℃。PT100：100 Ω 对应 0℃，138.5 Ω 对应 100℃。

6．厂站路由器接口及 VLAN　IP 地址配置正确，厂站路由器与主站路由器互联接口地址：厂站侧为 10.0.*.2，主站侧为 10.0.*.1（*表示工位号，如 1 号工位*设置为 1）。OSPF AREA 为 area 0。厂站 BGP AS 65527。　VPN rt 代表实时 VPN（100:1），VPN nrt 代表非实时 VPN（200:1）。主站侧实时 VPN 网段 192.168.0.0/24。

7．所需说明资料及软件工具放在桌面"考试相关资料"中。

8．所操作回路可视为检修状态。

二、操作任务

请你根据题中任务完成安全措施票的填写并完成相应操作及故障报告的填写。

1．完成全站测控装置与后台的通信。（4 分）

2．将"220kV 备用线 2345"改为"220kV 竞赛线 2987"；新建 220kV 竞赛线 P、Q 日报表（报表中包含：0:00-23:00 每小时的"当前值"和"最大值"、"最小值"）。（16 分）

3．按要求先计算再加遥测，在后台画面中正确显示 1#主变高压侧 2501 开关 P、Q、I 遥测值。

（14 分）（$P=-300$MW，$Q=-200$MVA　CT：1200/5　误差±1%）

选手填写遥测值计算结果：$\varphi=$＿＿＿＿＿＿＿　　　$I=$＿＿＿＿＿＿＿A（二次电流）

4．完成 220kV 竞赛线 2987 开关、刀闸遥信位置；在后台分画面中完成 220kV 竞赛线开关遥控的分合试验，在后台正确反映其实际状态。（16 分）

5．完成 220kV 母联开关的手动同期合闸。（6 分）（同期电压取 Ua 与母线侧电压进行比较，压差定值 10V，角差定值 30 度，频差定值 0.5Hz）

6．完成 220kV 竞赛线的拓扑着色功能并正确演示。（5 分）（含 220kV 母线必须着色）

7．用 B 码对时方式完成全部测控装置对时功能并确认。（2 分）

8．用电阻箱模拟，在后台画面上显示 1#主变油温 60 度。（4 分）

选手填写电阻值计算结果：$R=$＿＿＿＿＿＿＿Ω

9．用短接线模拟 BCD 码档位，在后台画面上显示 1#主变档位 11 档，遥信接入点如表 4-18 所示。（6 分）

表 4-18　遥信接入点

信号名称	端子排号	信号名称	端子排号
1#主变档位 BCD 码 1	3D3-11	1#主变档位 BCD 码 8	3D3-14
1#主变档位 BCD 码 2	3D3-12	1#主变档位 BCD 码 10	3D3-15
1#主变档位 BCD 码 4	3D3-13		

10．调试远动 A 机（单机模式，不考虑备机）至调度主站的通信（要求 101 模拟和 104 网络通道均正常），并在调度主站正确显示"220kV 竞赛线 2987"三相开关位置及 Ua、Ub、Uc。（8 分）

11. 以上项目完成后将数据备份在 D:\竞赛\作业人员考号\的子目录中。（3 分）

12. 现场恢复、清理。（1 分）

注：安全措施部分：5 分，故障处理报告部分：10 分。

表 4-19　自动化厂站端调试检修员实操项目安全措施（评分模板）

序号	作业中危险点	控制措施	恢复措施
1	作业时造成人身触电	将实验仪外壳可靠接地，在带电部位端子排处工作时应戴手套，并使用带绝缘的工具	工作完毕后按原样恢复
2	拆动二次线，易发生遗漏及误恢复事故	拆动二次线时要逐一做好记录，工作完毕后按记录恢复	工作完毕后按记录恢复
3	遥测校验及同期试验时，CT 二次侧可能不慎开路	遥测校验或同期试验前，首先将被测试间隔 CT 二次侧回路端子外侧线短接好，并用钳形电流表测量及查看测控装置电流显示来进行验证。试验线路接在端子内侧	测试结束后先联通每相连片再拆除端子外侧封线
4	遥测校验及同期试验时，PT 二次侧可能不慎短路或接地	遥测校验或同期试验前，首先将被测试间隔 PT 二次侧回路外侧接线逐个解开并用绝缘胶布包好。试验线路接在端子内侧	测试结束后将外侧接线逐个取下胶布，压接回原端子，恢复原接线
5	遥控试验时（包括同期遥控试验），可能造成遥控误动	遥控试验前，将本测控屏除被试验遥控外的其他遥控把手切为就地并解除遥控出口压板	试验结束，将本屏遥控把手及压板恢复原状态
6	检修过程中如需拔出板件，可能造成电路板损坏	拔插电路板前临时关闭测控装置电源	板件插好后，开启装置电源
7	在后台机进行修改数据库或画面时，可能出现不可逆转的错误	在进行后台机相关操作前、后进行数据库及画面的备份工作。工作中需改动数据库时，严格按照定值单要求执行	考试完毕后，利用工作前的备份恢复现场

评分标准：

1. 选手依据危险点内容，编写对应的控制措施，少写 1 条或写错 1 条扣相应分数。

2. 选手执行控制措施情况，少执行 1 步或执行错误扣相应分数。

表 4-20　自动化厂站端调试检修员实操故障处理报告（评分模板）

序号	故障现象	故　障　处　理	得分
1			
2			
3			

评分标准：

1. 选手将作业任务中发现的故障现象进行记录，并说明处理办法。

2. 选手每完成 1 项故障处理及故障记录得相应的分数。

表 4-21　电网调度自动化厂站端调试检修员实操评分表

作业人员考号：＿＿＿＿＿＿＿＿　　　　得分：＿＿＿＿＿＿＿＿

裁判员签名：＿＿＿＿＿＿＿＿

题号	操作项目	要　　　求	考评标准	得分	备注
1	故障设置	1#主变高压侧测控装置 A、B 网线反接			

续表 4-21

题号	操作项目	要 求	考评标准	得分	备注
1	故障现象	1#主变高压侧测控装置与后台机、远动机通讯异常			
	故障处理	交换 1#主变高压侧测控装置的 A、B 网线后通讯正常			
	故障设置	1#主变低压侧测控装置地址变更			
	故障现象	1#主变低压侧测控装置与后台机、远动机通讯异常			
	故障处理	从 SCD 文件查找 1#主变高压侧测控 IP 地址,输入到测控装置里			
	任务完成	全部测控装置通讯正常			
2	修改线路名称及报表	主接线图线路名称更新			
		分图和网络结构图线路名称更新			
		数据库装置名称和间隔名称更新			
		遥控名称及双编号更新			
		遥信名称描述更新			
		通道组号描述更新			
		SCD 文件名称更新			
		报表制作当前值			
		报表制作最大值、最小值			
3	遥测计算及加量	遥测计算正确(符号错误扣 0.5): ϕ:−146.3 或 213.7			
		遥测计算正确: I_a:3.94A			
		正确接线,若仅试验仪未接地扣 0.5 分			
		仪表正确加量			
	故障设置	1#主变高压侧测控数据库里光子标志选成不生成光子			
	故障现象	1#主变高压侧测控遥信变位有报文,无光子			
	故障处理	将数据库里 1#主变高压侧测控遥信光子标志改为生成光子,导库建模			
	故障设置	1#主变低压侧将远方投退软压板退出			
	故障现象	1#主变低压侧软压板不能遥控			
	故障处理	1#主变低压侧远方投退软压板投入			
	故障设置	数据库里将 1#主变高压侧测控遥信合位和分位报警级别设置为正常			
	故障现象	1#主变高压侧测控遥信变位光子正常,报警窗里无报文			
	故障处理	数据库里将 1#主变高压侧测控遥信合位、分位报警级别改为异常,导库建模			
	故障设置	1#主变高压侧开关后台库里遥控允许标志改为禁止			
	故障现象	1#主变高压侧开关远动可以遥控,后台不能遥控			
	故障处理	1#主变高压侧测控后台库遥控允许标志改为允许,导库建模			
	故障设置	1#主变高压侧测控系统参数里 CT 二次额定值设置成 1A			
	故障现象	1#主变高压侧高压侧测控用试验仪加 3A,装置上显示 0.6A			

题号	操作项目	要　　　求	考评标准	得分	备注
3	故障处理	1#主变高压侧测控系统参数里 CT 二次额定值设置成 5A			
	故障设置	远动 104 通道网线网线松动。			
	故障现象	远动 104 通道中断			
	故障处理	紧固远动所有网线，观察通道报文			
4	故障设置	远动 104 通道转发表合并点合并类型为 NONE			
	故障现象	合并点主站光子不能保持			
	故障处理	将远动 104 通道转发表合并单合并类型改为 OR			
	故障设置	1#主变高压侧开关弹簧未储能远动 104 转发表信息体地址错误			
	故障现象	1#主变高压侧开关弹簧未储能信号不能上送主站			
	故障处理	和主站核实 104 点号，修改转发表，下装远动			
	故障设置	远动机 104 通道转发表 1#主变高压侧测控出口软压板遥控选控标志为 1			
	故障现象	主站不能投退出口软压板			
	故障处理	将远动机 104 通道转发表中所有软压板，遥控选控标志改为 0，修改转发表，下装远动			
	故障设置	1#主变高压侧操作箱内部配线 n210 和 n211 接反			
	故障现象	1#主变高压侧保护动作，跳闸失败			
	故障处理	1#主变高压侧操作箱内部配线 n210 和 n211 对倒			
	故障设置	1#主变高压侧测控电流端子连接片短接			
	故障现象	用试验仪加量，1#主变高压侧测控电流模拟量装置显示为 0			
	故障处理	解开 1#主变高压侧测控电流端子短接连接片			
	故障设置	监控系统实时告警屏蔽 1#主变高压侧测控信号			
	故障现象	1#主变高压侧测控信号动作，报警窗里看不到			
	故障处理	监控系统实时告警屏蔽取消			
	故障设置	1#主变低压侧测控内部接线 n217 松动			
	故障现象	1#主变低压侧档位转换器上显示有档位，测控上显示为 0，无法遥调降档			
	故障处理	紧固 n217 线头，保证测控上有档位显示			
	故障设置	WYD-811 远动的 guiedit 里的远程地址为 10.100.100.12			
	故障现象	笔记本电脑无法连接远动机			
	故障处理	WYD-811 远动的 guiedit 里的远程地址为 10.100.100.3			
	故障设置	WYD-811 远动机的 101 通道的链路地址改为 99H			
	故障现象	主站对 101 通道进行总召，主站收不到无总召报文			
	故障处理	跟主站核实链路地址，修改通道参数，下装远动			
	故障设置	WYD-811 远动 guimonitor 界面下目标网络设置错误			
	故障现象	104 通道中断			

题号	操作项目	要　　求	考评标准	得分	备注
4	故障处理	104 规约主站前置机的 IP 地址设置由 192.168.0.0 改为 192.168.1.0			
	故障设置	1#主变高压侧测控远方就地远动 104 转发表里负逻辑为 1			
	故障现象	1#主变高压侧测控远方就地信号与现场相反			
	故障处理	远动 104 转发表 1#主变高压侧测控遥信转发表负逻辑改为 1			
	故障设置	1#主变高压侧电流远动 104 转发表遥测死区设置为 6000			
	故障现象	1#主变高压侧电流上送主站刷新很慢			
	故障处理	远动 104 转发表 1#主变高压侧电流遥测死区改为 0			
	任务完成	在调度主站正确显示"1#主变高压侧"三相开关位置及 U_a、U_b、U_c			
11	备份	后台考前备份（有文件即可、不需要指定目录）			
		测控考前备份（有文件即可、不需要指定目录）			
		远动考前备份（有文件即可、不需要指定目录）			
		后台考后备份（要求备份到指定目录）			
		测控考后备份（要求备份到指定目录）			
		远动考后备份（要求备份到指定目录）			
12	现场恢复	现场恢复、清理			

实操作业评分要求：

1．查线可不断相关电源，进行改线需停相应电源空开。

2．选手做的每个故障点或项目，如果回答不完整，此项只得此项的一半分值。

3．备份项目中，步骤正确，但内容不完整或错误，得此项的一半分值。

4．做拓扑任务时，遥测量可采用人工置数方式，遥信量需操作执行。

选手在启动装置的等待时间内，可进行其他工作。

第五章　国电南自变电站监控系统

第一节　后　台

一、概述

PS6000＋计算机监控系统是在总结数千套电力监控系统成功应用的基础之上，面向电力自动化当前及未来发展趋势，全新设计的新一代电网自动化应用平台，可应用于各个电压等级的电厂、常规变电站和数字化变电站。PS6000＋计算机监控系统按照全站信息数字化、通信平台网络化、信息共享标准化的基础要求，通过应用系统的集成和优化，实现全站信息的统一接入、统一存储和统一展示，实现运行监视、操作与控制、信息综合分析与智能告警、运行管理和辅助应用等功能。

PS6000＋可以运行在多种操作系统、硬件平台之上，系统具备多平台支持和跨平台支持能力，系统可平滑地运行于各种主流版本的 Unix、Linux、Windows 操作系统之上，同时也支持 Unix、Linux、Windows 各操作系统的混合平台应用，根据用户应用系统的实时需要和投资情况，灵活地选择系统的软硬件配置。

二、标准化配置

1. 关键技术

（1）强大的跨平台能力。

PS6000＋自动化系统可以运行在多种硬件平台、操作系统之上。支持的操作系统有：SolarisX86、SolarisSparc、Ubuntu8.04、Ubuntu10.04、Ubuntu12.04、Windows7，PS6000＋自动化系统的跨平台能力体现在各个操作系统的数据库可以通用。

（2）数据结构。

PS6000＋数据库结构如图 5-1 所示。

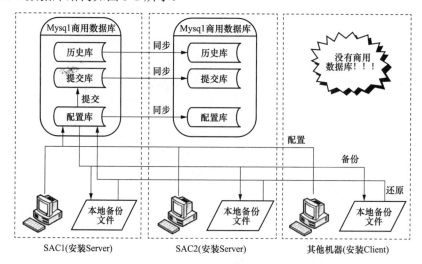

图 5-1　PS6000＋数据库结构图

　　数据库部分在 SAC1 和 SAC2 上（Server），其余机器安装 Client 版本，没有商用数据库。出厂缺省状态下，所有机器配置、备份、还原指向的都是 SAC1 的数据库。SAC1 和 SAC2 双库之间通过 Mysql 的商用库同步机制同步。在 SAC1 上修改的内容以及历史库的更新都由商用库自动同步到 SAC2 上。所有系统中涵盖的各种数据库服务器中商用数据库里的数据都保持实时的同步。$CPS_ENV/etc 下的 odbc.ini 和 consoleconfigure.txt 文件定义了数据库与配置工具之间的关系。

　　（3）1＋N 容错技术。

　　PS6000＋自动化系统沿袭了公司原 Unix 系统的"1＋N"容错功能。各节点机的应用进程启动后，不仅具有一个运行进程，还有能完成同样功能的后备进程热备用在其他节点机上。如果主机节点的进程故障，热备用状态的进程主动切换到主机状态，接管故障节点机承担的任务。主机节点的应用进程可分布在不同的节点机上。系统发布画面样例中有进程容错画面，用于监视进程容错状态。正常状态显示见表 5-1。

表 5-1　1＋N 容错技术正常状态

进 程 名 称	主机节点	候选节点
oms	SAC1	SAC1，SAC2，SAC3，SAC4
61850 服务	SAC2	SAC1，SAC2，SAC3，SAC4
脚本服务	SAC1	SAC1，SAC2，SAC3，SAC4
历史存储	SAC1	SAC1，SAC2，SAC3，SAC4
智能告警	SAC1	SAC1，SAC2，SAC3，SAC4
……	……	……

　　主机节点：运行进程所在的节点机。可以是任意一台节点机，而且每个节点机上看到的主机节点应该相同。若不同，则表明节点机没有同步运行。请检查系统组播设置是否正确。

　　候选节点：热备用进程所在的节点机。包括所有启动进程的节点机。顺序无关。如果缺少某个节点机编号，表明该进程在此节点机上运行异常。

　　表格中显示 61850 服务运行在 SAC2 节点机上，其他进程运行在 SAC1 节点机上。

　　2. 系统结构

　　PS6000＋变电站自动化系统采用多主机分布式结构配置，网络采用星型结构，间隔层数据通过以太网传输到站控层，并通过站控层的通信网关机，实现调度数据的收集、转发和下传。对于站内存在的少部分非标准规约的装置，通过设置规约转换装置，实现非标准协议报文的转换和数据的接入及信息交互。

　　（1）变电站内一体化监控分为站控层和间隔层，数字化变电站还包括过程层。

　　1）站控层：实现面向全站设备的监视、控制、告警及信息交互功能，并与远方调度（调控）中心通信；

　　2）间隔层：由若干二次设备组成，实现对被监测设备的保护、测量、控制、监测等，并将相关信息传输至站控层；

　　3）过程层：实时采集各种运行数据、监测设备运行状态、执行各项控制命令等。

　　（2）220kV 及以上、110kV（66kV）电压等级智能变电站一体化监控系统结构如图 5-2、图 5-3 所示。

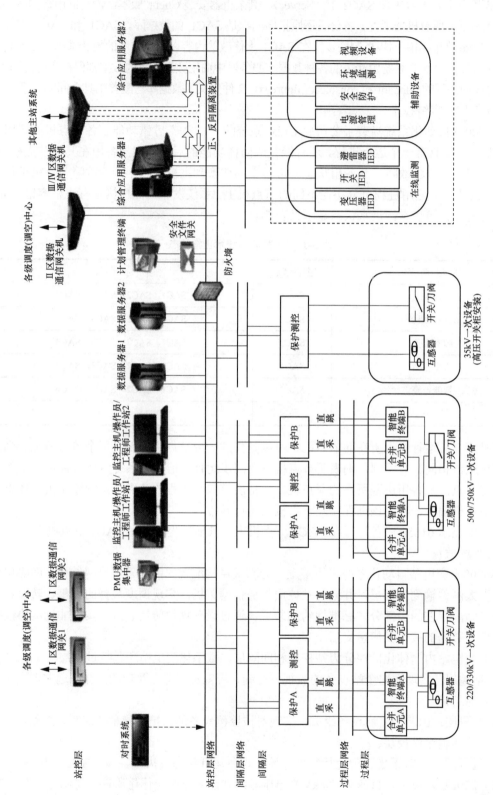

图 5-2 220kV 及以上电压等级智能变电站一体化监控系统结构示意图

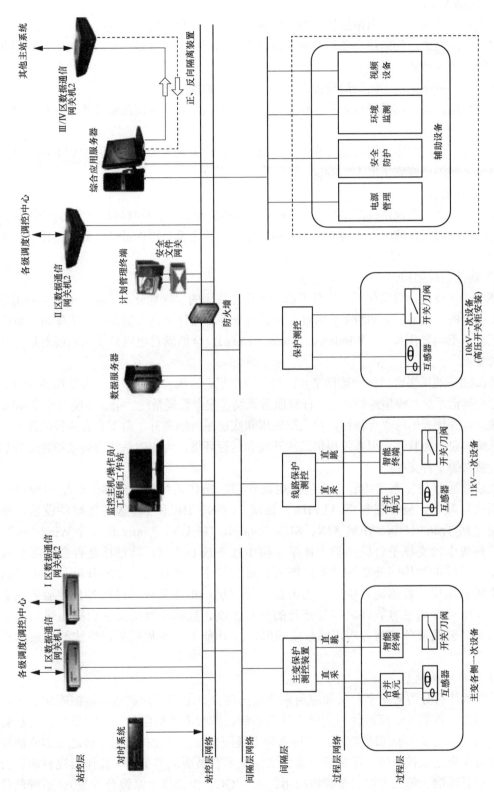

图 5-3 110kV（66kV）电压等级智能变电站一体化监控系统结构示意图

1）网络结构。

变电站网络在逻辑上由站控层网络、间隔层网络、过程层网络组成：

①站控层网络：间隔层设备和站控层设备之间的网络，实现站控层内部以及站控层与间隔层之间的数据传输；

②间隔层网络：用于间隔层设备之间的通信，与站控层网络相连；

③过程层网络：间隔层设备和过程层设备之间的网络，实现间隔层设备与过程层设备之间的数据传输。

全站的通信网络应采用高速工业以太网组成，传输带宽应大于或等于 100Mbps，部分中心交换机之间的连接宜采用 1000Mbps 数据端口互联。

2）设备配置。

变电站一体化监控系统由站控层、间隔层、过程层设备，以及网络和安全防护设备组成，监控系统站控层设备的配置主要有：数据服务器、监控主机、操作员站、五防工作站、工程师站。

3）软件系统架构。

PS6000＋变电站自动化系统充分考虑了平台与应用的层次划分，采用"平台＋应用"的分层体系架构，具备强大的跨平台特性，可兼容于各种硬件平台（服务器、工作站、微机），又可运行于不同操作系统（Windows、Linux、Unix），全面满足电网自动化系统对运行环境的不同需求。

PS6000＋通用平台由统一数据平台、统一图形平台、统一网络平台、告警服务平台、分布式进程容错系统、模型维护系统、计算服务系统、安全管理系统、报表系统及安全 Web 平台组成，具备优异的跨平台特性，将上层应用和底层系统隔离开，向下兼容各种硬件平台与操作系统，向上为具体应用系统提供二次开发和运行环境，为应用系统的高效稳定运行提供可靠、强大的平台支撑。

从系统运行的体系结构看，系统是由硬件层、操作系统层、支撑平台层和应用层共四个层次。其中，硬件层包括 ALPHA、IBM、SUN、HP 和 PC 等各种硬件设备，操作系统层包括 Tru64 Unix、IBM AIX、SUN Solaris、HP-UX、Linux 和各种 Windows 操作系统。系统中的支撑平台层在整个体系结构中处于核心地位，其设计是否合理将直接关系到整个系统的结构、开放性和集成能力。对支撑平台进行进一步的分析，又可将其归纳为集成总线层、数据总线层、公共服务层等三层，集成总线层提供各公共服务元素、各应用系统以及第三方软件之间规范化的交互机制，数据总线层为它们提供适当的数据访问服务，公共服务层为各应用系统实现其应用功能提供各种服务，系统的体系结构如图 5-4 所示。

4）软件结构框架。

系统软件可分为通用平台层和应用系统层两部分，通用平台层包括数据库配置工具、图形库组件、数据库访问组件、实时库管理系统、实时库访问组件、公用组件、进程管理器、网络软总线及 Web 服务组成，应用系统则是面向具体行业在通用平台之上建立的软件系统，对变电站监控系统，需实现的软件功能主要有画面编辑工具、操作监视界面、告警窗口、前置通信、第三方接口及高级应用（如 VQC、操作票、录波分析等）。系统软件框架如图 5-5 所示。

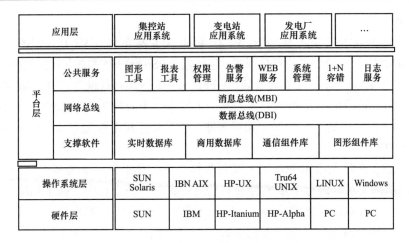

图 5-4　PS6000＋变电站自动化系统软件结构图

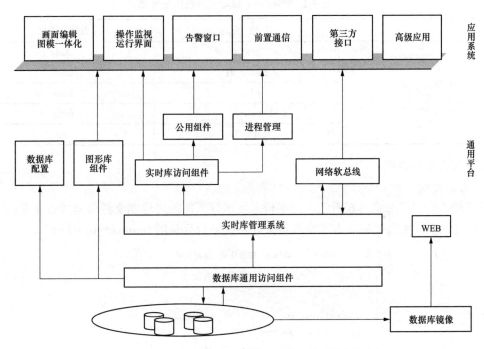

图 5-5　PS6000＋变电站自动化系统软件系统框架图

3. 软件配置

主要系统软件包括操作系统、历史/实时数据库和标准数据总线与接口、应用功能软件等。

1）操作系统：操作系统应采用 Linux/ Unix 操作系统。

2）历史数据库：采用成熟商用数据库。提供数据库管理工具和软件开发工具进行维护、更新和扩充操作。

3）实时数据库：提供安全、高效的实时数据存取，支持多应用并发访问和实时同步更新。

4）应用软件：采用模块化结构，具有良好的实时响应速度和稳定性、可靠性、可扩充性。

5）标准数据总线与接口：应提供基于消息的信息交换机制，通过消息中间件完成不同应用之间的消息代理、传送功能。

4. 版本说明

PS6000＋系统版本发布主要包含 V1_0 初始版本发布包、V1_0_patch*阶段版本以及 V1_0_patch*_add*补丁包。V1_0 是基础版本，包括整个 PS6000＋的系统环境搭建的全部内容，包括系统第三方库安装包、mysql 数据库安装包、PS6000＋系统运行目录等。V1_0 版本为必装版本。

PS6000＋每个阶段内会在初始版本的基础上发布一个阶段版本 patch*。阶段版本中仅包括整个 PS6000＋的完整的运行程序、配置文件、资源文件和工程配置基础库。一般都阶段版本都涉及到模型的升级。

PS6000＋还会在阶段版本的基础上发布其补丁包（补丁包可能为多个）。补丁包是在相应阶段版本的基础上对其进行 bug 的修补和功能的完善，补丁包中替换了相应阶段版本中的部分可执行程序、规则或动态链接库。一般补丁包中不牵涉模型的升级。

PS6000＋自动化系统历史版本见表 5-2。

表 5-2　PS6000＋自动化系统历史版本

基 础 版 本	阶 段 版 本	最新补丁包
V1_0	patch1	add
	patch2_01	add3
	patch3	add5
	patch5	add3
	13.09	sp3

三、配置参数说明

1. 目录结构

各系统平台目录如图 5-6 所示，跨平台系统运行所需的二进制文件分别放置在 bin、lib、plugin 等目录下，所需的第三方库文件放置在系统平台目录的 thirdpartylib 目录下。

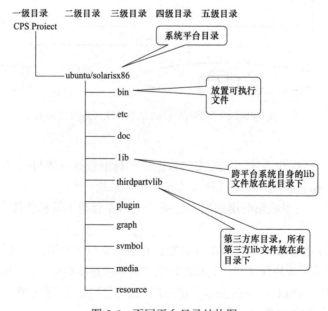

图 5-6　不同平台目录结构图

2. 数据库配置组态

要完成对电网运行的监视与控制，并完成对变电站设备的状态监测，需要在数据库中建立相关信息采集和控制命令下发装置的数据采集及控点对象，完成测控或保护装置测点在数据库中对象化组态，完成数据库测点对象和事件装置的映射和联系。数据库组态工作最终在数据库中建立各类型测点的数据表。

在进行数据库组态时应按照实际物理设备的层次关系进行对象化组态，并根据和实际装置测点的对应关系，在数据库中定义各测点的点名及相关属性。如图 5-7 所示。

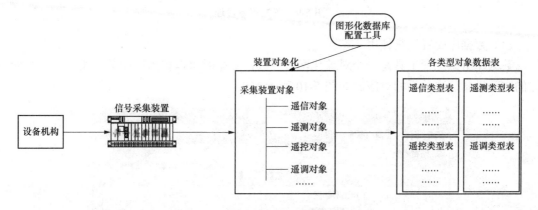

图 5-7　数据库配置组态

（1）数据库组态配置基本工作流程。

完成数据采集的第一步是要根据全站实际二次装置的配置在变电站自动化系统数据库中建立对应的装置及其采集点对象实例。

首先应获取装置模型文件，然后实现各类型装置实例的导入，对于 103 规约，可先完成典型间隔的组态配置，然后利用数据库的间隔拷贝功能完成其他相似间隔的数据组态配置。如图 5-8 所示。

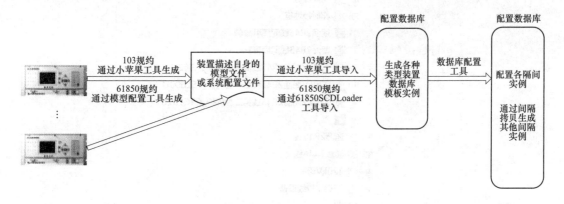

图 5-8　数据库组态配置基本工作流程

（2）数据库配置工具的启动。

数据库组态配置利用 ConfigurationManager 进行。启动图形编辑器有两种方式：

1）在系统控制台开始菜单中选择"维护程序"→"数据库组态"。

2）在终端命令窗口执行 ConfigurationManager –u sac –p sac –d dataserver1 –e config 命令行。

弹出窗口如图 5-9 所示。

图 5-9　图配置库管理

（3）数据库配置工具使用。

数据库组态配置工具是一个对象化配置工具，数据对象以树形层次关系组织，并与变电站的实际设备层次关系相对应。如图 5-10 所示。

图 5-10　数据库组态工具使用

通过对象的新建、删除、复制及对象属性编辑等操作可以实现数据库对象的组态配置工作。

（4）数据库对象模型导入。

智能装置具有描述自身测点信息的描述文件，通过装置配置描述文件的导入，可以实现在数据库中装置及其测点对象的自动生成，同时也保证了在数据库中建立的数据对象和实际装置测点的一致性。

对于 103 规约的采集装置，系统提供了 LittleApple 工具，可以完成装置模型的生成和根据模型文件完成数据对象的导入，完成数据对象在数据库中对象的自动建立。

对于 61850 规约的采集装置，系统提供了 61850SCDLoader 工具，可以完成根据装置配置描述文件完成数据对象的导入，完成数据对象在数据库中对象的自动建立。装置模型导入和数据库对象自动建立工作流程示意图，如图 5-11 所示。

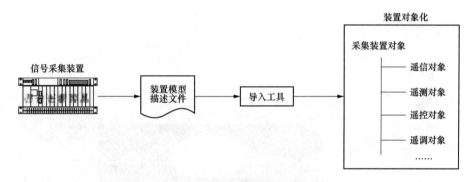

图 5-11　工作流程示意图

（5）数据库配置管理。

数据库配置工具提供了数据库配置、提交、备份、还原等数据库的管理操作。数据库配置管理的工作原理如图 5-12 所示。

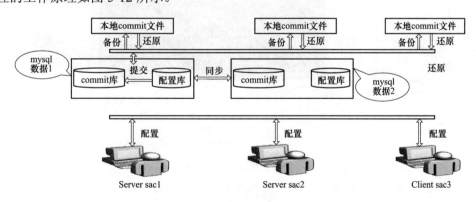

图 5-12　工作流程图

3. 图形配置组态

（1）画面组态工具概述。

图形编辑器是 PS6000＋系统人机界面的重要组成部分，是适用于电力系统自动化的图形组态工具。它用来生成各类监控图形，包括厂站图、系统单线图、潮流图、地理图、通信工况图、设备状态图、索引画面、自动化各种应用功能监视和控制画面等。图形编辑具有优良的跨平台特性。图形编辑器的主要功能有：

1）图元模板的定义。

2）画面的点、线、圆、矩形、多边形、文字基本图素的生成。

3）画面上各种控件如饼图、棒图、曲线、二维表等的生成。

4）画面上元件的生成。

5）画面上前景的定义。

6）画面上各类元素的编辑修改。

7）画面上电力元件的拓扑关系的生成。

8）图模库的生成。

9）画面的导入、导出。

10）其他辅助功能。

（2）画面组态工具界面说明。如图 5-13 所示。

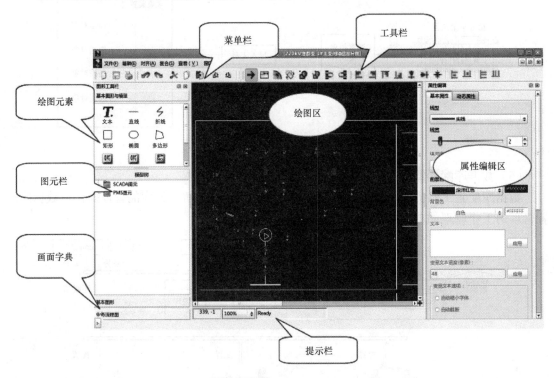

图 5-13　画面组态工具界面

1）菜单栏：菜单栏包括文件菜单、编辑菜单、对齐菜单、复合菜单、窗口菜单等。所有操作都可以在菜单目录下选择。菜单栏中的功能与工具栏基本一致。

2）工具栏：工具栏包括新建、保存、选择、缩放、对齐、复合、剪切、粘贴等工具。

3）绘图元素：绘图工具栏包括文字、直线、折线、矩形、椭圆、圆、弧线、操作点等基本绘图元素。

4）图元栏：在画面编辑中用于实例化的图元模板或电力组件。

5）画面字典：管理画面存储的字典，以树形结构显示。画面字典包括基本图形画面字典和业务流程图画面字典。

6）提示栏：一些操作提示，可提示画面放大倍数、鼠标所在坐标等。还可用于选择编辑画面的放大倍数。

7）绘图区：进行绘图的区域。

8）属性编辑区：包括基本属性和动态属性。基本属性用于进行基本绘图元素的线形、线宽、填充模式、前景色、背景色、文本编辑等属性。动态属性用于进行基本绘图元素的可见、颜色、缩放、位移、选择、填充、线型、文本等动态变化规则的定义。

4. 系统配置与管理

（1）系统配置概述。

PS6000＋系统投入正常前应根据工程的实际需求完成相关的系统配置。以使系统能正常运行并满足实际工程要求。系统配置主要完成以下几个工作：

1）控制台管理及配置。

2）进程管理及配置。

3）通信管理及配置。

4）对时配置及管理。

5）用户管理及配置。

6）权限管理及配置。

7）双库备份配置及管理。

（2）控制台管理及配置。

控制台是值班员进入系统进行监视和完成相关应用功能的操作总控制台，值班员的主要操作均可以通过控制台进入，控制台是一个便捷友好的人机界面。配置和维护人员也可通过控制台启动相关配置工具，进行相关配置和维护工作。控制台上还提供了用户登录、用户注销、启动监控系统和退出监控系统的入口，并且显示当前系统运行的部分参数信息。如图 5-14所示。

图 5-14　控制台界面

控制台的配置文件位于$CPS_ENV/etc/下，文件名称是 consoleconfigure.txt。通过改变配置文件的内容可以灵活地定制控制台，使之符合用户的习惯。

（3）进程管理及配置。

进程管理器负责监控系统所有服务进程的运行监视，监视进程运行的心跳，并实现对服务进程的看门狗管理。系统启动时默认启动进程管理器。

点击控制台开始菜单的"查看服务"子菜单，可以打开进程管理服务监视窗口。进程管理服务监视窗口分为进程监视区，进程启停控制区和进程管理配置文件编辑栏。如图 5-15所示。

（4）通信管理及配置。

要保证通信进程正常运行，监控系统的数据采集和遥控功能正常实现，需要对相关规约对象的通信参数进行配置，以保证通信进程的正常运行。

在"工程对象库"→"应用功能"→"前置规约"下有"103"和"61850"规约对象。

图 5-15　进程管理服务界面

（5）对时配置与管理。

系统时间的一致性和正确性是系统进行精确控制、事件记录、报表统计和故障分析等应用实现的一个重要保证。变电站整个自动化系统的时间应来源于同一个时钟源，并在一定的误差精度范围内保证时间的一致性。监控系统的时间来源于外部标准时钟源，采用接收对时钟源时软报文的方式实现监控系统自身时钟的修正和校准。

（6）权限配置与管理。

为了保证系统的安全性，不同的用户赋予不同的权限，只有被授权的用户才能做相应的操作。处理用户权限管理外，监控系统的权限配置和管理还包括"图形界面"权限管理"机器"权限管理。

系统进行权限定义和管理的主体包括：权限、用户组、用户、画面、机器。

（7）用户配置与管理。

用户是进行系统运行操作和维护的人员。应给系统的使用者建立对应的用户对象，使之能在一定的职责范围内正确的使用监控系统。使用者在使用系统时应先进行用户登录和密码校验操作，在密码认证通过后方可进行相应操作。

用户配置工具的启动：选择"开始"菜单→维护程序→"用户管理"菜单，可以进入用户管理配置界面。在相应的"用户"栏下可以增加、删除相应的用户对象。并对用户名称、所属"用户组"、所属"责任区"以及用户密码进行修改和配置。如图 5-16 所示。

（8）双数据库备份配置。

为了提高系统历史数据备份的可靠性，对于多机系统一般需进行双数据库备份的配置，

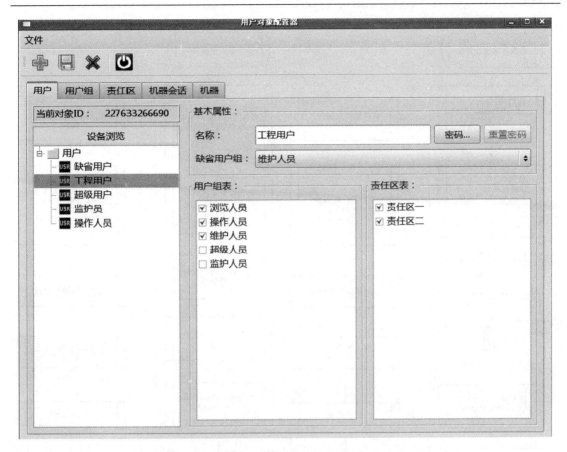

图 5-16　用户对象配置

实现系统商用数据库的互备份。

系统正常时，历史存储服务默认向先连接上商用数据库的历史库中存储数据，另一个商用数据库实时同步历史数据，并作为历史数据库的备份，一旦历史存储服务与第一个历史库的连接断开，则立即与第二个历史库形成主连接，并存储历史数据。

历史服务连接数据库的顺序由各及机器上的 odbc 配置文件指定。

双库配置利用 DBBackupConfig 工具进行。启动双库配置工具的方式：切换到 PS6000＋系统的 bin 目录下，在终端命令窗口执行 DBBackupConfig.sh 命令，启动双数据库配置工具。

四、维护指引

本节以新增一个 110kV 线路间隔为例，参照图 5-17、图 5-18 所示的配置流程，对 PS6000＋后台的采集管理做出说明。

由图 5-17、5-18 可以看出，103 规约变电站和 61850 规约变电站数据库配置过程中，仅生成装置的方法不同。

1. 系统的备份与恢复

PS6000＋监控系统的备份分为工程备份和数据库备份。

（1）工程备份与恢复。

工程备份将备份后台系统的全部内容，包括应用程序、库文件、外挂插件等。工程调试

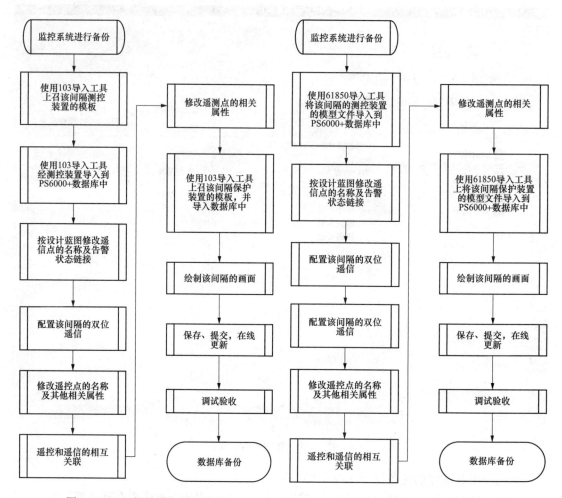

图 5-17　103 规约增加间隔流程　　　　　　　图 5-18　61850 规约增加间隔流程

阶段，更新过程序后需要做工程备份。工程投产后，建议再做一次工程备份。以后消缺、扩建过程中，只要不涉及程序更新，可只做数据库备份。

1）备份。

终端输入：cd $CPS_ENV/bin

　　　　　　./PS6000＋_backup.sh

系统将在/home/cps/CPS_Project/PS6000＋_backup 文件夹中生如下备份文件：

PS6000＋_uuuu_××××年××月××日××时××分××秒.tar.gz

2）恢复。

工程备份恢复一般用在操作系统崩溃或操作系统重装，监控系统全部运行环境丢失的情况下。安装好操作系统及 PS6000＋自动化系统后，将工程备份文件拷贝到/home/cps/CPS_Project 文件下，解压缩，即可使用。

命令示例如下：tar –zxvf PS6000＋_ Solarisx86_2013年05月13日14时28分28秒.tar.gz。

·（2）数据库备份与恢复。

1）备份。

点击开始菜单→数据库组态，弹出如图 5-19 所示界面。

图 5-19　数据库组态

点击"备份..."，弹出如图 5-20 所示对话框。

图 5-20　备份对话框

确保所有数据库配置、画面编辑、功能模块配置界面都已经关闭，选择"是（Y）"，弹出如图 5-21 所示界面。

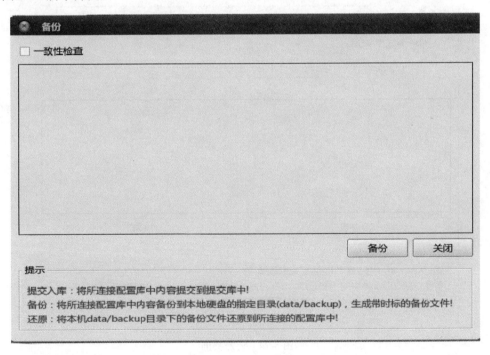

图 5-21　备份界面

点击"备份"按钮，系统开始备份。完成后，在监控系统的 data/backup 文件夹下生成如图 5-22 所示格式的备份文件压缩包。

图 5-22　生成备份文件

2）恢复。

把备份文件拷贝到/home/cps/CPS_Project/Solarisx86/data/backup 目录下，打开数据库配置界面，点击"还原"，弹出如图 5-23 所示对话框。

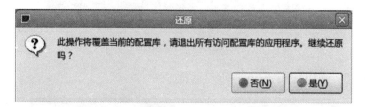

图 5-23　还原对话框

确保所有数据库配置、画面编辑、功能模块配置界面都已经关闭，选择"是（Y）"，弹出如图 5-24 所示界面。

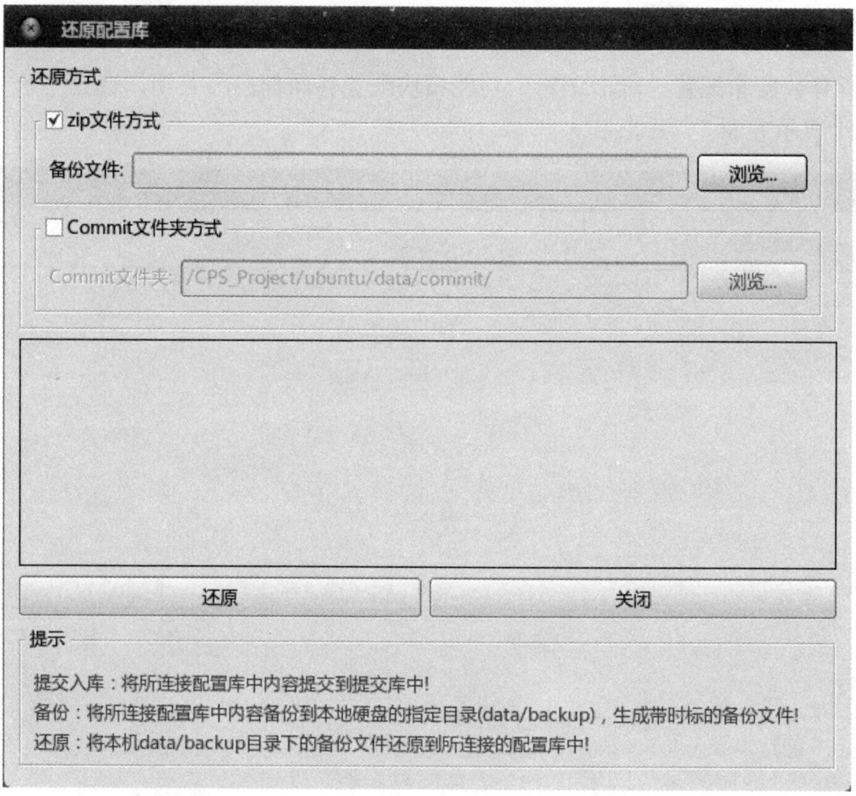

图 5-24　还原界面

系统提供了两种还原方式：

①zip 文件方式：使用压缩的 zip 备份文件还原，zip 文件可放在任意路径。推荐放在/home/cps/CPS_Project/Solarisx86/data/backup 目录下。

②commit 文件夹方式：默认使用/home/cps/CPS_Project/ Solarisx86/data 下的 commit 文件作为备份来还原。

点击"还原"，开始还原操作，完成数据库恢复。

2. 装置生成

PS6000＋提供了两种装置模板直接导入的工具，以太网 103 规约变电站使用 103 导入工具，俗称"小苹果"；61850 规约变电站使用 61850SCDLoader。

（1）103 规约导入工具。

打开控制台开始菜单，点击框内的图标（103 导入工具）。如图 5-25 所示。

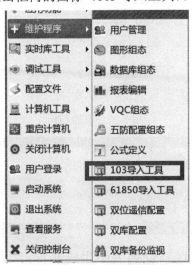

图 5-25　控制台开始菜单

弹出密码对话框，用户选择系统管理员，密码 SAC，弹出小苹果的主界面。如图 5-26 所示。

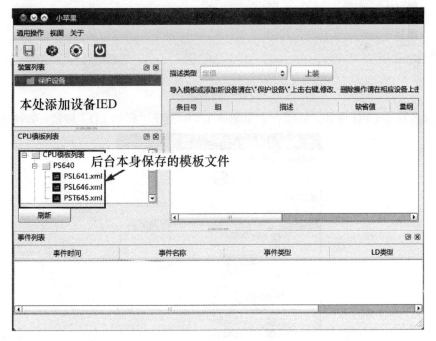

图 5-26　小苹果主界面

右键单击保护设备，选择"添加 LD"菜单，弹出如图 5-27 所示菜单。IED 名称栏填入装置设备名称;在 LD 名称栏填入设备个子板 LD 名称;在地址栏输入设备的 IP 地址;在 CpuId 的下拉菜单中选择子板对应的 CPU 号。

填写完毕,点击确定按钮,生成装置。如图 5-28 所示。

图 5-27 添加 LD

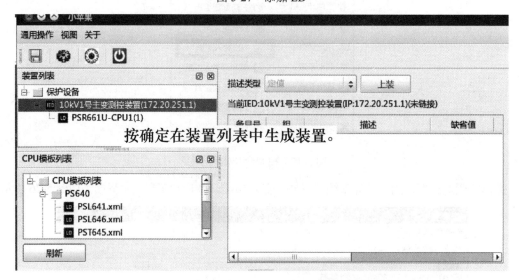

图 5-28 生成装置

如果设备是多 CPU 设备,继续在右键单击 IED,点击"添加 LD"按钮。如图 5-29 所示。

图 5-29 添加 LD

弹出菜单。在 LD 栏填入子板名称,在 CPUid 的下拉菜单选择对应的 CPU 号。如图 5-30

所示。

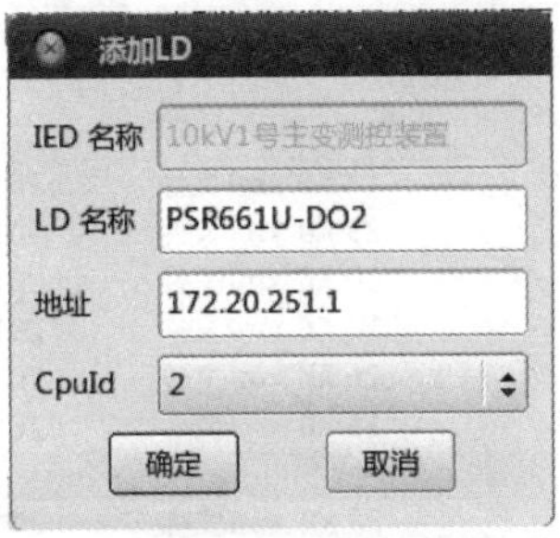

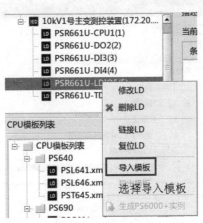

图 5-30 选择 CPU 号

完成添加工作后，点击工具栏上的保存按钮。如果此时已经连上装置，可以直接向装置召唤。

在描述类型的下拉菜单中选择所有描述，点击上装按钮，上装装置模板。如果现场装置在选择所有描述上装模板不成功，就需要在描述类型中选择具体的遥信、遥测、事件、告警等逐一召唤。如图 5-31 所示。

图 5-31 描述类型

如果后台有现场的模板，可以直接导入模板。右键点击 LD，弹出菜单中选择导入模板。如图 5-32 所示。

图 5-32 导入模板

选定对应模板，点击打开，如图 5-33 所示。

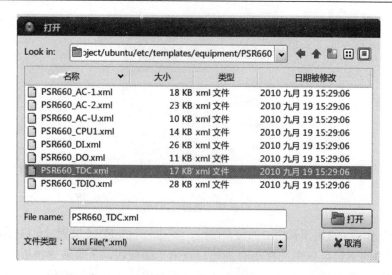

图 5-33　打开对应模板

导入所有的 LD 模板，右键点击 IED，选择生成 PS6000＋实例。如图 5-34 所示。

图 5-34　生成 PS6000＋实例

选定数据库里的位置，点击 OK 按钮，设备添加完毕。如图 5-35 所示。

图 5-35　设备添加

（2）61850 规约导入工具。

本工具是用来导入 61850 装置模型文件到数据库中。使用方法如下：

1）打开控制台开始菜单，打开"维护程序→61850 导入工具"，如图 5-36 所示。

图 5-36　导入工具

2）弹出密码对话框，用户选择系统管理员，密码 SAC，点确定，弹出软件主界面，点击文件夹图标，选择模型文件。如图 5-37 所示。

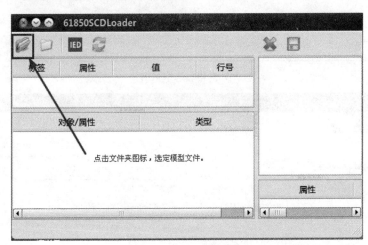

图 5-37　选定模型文件

3）在弹出对话框中选定模型文件，点击打来按钮。如图 5-38 所示。

4）选中 IED，如图 5-39 所示。

5）弹出界面中选择"SCDTemplate_General"模式，再点击下一步。如图 5-40 所示。

图 5-38　打开模型文件

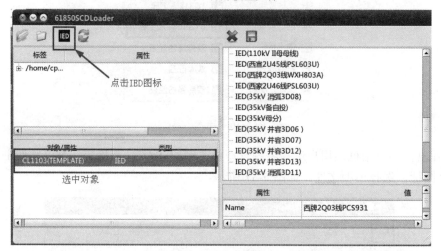

图 5-39　选中 IED

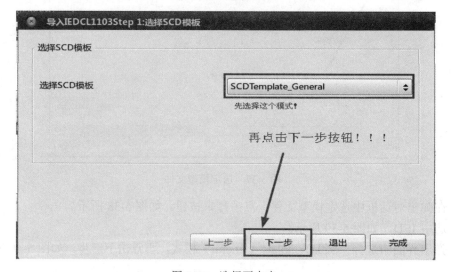

图 5-40　选择再点击

6）弹出对象匹配数据集对话框。一般的模型文件都自动匹配好的，如果发现有异常的，没有自动关联到的，需要手动去匹配。如图 5-41 所示。

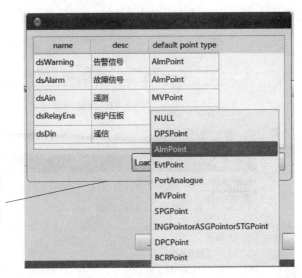

正常的规模文件，都能自动识别类型，如果是外厂家的模型，本处有可能不能自动关联对应的点类型。因此碰到这种情况，需要手动关联点类型。

图 5-41　区配数据集对话框

7）单击 OK，出现"对话通信配置对话框"，如图 5-42 所示。

①IED 对象配置。

父对象：选择将要导入的设备在数据库中的父对象。

名称：设置将要导入的设备的名称。

②通信配置。

单网：选择此项时仅"A 网 IP"可以输入内容。

双网：分别配置 A 网及 B 网的 IP 地址。

图 5-42　对话通信配置对话框

8）设置完成点击"完成"按钮，程序将自动根据模型文件的内容导入 IED 对象。如果想查看每一步的信息，可以点击"下一步"，一步步地完成。

3. 数据库配置

（1）数据库树形结构。

点击控制台上"系统维护"→"数据库组态"，弹出界面，如图 5-43 所示。

图 5-43　配置库管理

点击"配置..."，弹出数据库管理界面，如图 5-44 所示。

图 5-44　数据库管理界面

典型 IED 树形结构，如图 5-45 所示。

（2）遥信配置。

双击 DPS 对象，弹出属性窗口，如图 5-46 所示。

1）名称：根据蓝图修改信号名称。

2）告警状态链接：定义信号的等级、告警格式、声音链接等内容。根据信号属性选择下拉框中的内容。

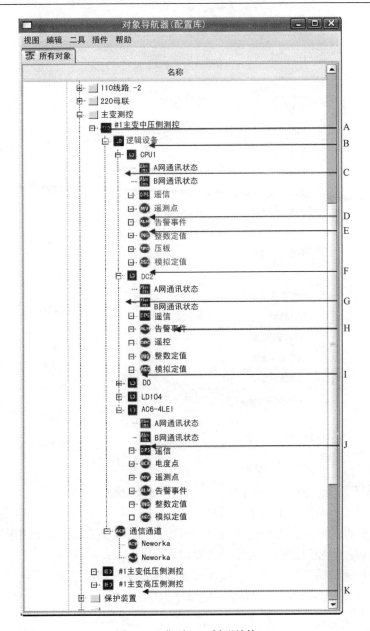

图 5-45　典型 IED 树形结构

A—线路名称；B—装置名称；C—CPU 插件；D—遥信点；E—遥测点；F—压板；G—DO 插件；
H—网络配置对象对于 A、B 网通信状态的告警实例；I—遥控点；J—AC 插件；K—通道配置

3）遥信取反：选择遥信是否要取反。

（3）双位遥信配置。

PS6000＋双位遥信部署在双位遥信根对象"DDR"或双位遥信组对象"DDG"下。根对象"DDR"全站只能有一个；"DDG"可以有多个，一般分布在各间隔 IED 下。双位遥信对象下的所有"DPS"信号具备分和合位遥信合成功能。其值由"分位遥信链接"与"合位遥信链接"决定。"分位遥信链接"关联开关、刀闸的分位信号，"合位遥信链接"关联开关、刀闸的分位信号。

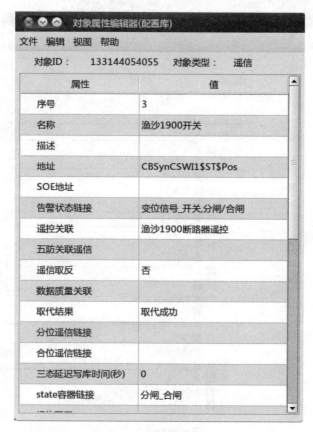

图 5-46　属性窗口

（4）遥控配置。

双击"DPC"对象，弹出其属性对话框，如图 5-47 所示。

1）名称：遥控点名称，根据实际填写。

2）关联遥信：关联与之对应的遥信点。遥控点与遥信点必须一一对相应。

3）是否监护：遥控时是否弹出监护人窗口。

4）启动遥控遥调确认：启用后，遥控需要输入定义好的编号。

5）遥控遥调确认号：遥控时需要输入的编号。

（5）遥测配置。

双击"MVPoint"对象，弹出其属性对话框，如图 5-48 所示。

1）名称：遥测点的名称。

2）偏移：遥测量转换偏移，CC1。

3）系数：遥测量转换系数，CC2。

装置上送遥测值为原码值，需要通过 CC1 和 CC2 折算成一次值用于画面显示。遥测值的最终显示值＝原码*CC2＋CC1。

4）第一、二、三对限值：遥测量的限值，成对出现。

4. 画面配置

点击控制台上"系统维护"→"图型组态"，弹出画面编辑界面。勾选"查看"菜单的"图形工具栏"和"属性编辑"，显示出完整图形编辑界面，如图 5-49 所示。

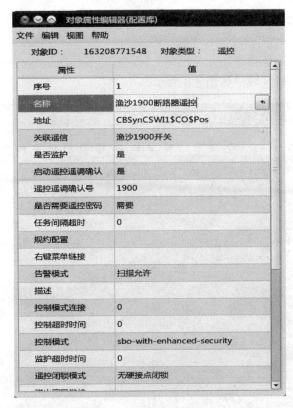

图 5-47　属性对话框

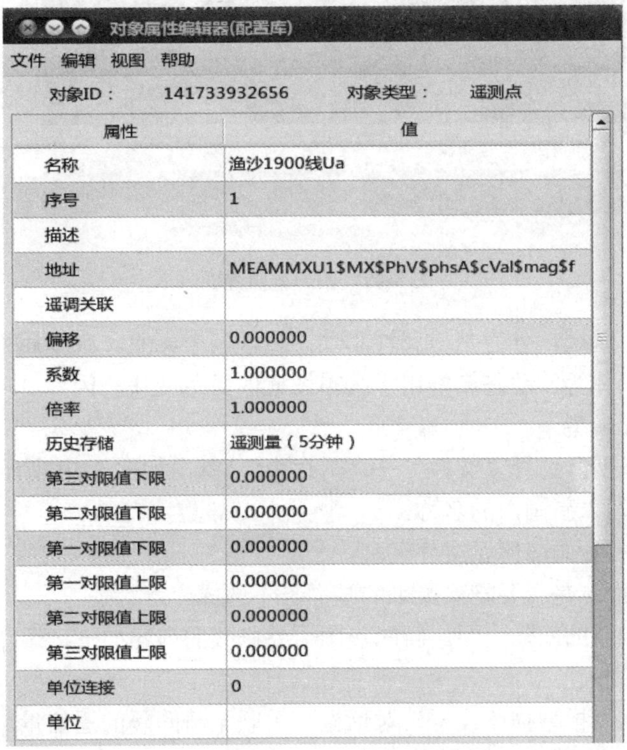

图 5-48　属性对话框

工具栏显示了缩放、伸缩、旋转、组合、取消组合、置于下一层、置于上一层以及各种对齐按钮。

左侧是图形工具栏，包括"图元与模型""模型""接线图""业务流程图"等窗口。

中间部分是面面编辑区域，如图5-4所示。

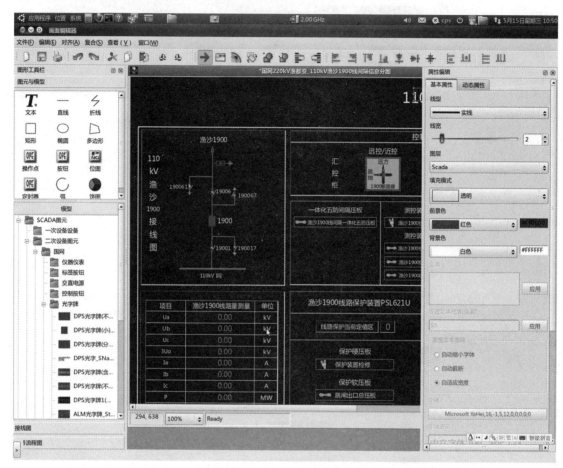

图5-49　图形编辑界面

右侧是属性编辑区域。分为基本属性和动态属性两个标签。基本属性用于编辑图元的线型、颜色、文本、字体等。动态属性用于编辑图元的颜色变化、闪烁、填充变化等。动态属性一般用来编辑图元模型。

打开已有的间隔图，选择"文件"→"另存为"，弹出如图5-50所示界面。

1）画面描述：写入新画面的名称。

2）文件夹：选择新画面所属文件夹。

3）删除原始画面：是否要删除原来的画面。不选择。

点击保存，生成新的间隔画面。新间隔图需要修改的内容如下：

（1）遥信量的关联。

双击图元，弹出"模型描述设置"对话框，关联至新间隔的遥信量。有双位遥信的要关联双位遥信。如图5-51所示。

图 5-50　保存界面

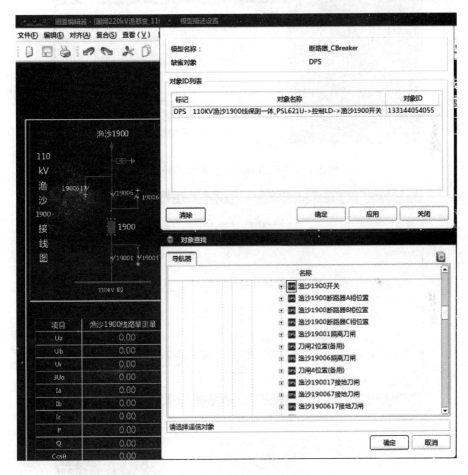

图 5-51　模型描述设置

（2）遥测量的关联。

双击图元，弹出"模型描述设置"对话框，关联至新间隔的遥测量。如图 5-52 所示。

（3）光字牌的关联。

双击图元，弹出"模型描述设置"对话框，关联至新间隔的遥信量。如图 5-53 所示。

（4）文本的修改。

点击文本，在属性编辑区域修改名称，点击应用即可。如图 5-54 所示。

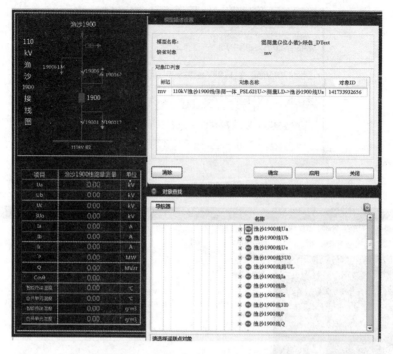

图 5-52　模型描述设置（关联遥测量）

图 5-53　模型描述设置（关联遥信量）

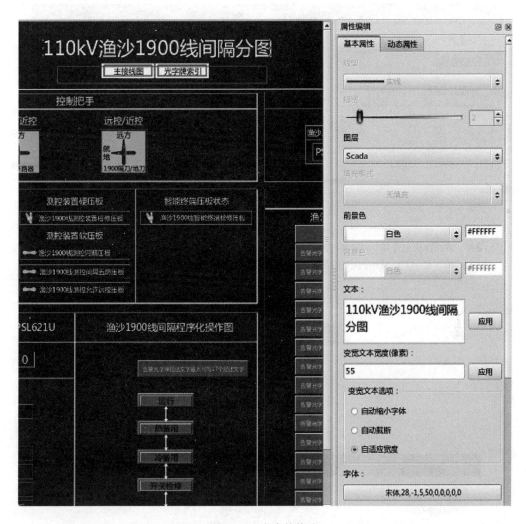

图 5-54　文本的修改

5. 提交

配置库和画面修改完毕后，需要提交，才能将更新的内容显示在运行界面。

点击"配置库管理"上的"提交…"/"提交入库…"按钮，弹出提示窗口，确保各种编辑器都已退出的情况下，选择"是"，弹出提交界面。

（1）增量提交。

增量提交适用于修改数据较少的情况。勾选"增量提交"，点击"提交"，开始提交工作。提交完成后弹出"通知 OMS"对话框，如图 5-55 所示。

选择"是"，关闭提交窗口，修改的数据即可在运行界面显示。如图 5-56 所示。

部分修改不能显示，可在运行界面点击"通知 OMS"按钮完成更新。

（2）完全提交。

在提交界面勾选"完全提交"，点击"提交"，开始提交工作。完成后弹出界面。单击确定，关闭提交界面。如图 5-57 所示。

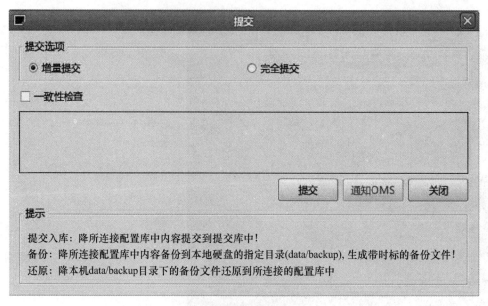

图 5-55　提交

图 5-56　通知 OMS

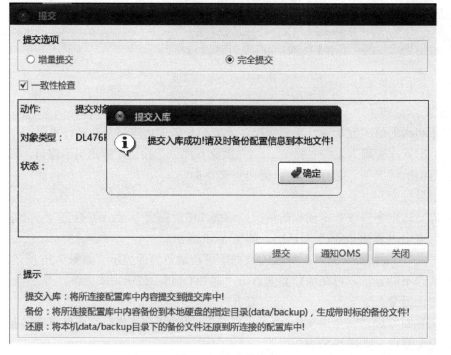

图 5-57　完全提交

第二节　测　　控

一、概述

国电南自 PSR660U 系列综合测控装置有两种机箱尺寸：19 英寸整层机箱和 19/2 英寸半层机箱。前者装置命名为 PSR661U，后者命名为 PSR662U。

PSR660U 系列综合测控装置主要用于面向单元设备的测控应用，也可配置成集中式测控应用。装置主要功能包括：开关量信号采集、脉冲信号采集、编码信号采集、温度信号采集、直流信号采集、交流量信号采集、开关量控制输出、模拟量信号输出/遥调、SOE 事件顺序记录、同期、变压器分接头调节及滑档闭锁、逻辑可编程功能、间隔五防闭锁、远方就地操控以及各种通信接口等。其中交流采集包括：电压、电流、零序电流电压及越限判别、有功、（真）无功、功率因数、谐波及谐波畸变率、计算电度、断线判别、电压不平衡度等。每单元装置内部由可靠快速 CAN 总线连接的多个智能子处理模块组成。

装置各子模块按功能分配，分别有：

1）智能开入模块（以下简称 DI、DIA）。

2）智能交流模块 [统称 AC，含 4TV/3TA 及同期功能的以下简称 AC-1/AC-1D；含 6TV/6TA 及同期功能的以下简称 AC-2/AC-2D（TV 额定电压为 57.7V、100V）和 AC4-2/AC-2D（TV 额定电压为 220V、400V）；含 3TV/9TA 的以下简称 AC-3/AC-3D；含 12TV 的以下简称 AC-U]。

3）智能温度直流模块（以下简称 TDC、TDCA）。

4）智能控制模块（以下简称 CTR）。

5）智能开出模块（以下简称 OUT、DO、DOA）。

6）智能温度模出模块（以下简称 RTDAO、RTD、AO）。

7）智能保持开出开入模块（以下简称 LDIO、LDIOA）。

8）智能开入开出模块（以下简称 DIO）。

9）智能开入开出直流模块（以下简称 TDIO、TDIOA、TDIOB）。

10）智能同期模块（以下简称 SYN）。

11）智能数字化接入模块（以下简称 STI，含 4TV/3TA 及同期功能的以下简称 STI-1；含 6TV/6TA 及同期功能的以下简称 STI-2；含 12TV 的以下简称 STI-U）。

二、标准化配置

1. 硬件配置

PSR660U 系列综合测控装置有两种机箱尺寸：一种为 19 英寸 6U 标准机箱，另一种为 19/2 英寸 6U 标准机箱。每种机箱内都有一个电源模块和管理主模块，它们在机箱内的位置相对固定。电源模块在 19 英寸机箱时占用 40mm 的宽度，在 19/2 英寸机箱时占用 45mm 的宽度。管理主模块 CPU 占 30mm 的宽度。其他模块的宽度除包含电流输入的 AC 模块是 50mm 宽外都是 25mm，同时允许它们在机箱内不同插槽上具有可互换性，其位置和配置相对灵活，具有即插即用特性。

19/2 英寸机箱（PSR662U）的一种标准配置示意图（后视）如图 5-58 所示。19 英寸机箱（PSR661U）的一种标准配置示意图（后视），如图 5-59 所示。

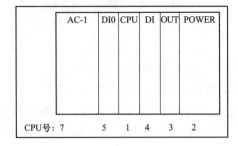

图 5-58　19/2 英寸机箱（PSR662U）配置示意图（背视）

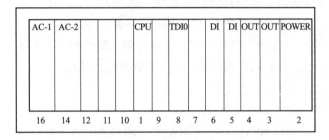

图 5-59　19 英寸机箱（PSR661U）配置示意图（背视）

图中 AC 模块占用两个基本物理槽位，其他子模块占用一个基本物理槽位。另外，根据需要除电源和 CPU 模块槽位固定外，其他槽位可以插任意子模块，DI 等模块自身各输入量也是可设置为不同性质输入，由此组成满足用户需要的特定配置装置。

PSR660U 系列测控装置的各模块地址号按如下原则定：CPU 模块总为 1 号，电源为 2 号，其他按插槽位从 3 依次后视从右往左开始数，每隔 25mm 宽地址号加一，交流模块按后视左侧插槽算地址号。

2. 模块配置

各种模块输入输出容量、占用槽位数等见表 5-3。

表 5-3　PSR 660U 系列装置模块参数简表

模件名称 （简称）	占插槽位置宽度 （mm）	可选或 必选	模块引出端子数	I/O 容量
DI	25	可选	18＋18	32×DI
AC-1	2×25	可选	12＋12＋12I	4×U、3×I、4×DI、2×DO
AC-2	2×25	可选	12＋12＋12I	6×U、6×I、4×DI、2×DO
AC4-2	2×25	可选	12＋12＋12I	6×U、6×I、4×DI、2×DO
AC-3	2*25	可选	12＋18I	3×U、9×I
AC-U	25	可选	12＋12	12×U
TDC	25	可选	18＋18	4×RTD、4×4×DC
CTR	25	可选	18＋18	2×7×CTR

模件名称 （简称）	占插槽位置宽度 （mm）	可选或 必选	模块引出端子数	I/O 容量
OUT 或 DO	25	可选	18＋18	16×DO
RTD	25	可选	18＋18	10×RTD
AO	25	可选	18	2×2×AO
RTDAO	25	可选	18＋18	10×RTD、2×2×AO
LDIO	25	可选	18＋18	8×DO、16×DI
DIO	25	可选	18＋18	24×DI、4×DO
TDIO	25	可选	18＋18	20×DI、 5×DO、4×DC
SYN	2×25	可选	18＋18	16×DI、4×U、5×DO
CPU	30	必选	20＋2×、RJ45/、FIBER＋1×、 RJ45＋DB9	4×DO、4×DI、GPS、1×RS232
POWER	40 或 45	必选	18＋18	24×DI
HMI	—	必选	—	—

三、配置参数说明

1. 智能交流采集模块（AC-1、AC-2、AC-3、AC4-2、AC-U）

（1）交流模块硬件说明。

智能交流模块包含多种模块类型，参见表 5-4。

表 5-4　交流模块种类

模块名称	交流输入量	输入额定电压	输入额定电流	备　　注
AC-1（D）	4U、3I	57.7V、100V	5A 或 1A	具有同期功能，4 路开入，2 路开出
AC-2（D）	6U、6I			具有同期功能，4 路开入，2 路开出
AC-3（D）	3U、9I			
AC-U	12U			
AC4-2（D）	6U、6I	220V 或 400V	5A 或 1A	

注：交流模件名称最后字母为"D"的模件与不带"D"的差别为：有字母 D 标识的表示该模件电流测量范围为 2×额
　　定值，不带 D 标识的表示电流测量范围为 1.2×额定值，以下 AC-1D、AC-2D、AC-3D，AC4-2D 模件若无特殊声
　　明，其说明同 AC-1、AC-2、AC-3，AC4-2 模件说明。

（2）交流模块典型配置。

交流模块预设几种典型接线方式。根据不同的典型接线方式，模块按照预定的配置算法
计算功率和线电压等输出数据。当整定接线方式定值为非 0 时，程序自动调用预先存储好的
功率定值和相电压定值，此时这些定值不再允许更改。如果典型接线方式不满足用户需求，
用户可以整定接线方式定值为 0（即自定义方式），然后通过整定"功率定值"和"相电压定
值"，设定交流模块实际接线方式。见表 5-5。

表 5-5　AC-1（4U3I）模块预设典型接线方式功率配置表

接线方式定值	说明	功率配置	相关定值		功率组描述
			功率定值	相电压定值	
0	用户自定义	由功率定值 1～3 和相电压定值 1 的整定来确定			
1	接线方式 1	$\tilde{S}_1 = \dot{U}_1\hat{I}_1 + \dot{U}_2\hat{I}_2 + \dot{U}_3\hat{I}_3$	0×8111 0×8122 0×8133	0×8123	1 个三表法功率
2	接线方式 2	$\tilde{S}_1 = (\dot{U}_1 - \dot{U}_2)\hat{I}_1 + (\dot{U}_3 - \dot{U}_2)\hat{I}_3$	0×8115 0×C136 0×0000	0×8123	1 个两表法功率
3	接线方式 3	$\tilde{S}_1 = \dot{U}_1\hat{I}_1 + \dot{U}_2\hat{I}_2$	0×8111 0×8122 0×0000	0×8123	1 个两表法功率
4	接线方式 4	$\tilde{S}_1 = \dot{U}_1\hat{I}_1$ $\tilde{S}_2 = \dot{U}_2\hat{I}_2$ $\tilde{S}_3 = \dot{U}_3\hat{I}_3$	0×8111 0×8222 0×8333	0×8123	3 个单表法功率

注：用户整定功率定值时，要保证与相电压定值在接线方式上一致。

2. 管理主模块（CPU、HMI）

见表 5-6。

表 5-6　管理主模块（CPU）软压板定义

序号	压板名称	压板状态	默认值	简要说明
1	测试模式压板	退出/投入	退出	测试模式：即上送报文数据传送原因置为测试模式，上位系统可根据情况处理；主要用于该装置对应设备检修时。当定义外部检修硬把手后，此软压板无效
2	间隔五防解锁	退出/投入	退出	PSR 660U 装置间隔五防紧急解锁投退，投入时相当于紧急解锁
3	系统五防解锁	退出/投入	退出	用于与 LDIO 磁保持出口模块配合实现的一种系统五防的紧急解锁，主要在江苏省局部分站使用，一般不用，整定为"退出"即可。当系统五防解锁开入定义为非 0 时，此软压板失效不用
4	备用软压板 0	退出/投入	退出	
5	同期压板	退出/投入	投入	同期压板投入时面板同期灯点亮，此时装置中所有同期按整定的同期方式运行；同期压板退出时面板同期灯熄灭，装置所有同期点按不检运行。当一台测控装置有多个同期点时应慎用此软压板，建议一直投入，需分别退出同期时，靠各子模块定值实现
6	全站遥控操作互斥	退出/投入	投入	投入：同一时刻全站只允许一个控制操作，下一控制必须等待上一操作完成，除非其控制发布者优先级高于上一控制的发布者[1]，控制发布者优先级为：就地>当地后台监控>远方调度； 退出：同一时刻全站允许多个遥控操作
7	备用软压板 1	退出/投入	退出	
8	备用软压板 2	退出/投入	退出	
9	程序升级模式	退出/投入	退出	程序在线升级开关，投入时才允许在线升级

注：①同期过程仅对启动信号的来源进行优先级判别，一旦启动后进入同期捕捉过程，则不能被其他高优先级控制操作打断。

该模块内部定值由厂家设定，一般不需用户更改。内部定值见表 5-7。

表 5-7　管理主模块（CPU）内部定值表

序号	定值名称	输入方式	定值范围	默认值	简要说明
1	内部控制字	十六进制	0×0000～0×FFFF	0×012B	另见定值控制字说明（见表 5-9）
2	开入属性	十六进制	0×0000～0×FFFF	0×0000	另见开入属性设置说明
3	循环上送时间	十进制	0～999.9s	90.0s	为 0 时，无循环上送数据
4	遥控选择超时时间	十进制	0～999.9s	15.0s	同一对象的控制选择与执行间的最长允许时间
5	检修硬把手开入	十进制	0～1999	0	用于定义检修把手的开入，定义为 3～6 时，定义的开入闭合表示检修，当定义为 0 时，可用软压板测试模式压板投入来实现置检修态[1]。 0：表示无检修开入； 3～6：表示 CPU 板上的开入 1、2、3、4； 也可定义到子模块，百位和千位表示 CPU 子模块 CPU 号，个位和十位表示遥信开入序号，如 304 表示 3 号 CPU 第四个信号
6	系统五防解锁开入	十进制	0～1999	0	用于定义系统五防解锁的开入，当定义为 3～6 时，定义的开入闭合表示解锁，当定义为 0 时，可用软压板系统五防解锁投入来实现解锁[2]。解锁后，磁保持闭锁接点始终闭合。 0：表示无解锁开入； 3～6：表示 CPU 板上的开入 1、2、3、4； 也可定义到子模块，百位和千位表示 CPU 子模块 CPU 号，个位和十位表示遥信开入序号，如 304 表示 3 号 CPU 第四个信号
7	远方就地开入	十进制	0～1999	0	用于定义外部远方/就地开入，当定义为 1～4 时，表示有外部远方/就地把手，对应开入闭合表示就地，当定义为 0 时，表示无外部远方/就地把手。无论有无外部把手，面板上远方/就地作用不变[3]。 0：表示无外部远方/就地把手； 3～6：表示外部远方/就地把手状态接入 CPU 板上的开入 1、2、3、4； 也可定义到子板如整定为 204 表示 2 号 CPU 的第四个信号为远方/就地把手
8	间隔五防解锁开入	十进制	0～1999	0	用于定义间隔五防解锁外部把手开入，当定义为 3～6 时，定义的开入闭合表示解锁[4]。 0：表示无解锁开入； 3～6：表示 CPU 板上的开入 1、2、3、4； 也可定义到子模块，百位和千位表示 CPU 子模块 CPU 号，个位和十位表示遥信开入序号，如 304 表示 3 号 CPU 第四个信号
9	就地时远方可控 1	十六进制	0×0000～0×FFFF	0×0000	用于定义哪些遥控在选择把手为就地时远方可以控制：若定值为 0×ABCD，则[A，B]定义了 CPU 号区间，[C，D]定义了控制号区间，在此区间的控制对象为就地时远方可控，共可定义 6 组。控制对象号从 0 数，如 DO 板的控制对象依次为 0～15。A 和 B 都为 0 时，该组未定义
10	就地时远方可控 2	十六进制	0×0000～0×FFFF	0×0000	
11	就地时远方可控 3	十六进制	0×0000～0×FFFF	0×0000	

序号	定值名称	输入方式	定值范围	默认值	简　要　说　明
12	就地时远方可控 4	十六进制	0×0000～0×FFFF	0×0000	用于定义哪些遥控在选择把手为就地时远方可以控制：若定值为 0×ABCD，则[A，B]定义了
13	就地时远方可控 5	十六进制	0×0000～0×FFFF	0×0000	CPU 号区间，[C, D] 定义了控制号区间，在此区间的控制对象为就地时远方可控，共可定义 6 组。
14	就地时远方可控 6	十六进制	0×0000～0×FFFF	0×0000	控制对象号从 0 开始，如 DO 板的控制对象依次为 0～15。A 和 B 都为 0 时，该组未定义
15	断路器位置 1	十六进制	0×0000～0×1F40	0×0000	开关偷跳判别报警定值，与下面两个定值共同来定义一组偷跳判别相关参数。 　　本定值定义断路器位置开入。高字节高 4 位（bit15-bit12）为 0 表示该点为单点信号，1 为双点信号；高字节低 4 位（bit11-bit8）定义 CPU 号，取值为 0 到 F；低字节（bit7-bit0）定义遥信点号（单点取合位序号，双点取分位序号，合位序号默认加 1）。该定值为 0，表示该组没有定义偷跳判别功能
16	遥控点 1	十六进制	0×0000～0×0F40	0×0000	开关偷跳判别报警定值，定义测控上该断路器遥控分闸对应的 CPU 号和点号。高字节低 4 位（bit11-bit8）定义 CPU 号，取值为 0 到 F；低字节（bit7-bit0）定义遥控点号
17	外部控制信号 1	十六进制	0×0000～0×0F40	0×0000	开关偷跳判别报警定值，定义外部控制信号开入。高字节低 4 位（bit11-bit8）定义 CPU 号，取值为 0 到 F；低字节（bit7-bit0）定义遥信点号
18	断路器位置 2	十六进制	0×0000～0×1F40	0×0000	同第 1 组开关偷跳判别定值说明
19	遥控点 2	十六进制	0×0000～0×0F40	0×0000	
20	外部控制信号 2	十六进制	0×0000～0×0F40	0×0000	
21	断路器位置 3	十六进制	0×0000～0×1F40	0×0000	同第 1 组开关偷跳判别定值说明
22	遥控点 3	十六进制	0×0000～0×0F40	0×0000	
23	外部控制信号 3	十六进制	0×0000～0×0F40	0×0000	
24	远方就地 1 选择	十六进制	0×0000～0×1564	0	0：远方就地 1 功能退出 低 2 位为通信开入号 高 2 位为 CPU 号，高 2 位为 0 时相当于 1[5]
25	远方就地 1 对象组 A	十六进制	0×0000～0×FFFF	0×0000	高字节：子模件范围 低字节：出口范围
26	远方就地 1 对象组 B	十六进制	0×0000～0×FFFF	0×0000	高字节：子模件范围 低字节：出口范围
27	远方就地 2 选择	十六进制	0×0000～0×1564	0	0：远方就地 2 功能退出， 低 2 位为通信开入号 高 2 位为 CPU 号，高 2 位为 0 时相当于 1
28	远方就地 2 对象组 A	十六进制	0×0000～0×FFFF	0×0000	高字节：子模件范围； 低字节：出口范围
29	远方就地 2 对象组 B	十六进制	0×0000～0×FFFF	0×0000	高字节：子模件范围； 低字节：出口范围
30	远方就地 3 选择	十六进制	0×0000～0×1564	0	0：远方就地 3 功能退出， 低 2 位为遥信开入号 高 2 位为 CPU 号，高 2 位为 0 时相当于 1

序号	定值名称	输入方式	定值范围	默认值	简 要 说 明
31	远方就地 3 对象组 A	十六进制	0×0000～0×FFFF	0×0000	高字节：子模件范围； 低字节：出口范围
32	远方就地 3 对象组 B	十六进制	0×0000～0×FFFF	0×0000	高字节：子模件范围； 低字节：出口范围
33	远方就地 4 选择	十六进制	0×0000～0×1564	0	0：远方就地 4 功能退出， 低 2 位为遥信开入号 高 2 位为 CPU 号，高 2 位为 0 时相当于 1
34	远方就地 4 对象组 A	十六进制	0×0000～0×FFFF	0×0000	高字节：子模件范围； 低字节：出口范围
35	远方就地 4 对象组 B	十六进制	0×0000～0×FFFF	0×0000	高字节：子模件范围； 低字节：出口范围
36	时区信息	十六进制	-999～2000	1480	装置所在时区×60＋1000

注：1. 检修把手与测试模式软压板功能相同，只不过有外部检修硬把手时，装置内部的测试模式软压板不起作用，当装置处于检修态时，装置将屏蔽遥控操作。
　　2. 有外部系统五防解锁把手时系统五防解锁软压板无效。
　　3. 外部把手主要是指组屏时的远方/就地硬把手。外部把手的"远方"包含：测控装置面板、后台和远动主站可以控制，外部把手的"就地"指外部 KK。通过就地时远方可控定值指定的对象，不受外部把手远方就地和装置面板上远方就地的影响，都允许操作。当外部把手打到"远方"时，还需经过装置面板上的"远方/就地"选择开关来区分装置面板控制（就地）和后台、远动主站控制（远方）。详见表 5-8。
　　4. 当定义外部间隔五防解锁把手，则装置面板解挂锁钥匙钮无效。间隔五防解锁软压板与把手（或钥匙钮）是"或"的关系，即只要有一个解锁则为解锁。
　　5. 内部定值中与远方就地相关的还有，就地时远方可控定值、远方就地开入定值，为了保持版本的兼容性，增加 4 个远方就地设置的同时保留原有远方就地开入设置，原有远方就地开入的有效范围为整个装置的全部控制，新增 4 组远方就地设置是针对具体的远方就地对象组 A/B 设置。

表 5-8　远方就地与控制操作的关系

条　件		结　果		
外部[远方就地]硬把手	面板[远方就地]钥匙钮	KK 把手	测控	当地监控和调度
（无外部硬把手）	远方	－	×	√
（无外部硬把手）	就地	－	√	×
远方	远方	×	×	√
远方	就地	×	√	×
就地	远方	√	×	√
就地	就地	√	×	×

注："－"表示无关，"×"表示不可控，"√"表示可控。

表 5-9　管理主模块（CPU）"内部控制字"定义表

序号	定值位 （bit）号	名称	定值取值	默认值	简要说明
1	bit1-0	运行灯	＝00 灯常灭；＝01 固定频率闪；＝10 扰动数据闪；＝11灯常亮	＝11	主要用于调试,正常运行时可设为灯常亮

序号	定值位（bit）号	名称	定值取值	默认值	简要说明
2	bit2	多 CPU 方式	1＝单 CPU /0＝多 CPU	0＝多 CPU	无智能子功能模块时，设为单 CPU
3	bit3	网络方式	1＝双网切换/0＝两网独立	1＝双网切换	双网切换：双网相互切换，具备减少切换缝隙的数据丢失功能，双网切换方式时备用网即使在线下位机也不主动上送； 两网独立：两个网口都能同时独立工作，无网络切换动作
4	bit4	远动双网方式	1＝两网在线/0＝单网在线	0＝单网在线	这是为兼容双网下老远动设备而设的，该控制字只作用于 UDP 广播报文标识为"PSX600"的主机。 两网在线：A、B 网平时都连接，A 断，则用 B 网，反之亦然； 单网在线：平时只主网连接，备网不连接，主备切换后也是备网连接，主网不连接
5	bit5	GPS 对时输入	1＝有/0＝无	1＝有	用于指出有无 GPS 硬对时输入。有则启动判别 GPS 输入是否异常程序
6	bit6	间隔五防功能	1＝投入/0＝退出	0＝退出	用于间隔五防的整个功能投退。投入时，必须已下载了五防逻辑。退出时，下载的五防逻辑不起作用，这与间隔五防软压板投退概念不同,后者只是起紧急解锁作用
7	Bit10、bit7	GPS 方式	00＝GPS 脉冲，01＝IRIG-B 无年份，10＝IRIG-B 有年份，11＝备用	00＝GPS 脉冲	GPS 脉冲方式包括秒脉冲和分脉冲。IRIG-B 方式的信号取反和不取反另行整定
8	bit8	操作记录	1＝查询显示/0＝立即显示	1＝查询显示	
9	bit9	IRIG-B 信号	1＝取反/0＝不取反	0＝不取反	
10	Bit11	103 规约	1＝投入/0＝退出	0＝退出	
	……				预留备用

3. 智能开入模块（DI、DIA）

（1）开入模块硬件说明。

数字量输入模块的功能包括：开关量输入，编码输入，脉冲量输入。具体而言，开关量输入可以采集：开关位置、刀闸位置、[分接头位置]、各种保护安全装置动作报警信号、其他公用信号等。编码输入可以采集：水位信息、[分接头位置]等。DI 模块和 DIA 模块的区别为子模件硬件和软件不一样，实现的功能、定值表以及使用方式完全一样。

所有输入每路都有自己的滤波时间常数（或称为消抖时间、防抖时间），可设置范围为 0～30.00ms，级差最小可达 1ms。具体设置值参考信号最大可能变化速度和最小变化时间而定，一般开关量可设置为 15ms，对于一些操作回路断线信号，由于开关分合时可能产生短时断线信号，故滤波时间可视情况设长一点，如 1000ms。开关量可以设置为一般状态量（不产生 SOE）和 SOE（包含采集状态量信息）两种。

该模块共有 32 路输入，分成四组，每组分别为 8 路、8 路、12 路和 4 路，各组开入电源可以不同。开入可以通过板上跳线设定为 220V 电源或 110V 电源信号输入，短接片跳到"R"指示的位置表示 110V，跳到"L"指示的位置或"L""R"都不跳表示 220V。

（2）开入模块典型配置。

对开入的典型配置主要是通过开入模块类型定值项来预设的，当数字输入模块类型为非 0 时，该定值随后的定值项不可修改，而由装置软件根据此类型值自动填入相应意义的定值，并在再次调出定值时可见到对应该类型的定值内容；当开入模块类型为 0 即用户自定义类型时，该定值随后的定值项可修改，即随后的定值项由用户根据需要自定，这些定值定义了每路信号输入的特性。见表 5-10。

表 5-10　开入模块类型典型配置含义

模块类型	类型说明	简　称	说　明
0	用户自定义		（另见详细定值说明）
1	应用方式一	32 SYX	所有 32 路为 FT＝15ms 的单点遥信输入
2	应用方式二	28 SYX、4 PI	前 28 路为 FT＝15ms 的单点遥信输入，后 4 路为 FT＝10ms 的脉冲量输入
3	应用方式三	30 SYX、2 LYX	前 30 路为 FT＝15ms 的单点遥信输入，后 2 路为 FT＝1s 的单点遥信输入
4	应用方式四	26 SYX、2 LYX 4PI	前 26 路为 FT＝15ms 的单点遥信输入，接着 2 路为 FT＝1s 的单点遥信输入；后 4 路为 FT＝10ms 的脉冲量输入
5	应用方式五	26 SYX、6 BIN	前 26 路为 FT＝15ms 的单点遥信输入，后 6 路为 FT＝50ms 的 BIN 码输入
6	应用方式六	22 SYX、6 BIN、4 PI	前 22 路为 FT＝15ms 的单点遥信输入，接着 6 路为 FT＝50ms 的 BIN 码输入，最后 4 路为 FT＝10ms 的脉冲量输入
7	应用方式七	13 SYX、19 SCC	前 13 路为 FT＝15ms 的单点遥信输入，后 19 路为 FT＝50ms 的单接点编码输入
8	应用方式八	16 PI、16 SYX	前 16 路为 FT＝10ms 的脉冲量输入，后 16 路为 FT＝15ms 的单点遥信输入
9	应用方式九	19 SYX、13 ACC	前 19 路为 FT＝15ms 的单点遥信输入，后 13 路为 FT＝50ms 的进位码输入
10	应用方式十	16 DSYX、16 SYX	前 16 路为 FT＝15ms 的 8 对双点遥信输入，后 16 路为 FT＝15ms 的单点遥信输入

4. 智能温度直流模块（TDC、TDCA）

（1）温度直流模块硬件说明。

TDC 模块可接驳 4 路三线制 RTD 传感器，16 路直流信号（分 4 组各 4 个，组与组间隔离），如可采集额定 0～220V、0～110V、0～5V、4～20mA、0～1mA、1～5V 或 0～20mA 信号，它们都经过隔离后进行采样。

TDCA 模块可接驳 4 路三线制 RTD 传感器，可选择 Cu50、Cu100、Pt100ba2、Pt100 或 CU53 不同的 RTD 来测量-30～120℃的温度；还有 8 路弱电直流量采集回路，各回路之间独立不共地，可采集 0～5V、4～20mA 直流量，不同量程配置有硬件跳线进行选择，可参考实际印制板说明；以及 4 路强电直流量采集回路，各回路之间独立不共地，可采集 0～220V 直流量。

对于 TDCA 模件的直流输入通道，不同输入范围的跳线见表 5-11。

表 5-11　温度直流模块（TDCA）跳线表

跳线名称 ＼ 输入范围	4～20mA	0～5V
n-A1	1	0
n-A2	1	0

注：1. *n*-A1 和 *n*-A2 中的数字 *n* 表示第几路模拟量，如 3-A1 和 3-A2 表示第三路模拟量；

　　2. 1 表示跳线闭合，0 表示跳线断开。

（2）温度直流模块典型配置。

该子功能模块在有通道测量值越限时主动上送测量值，同时会每隔 30s 主动循环上送一次当前最新遥测值给 CPU。更改 RTD 测量类型后，应重新上电装置。该模块的定值见表 5-12。

表 5-12　温度直流模块（TDCA）定值表

序号	定值名称	输入方式	定值范围	默认值	简要说明
1	控制字	十六进制	0～0×FFFF	0×0000	bit15＝1：直流报警定值作用于该组的任一路，bit15＝0 作用于该组第 1 路；bit3＝1：直流 1 报警线为上限，bit13＝0：直流 1 报警线为下限；bit2＝1：直流 3 报警线为上限，bit2＝0：直流 3 报警线为下限；bit1＝1：直流 5 报警线为上限，bit1＝0：直流 5 报警线为下限；bit0＝1：直流 9 报警线为上限，bit0＝0：直流 9 报警线为下限；其他位备用
2	温度 1 类型	十进制	0～5	0	定值 0、1、2、3、4、5 分别对应为不测、Cu50、Cu100、Pt100ba2、Pt100 和 Cu53
3	温度 2 类型	十进制	0～5	0	
4	温度 3 类型	十进制	0～5	0	
5	温度 4 类型	十进制	0～5	0	
6	直流 1 类型	十进制	3～4	3	定值 3，4 分别对应为 0～ 5V 和 4～20mA
7	直流 2 类型	十进制	3～4	3	
8	直流 3 类型	十进制	3～4	3	
9	直流 4 类型	十进制	3～4	3	
10	直流 5 类型	十进制	3～4	3	
11	直流 6 类型	十进制	3～4	3	
12	直流 7 类型	十进制	3～4	3	
13	直流 8 类型	十进制	3～4	3	
14	直流 9 类型	十进制	1	1	定值 1 分别对应为 220V
15	直流 10 类型	十进制	1	1	

序号	定值名称	输入方式	定值范围	默认值	简要说明
16	直流 11 类型	十进制	1	1	
13	直流 12 类型	十进制	1	1	
14	温度压缩因子%	十进制	0.00～99.99	0.1	
15	直流 1 压缩因子%	十进制	0.00～99.99	0.1	直流 1 组
16	直流 2 压缩因子%	十进制	0.00～99.99	0.1	
17	直流 3 压缩因子%	十进制	0.00～99.99	0.1	直流 2 组
18	直流 4 压缩因子%	十进制	0.00～99.99	0.1	
19	直流 5 压缩因子%	十进制	0.00～99.99	0.1	直流 3 组
20	直流 6 压缩因子%	十进制	0.00～99.99	0.1	
21	直流 7 压缩因子%	十进制	0.00～99.99	0.1	
22	直流 8 压缩因子%	十进制	0.00～99.99	0.1	
23	直流 9 压缩因子%	十进制	0.00～99.99	0.1	直流 4 组
24	直流 10 压缩因子%	十进制	0.00～99.99	0.1	
25	直流 11 压缩因子%	十进制	0.00～99.99	0.1	
26	直流 12 压缩因子%	十进制	0.00～99.99	0.1	
27	温度 1 报警上限	十进制	−30～150℃	150℃	该报警温度设定值大于 120℃时表示取消报警
28	温度 2 报警上限	十进制	−30～150℃	150℃	
29	温度 3 报警上限	十进制	−30～150℃	150℃	
30	温度 4 报警上限	十进制	−30～150℃	150℃	
31	直流 1 报警线	十进制	−300.0～300.0	−300.0	数值单位根据该通道类型而定,为 V 或 mA,设为+300.0 或−300.0 时取消报警
32	直流 3 报警线	十进制	−300.0～300.0	−300.0	
33	直流 5 报警线	十进制	−300.0～300.0	−300.0	
34	直流 9 报警线	十进制	−300.0～300.0	−300.0	

系统使用时，必须根据定值正确地设置跳线，才能安全、正常工作。

5. 智能开入开出模块（DIO）

（1）开入开出模块硬件说明。

该模块具有 24 路开关量输入（分两组，分别为 17 路、7 路）和 4 路空接点输出（第 1 路有联动输出）。模块可实现滑档闭锁功能，也可用于普通遥信采集、遥控输出等。

（2）开入开出模块典型配置。

该模块的定值除滑档闭锁投退、调压闭锁信号序号、分接头中心档、控制脉宽等按具体情况分别整定外（即这些定值未受典型类型控制），有关开入部分定值与 DI 模块类似，即有开入模块类型定值，当该定值为 0 时，该定值后面的定值可修改，而当该定值即类型值为非 0 时，则其后的定值不可修改，而是由程序根据类型值自动填入相应后续定值。DIO 模块典型类型含义见表 5-13。

表 5-13　开入开出模块中的数字输入模块类型取值含义

模块类型	类型说明	简　称	数字量输入说明
0	用户自定义		（另见 DI 模块详细定值说明）
1	应用方式一	24 SYX	所有 24 路为 FT＝15ms 的遥信输入
2	应用方式二	5 SYX,19 SCC	前 5 路为 FT＝15ms 的遥信输入，后 19 路为 FT＝50ms 的单接点编码输入
3	应用方式三	7 SYX,17 SCC	前 7 路为 FT＝15ms 的遥信输入，后 17 路为 FT＝50ms 的单接点编码输入
4	应用方式四	19 SYX,5 BIN	前 19 路为 FT＝15ms 的遥信输入，后 5 路为 FT＝50ms 的二进制码输入
5	应用方式五	18 SYX,6 BCD	前 18 路为 FT＝15ms 的遥信输入，后 6 路为 FT＝50ms 的 BCD 码输入
6	应用方式六	17 SYX,7 PI	前 17 路为 FT＝15ms 的遥信输入，后 7 路为 FT＝10ms 脉冲量输入
7	应用方式七	22 SYX,2 LYX	前 22 路为 FT＝15ms 的遥信输入，后 2 路为 FT＝1s 的遥信输入
8	应用方式八	11 SYX,13 ACC	前 11 路为 FT＝15ms 的遥信输入，后 13 路为 FT＝50ms 的进位码输入
9	应用方式九	10 DSYX,9 SYX,5 BIN	前 10 路为 FT＝15ms 的 5 对双点遥信输入，接着 9 路为 FT＝15ms 的单点遥信输入，后 5 路为 FT＝50ms 的二进制码输入

6. 智能开出模块（OUT、DO）

（1）开出模块硬件说明。

DO/OUT 模块具有 16 路空接点输出，其中第 7 路和第 15 路有联动输出，分别为 DO/OUT7′ 和 DO/OUT15′。DO/OUT 模块拥有 16 路内部遥信，用以返校和监视各路出口的动作状态并记录，以满足用户对开关跳合闸的责任区分。

（2）开出模块典型配置。

开出模块定值见表 5-14，通常取默认定值即可。

表 5-14　智能开出模块（DO/OUT）定值表

序号	定值名称	输入方式	定值范围	默认值	简　要　说　明
1	控制字	十六进制	0×0000～0×FFFF	0×0000	bit15：出口方式，即指明子模块是否允许同一时刻有多个出口在操作过程中，注意不要将其与 CPU 模块的全站遥控操作互斥混淆，两者无直接关联。该位默认＝0
1	控制字	十六进制	0×0000～0×FFFF	0×0000	bit15＝0：多出口； bit15＝1：单出口。 其他位预留
2	联动出口数目	十进制	0～8	0	该定值仅仅 DO 板有，用来表明出口联动的数据，为 1 时表示出口 1、2 遥控联动，其他出口仍作为单出口相应；为 2 时表示出口 1、2 对应遥控点 1 的分，出口 3、4 对应遥控点 1 的合，其他的可以类推
3	控制脉宽 1	十进制	0.000～99.99s	0.120	控制脉宽是指控制输出接点动作的保持时间
4	控制脉宽 2	十进制	0.000～99.99s	0.120	
5	控制脉宽 3	十进制	0.000～99.99s	0.120	
6	控制脉宽 4	十进制	0.000～99.99s	0.120	

续表 5-14

序号	定值名称	输入方式	定值范围	默认值	简　要　说　明
7	控制脉宽 5	十进制	0.000~99.99s	0.120	
8	控制脉宽 6	十进制	0.000~99.99s	0.120	
9	控制脉宽 7	十进制	0.000~99.99s	0.120	
10	控制脉宽 8	十进制	0.000~99.99s	0.120	
11	控制脉宽 9	十进制	0.000~99.99s	0.120	
12	控制脉宽 10	十进制	0.000~99.99s	0.120	控制脉宽是指控制输出接点动作的保持时间
13	控制脉宽 11	十进制	0.000~99.99s	0.120	
14	控制脉宽 12	十进制	0.000~99.99s	0.120	
15	控制脉宽 13	十进制	0.000~99.99s	0.120	
16	控制脉宽 14	十进制	0.000~99.99s	0.120	
17	控制脉宽 15	十进制	0.000~99.99s	0.120	
18	控制脉宽 16	十进制	0.000~99.99s	0.120	

四、维护指引

1. 测控接线图的绘制方法

PSR660U 系列测控装置液晶面板上的接线图要使用 PSR660 系列辅助设计软件，本软件为 PSR660U 系列装置绘制主接线图而设计，可以在工程内外任意编辑（移动、添加、复制）、下载、回传、打印主接线图，支持 320×240、192×64 点阵的液晶，并可方便扩展到其他尺寸液晶。同时，该软件还提供了五防表达式的下载、上传、语法检验、模拟动作等功能；同时，为了减轻工程人员现场维护的工作量，提供了 IAP（在应用编程）的功能。本软件已经加密，需要授权码注册。

绘制测控主接线图的步骤：

（1）打开 PSR660 系列辅助设计软件，软件选择 PSRad，点击进入，如图 5-60 所示。

图 5-60　PSR660 系列辅助软件

（2）点击文件，选择新建工程，如图 5-61 所示。

（3）输入工程名称，并选择要保存的位置（最好一个间隔建一个文件夹）。液晶尺寸 320×240。如图 5-62 所示。

（4）点击确认按钮，出现如图 5-63 所示界面。

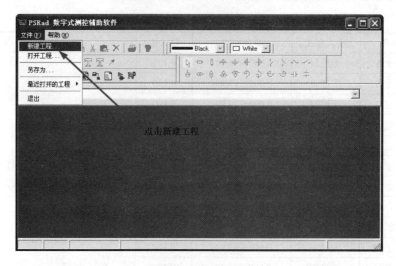

图 5-61　新建工程

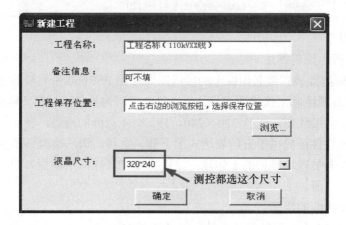

图 5-62　确定液晶尺寸

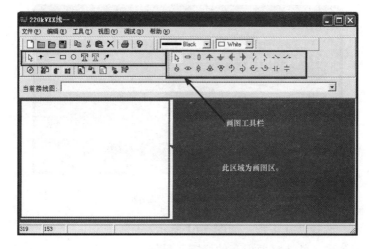

图 5-63　画面界面

（5）从工具栏中拖出相应的图元放到画图区，如图 5-64 所示。

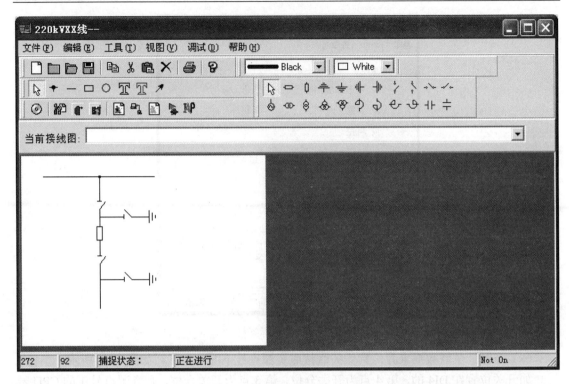

图 5-64　画图区

（6）画好图后，双机图元，弹出属性窗口。基本标签栏中显示的是图元类型以及图元的坐标，如图 5-65 所示。

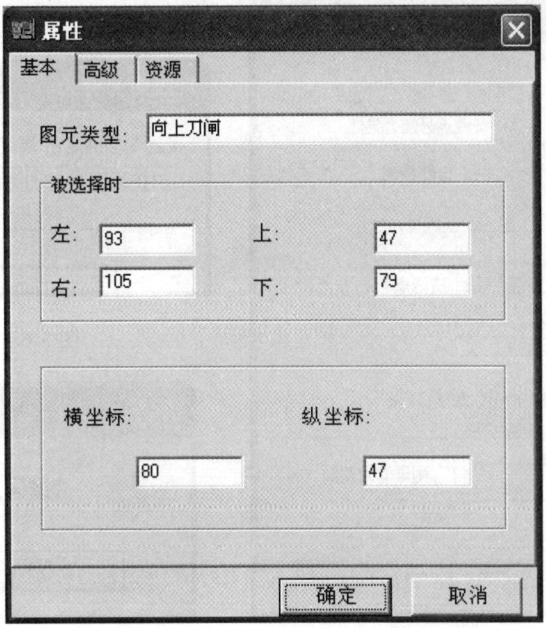

图 5-65　图元属性

（7）高级标签栏内显示的是图元的对象属性，如图 5-66 所示。

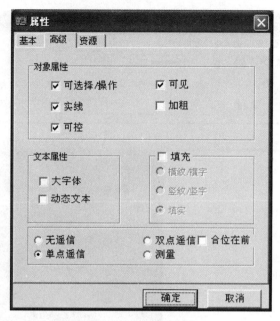

图 5-66　高级标签栏

（8）资源：关联数据来源，具体关联按照资源点号下面的定义，如图 5-67 所示。

如开关位置在 DI4 的，第 4 点为开关分位，第 5 点为开关合位，则资源点号 1 的 CPU 号填 4，点号填 4，资源点号 2 的 CPU 号填 4，点号填 5。

（9）配置完毕，点击保存按钮，弹出对话框中填写接线图名称，如图 5-68 所示。

（10）按确定，点击编辑按钮，如果画面定义有错误，弹出警告窗口，如图 5-69 所示。

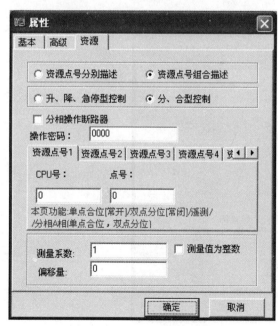

图 5-67　资源点号

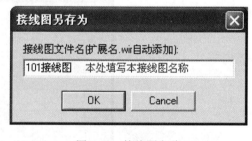

图 5-68　接线图名称

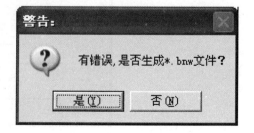

图 5-69　错误警告

（11）生成.bnw 文件，如图 5-70 所示。

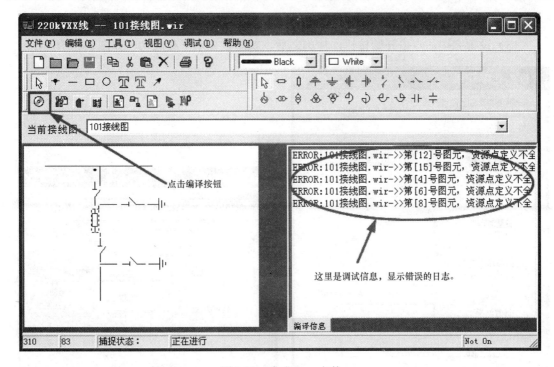

图 5-70　生成.bnw 文件

（12）点击五防逻辑模拟，如图 5-71 所示。

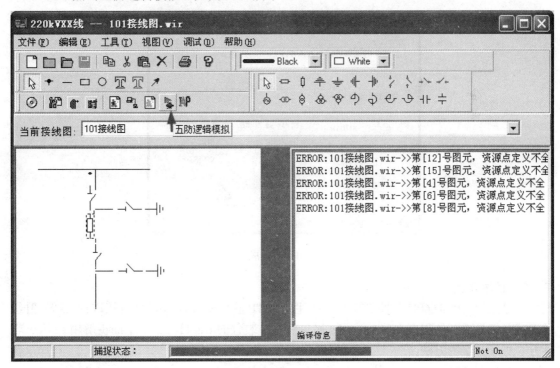

图 5-71　五防逻辑模拟

（13）弹出窗口，点击下载按钮，如图 5-72 所示。

（14）点击下载按钮，弹出对话框，如图 5-73 所示。

（15）设置完毕，点击开始按钮，片刻之后，状态栏显示下载成功，如图 5-74 所示。

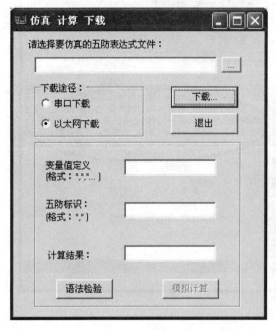

图 5-72　下载

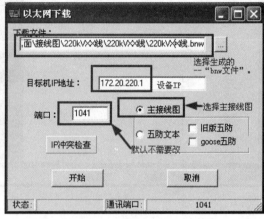

图 5-73　选择主接线图

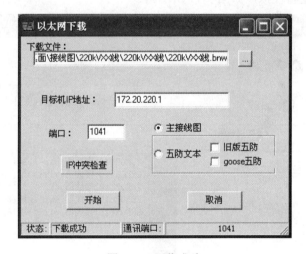

图 5-74　下载成功

2. 程序升级

一般来说，PSR660U 测控 CPU 程序可以用 FTP 软件或 sgview 软件直接进行升级，升级过程就是把最最新的程序文件 vxworks 拷贝到测控装置的/tffs 目录下，下面讲解用 sgview 软件方式进行升级的方法。

（1）打开 SGVIEW3.5 软件，弹出窗口。在对应窗口填入 IP 地址。如图 5-75 所示。

（2）弹出下面这个窗口，直接按确定按钮。如图 5-76 所示。

（3）选择菜单栏"BSP 操作—BSP 模式—正常模式"。如图 5-77 所示。

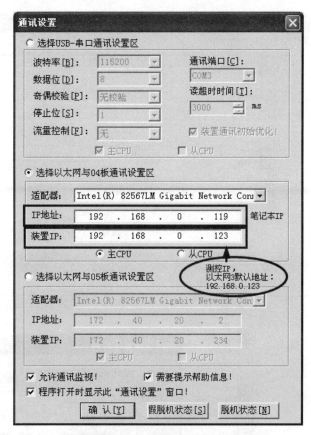

图 5-75　填入 IP 地址

图 5-76　警告界面

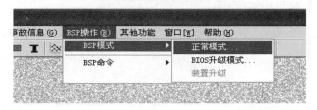

图 5-77　正常模式

（4）弹出下面的页面。如图 5-78 所示。

（5）右键点击 vxworks，选择删除，在弹出的密码框中填入：gdnz，按确认删除该文件。如图 5-79 所示。

（6）在右侧空白处右击鼠标，选择上传，然后选择需要上传的程序文件。升级完成。如图 5-80 所示。

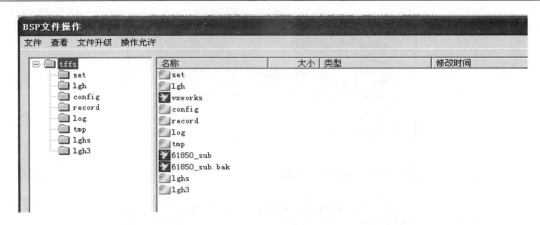

图 5-78　BSP 文件操作

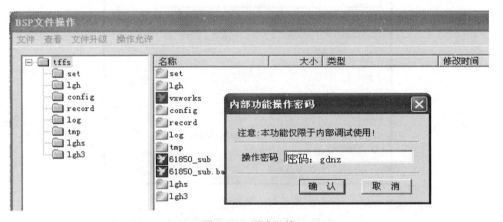

图 5-79　删除文件

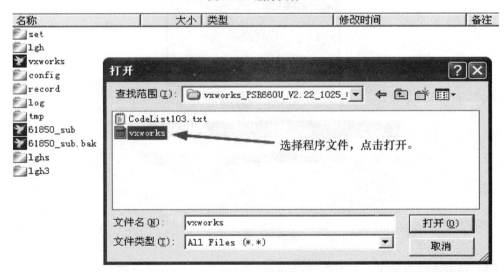

图 5-80　上传程序文件

　　升级完成后重启装置，装置重启后告警灯会亮起，原因是此时测控 CPU 板没有定值，需要重新固化定值、切换定值区、重新固化下内部定值，把面板远方就地小把手打到就地，按复归按钮，此时装置自动重启。再次重启后会恢复正常。

第三节　远　　动

一、概述

PSX610G 通信服务器：2009 年推出的新一代远动通信服务器，采用高性能嵌入式硬件平台和 Linux 操作系统，主要性能特点如下：

（1）采用高性能嵌入式硬件平台和 LINUX 操作系统，装置稳定性高；集成防火墙技术，网络安全可靠性高；支持 IPv6 TCP/IP 通信；可以根据需求灵活的选择单机、双机、双机双网等配置，有良好的可伸缩性。

（2）和后台的一体化配置——工程配置简单高效易查错。

（3）Web 页面方式的人机界面，降低使用者的门槛。

（4）软硬件模块化结构，根据不同应用需求灵活定制，便于工程实施及维护和升级。

（5）可进行全站范围内的程序化顺控操作，操作命令及闭锁逻辑可自由定制。

（6）完善的站内通信与远动通信支持。

二、标准化配置

1. 系统架构

远动系统可分为单机系统架构和双机系统架构。

（1）单机系统架构。

如果远动系统配置一台 PSX610G 远动系统装置，则远动系统作为单机系统使用。

（2）双机系统架构。

如果远动系统配置两台 PSX610G 远动系统装置，则远动系统作为双机系统使用。

双机系统又可分为双机独立运行方式（推荐使用）和双机冗余运行方式。

1）双机独立运行方式意味着两台远动装置互为双主机独立运行模式，实时库互不联系。

2）双机冗余运行方式意味着两台远动装置互为主备机运行模式，主备机实时库相互交互。

2. 硬件配置

PSX 610G 电力专用无风扇嵌入式装置是一种新型的变电站自动化信息综合管理设备。其将多达 8 个 LAN 端口和二十几个串口以及 DIO，IRIG-B 以及等其他功能集中到一个坚固、紧凑的金属机箱中，PSX 610G 整机符合电力 4 级认证，是电力通信等应用的最佳选择。整机无风扇的设计为系统整体的可靠性、稳定免维护的特点提供了保障。2U 高度 19 英寸的结构和后出现端子的方式更适合机柜上架安装的要求。

硬件型号：PSX610G（debian5，8 网口），如图 5-81 所示。

图 5-81　PSX610G

前面板指示灯如图 5-82 所示，各显示灯定义见表 5-15。

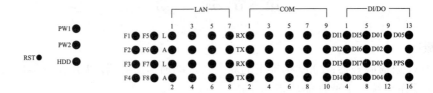

图 5-82　前面板指示灯

表 5-15　显示灯定义

显　示　灯	具　体　定　义
RST	复位键
PW1	电源灯 1 号
PW2	电源灯 2 号
HDD	硬盘灯
功能灯 F1	运行程序状态灯（慢闪正常，快闪异常）
功能灯 F2	加密狗状态灯（慢闪正常，快闪异常）
功能灯 F3	事故总通知灯
功能灯 F4	告警总通知灯
功能灯 F5	B 码对时接收灯
功能灯 F6～F8	保留
LAN	以太网 1 - 以太网 8 通信灯
COM	串口 1 - 串口 10 通信灯
DI1	远方就地
DI2	事故音响测试
DI3	告警音响测试
DI4	事故告警音响复归
DI5～DI8	保留
DO1	本装置上电开出
DO2	运行程序异常开出
DO3	事故总音响开出
DO4	告警总音响开出
DO5	保留
DO6	保留
DO7	B 码对时显示灯
DO8	保留

后面板如图 5-83 所示。

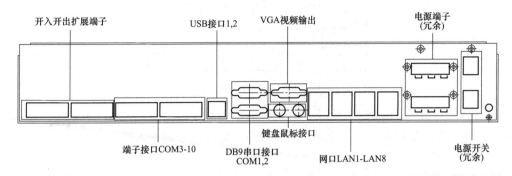

图 5-83　后面板

1）电源接口，端子示意如图 5-84 所示。

交流电源时 L 为火线、N 为零线、G 为地线；直流电源时 L 为正输入、N 为负输入、G 为机壳地；S1、S2 为失电告警继电器常闭输出端子。

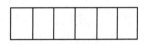

图 5-84　电源端子示意图

2）网口 LAN1～LAN8：共有 8 个 10M/100M/1000M 自适应网口 其中默认网口 LAN1，LAN2 对应站内的 A、B 网，网口 LAN3～LAN8 作为远传网口。

（3）VGA 视频输出：DB－15 VGA 连接。

（4）DB9 串口 COM1-2，如图 5-85 所示。

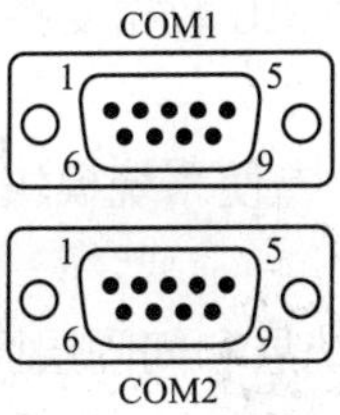

COM1

COM2

DB9	RS232方式	RS485方式	RS422方式
1	DCD	DATA－ (B)	TX－
2	RXD	DATA+ (A)	TX+
3	TXD	空	RX+
4	DTR	空	RX－
5	GND	GND	GND
6	DSR	空	空
7	RTS	空	空
8	CTS	空	空
9	RI	空	空

图 5-85　端子接线示意图

（5）USB 接口。

（6）端子接口 COM3～COM10：支持 232/485 设置，如图 5-86 所示。

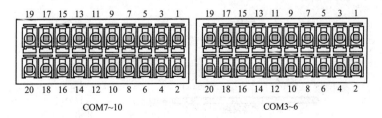

COM7~10　　　　　　　COM3~6

图 5-86　端子接口

串口后面板接线方式，如图 5-87 所示。

RS232/485定义					
管脚	9/19	7/17	5/15	3/13	1/11
RS232模式	TXD	RXD			GND
RS485模式			D–	D+	GND
管脚	10/20	8/18	6/16	4/14	2/12

图 5-87　RS232/485 定义

注：PSX610G 远动装置一共 10 个串口，分别对应的系统参数配置文件端口编号为 ttyS0，ttyS1…ttyS9。

（7）开入开出扩展端子：根据现场需要提供相对应的系统开入开出接点。

3. 软件配置

PSX610G 使用的是 EYE Linux 系统，适用于各电压等级变电站及电厂网控。功能上实现了厂站内所有二次设备采集的信息的处理和按指定的格式传送至远方主站系统。能够将厂站内所有二次设备（测控和各种保护装置）采集的信息按指定的格式传送至远方主站系统。

软件特点：

1）应用的全分布运行。EYE Linux 系统中任何一个应用都可以根据需要部署到不同的主机上，通过网络分布式运行，构成一个完整的系统。

2）B/S 体系结构。系统维护采用 B/S 体系结构，可以避免在不同应用节点上安装专门的客户端软件，方便系统部署和迁移。Web 页面方式的人机界面，降低了用者的门槛。系统可以远程维护、升级，远程维护与就地维护使用一致的人机界面（高级用户可选择 SSH 等客户端工具）。

3）完善的站内通信与远动通信支持。支持工业以太网及 Profibus、485、Modbus 串口/以太网，等现场总线。大容量、高吞吐率，报文采用优化的短包传输，响应迅速。

4）平台无关的软件构建技术。独立的网络抽象层，屏蔽异种网络差异。可在嵌入式设备上安装运行，以适应更恶劣的现场环境。遵循 IEC 61850 建模，XML 数据支持，使不同系统间可以方便地共享数据。可以支持异种平台的双机备用系统。

5）开放性设计。多进程设计，使用开放的进程间通信协议，方便系统模块扩展。提供可在线编程的脚本处理功能。

6）支持双机双网结构。系统实现双机进程主备冗余机制。系统层和间隔层同时支持双网。

7）支持脚本控制功能。支持脚本控制功能，脚本具有在线编程能力，为系统提供运行时复杂控制能力。脚本支持逻辑运算、数学运算、分支控制和循环控制。控制脚本采用预编译方式，提高执行效率。

4. 典型配置方案

如图 5-88～图 5-90 所示。

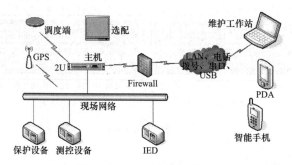

图 5-88　35kV 厂站典型配置

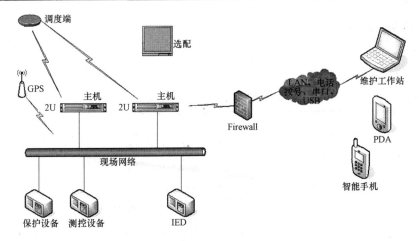

图 5-89 110kV 厂站典型配置

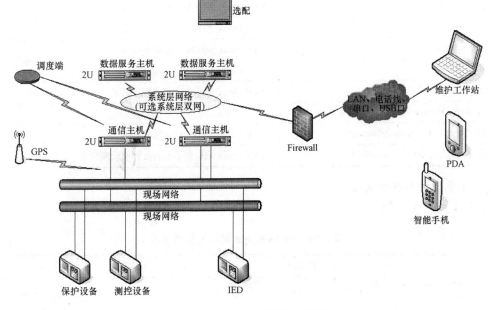

图 5-90 220kV 厂站典型配置

5. 版本说明

见表 5-16。

表 5-16 PSX610G 版本一览表

装置 CPU 名称	版 本	发布时间
PSX610G	西瓜版（watermelon）	2011.7
PSX610G	金桔版（Kumquat）	2011.9
PSX610G	油桃版（Nectarine）	2012.12
PSX610G	13.09	2013.9
PSX610G	14.03	2014.3

三、配置参数说明

1. 系统文件架构

见表 5-17。

表 5-17　PSX610G 系统文件目录及说明

目　录	说　明
/sas/	EYE Linux 运行主目录
/sas/bin/	EYE Linux 可执行程序目录
/sas/lib/	EYE Linux 动态共享库目录
/sas/etc/	EYE Linux 实时运行配置文件目录 （配置文件由 web 界面自动导出到本目录）
/sas/boot/	存放启，停 EYE Linux 系统的 shell 脚本的目录
/usr/local/	EYE Linux 的系统目录，有硬盘则挂载在该目录
/usr/local/saslog	EYE Linux 的程序运行日志目录
/usr/local/sascore	EYE Linux 的程序运行 core 文件目录
/usr/local/apache	EYE Linux web 服务 apache 目录
/usr/local/apache/htdocs/	EYE Linux web 发布 www 主目录
/usr/local/mysql/	EYE Linux 数据库 mysql 程序目录
/usr/local/apache/htdocs/pc/data/db/backup	EYE Linux web 参数模板库备份目录
/usr/local/apache/htdocs/pc/data/cputmp	EYE Linux web CPU 模板库目录
/usr/local/apache/htdocs/pc/data/db/dump	EYE Linux web 私有配置文件模板库目录

2. 主要规约参数配置说明

见表 5-18～表 5-22。

表 5-18　Pt61850netd 规约配置项说明

序号	配置项名称	配置项值	最小值	最大值	默认值	说　明
1	遥控后等待遥信返回的超时时间	15	1	60	15	遥控超时判断时间
2	读写操作等的交互超时时间	5	0	65535	5	读写定值等操作的超时时间
3	总查询时间	60	60	3600	60	总查询时间
4	A 机报告实例后缀	07	0	10	05	A 机报告控制块实例号
5	B 机报告实例后缀	08	0	10	06	B 机报告控制块实例号
6	录波动作遥信地址	RcdMade$stVal	0	32	RcdMade$stVal	录波动作的遥信地址
7	装置录波文件路径	/COMTRADE/	0	32	/COMTRADE/	录波文件存放路径
8	文件名转换（0 不转；1 转；2 增加装置描述；3 通用不转）	3	0	255	3	将文件名转换成标准的格式
9	1#主变 A 套遥调点	0	0	10	0	BSC 类档位配置使用项
10	1#主变 B 套遥调点	0	0	10	0	BSC 类档位配置使用项
11	2#主变 A 套遥调点	0	0	10	0	BSC 类档位配置使用项

序号	配置项名称	配置项值	最小值	最大值	默认值	说　明
12	2#主变 B 套遥调点	0	0	10	0	BSC 类档位配置使用项
13	虚拟 61850 装置 ID 号	0	0	65535	0	BSC 类档位配置使用项
14	是否处理遥测品质位	0	0	1	0	品质位取舍项
15	召唤文件类型（0 录波；1 所有；其余扩展）	0	0	255	0	文件类型选择
16	召唤文件最早时间（分钟）	30	0	144000	30	召唤最新的录波时间
17	文件名截断的最大长度（0 不截）	44	0	255	44	
18	文件写库的有效时间来源（0 从文件名来；1 从系统时间来）	0	0	10	0	文件的时间来源选择
19	数字量写库判值（0 不判；1 判）	0	0	255	0	数字量写库是否要判值

表 5-19　Pt103netd 规约配置项说明

序号	配置项名称	配置项值	最小值	最大值	默认值	说　　明
1	是否对时	0	0	1	0	报文对时开关
2	总查询时间间隔（s）	900	600	3600	900	总查询时间
3	检修数据（cot＝7）是否入库	0	0	1	0	是否接收检修数据
4	中断设备置遥信、遥测无效	0	0	1	0	中断设备无效位开关
5	遥控是否转后台	0	0	1	0	遥控转后台开关
6	接收转后台遥控装置编号	104	0	4096	104	配合第 5 项实用
7	AVC 优化	0	0	1	0	AVC 优化开启开关
8	上召多少天内录波	7	0	365	7	上召录波的天数

表 5-20　Pt101cli 规约配置项说明

序号	配置型名称	配置项值	最小值	最大值	默认值	说　明
0	串口地址（ttyS，ttyAP）	ttyS0	0	10	ttyS0	串口名称
1	串口参数（N 无，E 偶，O 奇）	1200、E、8、1	0	20	1200,E,8,1	串口参数
2	链路地址	79	0	65535	1	如题
3	ASDU 公共地址	79	0	65535	1	如题
4	遥信起始点	2048	0	65535	1	信息体地址
5	遥信结束点	8191	0	65535	16384	信息体地址
6	遥测起始点	8192	0	65535	16385	信息体地址
7	遥测结束点	20480	0	65535	20480	信息体地址
8	遥测参数起始点	20481	0	65535	20481	信息体地址
9	遥测参数结束点	24576	0	65535	24576	信息体地址
10	遥控起始点	14336	0	65535	24577	信息体地址
11	遥控结束点	24832	0	65535	24832	信息体地址
12	步调节起始点	24833	0	65535	24833	信息体地址

续表 5-20

序号	配置型名称	配置项值	最小值	最大值	默认值	说　明
13	步调节结束点	25088	0	65535	25088	信息体地址
14	设定值控制起始点	25089	0	65535	25089	信息体地址
15	设定值控制结束点	25600	0	65535	25600	信息体地址
16	累计量起始点	25601	0	65535	25601	信息体地址
17	累计量结束点	26112	0	65535	26112	信息体地址
18	步位置起始点	26113	0	65535	26113	信息体地址
19	步位置结束点	26368	0	65535	26368	信息体地址
20	传送二进制信息起始点	26369	0	65535	26369	信息体地址
21	传送二进制信息结束点	26624	0	65535	26624	信息体地址
22	远动终端状态	26625	0	65535	26625	信息体地址
23	文件传送起始点	26626	0	65535	26626	信息体地址
24	文件传送结束点	28672	0	65535	26672	信息体地址
25	分组召唤遥信个数	127	0	65535	256	每组遥信个数
26	分组召唤遥测个数	80	0	65535	64	每组遥测个数
27	分组召唤分接头个数	64	0	65535	64	每组分接头个数
28	分组召唤累计量个数	64	0	65535	64	每组累积量个数
29	循环数据上送间隔时间（s）	20	0	65535	20	数据循环时间
30	背景数据上送间隔（s）	300	0	65535	300	背景扫描时间间隔
31	遥控超时时间（s）	15	0	65535	15	遥控超时时间
32	是否允许对时（1可0否）	0	0	65535	0	对时开关
33	是否置控制域中 DIR 位（1可0否）	0	0	65535	0	DIR 位判别
34	遥测平滑系数（s）	5	0	65535	5	变化遥测上送时间
35	遥测平滑补送时间（s）（注意:要大于遥测平滑系数）	15	0	65535	15	补送遥测时间
36	是否连续上送总召唤	0	0	65535	0	总召唤连续上送
37	遥测满码值（0 为 32767，1 为 16383 … 4 为 2047）	0	0	65535	0	满码值选择
38	SOE 时标（0为7字节，1为3字节）	0	0	65535	0	SOE 时标选择
39	总召唤成组上送单点信息	0	0	65535	0	总召唤遥信格式
40	SOE 作为二级数据上送	0	0	65535	0	SOE 用二级数据上送
41	第一段结束（双点遥信）	150	0	65535	0	段分界点
42	第二段开始（单点遥信）	151	0	65535	0	段分界点
43	屏蔽遥信变位	1	0	65535	0	变位遥信屏蔽开关
44	询问二级数据也可回一级数据	0	0	1	0	二级数据询问时是否可回一级数据

续表 5-20

序号	配置型名称	配置项值	最小值	最大值	默认值	说　明
45	遥调是否遥控	0	0	65535	0	遥调时遥控允许
46	1#机组遥调遥控配置	0,0	0	10	0,0	电厂专用
47	2#机组遥调遥控配置	0,0	0	10	0,0	电厂专用
48	是否以二级数据响应总召唤	0	0	65535	0	二级数据响应总召唤
49	无数据时是否采用固定帧响应（默认采用e5）	4100,7,63	0	65535	0	采用 E5 响应二级数据询问
50	无冻结命令直接召唤电度	4100,7,94	0	65535	0	召电度前是否需要冻结报文

表 5-21　Pt104netc 规约全局配置项说明

序号	配置项名称	配置项值	最小值	最大值	默认值	说　明
1	IP 地址	0.0.0.0	0	18	0.0.0.0	子站 IP 地址
2	端口号	2404	0	65535	2404	104 服务端口
3	变化遥测累计时间系数（毫秒）	200	0	3000	200	遥测变化时间系数
4	变化遥信 SOE 累计时间系数（毫秒）	200	0	3000	200	SOE 变化时间系数
5	同一个 IP 多链接时是否要断开旧链接	0	0	1	0	同一IP 多链接时断开旧链接开关，1，断开，0 不断开
6	是否上送录波文件	0	0	1	0	录波报文上送开关
7	是否启用河北南网 AVC	0	0	1	0	河北南网 AVC 启用开关
8	远方遥控闭锁当地监控 UDP 端口号	0	0	65535	0	主站遥控是否闭锁监控 UDP 端口
9	是否支持扩展报文（0 否 1 长春南 2 福建莆田）	0	0	2	0	扩展报文选择
10	IPC 服务器 IP 地址	172.20.51.115	0	18	172.20.51.115	IPC 地址
11	PS6000+后台 IP 地址（；分隔）	172.20.99.1	0	80	172.20.99.1	后台机地址

表 5-22　Pt104netc 规约主站参数配置项说明

序号	配置型名称	配置项值	最小值	最大值	默认值	说　明
1	ASDU 公共地址	79	0	65535	1	公共地址
2	未被确认的I格式 APDU 最大数目 k	12	0	65535	12	主站确认报文的最大帧间隔
3	最迟确认 APDU 最大数目 w	8	0	65535	8	最迟能确认的 APDU 个数
4	建立连接超时时间 t_0（s）	20	0	65535	20	链接超时时间

续表 5-22

序号	配置型名称	配置项值	最小值	最大值	默认值	说　明
5	发送或确认 APDU 超时时间 t_1（s）	15	0	65535	15	确认帧的超时时间
6	无数据报文时确认的超时时间 t_2（s）	10	0	65535	10	K 值未满时确认帧的超时时间
7	长期空闲状态下发送测试帧的超时时间 t_3（s）	20	0	65535	20	测试帧超时时间
8	遥信起始点	1	0	65535	1	信息体地址
9	遥信结束点	8191	0	65535	16384	信息体地址
10	遥测起始点	8192	0	65535	16385	信息体地址
11	遥测结束点	14335	0	65535	24570	信息体地址
12	遥测参数起始点	24571	0	65535	24571	信息体地址
13	遥测参数结束点	24576	0	65535	24576	信息体地址
14	遥控起始点	14336	0	65535	24577	信息体地址
15	遥控结束点	32768	0	65535	32768	信息体地址
16	步调节起始点	51200	0	65535	51200	信息体地址
17	步调节结束点	51299	0	65535	51299	信息体地址
18	设定值控制起始点	25089	0	65535	25089	信息体地址
19	设定值控制结束点	25600	0	65535	25090	信息体地址
20	累计量起始点	25601	0	65535	25601	信息体地址
21	累计量结束点	26112	0	65535	26112	信息体地址
22	步位置起始点	26113	0	65535	26113	信息体地址
23	步位置结束点	26368	0	65535	26368	信息体地址
24	传送二进制信息起始点	26369	0	65535	26369	信息体地址
25	传送二进制信息结束点	26624	0	65535	26624	信息体地址
26	远动终端状态	26625	0	65535	26625	信息体地址
27	文件传送起始点	26626	0	65535	26626	信息体地址
28	文件传送结束点	28672	0	65535	28672	信息体地址
29	分组召唤遥信个数	127	0	65535	200	
30	分组召唤遥测个数	80	0	65535	64	
31	分组召唤累计量个数	50	0	65535	64	
32	背景数据上送间隔时间（s）	180	0	65535	180	背景数据上送间隔
33	遥测满码值（0 为 32767，1 为 16383 … 4 为 2047）	0	0	65535	0	满码值
34	遥控超时时间（s）	15	0	65535	15	遥控超时
35	是否允许对时（1 可 0 否）	0	0	65535	0	对时开关
36	本通道不允许遥控标志（1 是 0 否）	0	0	1	0	闭锁通道遥控开关

续表 5-22

序号	配置型名称	配置项值	最小值	最大值	默认值	说明
37	总召唤成组上送单点信息	0	0	1	0	总召唤遥信上送格式
38	第一段结束点	150	0	65535	0	分界点
39	第二段起始点	2048	0	65535	0	分界点
40	是否屏蔽遥信变位（1 是 0 否）	0	0	1	0	遥信变位上送开关
41	遥调时是否遥控	0	0	1	0	遥调时遥控开关
42	1# 机组遥调遥控配置	0, 0	0	10	0, 0	电厂专用
43	2# 机组遥调遥控配置	0, 0	0	10	0, 0	电厂专用
44	收到主站启动帧后复位序列号标志	0	0	1	0	帧序列号复位开关
45	是否需要自动上传录波文件	0	0	1	0	录波文件开关
46	启动 AVC 遥控闭锁条件判断（1 是 0 否）	0	0	1	0	AVC 遥控闭锁条件开关
47	对侧远动机 IP 地址	172.20.51.116	0	172.20.51.116	172.20.51.116	如题
48	同步 SOE UDP 端口号	7778	0	65535	7778	SOE 同步端口号
49	重连后是否重发未确认的 SOE 帧	0	0	1	0	中断前缓存中 SOE 是否重发
50	与对侧机同步 SOE	0	0	1	0	对侧机同步 SOE 开关
51	上送对时毫秒差值虚遥测点号（对应点必须有空点）	0	0	65535	0	
52	计划曲线起始点	26369	0	65535	26369	信息体地址
53	计划曲线结束点	30464	0	65535	30464	信息体地址
54	主动上送计划曲线（0 不送，1 送）	0	0	65535	0	计划曲线上送类型
55	遥调点映射到 modDio 的遥测组的点号	20	0	65535	20	遥调对应的遥测点
56	读取全部计划曲线时上送的最大曲线条数	1	0	65535	1	曲线读取方式
57	遥测是否带时标（0 不带，1 带）	0	0	65535	0	遥测带时标开关
58	顺控起始点号	28673	0	65535	28673	顺控配置
59	顺控结束点号	28764	0	65535	28674	顺控配置
60	无冻结命令直接召唤电度	0	0	1	0	召唤电度方式
61	变化遥测源（0 变化遥测队列 1SOE 队列 2 两者）	0	0	65535	0	变化遥测源选择
62	深圳版本（1 为深圳版本）	1	0	65535	0	104 版本选择
63	召唤时置遥信品质位有效	0	0	65535	0	初始化事件告警为 0 值
64	总召延时上送	0	0	65535	0	总召延时上送开关

四、维护指引

1. 软件功能布局

系统软件功能布局结构图，如图 5-91 所示。

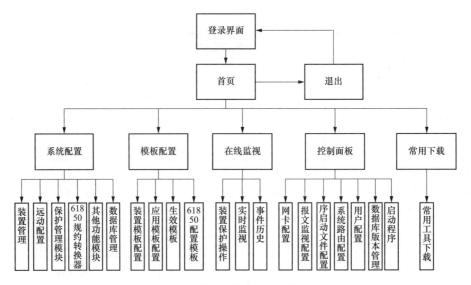

图 5-91　系统软件功能布局结构图

PSX610G 远动系统采用浏览器/服务器（B/S）配置模式，在配置 PSX610G 远动系统前，首先要准备 Firefox 火狐浏览器。用 Firefox 浏览器输入装置的 IP 地址，配置界面。软件配置界面分为系统配置、模板配置、在线监视、控制模板、常用下载、退出这六大功能选项以及运行方式、配置机型、显示系统信息等辅助信息。如图 5-92 所示。

图 5-92　PSX610G 远动系统

（1）系统配置。

对于PSX610G远动系统，系统配置分为装置管理、部署配置、远动配置、保护管理模块、61850规约转换器、其他功能模块、数据库管理这五个配置选项。如图5-93所示。

图5-93　系统配置选项

1）装置管理：远动数据库装置定义。

2）部署配置：配置节点、装置列表、模块自定义配置文件、规约私有配置文件、模块静态库配置文件。

3）远动配置：配置远动装置以及计算点。

4）其他功能模块：配置顺控装置。

5）数据库管理：数据库配置同步、配置数据库备份和恢复、配置导出。

（2）模板配置。

对于PSX610G远动系统，模板配置分为装置CPU模板、应用程序配置模板、生效模板、61850配置模板这四个配置选项。如图5-94所示。

1）装置CPU模板：新建或导入装置CPU模板。

2）应用程序配置模板：导入程序私有配置模板。

3）生效模板：生效添加的装置CPU模板。

4）61850配置模板：配置61850模型的CDC以及DataSet。

图5-94　模板配置选项

（3）在线监视。

对于PSX610G远动系统，在线监视分为装置保护操作、实时监视这两个配置选项。如图5-95所示。

1）装置保护操作：显示装置的实时信息。

2）实时监视：显示程序服务状态以及装置通信状态。

图 5-95　在线监视选项

（4）控制面板。

对于 PSX610G 远动系统，控制面板分为网卡配置、报文监视配置、程序启动文件配置、系统路由设置、数据库版本管理、启动程序这六个配置选项。如图 5-96 所示。

1）网卡配置：配置 PSX610G 远动装置网卡地址；

2）报文监视配置：配置监视报文的机器地址以及选择需要监视的规约节点；

3）程序启动文件配置：配置 PSX610G 远动系统启动的程序；

4）系统路由设置：配置主站 IP 地址及网关；

5）数据库版本管理：显示当前 rdb 参数库版本以及 web 所需 rdb 参数库版本，并提供自动升级功能配置；

6）启动程序：提供对 PSX610G 远动系统启动程序、停止程序、调试程序、重启本机的配置。

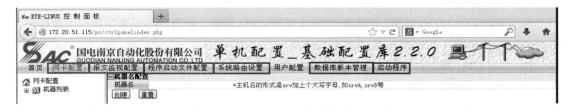

图 5-96　控制面板

2. 软件配置

（1）工作流程，如图 5-97 所示。

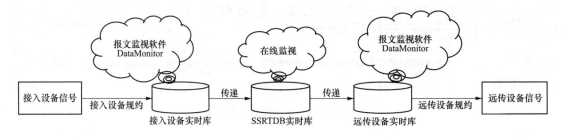

图 5-97　工作流程

接入设备信号首先进入接入设备实时库，然后传递到 SSRTDB 实时库，最后传递到远传设备实时库。

（2）配置流程。如图 5-98 所示。

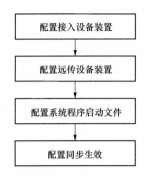

图 5-98　配置流程

3. 接入设备配置方法

配置 PSX610G 远动系统，首先进行接入设备配置。接入设备规约可以划分为两种：一种是南自网络 103 接入装置规约，另一种是 61850 接入装置规约。

（1）网页登录。

1）配置 PSX610G 远动系统，首先使用火狐浏览器网页登陆到 PSX610G 远动机上进行相关配置。如图 5-99 所示。

图 5-99　登录 PSX610G

2）输入远动机相应 IP 地址，输入用户名及密码，点击"进入管理系统"，弹出如图 5-100 所示窗口。

3）点击"确定"，进入远动装置网页配置。

（2）103 规约设备配置流程，如图 5-101 所示。

图 5-100　管理系统

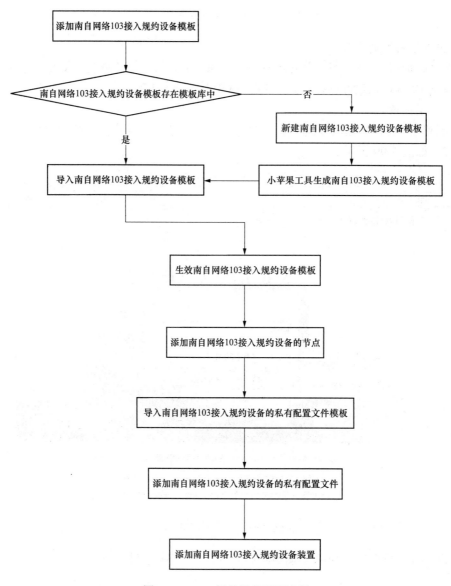

图 5-101　103 规约设备配置流程

（3）103 规约设备模板的生成。

添加南自网络 103 接入规约设备装置，添加该设备模板，生效该设备模板。

注：添加南自网络 103 接入规约设备模板分为两种情况：需要添加的该设备模板已存在于模板库中，只需从模板库中导入该设备模板；需要添加的该设备模板在模板库中不存在，则需要新建该设备模板。

1）导入、导出 103 规约设备模板。

①导入设备模板：

a．点击模板配置→装置 CPU 模板，如图 5-102 所示。

图 5-102　模板配置

b．在窗口右侧点击"打开 CPU 模板文件"按钮，如图 5-103 所示。

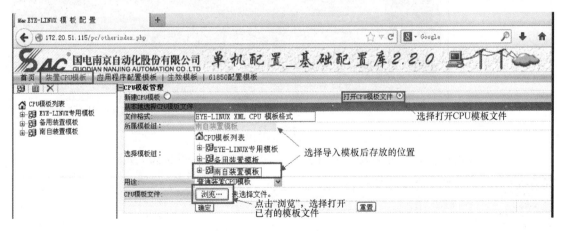

图 5-103　CPU 模板文件

c．点击"浏览"按钮，选择装置模板库中该设备模板，生成装置模板文件。如图 5-104 所示。

②导出设备模板：

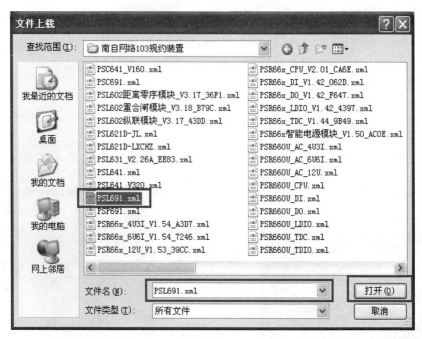

图 5-104　装置模板文件

a. 选中该设备模板。

b. 点击"导出"按钮，如图 5-105 所示。

图 5-105　导出

c. 将该设备模板另存为 XML 格式的文件。如图 5-106、图 5-107 所示。

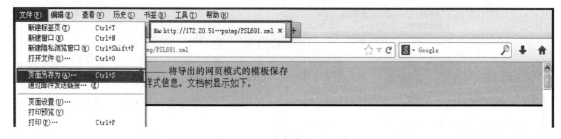

图 5-106　另存为 xml 文件

图 5-107　已保存的模板

2）新建 103 规约设备模板。

用小苹果工具（在常用下载中下载 PsDescription 工具）将该设备的模板招入并保存，然后再导入该设备模板。

①打开小苹果工具，添加设备召唤模板。如图 5-108 所示。

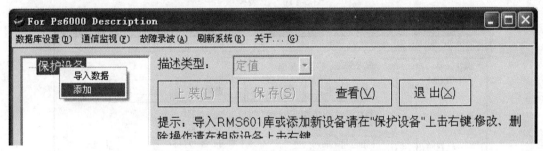

图 5-108　添加设备召唤模板

②添加召唤设备。

填写类型、名称、装置 IP（多 CPU 装置需加 CPU 号）××.××.××.××:CPU 号，如图 5-109 所示。

③上装模板，如图 5-110～图 5-112 所示。

④以上完成之后，如上所述导入装置模板。

3）生效 103 规约设备模板。

无论是导入的模板还是新建的模板，在添加南自网络 103 接入规约设备装置前，必须先生效该模板。生效该设备模板，首先点击模板配置→生效模板，再将"模板库中的所有模板"中需要用到的模板选择到"当前生效的 CPU 模板"中。如图 5-113、图 5-114 所示。

图 5-109　添加设备

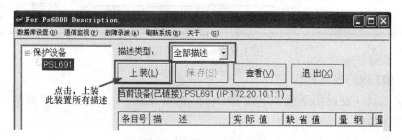

图 5-110　上装模板

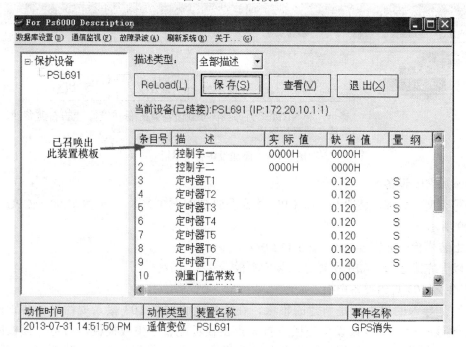

图 5-111　已召唤出此装置模板

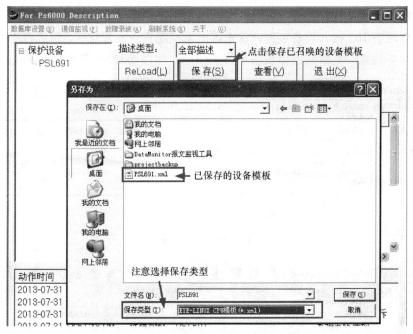

图 5-112 已保存的设备模板

图 5-113 生效模板

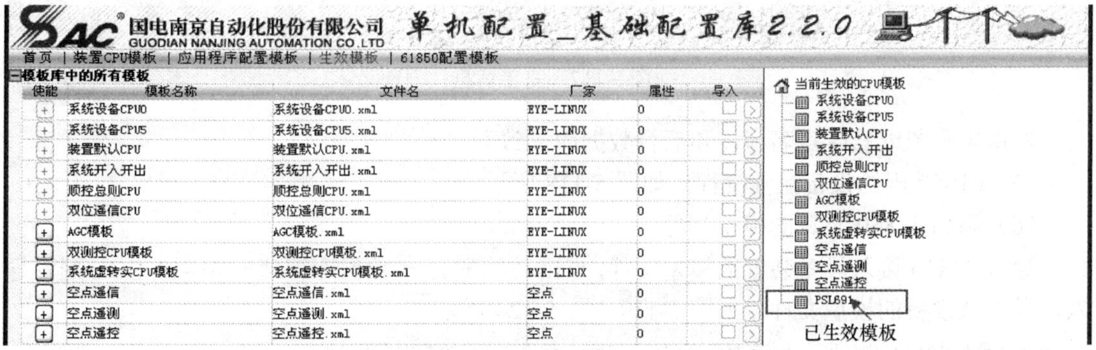

图 5-114 已生效模板

（4）添加 103 设备装置。

添加南自网络 103 接入设备装置，首先点击系统配置→装置管理，然后点击"添加装置"按钮添加该设备装置，最后完善该设备装置的信息。如图 5-115～图 5-117 所示。

图 5-115　增加设备

图 5-116　已添加的设备

图 5-117　完善信息

根据实际图纸修改点名（需和后台数据库一致）。

（5）61850 规约设备配置流程，如图 5-118 所示。

（6）添加 61850 装置的模型文件。

导入 61850 接入设备装置的模型文件，点击系统配置→数据库管理→61850_SCL 配置导入，导入该设备的模型文件。如图 5-119～图 5-124 所示。

注：在导入模型文件中如果发现有未配置的 CDC 或 DataSet，先在 61850 配置模板中配置。

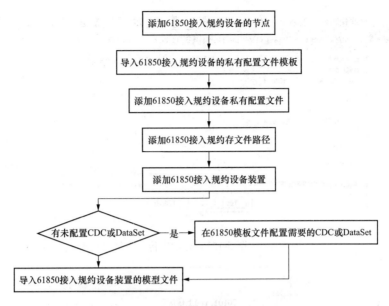

图 5-118　61850 规约设备配置流程

图 5-119　选择模型文件

图 5-120　文件上载

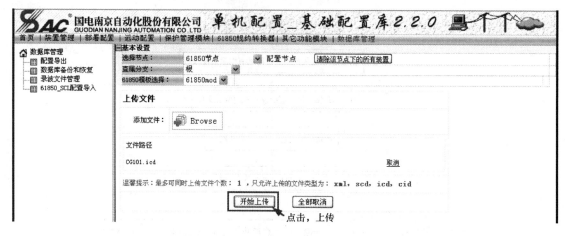

图 5-121　开始上传

图 5-122　上传成功

图 5-123　导入

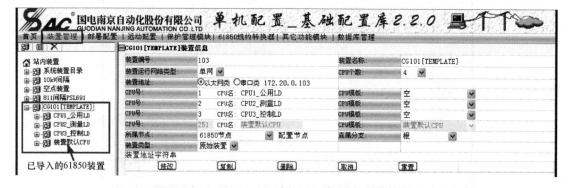

图 5-124　已导入的 61850 装置

4. 远传设备配置方法

（1）远传设备装置配置流程，如图 5-125 所示。

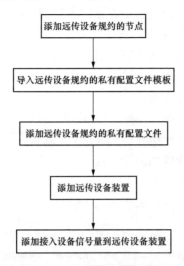

图 5-125　远传设备装置配置流程

（2）远传设备装置的生成。

添加远传设备装置前，首先要添加远传设备规约的节点，然后添加远传设备规约的私有配置文件，接着添加远传设备装置，最后将接入设备信号量添加到远传设备装置中。

1）添加远传设备规约的节点。

添加远传设备规约的节点，点击系统配置→部署配置→节点列表，添加远传设备规约的节点，再填写该远传设备规约的节点的信息。其中"节点编号"表示程序启动的节点号，具有唯一性；"节点名称"及"节点功能"表示程序的功能；"节点类型"对于远传设备规约，选择后端节点。

2）添加远传设备规约的私有配置文件。如图 5-126 所示。

图 5-126　私有配置文件

①导入私有配置文件模板。

导入远传设备规约的私有配置文件模板，首先点击模板配置→应用程序配置模板，然后在窗口右侧点击"浏览"按钮，选择私有配置文件模板库中该远传设备规约的私有配置文件模板，最后点击"导入程序配置模板"按钮，生成该设备规约的私有配置文件模板。如果要导出该设备规约的私有配置文件模板，选中该设备规约的私有配置文件模板，再点击"导出程序配置模板"按钮，最后将该设备规约的私有配置文件模板另存为 xml 格式的文件。

②添加远传设备规约的私有配置文件。

添加远传设备规约的私有配置文件，首先点击系统配置→部署配置→规约配置文件列表，然后在窗口右边"配置模板"选项中选择该远传设备规约的私有配置文件模板，接着点击"创建"

按钮，生成该远传设备规约的私有配置文件，最后完善该远传设备规约的私有配置文件的信息。

3）添加远传设备装置。

添加远传设备装置，首先添加该远传设备装置目录，然后完善该远传设备装置的信息。

4）添加接入设备信号量到远传设备装置。

添加接入设备信号量到远传设备装置，首先点击远传设备装置，然后将窗口最左边接入设备信号量选择到窗口最右边远传设备装置相应组中。

（3）远传设备规约配置具体步骤。

远动设备规约大致划分为两类：一种是串口远动规约（如101远动规约、CDT远动规约、DISA远动规约），另一种是网络远动规约（如104远动规约）。下面分别介绍串口101远动规约和网络104远动规约这两种规约的配置方法。

1）串口101远动规约配置步骤。

①添加串口101远动规约节点，如图5-127所示。

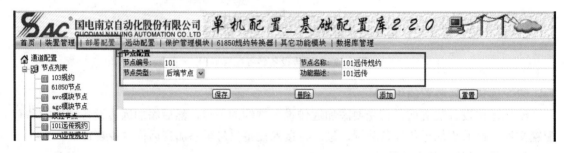

图5-127　添加远动规约节点

②添加串口101远动规约私有配置文件，如图5-128～图5-130所示。

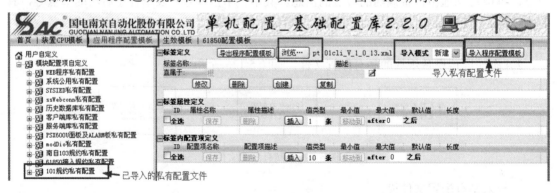

图5-128　导入

图5-129　创建

图 5-130 配置 101

③添加串口 101 远传设备装置，如图 5-131 所示。

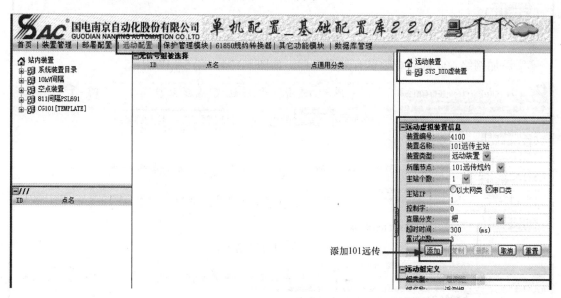

图 5-131 添加

④添加接入设备信号量到串口 101 远传设备装置，如图 5-132 所示。

2）网络 104 远动规约配置步骤。

①添加网络 104 远动规约节点，如图 5-133 所示。

图 5-132　添加接入设备信号量

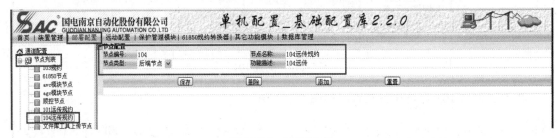

图 5-133　添加节点

②添加网络 104 远动规约私有配置文件，如图 5-134～图 5-137 所示。

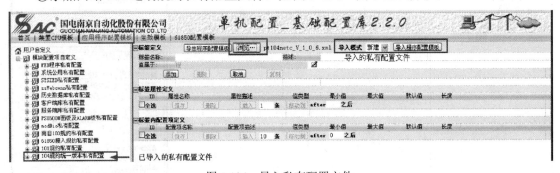

图 5-134　导入私有配置文件

图 5-135　创建私有配置文件

图 5-136　配置项数据

图 5-137　添加私有配置文件

③添加网络 104 远传设备装置，如图 5-138 所示。

图 5-138　添加 104 远传

④添加接入设备信号量到网络 104 远传设备装置，如图 5-139 所示。

图 5-139　添加接入设备信号量

⑤配置 104 通道网关以及系统路由设置，如图 5-140、图 5-141 所示。

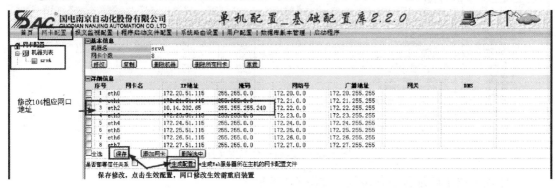

图 5-140　生效配置

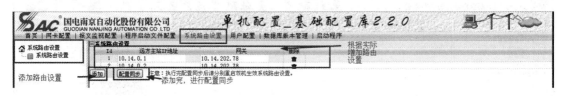

图 5-141　增加路由设置

5. 程序启动文件配置

点击控制面板→程序启动文件配置，配置相应的程序启动程序，程序启动文件详细信息配置包括 GPS 程序配置、装置规约程序配置、远动规约程序以及其他进程配置。

（1）接入设备程序启动文件配置方法。

以南自网络 103 接入程序为例介绍一下接入设备程序启动文件配置步骤：

1）在"装置规约程序"选项中的"装置规约名称"中选择南自网络 103 接入程序

（pt103netd）。

2）在"节点名称"中选择南自网络 103 接入规约节点。

3）在"规约配置文件"中选择南自网络 103 接入规约的私有配置文件。

如接入规约还有特殊的启动参数，在"其他启动参数"中按规约要求填写。如图 5-142 所示。

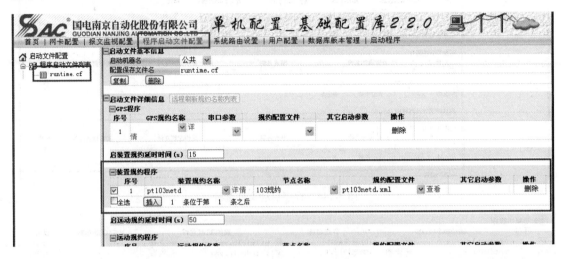

图 5-142　程序启动文件配置

同样，对于其他规约一样配置，如图 5-143 所示。

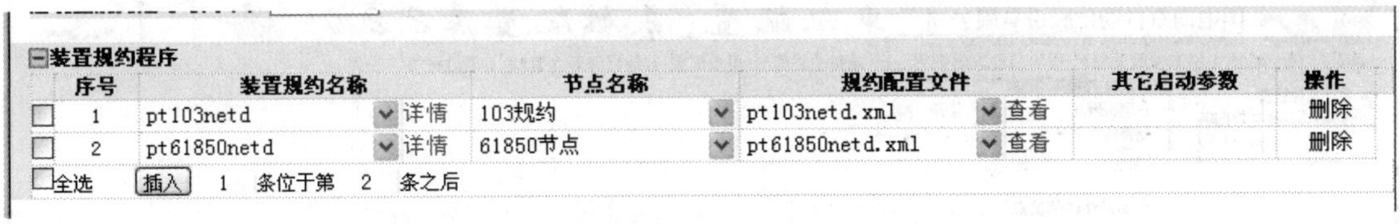

图 5-143　其他规约配置

（2）远传设备程序启动文件配置方法。

以串口 101 远动程序为例介绍一下远传设备程序启动文件配置步骤：

1）在"远动规约程序"选项中的"远动规约名称"中选择串口 101 远动程序（pt101cli）。

2）在"节点名称"中选择串口 101 远动规约节点。

3）在"规约配置文件"中选择串口 101 远动规约的私有配置文件。

如远传规约还有特殊的启动参数，在"其他启动参数"中按规约要求填写。如图 5-144 所示。104 配置同样，如图 5-145 所示。

（3）其他进程文件配置方法。

进程 SSRTDB、进程 modDio、进程 ssWebconn、进程 modMonitor 默认勾选，其中启动进程 SSRTDB 代表启动实时数据服务；启动进程 modDio 代表启动开入开出服务；启动进程 ssWebconn 代表启动在线监视服务；启动 modMonitor 进程代表启动守护程序服务，启动系统路由设置代表启动路由服务（启动该服务需要首先配置"系统路由设置"内容，远传 104 规约需启动）。如图 5-146 所示。

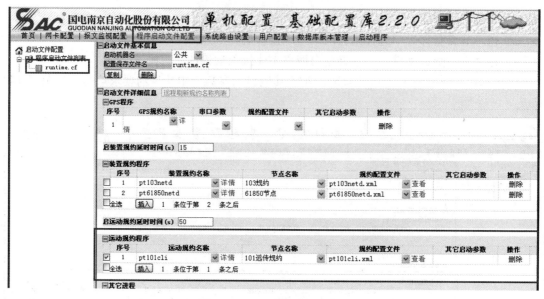

图 5-144　程序启动文件管理

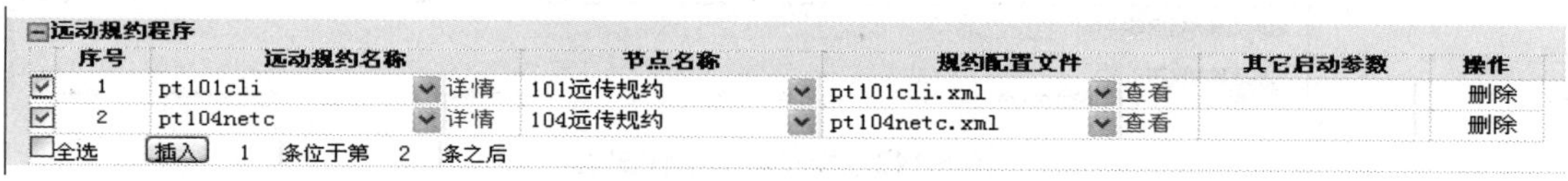

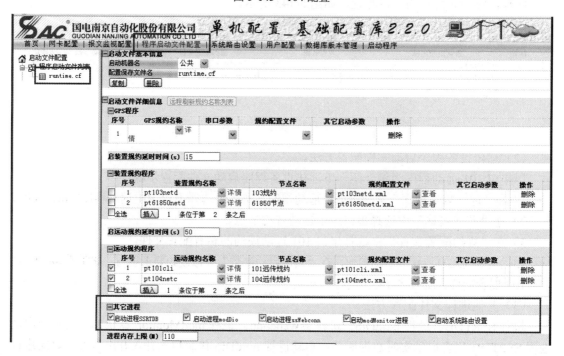

图 5-145　104 配置

图 5-146　程序启动文件配置

（4）延时时间以及进程内存上限配置方法。

"启装置规约延时时间（s）"表示在 GPS 程序启动完毕后，延时这么多秒后再启动装置规约程序；"启远动规约延时时间（s）"表示在装置规约程序启动完毕后，延时这么多秒后再启动远动规约程序；"进程内存上限（M）"表示任何程序占用的内存超过进程内存上限值，将会被 modMonitor 进程重启。

（5）提交配置参数。

程序启动配置完毕后必须"提交配置参数"，以使程序启动配置生效。如图 5-147 所示。

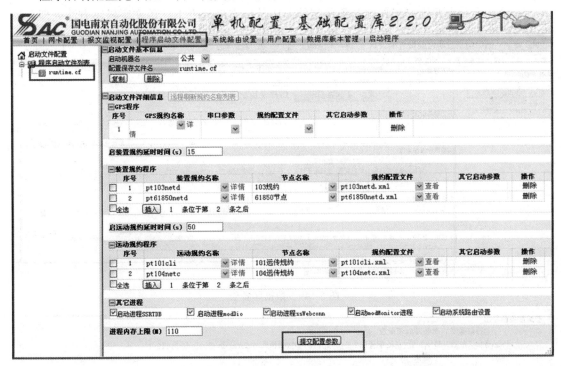

图 5-147　程序启动文件配置

6. 数据库管理配置

配置完成后，PSX610G 远动系统配置库完成，点击"配置同步"按钮，将配置文件导出以便程序调用。

（1）配置导出。

点击系统配置→数据库管理→配置导出下的"配置同步"按钮，将配置文件导出，生成配置文件到/sas/etc 下。如图 5-148 所示。

注：配置同步后，一定要重新启动程序，以便程序重新读取配置文件。

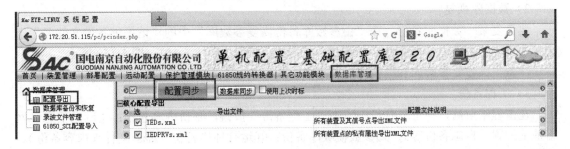

图 5-148　配置同步

（2）数据库备份和恢复。

PSX610G 远动系统配置库完成后，可以对配置库进行备份和恢复。

1）数据库备份。

点击参数库备份导出中的"确定"按钮，系统自动备份当前的参数模版库，在备份文件列表可以看到生成的参数库历史备份。如图 5-149、图 5-150 所示。

注意：若不能下载中文名称的备份文件，按备份文件列表下红色文字描述方法处理。

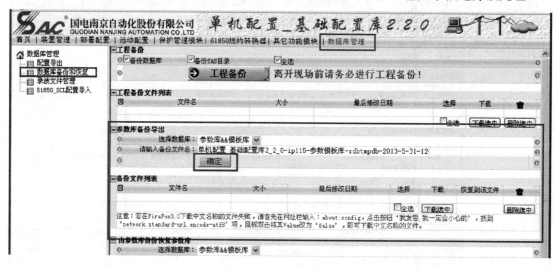

图 5-149　数据库备份

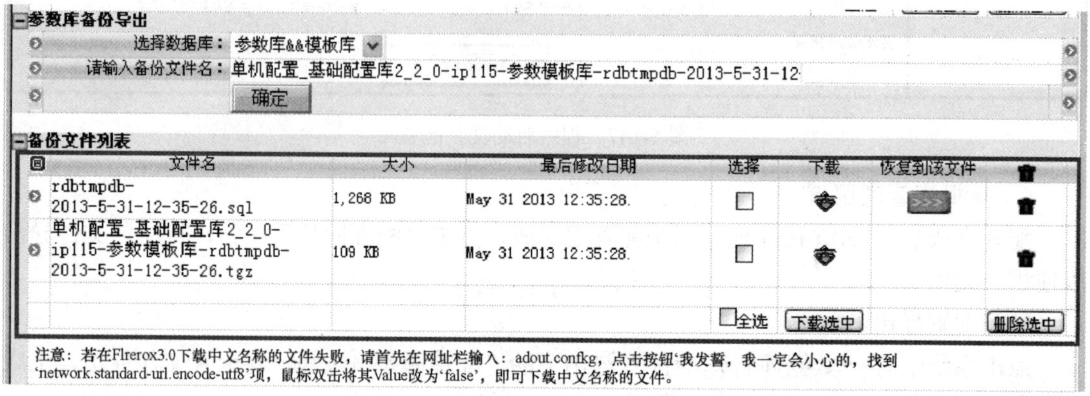

图 5-150　参数库历史备份

2）数据库恢复。

要恢复某一数据库备份，在"由参数库备份恢复参数库"中的"请提供备份文件名"下选择要恢复的数据库备份文件（*.tgz 或*.sql 文件均可）。如图 5-151、图 5-152 所示。

注意：恢复完参数库和模板库后必须点击此按钮→生效模板文件。

3）工程备份。

在工程结束后，在工程备份中点击"工程备份"按钮，备份内容包括：①辅助信息（网络地址配置、日志备份等）；②参数模版库备份；③运行环境备份（/sas 文件夹内容备份）。如图 5-153、图 5-154 所示。

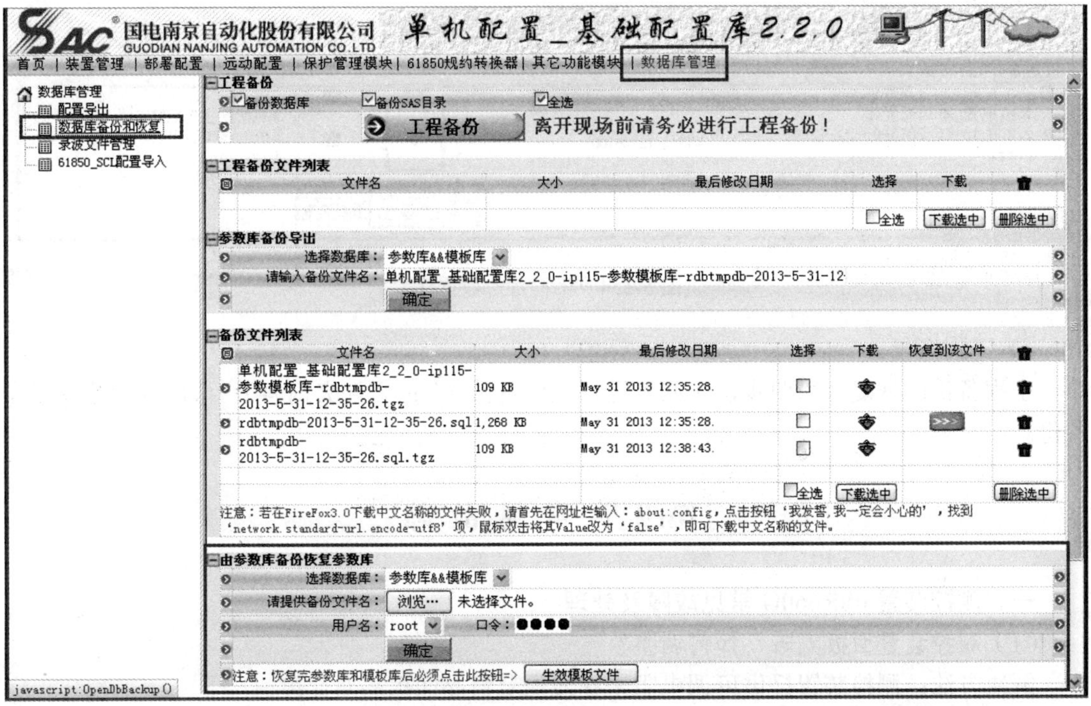

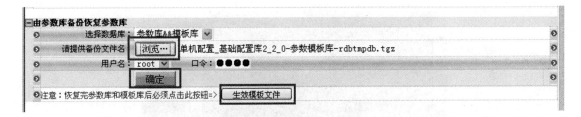

图 5-151　数据库恢复

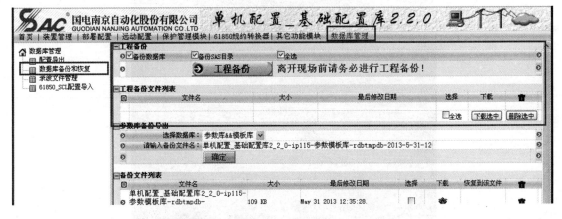

图 5-152　生效模板文件

图 5-153　工程备份

图 5-154　工程备份数据库

4）工程恢复。

工程备份的恢复分为两步，先恢复运行环境备份（/sas 文件夹内容）；再恢复参数模版库备份。

第四节　常 见 故 障

一、测控装置 PSR660U 常见故障及处理

（1）测控装置面板太暗，如何调整？

解决方法：测控装置提供可调电阻来在线调节液晶面板的对比度。

对于 PSR660U 系列测控装置，拔掉前面板上封堵 USB 接口的橡胶条，用螺丝刀探入小孔调节小金属旋钮，如图 5-155 所示。

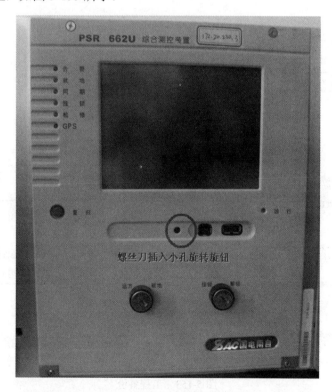

图 5-155　PSR660U 系列测控调节液晶面板的对比度的方法

（2）测控装置告警，运行灯灭。

解决办法：测控装置除管理主模块外，其他模块均可自由组合。因此发生告警，需要查看测控装置日志，确定是故障插件的 CPU 号，再根据故障情况选择处理或更换插件。

二、远动装置 PSX610G 常见故障及处理

1. 浏览网页无法打开

（1）现象 1：IP 地址不对。

默认现场远动机地址如下：远动机 172.20.51.115/116。

若不对，使用显示器连接 PSX610G 远动服务器 VGA 视频输出口，键盘连接 USB 口，默认显示登录界面，输入用户 root 回车，输入密码 2.2ltt，输入查看 IP 命令 ifconfig 显示所有网口地址，若需查询指定网口地址，输入 ifconfig eth0（注 eht0 为网口 1 的名称 ，eth0-7 对应网口 1 到网口 8）。

（2）现象 2：网页无法正常显示图标或者无法打开。

检查方法：检查一下 CF 卡是否满了，使用 SSH 终端登陆，在终端输入命令 df –h，显示如下：

```
srvA:~# df -h
Filesystem          Size  Used Avail Use% Mounted on
/dev/sda1           1.9G  1.9G   2M 100% /
tmpfs               987M  126M 861M  13% /dev/shm
```

其中/dev/sda1 为电子盘 1.9G 为容量，Used 表示占用了 1.9G，占用率 100%。

Tmpfs 为内存 987M，占用 126M 剩余 861，占用率 13%。

删除/usr/local/saslog、/usr/local/sascore、/usr/local/release 目录下面的文件。

（3）现象 3：网页程序和数据库程序退出导致网页无法打开。

检查方法：ps –ef 查看网页程序，检查 apache2 和数据库程序 mysql 是否启动。

解决方法：在终端执行命令/etc/init.d/mysql start，启动 mysql 程序；在终端执行命令/etc/init.d/ apache2　start，启动 apache2 程序。

（4）现象 4：导入参数模版库时突然中途关掉网页浏览器导致网页无法打开。

手动恢复参数配置库：

1）将参数配置库文件解压缩为 rdb_xxx_xx.sql。

2）以二进制方式拖入/root 目录下执行手动恢复配置库。

3）进入/root 目录　cd /root。

4）执行恢复参数配置库命令：mysql –uroot -p123456 < rdb_xxx_xx.sql。

（5）现象 5：由于系统 mysql 密码与参数配置库中 eyelweb.ini 密码不一致导致。

具体原因：由于加固版系统导入未加固参数配置库后或者未加固系统导入加固参数配置。

解决方法：可修改 apache 文件中的密码：

1）vi /usr/local/apache/htdocs/pc/data/conf/modules/eyelweb.ini 修改文件里的 mysql，修改后点击 ESC 按钮，输入:wq! 回车。

2）执行 chown nobody:nogroup /usr/local/apache/htdocs/pc/data/conf/modules/eyelweb.ini 网页能打开后请修改部署配置中模块自定义列表 eyelweb.ini 文件中的密码。

2. 报文无法正常监视

（1）现象 1：报文监视节点和监视主机是否生效。

1）检查控制面板，报文监视页面中所需报文监视节点是否打"√"，监视电脑地址是否为主站 1 或主机 2 地址 IP 地址。

2）建议重新配置同步。

3）重启程序。

（2）现象 2：远动点名描述过长导致。

1）查看远动配置中，远动点描述名称是否过长，描述默认包括装置名称＋CPU 名称＋点描述。

2）通过更新点名中取消 CPU 名称或者修改点描述。

3）配置同步。

4）重启程序。

（3）现象 3：远动点找不到站内库中的对应装置，即远动点名存在，但所属装置被删除，会导致无法监视远动机的所有节点。

1）远动配置中，右下角有点击"远动检查"按钮，查看有不存在点。

2）在远传点表中删除这些不存点。

3）配置同步。

4）重启程序。

3. 无法使用 SSH 上传到 PSX610G

（1）检查 SSH 是否与 PSX610G 连接上。

（2）检查笔记电脑文件的所属路径是否有非法字符如"@，（）"等。

（3）使用 2 进制方式上传文件。

具体是在 operation→File Transfer Mode→Binary。

4. 启动报文监视 DataMonitor 报读内存错误

（1）检查节点名称是否有符号。

（2）检查主站名称是否有符号。

5. 参数模板库备份时，弹出网页显示乱码

（1）原因 FireFox3.0 下载中文名称的文件失败，请首先在网址栏输入：about:config，点击按钮"我发誓，我一定会小心的"，找到"network.standard-url.encode-utf8"项，鼠标双击将其 Value 改为"false"，即可下载中文名称的文件。

（2）检查 "部署配置"中"模块自定义配置列表"中"eyelweb.ini"文件，站名是否过长或者存在符号。

6. 104 规约问题

（1）主站能 ping 通服务器，但服务器只能 ping 通本地网关。

在控制面板里，没有配置系统路由或者启动程序列表中未将系统路由打"√"，导致 PSX610G104 无法通过路由器到主站。

（2）与山东鲁能积成电子主站通信，主站反映总召上送过快，无法解析。

可选择修改 104 私有配置文件中的配置解决，将 T1 发送发送或确认 APDU 超时时间 t_1（s）由默认 15 改为 18，将 T3 长期空闲状态下发送测试帧的超时时间 t_3（s）由默认 20 改为

10，如果不明显可将 T1 值扩大，T3 值缩小。

（3）104 响应总召遥信或者遥测上送时中断。

原因：由于主站下发确认超时导致

修改：私有配置中 K 值未被确认的 I 格式 APDU 最大数目 Y 由默认 12 帧改为 30 帧，最迟确认 APDU 最大数目 w 由默认 8 帧改为 15 帧。

（4）新加的 104 程序无法启动。

1）私有配置文件版本与 104 程序版本不一致。

2）远传配置定义主站 IP，但该 IP 地址在私有配置中未定义。

3）信息点描述过长导致程序无法识别。

4）设置多个主站对时，程序报时钟源不唯一。

5）未定义 104 远传区。

三、监控后台 PS6000＋常见故障及处理

1. 多机之间数据不同步

PS6000＋自动化系统使用并行实时库技术，多节点机之间通过组播同步实时数据。出现多机之间数据不同步，应按以下方式处理：

（1）停止所有节点机的在线服务，清空 clone 库。

（2）依次在各节点机上进行完全提交。

（3）启动最后提交节点机的在线服务。

（4）待启动在线的节点机运行正常后，依次启动剩余节点机的在线服务。

2. 不存历史数据，或者历史报表没有数据

（1）在进程管理器查看历史存储进程是否正常运行。

（2）检查是否安装了软件狗。

（3）查看软件狗驱动是否安装，运行是否正常，命令如下：

```
./$CPS_ENV/bin/dogfinder
```

报"WARNING：Hardware licence missing！"说明软件狗未正常工作。

报"MESSAGE：Hardware licence feature is right！"说明软件狗正常工作。

四、综合问题及处理

1. 确定遥测系数

见表 5-23。

表 5-23　遥　测　系　数

名称	计算公式	说明
满码值 1	2048	用于远动 CDT 规约、DISA 规约
满码值 2	4096	用于所有监控系统 用于远动 101 规约、104 规约
满码值 3	32767	用于 101 规约、104 规约
电流系数	CT 变比×5×1.2/满码值 例：（600/5）×5×1.2/4096	用于所有装置
电压系数	PT 变比×100×1.2/满码值 例：（110/100）×100×1.2/4096	用于所有装置

名称	计算公式	说 明
功率系数 1	PT 变比×100×1.2/满码值 例：（110/100）×100×1.2/4096	用于 PSL640 系列低压保护测控，版本低于 2.07 的 PSR651
功率系数 2	PT 变比×CT 变比×100×5×3×1.2/（1.732×满码值）	用于 PSR660 测控，版本高于 2.07 的 PSR652，PSL690 系列保护测控
功率系数 3	PT 变比×CT 变比×100×5×3×1.2×1.2/（1.732×满码值）	用于 PSL629 系列，PST626 系列
功率因数	1/满码值	用于所有装置
频率系数 1	64/满码值	用于除 PSL629、PST626、PSR660 系列的所有系列
频率系数 2	60/满码值	用于 PSL629 系列、PST626 系列
频率系数 3	32.5/满码值	用于 PSR660 系列， F＝原始值×CC2＋CC1，CC2＝32.5/4096，CC1＝32.5

2. 装置通信中断

可能原因：通信中断、交换机坏，装置网卡坏、远动或监控网卡坏，交换机级联数超过三级。

处理步骤：

（1）检查装置 IP 地址，规约设置是否正确。

（2）用笔记本 ping 装置，确认装置网卡正常。

（3）从交换机 ping 装置，确认网线连接正常。

（4）查看站内主站个数，主站太多装置会频繁中断，其中未使用但连接入网的 COMM 板（烧转出规约程序）算主站，PSX643U/PSX610G 算主站，eyeUnix 监控系统两台服务器算四个主站（A 网 IP:172.20.99.1，B 网 IP：172.21.98.1），打印服务器 PSX640 算主站。

（5）检查中断装置是否有一些规律，可能交换机有问题，是否都是连接某台交换机相同型号装置中断，观察交换机上通信指示灯状态。

（6）检查交换机级联线接触是否良好。

（7）检查站内网络是否环网，观察交换机指示灯，灯闪动是否异常（发出快）。

（8）站内某一装置网卡出错，或监控后台网卡出错，导致其他装置通信中断，观察交换机上指示灯是否常亮，逐一拔网线，测试。

（9）检查上位机（后台\远动）前置规约（103\61850）运行状态；

（10）使用测试工具 ProtocolTester 或 PS61850Conner 工具，测试装置通信过程。

（11）检查上位机（后台\远动）通信相关参数设置是否正确。如 IP 地址、规约、报告控制块等。

3. 监控画面某数据不刷新

可能原因：通信中断、测控压缩因子设置不合适。

处理步骤：

（1）检查测控装置显示是否正常。

（2）检查监控系统各进程运行是否正常。

（3）查看这个间隔通信状态是否正确，从监控后台 ping 装置是否能 ping 通。

（4）检查通信网线是否插好，水晶头是否接触可靠。

（5）检查装置运行是否良好，装置是否复位了。

（6）检查交换机运行良好，检查交换机所插网线网口是否正确。

（7）检查站内是否有 IP 地址冲突。

（8）检查测控装置定值压缩因子是否设置合理，可考虑适当改小点。

（9）PSR660 系列和 PSR660U 系列可根据现场情况选择"单网在线，双网切换"通信模式。